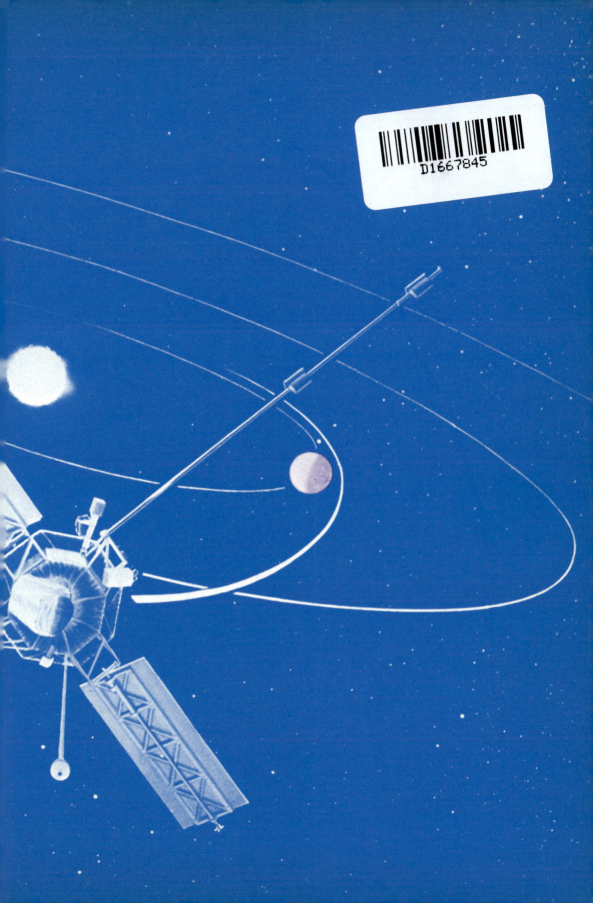

das neue universum 92

das neue universum 92

Wissen · Forschung · Abenteuer
Ein Jahrbuch

Südwest Verlag München

Umschlagbild: Eine neue Epoche in der bemannten Weltraumfahrt. Noch Ende dieses Jahrzehnts werden Raumgleiter bis zu 30 Tagen die Erde umkreisen und wie ein Flugzeug auf einer Rollbahn landen. Zwei Feststoffraketen katapultieren das Space Shuttle auf 50 km Höhe. Dort werden die beiden Booster abgeworfen und die drei Haupttriebwerke befördern den Raumgleiter auf eine vorläufige Umlaufbahn. Nachdem die Besatzung den Außentank gesprengt hat, steuert sie mit den beiden Manövriertriebwerken die endgültige Position an. In 200–500 km Höhe umrundet der wiederverwendbare Raumtransporter antriebslos die Erde, wird aufgeklappt, und die Mannschaft beginnt mit der Arbeit.

Vorderer Vorsatz: Zwei Planeten auf einen Streich erkundete die Raumsonde »Mariner 10«. Von der Schwerkraft der Venus abgebremst, schwenkte der Flugkörper auf eine stark gekrümmte Bahn ein; sie kreuzt die des kleinsten und sonnennächsten Planeten Merkur.

Hinterer Vorsatz: »Pionier 10« auf ihrem 998 Millionen Kilometer langen Weg zum Jupiter. Die Raumsonde passierte den Riesenplaneten, der eine größere Masse aufweist als alle anderen Sonnenbegleiter zusammen und unser Muttergestirn jenseits der Bahnen von Erde und Mars umkreist.

Schutzumschlag: Vorderseite: Anthony
Rückseite: F. Engesser, dpa, Werkfoto Fiat, V. Pantenburg
Titelei: Lockheed

Redaktion: Heinz Bochmann

Graphische Gesamtgestaltung: Manfred Metzger

Illustrationen und Zeichnungen: Struve, München

1.–65. Tausend
© 1975 by Südwest Verlag GmbH & Co. KG, München
Alle Rechte, insbesondere die der Übersetzung,
der Übertragung durch Rundfunk,
des Vortrags und der Verfilmung, vorbehalten.
Nachdruck aus dem Inhalt ist nicht gestattet.
ISBN 3517005053
Gesamtherstellung: Wenschow, München

Inhaltsübersicht

Erzähltes und Erlebtes

- 190 Expedition in die Steinzeit. G. Kirner und W. Hubert
- 235 »Wie eine Wand« oder »Der Spuk der grünen Elektronen«. Eine ganz unwahrscheinliche Geschichte, die so unwahrscheinlich gar nicht ist. Hermann Buchner
- 432 Der Quacksalber. Khamsing Srinawk. Eine Erzählung aus dem Thailändischen, übersetzt von Domnern Garden und Hanns-Wolf Rackl
- 440 »Ramzan – schieß!« Ein Jagdabenteuer in den Schluchten Kaschmirs. Gerhard E. Scheible

Länder und Völker

- 100 Die Scheichtümer – Angelpunkt der Weltwirtschaft. Vom Mittelalter ins dritte Jahrtausend. Inge Dreecken
- 274 Sand und Opal. Im roten Herzen Australiens. Dipl.-Ing. Götz Weihmann
- 328 Abseits vom Reich der Mitte. Dr. Walter Baier
- 470 Garuda – der Göttervogel. Dr. Karl Helbig

Verkehrswesen

- 74 Das elektronische Fräulein vom Amt. Das Tastentelefon kommt. Peter Ruppenthal
- 128 SUZ 350. Die rollende Gleisbaufabrik. Bundesbahndir. Ortwin Trunk
- 338 Mit 80 Stundenkilometer unter der Elbe. Hamburgs neuer Elbtunnel ist über zweieinhalb Kilometer lang. Ing. Fritz-Dieter Kegel
- 350 Von der Elbe bis zur Ruhr. Der Elbe-Seitenkanal – Schiffahrtsstraße für Europa. Hans H. Werner

Von Arbeit und Beruf

- 111 Lackieren mit 1000 Ampere. Modernes Lackierverfahren bringt Vorteile für Autowerker, Autofahrer und Umwelt. Heinz Thomass
- 404 Recycling – was ist das eigentlich? Von der Herstellungskette zum Rohstoffkreislauf. Dr. Manfred Dahm

Technik und Bauwerke

- 8   Wie gefährlich sind Kernkraftwerke wirklich? Eine heißumstrittene Frage – leidenschaftslos beleuchtet. Dr. Walter Baier
- 35   Von der Kranwaage direkt in den Büro-Computer. Dipl.-Ing. Hellmut Droscha
- 40   Gas, das aus der Kälte kommt. Erster Bohrturm auf Eisplattform in der Arktis – Hecla N-50 funkt: »Fündig mit täglich 210 000 Kubikmeter Erdgas« – Ingenieurwagnis: Pipeline aus Kanadas Polararchipel über 4800 Kilometer. Dipl.-Ing. Vitalis Pantenburg
- 168   Landschaft aus Menschenhand. Dipl.-Ing. Vitalis Pantenburg
- 186   Die weiße Kuppel von Vierumäki. Eine Sporthalle aus Sperrholz. Dipl.-Ing. Hellmut Droscha
- 294   »Black Bird«, der schnellste Vogel der Welt. Peter Raabe
- 426   Konstruieren wie Mutter Natur. »Evolutionsstrategie« hilft Ingenieuren, technische Bestformen zu finden. Dieter Dietrich

Kunst und Kultur

- 203   Die Vorzeit zum Sprechen bringen. Hans P. Roschinski
- 248   Das Rätsel des Santorin-Vulkans. Archäologen suchen nach der verlorenen Zeit. Dr. Harald Steinert
- 266   Warum Beat und nicht Bach? Wege zum Verständnis klassischer Musik. Otto Knödler
- 396   Zur Kunst gehört ein ganzer Kopf. Zeichnen im Drogenrausch bringt wenig mehr als Katzenjammer. Karl Diemer
- 462   Unsere Welt soll schöner werden. Vier Berliner Maler machen konkrete Vorschläge. Brigitte Krug

Dieses und jenes

- 178   Radle dich in die Luft. Muskelkraftflug – ein neuer Sport? Franz-Peter Grobschmidt
- 357   Abenteuer in der Zahlenebene. Prof. Dr. S. Rösch
- 362   Die elektrischen Bilder der Kirlians. Dr. Herbert W. Franke
- 413   Riesenzahlen – Zahlenriesen. Ing. Erwin Kronberger

Zum Kopfzerbrechen

- 356   Das kalkulierte Frühstücksei
- 361   Eine rätselhafte Uraufführung
- 439   Emil – der Meisterdetektiv
- 480   Lösungen

Geheimnisvolles Leben

- 50 Wenn das Erbgut manipuliert wird. Dr. Theo Löbsack
- 88 Kommune im Gespinstsack. Spinnen, die in Gemeinschaften leben. Hans P. Roschinski
- 158 Ausflug ins Revier der Seebären. Ein spektakuläres Abenteuer bei der Robbeninsel. Hermann J. Gruhl
- 214 Wild für den Kochtopf? Willi Dolder
- 314 Woher kommen die Vormenschen? Prof. Dr. Holger Preuschoft
- 416 Auch ein Teich kann auf dem Trockenen sitzen. Vom Gletschersee zur Talwiese. Dr. Eva Merz
- 452 Du bist, was du ißt! Dr. W. E. J. Schneidrzik

Sport und Spiel

- 58 Wind, ein Segel und ein Brett. Ossi Brucker
- 80 Tollkühne Männer in »heißen« Körben. Karl Grieder
- 222 Die Schlacht der heißen Reifen. Männer, Motoren und Morast. Ossi Brucker
- 304 Am Drachen durch die Luft. Ein reizvoller, aber nicht ungefährlicher Sport. Georg Kleemann

Kraft und Stoff

- 136 Eine wäßrige Angelegenheit. Dr. Hildegard Woltereck
- 258 Was die Welt im Innersten zusammenhält. Neutrale Ströme und Psi-Teilchen überraschen die Physiker. Dipl.-Phys. Klaus Bruns
- 284 Vom Chaos zum Kosmos. Aus Atomhaufen werden Kristalle. Prof. Dr. S. Rösch
- 324 Die Wärmekonserve. Ing. Günter Sandscheper

Die Erde und das Weltall

- 66 Wettervorsorge statt Wettervorhersage. Nicht gegen das Klima bauen – Technoklimatologie, ein neues Arbeitsgebiet der Meteorologen. Heinz Panzram
- 120 Weiße Löcher im Weltall oder der verlängerte Arm der Schöpfung. Tätige Quellen neuer Materie – das ewige Leben des Alls. Prof. Dr. Hans-Jörg Fahr
- 146 Blick bis zum Anfang der Welt. Die neuesten Spiegel-Teleskope und ihre Herstellung. Obering. Heinrich Kluth
- 374 Eine Reise zu den inneren Planeten. Werner Büdeler
- 384 Eiskeller der Erde. Gertrud Weiss

Wie gefährlich sind Kernkraft-

Das Kernkraftwerk Biblis – das bislang größte der Welt – zwischen Odenwald und Rhein erzeugt etwa soviel Strom, wie die beiden Städte Frankfurt und München einschließlich ihrer Industrien verbrauchen. Von den 850 Millionen Mark Gesamtkosten entfallen etwa 100 Millionen auf Umweltschutz und Sicherheit. Neben dem charakteristischen Kugelgehäuse und dem 80 m hohen Kühlturm wächst schon ein Zwillingsblock gleicher Leistung. Foto KWU

Eine heißumstrittene Frage — leidenschaftslos beleuchtet

VON WALTER BAIER

werke wirklich?

Die Zukunft birgt einige verzwickte Probleme, die die Menschheit lösen muß, wenn sie überleben will – das läßt sich nachgerade als Binsenweisheit betrachten. Man braucht keine Computerhochrechnungen, um vorherzusagen, daß die Erde enger wird. Steigende Bevölkerungszahlen bedingen höheren Rohstoffverbrauch, so daß wir gezwungen sein werden, Vorkommen auszubeuten, die heute noch als unwirtschaftlich gelten. Der Umweltschutz darf nicht vernachlässigt werden. Will man vermeiden, daß heute noch vorhandene Erholungs- und Naturschutzgebiete zu Äckern werden, muß man, um die Menschheit zu ernähren, auf den landwirtschaftlich genutzten Flächen den Ertrag steigern.

Nichts davon ist technisch unmöglich. Es ist nicht einmal undenkbar, das Klima zu verändern, um bislang wertlose Gebiete bewohnbar und urbar zu machen. So hat man beispielsweise vorgeschlagen, die Eismassen der Arktis zu schmelzen und riesige Binnenseen in den Teilen der Sahara zu schaffen, die unter dem Meeresspiegel liegen. In der Sowjetunion sind Anstrengungen, die Wüsten Mittelasiens durch Wasser aus umgeleiteten sibirischen Strömen zu erschließen, im Gange.

Jeder mag alle diese Aussichten nach eigenem Geschmack und Urteil für durchführbar oder utopisch halten. Eines haben sie gemeinsam: Sie erfordern riesige Energiemengen. Damit bei einer Erdbevölkerung von 20 Milliarden Menschen, die bis zum Jahre 2100 erreicht sein mag, jedem Erdbewohner ein menschenwürdiges Dasein gewährleistet werden kann, wäre – heutigen Schätzungen zufolge – das Hundertfache des derzeitigen Verbrauchs der Menschheit an Energie notwendig. Je Kopf bedeutet das das Vierfache dessen, was der Durchschnittseinwohner der Vereinigten Staaten von Amerika, der größte Energiekonsument unserer Tage, heute verbraucht.

Je mehr Energie aber verbraucht wird, desto billiger muß sie sein. Denn weil der Energiepreis in die Herstellungskosten einer jeglichen Ware eingeht, wirkt er sich unmittelbar auf den Lebensstandard und die Lebensqualität aus. Das gilt für die Industrie und den Umweltschutz ebenso wie für die Landwirtschaft.

Um von einem Quadratmeter Boden 2 000 Kilokalorien (2,33 Kilowattstunden) in Form von Getreide zu gewinnen, muß der Bauer den Gegenwert von 1 000 Kilokalorien (1,16 Kilowattstunden) in Form von mechanischer Arbeit und Düngemitteln aufwenden – auch die Düngemittelherstellung erfordert Energie, im Durchschnitt 2 600 Kilowattstunden je Tonne. Landwirtschaftliche Maschinen verbrauchen Energie, und ihre Herstellung – von der Gewinnung des Erzes und anderer Rohstoffe bis zur fertigen Maschine – hat erst recht Energie erfordert.

Mit dem Erzeugen von Nahrung ist es nicht getan. Da sie kaum jemals am Ort und nicht einmal zur Erntezeit verzehrt wird, muß sie befördert, gelagert, oft auch haltbar gemacht werden. Fleisch, Früchte und Gemüse, die wir verzehren, werden mitunter über Tausende Kilometer herangebracht, und wenn wir an die Entwicklungsländer denken, die einen Großteil der Nahrung

Rechts: Geradezu ein Wahrzeichen menschlicher Aktivität sind die Masten der Hochspannungsleitungen. Längst ist die Energieversorgung zu einer Lebensfrage der Menschheit geworden. Hier überquert eine der Adern des Energieversorgungsnetzes den Rhein.

Oben: Die Biochemiker entwickeln immer neue Pflanzensorten, mit höherem Nährwert und Ernteertrag. Sie alle haben eines gemeinsam: Ihr Anbau erfordert immer mehr Arbeitsaufwand – das heißt Energie.

einführen, mag das in Zukunft der Normalfall sein. Befördern, Lagern und Haltbarmachen erfordern aber Energie. In der modernen Gesellschaft kann man mit einem Aufwand von acht bis zehn Kalorien je Kalorie Nahrung rechnen, die Zubereitung nicht einbezogen. Vieles spricht dafür, daß das in Zukunft überall in der Welt gelten wird.

Die Nutzung der Weltmeere, auf die viele hoffen, erfordert noch mehr Energie. Während ein Bauer eine Energieeinheit aufwendet, um zwei zu ernten, wird in der Küstenfischerei Energie im Wert von einer Kalorie aufgewendet, um eine Kalorie Nahrung im Hafen anzulanden. Die Hochseefischerei braucht dazu sogar zehn und mehr Kalorien. Für die Ernährungslage ist es aber wichtig, daß die moderne Hochseefischerei mit ihren Fabrikschiffen Tausende Kilometer von den Heimathäfen entfernt fischen und den Fang konservieren kann. Daß der Aufwand je erlangte Kalorie dabei höher ist als der eines Anglers, bleibt zweitrangig. Ebenso kann mit modernen

Methoden von einem Hektar Ackerland eineinhalb- bis dreieinhalbmal mehr Getreide gewonnen werden, als das mit Pferde- und Ochsengespannen möglich war. Für die Hungernden der Erde zählt aber der Ertrag, die aufgewendete Energiemenge ist für sie nur insofern wichtig, als teure Energie teure Nahrungsmittel bedeutet, die sie sich vielleicht nicht in ausreichenden Mengen leisten könnten. Diese Art der künstlichen Verknappung hat sogar schon eingesetzt: Weil nach dem Oktober 1973 die Ölpreise jäh stiegen, während die Lieferungen zurückgingen, wurden auch die Düngemittel knapp und teuer. Allein in Indien sank dadurch die Getreideernte 1974 um zehn Millionen Tonnen!

Die bittere Wahrheit ist, daß Öl und Kohle, die heute wichtigsten Energieträger, nie mehr so billig sein werden wie vor dem Oktober 1973. Da wir uns aber auf einen gewaltigen Anstieg des Energieverbrauchs einrichten müssen, bleibt nur übrig, nach einem anderen Energieträger zu suchen.

Umweltschützer, die an der immer größeren Zahl von Kraftwerken Anstoß nehmen, verweisen darauf, daß wir riesige Energiemengen verschwenden. Das ist zwar richtig, täuscht aber darüber hinweg, daß die Menschheit in jedem Falle und trotz aller vorstellbaren Sparmaßnahmen immer mehr Energie brauchen wird. Sie haben keinen wesentlichen Einfluß auf die Entwicklung. Es bestätigt sich sogar bei jedem Grad der Entwicklung und jeder

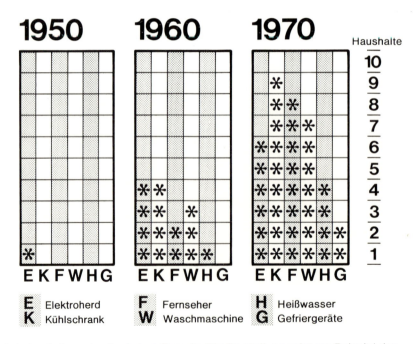

Kein hoher Lebensstandard ohne Energie. Die Darstellung zeigt am Beispiel der Bundesrepublik Deutschland, wie schnell die elektrischen Hausgeräte Eingang in die Haushalte gefunden haben. Wer schon möchte auf so nützliche Dinge wie eine Waschmaschine oder gar auf die Annehmlichkeit eines Farbfernsehers verzichten?

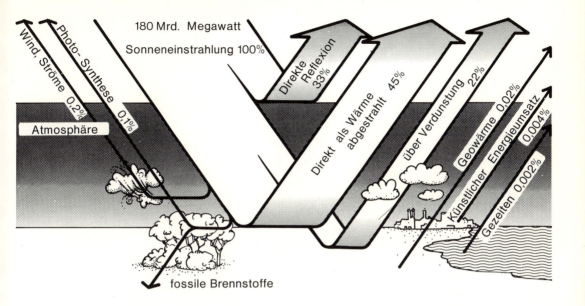

Von dem gewaltigen Energiestrom, den die Sonne unablässig zur Erde schickt, werden 78 Prozent zurückgestrahlt, ein Energieanteil von 22 Prozent hält über die Verdunstung den Wasserkreislauf in Gang. Nur 0,1 Prozent entfällt auf die Photosynthese, der wir die herkömmlichen Energieträger Erdöl, Erdgas, Holz und Kohle verdanken.

Gesellschaftsform, daß zwischen Energieverbrauch und Wohlstand ein Zusammenhang besteht.

Bleibt also die Suche nach einer möglichst billigen Energiequelle. Manche halten die Sonnenenergie für aussichtsreich. Um jedoch bei uns einen Haushaltskühlschrank mit Sonnenenergie zu versorgen, sind eine Solarzellenfläche von mehr als zehn Quadratmeter und 30 Kraftfahrzeugakkumulatoren notwendig, die Schlechtwetterperioden von ein bis zwei Wochen überbrücken müssen. Gewiß wären Solaranlagen in südlichen Breiten wirtschaftlicher, aber dann kommen wieder die Transportkosten für die Energie hinzu, und wir würden zudem in die gleiche Abhängigkeit wie beim Öl geraten.

Energie aus Erdwärme kann nur in besonders geeigneten Gebieten genutzt werden. Das gilt ebenso für die Ausnutzung der Temperaturunterschiede in den Tropenmeeren. Die Windenergie ist für Industriestaaten nicht zuverlässig genug, wenngleich bereits leistungsfähige Windturbinen entwickelt sind. Großtechnisch nutz- und verfügbar ist bislang nur die Energie aus der Spaltung von Atomkernen.

Über ihr schwebt freilich das Menetekel der Atombombe, und so hat sich ein Streit entzündet, der im Laufe der Zeit immer heftiger geworden ist: Sind Kernkraftwerke sicher?

Die absolute Sicherheit, die die Kernenergiegegner verlangen, gibt es nur in einer Hinsicht: Kernreaktoren können nicht wie eine Bombe explodieren. Diese Gewißheit ist mathematisch begründet.

Auch das Kernkraftwerk erzeugt elektrischen Strom, der in das allgemeine Versorgungsnetz eingespeist wird (oben). Die Niederdruckläufer dieser 1500tourigen Sattdampfturbine eines Leichtwasser-Kraftwerkes (links) sind freilich erheblich größer als die eines herkömmlichen Dampfturbosatzes. Fotos Deutsches Atomforum/KWU

Unten: Was ein Kernkraftwerk vom Dampfkraftwerk unterscheidet, ist allein die »Feuerung«. Das einem Fluß entnommene Kühlwasser gelangt wie beim Dampfkraftwerk nur in den Kondensator der Turbine und bleibt vom Dampf- und Wasserkreislauf des Reaktors getrennt.

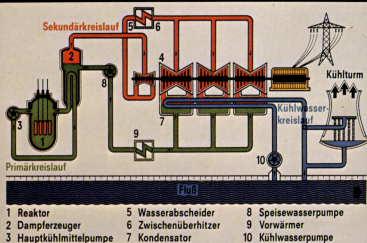

1 Reaktor
2 Dampferzeuger
3 Hauptkühlmittelpumpe
4 Turbosatz
5 Wasserabscheider
6 Zwischenüberhitzer
7 Kondensator
8 Speisewasserpumpe
9 Vorwärmer
10 Kühlwasserpumpe

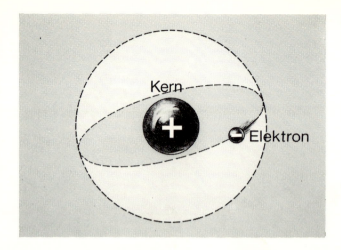

Das Wasserstoffatom ist der einfachste Baustein der Materie. Sein Kern besteht aus einem Proton. Das (einzige) Elektron, das den positiv geladenen Kern umkreist, kann man sich als eine Art negativ geladener Hülle vorstellen, die Berührungen zwischen den Kernen verschiedener Atome verhindert.

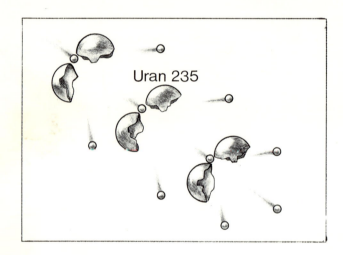

Der Kern eines Uranatoms setzt sich aus Protonen und Neutronen zusammen. Wird ein Kern von der »Massenzahl« 235 von einem Neutron getroffen, nimmt er den neuen Kernbaustein auf und zerplatzt nach kurzem Besinnen in zwei Teile, die, mit dem größten Teil der Kernspaltungsenergie befrachtet, auseinanderfliegen. Daneben fliegen noch zwei bis drei Neutronen davon, Teilchen, die als neue Spaltgeschosse weitere Kernspaltungen bewirken können. Bei der gesteuerten Kettenreaktion im Reaktor löst jede Kernspaltung genau eine weitere Kernspaltung aus.

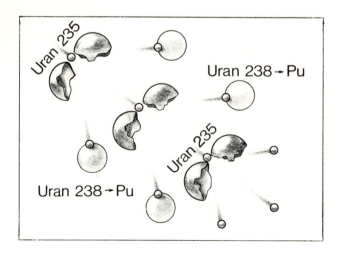

Im »Schnellen Brüter« wird auch das hundertmal häufiger als Uran 235 vorkommende Uran 238 ausgenutzt: Jede Kernspaltung bewirkt außer einer neuen Spaltung die Umwandlung von Uran-238-Atomen in das »künstliche« Element Plutonium, das ebenfalls spaltbar ist. Es wird nicht nur Spaltenergie frei, sondern gleichzeitig entstehen mehr Spaltkerne als verbraucht werden.

Die sogenannte kritische Masse, die Voraussetzung einer Explosion, bezeichnet einen Körper, in dem mehr als eines der zwei bis drei Neutronen – das sind elektrisch neutrale Teilchen des Atomkerns –, die bei einer Kernspaltung frei werden, eine erneute Kernspaltung auslösen. Atomsprengsätze werden so konstruiert, daß jedes Neutron eher auf einen spaltbaren Atomkern trifft, als es den Sprengsatz verlassen kann. Nur so kommt es zu lawinenartigen Kettenreaktionen. Die kritische Masse ist keine feste Größe. Sie ist aber bei der Kugelform am kleinsten, weil bei einem gegebenen Rauminhalt die Kugel die kleinste Oberfläche aller Körper hat.

Das gilt für das reine spaltbare Uran 235. Der Reaktorbrennstoff jedoch besteht meist zu 97 Prozent aus nicht spaltbarem Uran 238, das die Spaltungsneutronen überwiegend einfangen würde. Um das zu verhüten, gibt man dem Uran eine sehr große Oberfläche, indem man es auf Hunderte dünner Stäbe verteilt. Auftretende Neutronen werden so abgebremst, daß sie in Nachbarstäben leicht vom Uran 235, aber kaum von Uran 238 eingefangen werden können. Dieses Abbremsen wird in weitaus den meisten Reaktoren durch Wasser bewirkt, genauer gesagt durch Zusammenstöße mit den im Wasser enthaltenen Atomkernen des Wasserstoffs. Fällt das Wasser weg, bricht die Kettenreaktion ab, weil die schnellen Neutronen vorzugsweise vom Uran 238 eingefangen werden.

Dafür hat die Natur die Probe aufs Exempel geliefert. Im afrikanischen Uranvorkommen Oklo erhielt sich, wie Gelehrte der französischen Akademie der Wissenschaften anhand strahlenchemischer Analysen nachweisen konnten, einige hundert Jahrmillionen lang eine Kettenreaktion. Eine Explosion ereignete sich nicht. Die Reaktionen versiegten, als neue Gesteinsablagerungen über dem Vorkommen das Eindringen von Wasser verhinderten. Seitdem ist in Oklo keine Kettenreaktion mehr in Gang gekommen. In dieser Hinsicht ist die Sicherheit also wirklich absolut.

Die Gegner der Kernenergie beziehen sich allerdings nicht auf Oklo, sondern auf Nuklearkraftwerke. Zwar gibt es bislang keinen einzigen Fall, in dem auch nur ein Mensch durch Atomreaktoren zu Schaden gekommen wäre. Kernenergiegegner berufen sich aber darauf, daß es geschehen könnte. Darin haben sie zweifellos recht. Was aber bedeutet die Feststellung, Reaktorkatastrophen seien »durchaus nicht unmöglich«, tatsächlich?

Da ein Kernreaktor unmöglich explodieren kann, geht Gefahr allein von den radioaktiven Strahlungen aus, die im Uran entstehen oder durch Atomspaltungen erzeugt werden. Das Problem ist, sie im Kernkraftwerk zurückzuhalten, damit sie nicht oder höchstens in ungefährlichen Mengen in die Umwelt gelangen, und zwar unter allen denkbaren Umständen. Diese Aufgabe ist für die Technik grundsätzlich nicht neu: Man braucht Sperren in mehreren Stufen, die allen absehbaren Belastungen widerstehen müssen. Das ist eine Frage der Materialkunde und der Dichtungstechnik. Sie beginnt bei den Wandungen der einzelnen Spaltstoffstäbe, in die das Uran eingeschlossen ist, und endet bei der Umhüllung der gesamten Nuklearanlage. Sie

Oben: Blick in den geöffneten Reaktor des ersten deutschen Atomschiffes »Otto Hahn«. Hier wird der mit Hilfe der Reaktorwärme erzeugte Dampf zum Antrieb der Schiffsturbinen verwendet. Die »Otto Hahn« befährt seit sieben Jahren als Frachtschiff die Meere, ohne daß es je zu einem Zwischenfall gekommen wäre. Foto dpa

Links: Der Kern eines Siedewasser-Reaktors wird mit Spaltstoff beladen. Die geometrische Anordnung der Brennstoffstäbe verhindert zuverlässig jede Explosion des Reaktorkerns. Diese Sicherheit ist absolut. – Turnusmäßig wird nach jeweils einem Jahr ein Drittel aller Brennelemente ausgewechselt. Foto Kraftwerk Union

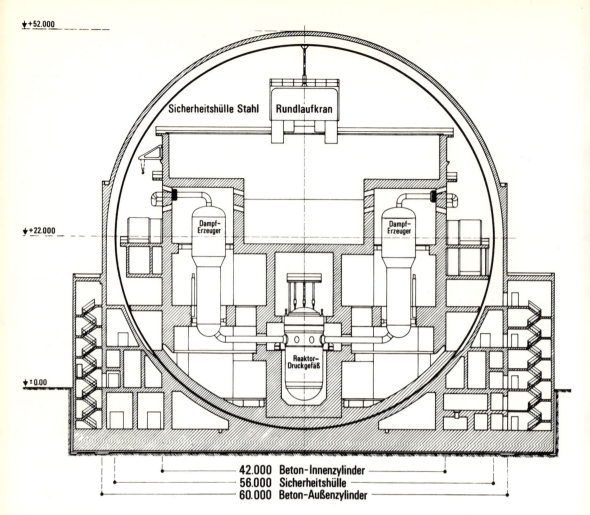

Dieses Schnittbild des Kernkraftwerkes Biblis zeigt die gewaltigen Sicherheitsvorkehrungen beim Bau solcher Anlagen. Das Reaktor-Druckgefäß befindet sich in einem Beton-Zylinder, der von einer Stahlkugel eingeschlossen wird. Diese Sicherheitshülle hält eventuell ausströmenden Dampf bei Bruch der Hauptkühlleitung zurück. Sie wiederum ist von einem 80 cm mächtigen Betonmantel nach außen abgeschirmt.

muß so ausgelegt werden, daß sie dem Druck standhält, der sich aufbauen würde, wenn das gesamte Wasser im Reaktor verdampfte. Dies ist das, was die Kerntechniker als den »Größten anzunehmenden Unfall (GaU)« bezeichnen: die Möglichkeit, daß — vielleicht durch einen Rohrbruch — alles Wasser aus dem Reaktorkern entweicht. Bei der Zulassung eines Kernkraftwerks muß der Hersteller nachweisen, daß diesem Störfall Rechnung getragen ist. Das geschieht einerseits durch Nottanks über dem Reaktorkern, deren Ventile sich beim GaU öffnen, so daß das Wasser in den Kern fällt, andererseits durch Notpumpen, die Wasser aus anderen Hilfstanks zuleiten und sogar das ausgelaufene Wasser wieder in den Kern zurückpumpen. Die Gefahr liegt nämlich in der Energie, die durch die radioaktiven Spaltprodukte freigesetzt wird. Ohne Notkühlung würde die erzeugte Wärme ausreichen, die Spaltstoffstäbe zu schmelzen. Das Material wäre so heiß, daß es sich durch das Fundament des Reaktors hindurchschmelzen könnte.

Was aber bedeutet die Zulassungsvorschrift, daß der GaU beherrscht werden muß, in der Praxis? Wollte man dergleichen auf Kraftfahrzeuge anwenden, dürften nur noch Wagen auf unseren Straßen fahren, deren Insassen bei einem Frontalzusammenstoß auf der Autobahn nichts weiter als blaue Flecken davontrügen. Was im Straßenverkehr utopisch erscheint, ist freilich in der Kerntechnik selbstverständlich. Die Notkühleinrichtungen sind drei- und vierfach angelegt, wobei jede einzelne ausreicht, um den GaU zu beherrschen. Dennoch – es ist nicht völlig unmöglich, daß alle ausfallen. Die Sicherheitsfachleute bezeichnen das als »Restrisiko«. Es ist ein wichtiger Punkt in der Auseinandersetzung zwischen Kernenergiegegnern und -verfechtern. Wenn etwas nicht absolut unmöglich ist, muß man es im mathematischen Sinne als wahrscheinlich bezeichnen. Die Kritiker aber fordern Sicherheit. Es geht somit um die Frage, was man unter dem Wort »Sicherheit« üblicherweise versteht.

Jährlich sterben auf den Straßen der Bundesrepublik Deutschland rund 15 000 Menschen bei Verkehrsunfällen. Da die Bundesrepublik ungefähr 60 Millionen Einwohner hat, beträgt mein Risiko, durch einen Verkehrsunfall ums Leben zu kommen, im Jahr 15 000:60 000 000, also 1:4 000. Einen tödlichen Unfall habe ich statistisch also einmal in 4 000 Jahren zu erwarten.

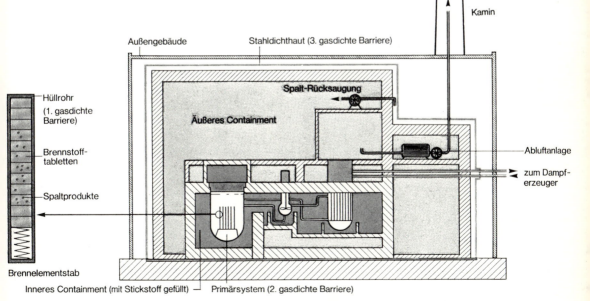

Verschiedene »Barrieren« verhindern, daß Radioaktivität nach außen dringt und die Umgebung gefährden könnte: Das spaltbare Uran ist in Metallrohren eingeschlossen. Als nächste Hülle wirkt das Druckgefäß, in das diese Brennelemente eingesetzt werden. Weiter nach außen folgen Betonwände zur Strahlabschirmung sowie eine gasdichte Stahlhaut, die noch einmal von einer Betonabschirmung umgeben ist.

Und hier das Brennmaterial für einen Kernreaktor: Uranoxyd. Zu Tabletten gepreßt (oben links) wird der Spaltstoff in Röhren aus Spezialstahl gefüllt, deren Enden versiegelt werden (oben). Die Brennstäbe werden in Kassetten geladen, so daß festgelegte Zwischenräume entstehen (unten). Die Röhren sind gasdicht, so daß auch keine gasförmigen Spaltprodukte entweichen können. Frische Brennstäbe sind verhältnismäßig harmlos, abgebrannte nur in »heißen Zellen« aufzuarbeiten. Fotos Hehl, Baier

Da der Mensch aber im Durchschnitt eine Lebenserwartung von 70 bis 75 Jahren hat, könnte es – überspitzt gesagt – durchaus »passieren«, daß dieser tödliche Verkehrsunfall erst lange nach meinem tatsächlichen Tode eintritt. Das ist einer der Gründe, weshalb Autofahrer keine Bedenken haben, ihren Wagen zu benutzen. Sie glauben sich vor einem Unfall sicher, obwohl das ein Irrtum ist. Statistisch kann es jeden Verkehrsteilnehmer in diesem Jahre treffen; die Statistik vermag nur nicht anzugeben, wen es treffen wird. Denn im Einzelfall – und das wird meist übersehen – sagen Statistiken strikt gar nichts aus. Für mich persönlich gibt es nur zwei Möglichkeiten: Entweder ich falle in diesem Jahr einem Verkehrsunfall zum Opfer oder nicht. Eine dieser beiden Möglichkeiten wird eintreten, so daß jede die mathematische Wahrscheinlichkeit »1 aus 2«, also 1:2 hat. Diese Angabe ist sinnlos. Den gleichen Wert hat die Voraussage eines Kindes, an seinem sechzigsten Geburtstag werde es regnen. Natürlich mag das sein. Aber auch hier ist die Wahrscheinlichkeit 1:2.

Die »Sicherheit« im Verkehr erscheint Millionen Kraftfahrern durchaus befriedigend. Sie machen sich keine Gedanken mehr um sie. Das gleiche gilt für den elektrischen Strom, durch den im Jahr durchschnittlich 290 Bundesbürger sterben. Vom Blitz werden im langjährigen Mittel jährlich 47 Bundesbürger getroffen. Es gibt niemanden, der den elektrischen Strom als unsicher verteufelt oder Blitzschläge verbieten möchte. Trotz aller Autofeindlichkeit in der Zeit nach der Ölkrise ist niemand auf den Gedanken gekommen, ein Verbot des Kraftverkehrs zu fordern. Dagegen wenden manche Menschen sich gegen die Kernenergie, weil sie sie für unsicher halten, obwohl bislang auf der ganzen Welt kein einziger Mensch nachweislich durch die Folgen des Kernkraftwerkbetriebs gestorben oder auch nur zu Schaden gekommen ist. Wir haben es also mit der fast grotesken Situation zu tun, daß eine Technik für ausreichend sicher gehalten wird, obschon ihre Anwendung Tausende Opfer fordert, eine andere dagegen für unsicher, wiewohl sie bislang keinen Schaden angerichtet hat. Offenbar hat das Wort »sicher« hier unterschiedliche Bedeutungen. Es wird mit zweierlei Maß gemessen.

Das bedeutet nicht, daß die Nutzung der Kernenergie völlig ungefährlich wäre. Allerdings hat sich bisher bei allen Reaktorunfällen in Deutschland gezeigt, daß die vorgeschriebenen Sicherheitsvorrichtungen entwurfsgemäß funktionierten. Obwohl ein Unfall im Kernkraftwerk Obrigheim und ein zweiter im Kernkraftwerk Würgassen als sehr schwer gelten müssen, kam es nicht zur Katastrophe. Unfälle lassen sich nicht ausschließen, wohl aber kann man Vorsorge treffen.

Sie mag nicht immer ausreichend sein. Einmal in 100 000 bis 170 000 Betriebsjahren eines Kernkraftwerks läßt sich nach statistischen Rechnungen der Eintritt des Restrisikos erwarten, das heißt die Reaktorkatastrophe, bei der Radioaktivität in derartigen Mengen austritt, daß Menschen zu Schaden kommen und ein Mensch den Tod findet. Nicht alle Fachleute sind sich in dieser Schätzung einig. Kritiker haben befürchtet, daß sie zehnmal zu hoch angesetzt sei und daß ein solcher »großer Unfall« schon alle 17 000 Jahre zu erwarten stehe. Dies käme dann der mathematischen Wahrscheinlichkeit gleich, daß alle Verkehrsflugzeuge, die sich im Warteraum des größten deutschen Flughafens, nämlich Frankfurt/Main, aufhalten, in einem Punkt zusammenstoßen und gemeinsam in das nahe gelegene Waldstadion stürzen, wo gerade ein Schlagerspiel stattfindet. Wer mit dem Argument, daß eine solche Luftfahrtkatastrophe tatsächlich möglich ist, die Abschaffung von Verkehrsfliegerei und Fußball fordern wollte, würde von seiner Umwelt wahrscheinlich nur mitleidig belächelt. Daß viele Leute die gleiche Forderung bei Kernkraftwerken ernsthaft erheben, ist nur auf den ersten Blick erstaunlich: Kernenergiegegner profitieren nur allzu oft von der Unsicherheit ihrer Zuhörer, von dem verständlichen, sachlich aber gefährlichen Bestreben vieler Fachleute, in ihrem Fachjargon zu verharren und bei Unfällen »die Öffentlichkeit nicht beunruhigen« zu wollen. Tatsächlich geschieht das Gegenteil.

Hier wird der Sicherheitsbehälter, eine gewaltige Stahlkugel, in das Kernkraftwerk Würgassen eingefahren. Die Öffnung im Gebäude wird danach zubetoniert. Im 670-MW-Kernkraftwerk Würgassen hat sich einer der schwersten Reaktorunfälle der Bundesrepublik ereignet. Die Sicherheitsvorkehrungen funktionierten einwandfrei: Radioaktivitäten wurden zurückgehalten, Menschen wurden nicht gefährdet.

Nehmen wir einmal an, daß ein Restrisiko auf 17 000 Reaktorbetriebsjahren richtig sei. Bei 20 Kernkraftwerken, die derzeit in der Bundesrepublik Deutschland in Betrieb oder bestellt sind, ließe sich dann alle 850 Jahre ein derartiger Unfall mit e i n e r Todesfolge erwarten. Auf einen der rund 60 000 000 Einwohner der Bundesrepublik bezogen, würde das die mathematische Wahrscheinlichkeit von 1:51 Milliarden je Jahr bedeuten, daß er einer solchen Reaktorkatastrophe erliegt. Anders gerechnet, müßte er 51 Milliarden Jahre leben, um mit Gewißheit bei einem Kernkraftwerksunfall zu sterben. Das Weltall ist aber nach neueren Schätzungen »nur« 18 Milliarden Jahre alt!

Die Arbeiten am 1300-MW-Kernkraftwerk Biblis, Block B, machen Fortschritte. Hier wird der 525 t schwere Druckbehälter, eines der größten in der Welt gebauten Reaktorteile, eingebaut. Das Druckgefäß hat eine Länge von 13,25 m, einen Außendurchmesser von 5,78 m und eine Wanddicke von 243 mm. Zwei Zugwagen mit zusammen 750 PS waren nötig, um Unterteil und Deckel zu transportieren.

Verglichen mit den 850 Jahren für das nukleare Restrisiko (bei 20 Kernkraftwerken in der Bundesrepublik Deutschland) kommt es jährlich einmal zu Brandkatastrophen, bei denen jeweils zehn Menschen den Tod finden. Dammbrüche, denen jeweils zehn Menschen zum Opfer fallen, kommen knapp einmal in einem Jahrhundert vor. Der Mensch hat also mehr Grund, Feuer oder Talsperrenbrüche zu fürchten als Kernkraftwerkskatastrophen.

Amerikanische Ingenieure haben im Rahmen einer Sicherheitsstudie den »extremen Reaktorunfall« ausgerechnet. Damit er zustande kommt, sind nicht nur das Versagen a l l e r Sicherheitseinrichtungen, ein katastrophaler Brand innerhalb der geschützten Zone und eine Dampfexplosion notwendig,

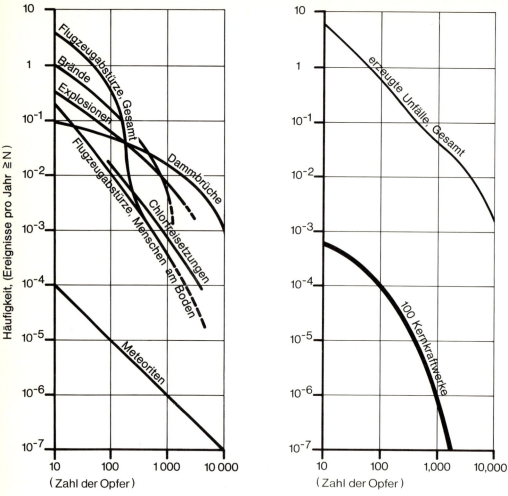

Der Vergleich nuklearer und nicht nuklearer Risiken ergibt, daß weithin für unwahrscheinlich gehaltene Unfälle häufiger vorkommen als Reaktorunfälle. Der Übergang von einem Teilstrich zum anderen bedeutet Verzehnfachung. In der Waagerechten ist die Zahl der Todesopfer eingetragen, die ein Unglück fordert, in der Senkrechten die maximale Häufigkeit je Jahr, bezogen auf die USA. Daß ein Feuer 10 Opfer fordert, kommt einmal im Jahr vor. Eine Reaktorkatastrophe mit 10 Opfern ist nur alle 2000 bis 5000 Jahre einmal zu erwarten.

die die äußere Umhüllung – sie ist so stark, daß sie Flugzeugabstürzen standhält – zerreißt, sondern auch äußerst ungünstige Wetterbedingungen, die verhindern, daß sich die entweichende Radioaktivität verteilt, sowie die sicherheitshalber höchstzulässige Bevölkerungsdichte in Reaktornähe. Eine solche Katastrophe würde 2 300 Menschen das Leben kosten und bis zu hundert Quadratkilometer Gelände auf Jahrzehnte verseuchen. Die Wahrscheinlichkeit beträgt 1:10 Millionen je Jahr. Sie ist gleich der Wahrscheinlichkeit, daß ein aus den Tiefen des Weltraums kommender Großmeteorit 10 000 Menschen erschlägt.

Reaktorkatastrophen können aber auch bewußt ausgelöst werden, durch Sabotage vielleicht, oder von Terroristen. Die Wahrscheinlichkeit dafür entzieht sich der Berechnung, ebenso wie die Frage, was im Kriegsfalle mit Kernreaktoren geschehen würde. Man kann freilich vermuten, daß kein Gegner ein Interesse daran hätte, sie zu zerstören. Er würde die Umgebung so verseuchen, daß seine Truppen das betroffene Gebiet aus Sicherheitsgründen nicht mehr besetzen könnten.

Kalkulierbar bleibt der Absturz eines Flugzeugs auf ein Kernkraftwerk. Gerechnet auf eine Fläche von 100 auf 100 Meter – das ist sehr viel mehr als der nukleare Teil des Kernkraftwerks groß ist – beträgt die Wahrscheinlichkeit 1:100 000 im Jahr. Dagegen gibt es allerdings technische Mittel. Man kann den »heißen Teil« des Kernkraftwerks in so starke Umhüllungen einschließen, daß sie selbst dem Absturz eines Jumbo-Jets widerstehen. Das ist nicht bei allen deutschen Kernkraftwerken vorgesehen worden, beispielsweise nicht in der Nuklearanlage von Gundremmingen. Sie wurde nämlich gebaut, ehe es Jumbo-Jets gab.

Freilich liegt Gundremmingen auch abseits der Jumbo-Routen. Nach deutscher Gesetzgebung sind die Sicherheitskontrollen mit der Zulassung der Reaktoranlage aber keinesfalls beendet. Die Aufsichtsbehörden der Länder und des Bundes können jederzeit nachträgliche Umbauten verlangen und sogar die Betriebserlaubnis zurückziehen, wenn neuere Erkenntnisse dies geboten erscheinen lassen. Ein von dem Chemiewerk BASF in Ludwigshafen/Rhein beantragter Kernreaktor wurde übrigens mit der Begründung, daß in den letzten fünfzig Jahren hier zwei schwere Explosionen vorgekommen seien, die auch in der weiteren Umgebung Schaden anrichteten, nicht genehmigt. In Ludwigshafen geht es also nicht darum, die Umgebung vor dem Reaktor, sondern darum, den Reaktor vor seiner Umgebung zu schützen.

Kernkraftwerksgegner befürchten aber auch Gefahren aus dem täglichen Normalbetrieb der Kernkraftwerke, die dabei sowohl an die Luft als auch an das Wasser Radioaktivitäten abgeben. Die Kernkraftwerksbetreiber haben über diese Abgaben an die Umwelt laufend Bericht zu erstatten, und die Behörden überwachen von sich aus die Kernkraftwerksumgebung. Kernreaktoren geben vor allem Krypton (ein Edelgas) und Tritium (überschweren Wasserstoff) an ihre Umgebung ab. Kohlekraftwerke entlassen, was nur wenige wissen, bei gleicher Leistung durchschnittlich die gleiche Radioaktivität in die Umgebung wie ein Kernkraftwerk. Bei der Kohle geht es allerdings um das Element Radium und seine Folgeprodukte, und Radium ist biologisch sehr viel gefährlicher als Krypton oder Tritium. Trotzdem gibt es in dieser Hinsicht keine Kontrollen von Kohlekraftwerken. Der Grund: Weil die tatsächlichen Gefahren gering sind.

Wie gefährlich eine Strahlung ist, wird in »rem« angegeben. Das rem ist streng genommen keine Maßeinheit, sondern ein Vergleichsmaßstab, um die biologische Wirksamkeit unterschiedlicher Strahlungen zu bewerten. Dabei wird die biologische Wirksamkeit der Röntgenstrahlung gleich 1 gesetzt.

Betastrahlen geringer Energie, wie sie beispielsweise von Tritium oder Krypton aus Kernkraftwerken abgegeben werden, kommt eine »relative biologische Wirksamkeit« (RBW-Faktor) 0,08 zu. Mit dieser Zahl muß die physikalisch gemessene Betastrahlungsdosis multipliziert werden, um zur biologischen Bewertung zu gelangen. Erst bei sehr hohen Energien erreichen Betastrahlen den RBW-Faktor 1. Alphateilchen, wie sie vom Radium ausgehen, haben dagegen RBW-Faktoren zwischen 15 und 20. Dies wird dann besonders wichtig, wenn Radium in den menschlichen Körper gelangt. Es ist chemisch dem Calcium ähnlich und wird deshalb in das Knochengerüst eingebaut. Von hier aus kann es insbesondere das blutbildende Knochenmark mit ionisierenden Teilchen »beschießen«. Dagegen sind Krypton und Tritium biologisch nicht aktiv; gelangen sie in den Organismus, werden sie nicht eingebaut, sondern nach kurzer Verweildauer wieder ausgeschieden.

Für den Strahlenschutz ebenso wichtig ist die Verdünnung radioaktiver Stoffe. Es leuchtet ein, daß es einen Unterschied ausmacht, ob eine bestimmte Radioaktivität in einem Liter oder vielleicht in einer Million Kubikmeter verteilt ist. Auch in dieser Hinsicht ist die Angabe in rem der Maßstab.

Die praktischen Erfahrungen mit dem Betrieb von Kernkraftwerken sollten ängstliche Gemüter beruhigen. Die Überwachungsmessungen durch Gesundheits- und Umweltschutzbehörden ergeben eine jährliche Strahlenbelastung von knapp 1 Millirem. Fast die gleiche Strahlenbelastung, nämlich 0,7 bis 0,8 Millirem (durch Röntgenstrahlung) im Jahr erfährt, wer täglich im Mittel 2,3 Stunden vor dem Farbfernsehgerät sitzt. Diese Zeit ist nicht ohne Bedacht genannt: der durchschnittliche Deutsche verbringt nach Ermittlungen der Bundesregierung tatsächlich 2,3 Stunden täglich vor dem Bildschirm. Wie wenig 0,8 Millirem ist, ergibt sich aus dem Vergleich mit der natürlichen Strahlenbelastung des Menschen, die aus der Radioaktivität der Gesteine und des Bodens, auch aus der kosmischen Strahlung stammt. Sie liegt bei 110 bis 120 Millirem im Jahr. Mit der Höhe des Aufenthaltsortes über dem Meeresspiegel steigt sie geringfügig. Durch einen Umzug von Hamburg nach München entsteht dem Umziehenden tatsächlich eine höhere zusätzliche Belastung als durch Kernkraftwerke. Niemand würde freilich auf den Gedanken kommen, Süddeutschland zum »unsicheren Gebiet« zu erklären.

Erheblich größer ist die Strahlenbelastung des durchschnittlichen Bundesbürgers durch die Medizin. Nach Unterlagen des Bundesgesundheitsamtes beträgt sie jährlich 50 Millirem, die überwiegend bei Untersuchungen mit Röntgenstrahlen entstehen. Man wird der Sache nicht gerecht, wenn man lediglich feststellt, daß die medizinische Strahlenbelastung eines Jahres der von einem halben Jahrhundert Aufenthalt am Kraftwerkszaun entspricht. Denn der Arzt benutzt die Röntgenstrahlung, um seine Patienten vor einem Schaden zu bewahren, der viel größer sein mag als ein – vielleicht nur angenommener – Schaden durch die ionisierende Strahlung. Die Abwägung zweier Risiken gegeneinander ist jedoch nicht nur in der Medizin üblich.

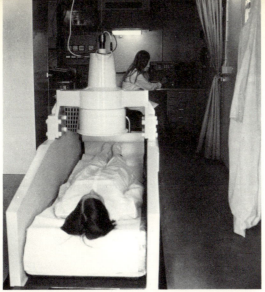

Auch Kernreaktoren sind Menschenwerk und können kaputt gehen; deshalb bleibt ein Restrisiko, gegen das alle erdenkliche Vorsorge getroffen wird. Oben links: Meteorologischer Meßmast zur Überwachung des Kleinklimas in der Umgebung des Kernforschungszentrums Karlsruhe. Die Meßinstrumente auf den Auslegern übermitteln die Meßdaten an einen Computer, wo sie jederzeit abgerufen werden können. – Mitte: Alle in einer kerntechnischen Anlage beschäftigten Mitarbeiter unterliegen der Überwachung mit dem Ganzkörperzähler. – Rechts: Doppelmeßstelle der Zählrohrmonitoranlage am Zaun des Kernforschungszentrums. – Links: Dieses ferngelenkte, geländegängige Manipulator- und Strahlenmeßfahrzeug kann bei Reaktorunfällen eingreifen.

Internationale Strahlenschutzbestimmungen legen die höchstzulässige Dosis, der ein Mensch in 20 Berufsjahren ausgesetzt werden darf, auf 100 rem fest. Als Gefährdungsschwelle gilt, entsprechend der Erfahrung mit ionisierender Strahlung seit 80 Jahren, für die 20jährige Berufszeit 500 rem. Zwischen höchstzulässiger Belastung und Gefährdungsschwelle besteht also noch ein gehöriger Sicherheitsabstand. Völlige Sicherheit gewährleisten aber die Strahlenschutzbestimmungen der Medizin auch nicht. Feststellungen der Weltgesundheitsorganisation in Genf zufolge kann es bei ständiger Strahlen-

Blick in einen sogenannten Schwimmbeckenreaktor am Hahn-Meitner-Institut in Berlin. Das Leuchten um den Kern ist auf den Čerenkov-Effekt zurückzuführen: Neutronen, die mit einer höheren Geschwindigkeit als der Lichtgeschwindigkeit im Wasser fliegen, werden abgebremst. Ihre »überschüssige« Bewegungsenergie wird in Form eines bläulichen Leuchtens abgegeben. Auf der Wasseroberfläche spiegelt sich das Dach der Reaktorhalle. Der gelbe Schatten gehört zur Sicherheitsreling um das Becken. Foto Baier

belastung mit den höchstzulässigen Werten auf eine Million Menschen zu vier Fällen von Strahlenkrebs kommen. Da von dieser Million aber 250 000 Menschen ohnehin an Krebs sterben werden, lassen sich die vier Strahlenkrebsfälle mit keiner bekannten Methode ausmachen.

Gewiß gibt es weit schrecklichere Schätzungen der Krebssterblichkeit durch den Betrieb von Kernkraftwerken. Keine hat bislang jedoch der medizinischen Nachprüfung standgehalten. Bekannt geworden ist vor allem die des Amerikaners Sternglass, ihrem Wesen nach eine statistische Auswertung. Statistiker hatten sofort nach der Bekanntgabe Zweifel angemeldet: Die von Sternglass benutzte Methode sei auch zum Nachweis geeignet, daß der Storch die Kinder bringe. Eine Medizinerkommission, die Sternglass' Behauptungen nachging, hat die Zweifel voll und ganz bestätigt. In der benutzten Statistik der Kindersterblichkeit fand sich beim Nachprüfen aller Einzelfälle kein einziger Strahlenschaden. Die Todesursachen waren die gleichen wie überall in der Welt. Sternglass hatte den primitivsten Fehler gemacht, der bei der Auswertung einer Statistik passieren kann: Er hatte vergessen, den Zusammenhang zwischen einer Erscheinung und der vermuteten Ursache nachzuweisen. Sein Fall enthält eine wichtige Lehre: Auch Professoren können sich irren.

Tatsächlich liegt die Schwachstelle der Kernenergienutzung nicht in den Atomkraftwerken, sondern in den Wiederaufbereitungsfabriken. Dort werden abgebrannte Spaltstoffe von Spaltprodukten befreit, so daß sie wieder in den Reaktor eingesetzt werden können. Dazu müssen die gasdichten Hüllen aus zähem Edelstahl geöffnet werden, in die die Spaltstoffe bislang eingeschlossen waren. Wenn die Sicherheitsvorschriften nicht strengstens eingehalten werden, können dabei Spaltprodukte in die Umwelt gelangen. Darunter befindet sich auch Plutonium 239, ein spaltbares Isotop, das durch Einfang von Neutronen in jedem Reaktor aus dem nicht spaltbaren Uran 238 gebildet wird. Plutonium gilt als das stärkste bekannte Gift.

Alles Neue erscheint gefährlich – so nimmt es nicht wunder, wenn Menschen gegen die Errichtung von Kernkraftwerken protestieren, wie hier in Wyhl am Rhein, und sogar die Polizei eingreifen muß. Wichtig ist, wie schnell das Neue auf uns zukommt und wieviel Zeit bleibt, uns an bestimmte Gefahren zu gewöhnen. Auch die Eisenbahn wurde einst verteufelt, und der Tod durch einen elektrischen Schlag in der Wohnung ist wahrscheinlicher als durch einen Reaktorunfall.

Obwohl die Wiederaufbereitung weitgehend automatisiert ist, sind schon wiederholt Unfälle vorgekommen. Zum Teil wurden sie durch Leichtsinn verursacht, der bei langer Gewöhnung an eine Gefahr entsteht. Daß solche Mißachtungen von Sicherheitsvorschriften möglich sind, muß man schon als bedrohlich empfinden.

Leichtsinn hat es auch bei der Beförderung radioaktiven Stoffes gegeben. Vor einigen Jahren wurde ein amerikanisches Verkehrsflugzeug, das im Laderaum spaltbares Material beförderte, nach Kuba entführt. Die Entführung war möglich, weil der Transport unbewacht war. Daß die Geschichte glimpflich ausging, war nicht das Verdienst der Verantwortlichen: Die kubanischen Zollbeamten hatten nicht gemerkt, welch interessante Fracht das Flugzeug beförderte.

Zu Beginn dieses Jahres wurde ein einfacher Lastwagen auf einer südfranzösischen Landstraße in einen Auffahrunfall verwickelt. Bei dem Zusammenstoß wurden einige Fässer der Ladung auf die Straße geschleudert. Sie zerplatzten und verstreuten eine pulverförmige Uranverbindung. Die Straße mußte gesperrt und von Spezialeinheiten gereinigt werden. Sie trugen sogar noch die oberste Schicht der Straßendecke ab, um die Verseuchung zu beseitigen. Die Nachlässigkeit lag hier darin, daß die Uranverbindung in einfache Fässer gefüllt wurde, die auf der Pritsche nicht einmal durch besondere Vorkehrungen gesichert waren. Deutsche Vorschriften verlangen fallsichere, TÜV-geprüfte Transportbehälter. Es ist sachlich nicht immer berechtigt, die Sicherheit der deutschen Kernindustrie mit Vorfällen aus dem Ausland anzuzweifeln. Das gilt auch umgekehrt. Zwar sind die Strahlenschutzbestimmungen international, aber die vorgeschriebenen Sicherheitsvorkehrungen, die ihre Einhaltung gewährleisten, können von Land zu Land verschieden sein.

Solche Zwischenfälle sind bis heute glücklicherweise selten geblieben. Mit steigender Zahl der Kernkraftwerke wird zwangsläufig auch die Zahl der Wiederaufbereitungsanlagen zunehmen, ebenso die der Transporte von

Nuklearmaterial. Die Gefährdung wächst also. Man wird nicht einmal die Möglichkeit ausschließen dürfen, daß Transporte selbst abgebrannter Spaltstoffe entführt werden könnten. Das Plutonium, das sie enthalten, kann mit chemischen Mitteln, also sehr viel leichter als Uran-235, abgetrennt werden. Dieses Plutonium wäre zwar kein idealer, wohl aber ein brauchbarer Sprengstoff. An ihm könnten nicht nur Terroristen interessiert sein, sondern auch »gewöhnliche« Kriminelle: Plutonium ist teuer.

Bislang gibt es etwa mehr als 200 Menschen, die Plutonium in gefährlichen Mengen eingeatmet haben. An ihnen hat sich eine Wissenslücke der Nuklear- und Strahlenmedizin erwiesen: Sie leben noch, obschon die meisten von ihnen nach menschlichem Ermessen längst tot sein müßten. 25 amerikanische Soldaten, die in den vierziger Jahren bei den Vorbereitungen für die ersten Atombomben lebensgefährlich mit Plutonium verseucht wurden, stehen seitdem unter ärztlicher Überwachung. Sie erfreuen sich einer durchaus normalen Gesundheit. Vorläufig sind sie für die Medizin ein Rätsel, das im Interesse der Sicherheit aller dringend der Lösung bedarf.

Von den Ingenieuren hingegen muß man verlangen, daß sie alles Menschenmögliche tun, um die Sicherheit der gesamten Kernindustrie so hoch wie nur irgend möglich zu treiben. Die Frage, ob wir die Kernenergie nutzen sollen, hat damit aber nichts mehr zu tun. Hier geht es nur noch darum, welchen Nutzen die Gesellschaft sich von ihr verspricht und welches Risiko sie dafür in Kauf zu nehmen bereit ist.

Das Energieangebot stammt aus einer Quelle, deren technische Zuverlässigkeit mittlerweile belegt ist, und es wird schon in naher Zukunft darüber entscheiden, ob Abermillionen Menschen die bescheidenste aller Lebensqualitäten, nämlich eine ausreichende Ernährung, gewährleistet werden kann. Kernenergie, heute die billigste aller großtechnisch verwertbaren Energiequellen, berührt sogar die satten Bürger der Industriestaaten, wie der Anstieg der Öl- und Kohlepreise seit Oktober 1973 allen deutlich gemacht hat. Natürlich kann, wer seinen Arbeitsplatz und seinen vollen Lohn in der Wirtschaftskrise behalten hat, nun sagen, das kümmere ihn nicht. Natürlich kann man meinen, verhungernde Menschen in Bangla Desh, in Indien oder der Sahel könnten uns Europäern gleichgültig sein. Ob das eines Menschen würdig ist, steht auf einem anderen Blatt. Es ist nicht einmal sicher, ob es stimmt, daß uns so etwas nicht berührt.

Ein Arzt, der ein Medikament verordnet, hat fast stets mit Nebenwirkungen zu rechnen, doch ihm geht es um die Hauptwirkung, nämlich um die Gesundung eines Kranken. Sie gibt letztlich den Ausschlag. Daß es dabei auch zu Fehlleistungen kommen kann, hat die Thalidomid-Affäre bewiesen, die mehr genetische Schäden nach sich zog, als Kernkraftwerken bisher angelastet werden konnte. Und das führt uns unmittelbar zu der Frage zurück, was Sicherheit eigentlich bedeutet. Es wäre unehrlich, bei der Kernenergie andere Maßstäbe anzuwenden als bei anderen Risiken des Alltags. »Absolute Sicherheit« ist Utopie.

Von der Kranwaage direkt in den Büro-Computer

VON HELLMUT DROSCHA

Öl- oder Energiekrisen fördern die Bereitschaft, über alles nachzudenken, was dazu beiträgt, Stoff und Energie besser zu nutzen. Das aber heißt Material, Kraft und Wärme einsparen, Wege und Zeit bei Arbeits- oder auch Transportvorgängen verkürzen. Eine Neuerung liefert jetzt in Industriebetrieben ebenso wie auf Umschlagplätzen – vor allem in Häfen, aber auch in Großhandelslagern – fast täglich wichtige Beiträge zum »Vernünftigermachen«, was ja im Grunde Rationalisierung bedeutet.

Überall dort, wo Güter mit dem Kran befördert werden, gleichgültig, ob es sich um Roh- oder Hilfsstoffe, Halbfertigteile oder fertige Erzeugnisse handelt, sind sie meist auch zu wägen. In der Regel dient dazu eine Bodenwaage, die irgendwo zwischen dem Aufnahme- und dem Absetzpunkt des jeweiligen Gutes angeordnet ist. Daß sie in die Förderroute einbezogen werden muß, bedeutet häufig einen Umweg. Immer aber ist das Wägen des Gutes auf der Bodenwaage ein gesonderter, meist zeitraubender Arbeitsgang. Außerdem sind gelegentlich Kontroll- oder Instandsetzungsarbeiten an der Bodenwaage notwendig, die den Betrieb dann erheblich stören. Wenn es gelingt, das Gut beim Transportieren selbst zu wägen, die Gewichtsermittlung also unmittelbar in den Fördervorgang einzubeziehen, bringt das für den Arbeitsablauf erhebliche Vorteile.

Kennzeichen einer entsprechenden Anlage ist die elektromechanische Kranwaage. Hierzu sind hochgenaue Kraftmeßdosen, sogenannte Wägezellen, an verschiedenen Stellen des Krans so eingebaut, daß sie das volle Gewicht des

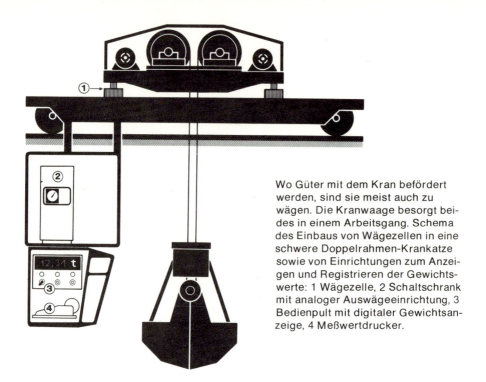

Wo Güter mit dem Kran befördert werden, sind sie meist auch zu wägen. Die Kranwaage besorgt beides in einem Arbeitsgang. Schema des Einbaus von Wägezellen in eine schwere Doppelrahmen-Krankatze sowie von Einrichtungen zum Anzeigen und Registrieren der Gewichtswerte: 1 Wägezelle, 2 Schaltschrank mit analoger Auswägeeinrichtung, 3 Bedienpult mit digitaler Gewichtsanzeige, 4 Meßwertdrucker.

zu wägenden Gutes aufnehmen, ohne daß sie durch irgendwelche anderen Teile oder Kräfte zusätzlich belastet werden und das Gewicht dadurch verfälscht wird. In dieser Dose oder, da man mehrere benötigt, in diesen Dosen steckt das Geheimnis der ganzen Methode.

Die Kraftmeßdose oder »Wägezelle« ist ein elastischer Stahlkörper von der geometrischen Grundform eines stehenden Zylinders. In seinem Inneren befinden sich sogenannte Dehnungsmeßstreifen, die so angeordnet sind, daß sie, wenn das zu wägende Gut mit seinem Gewicht auf die Dose drückt, gedehnt werden. Die Bezeichnung »Meßstreifen« ist aber noch nicht genau genug: Es handelt sich um Papier- oder Kunststoffstreifen, auf denen sehr dünne Drähte aufgeklebt sind, und durch diese Drähte fließt, da von außen eine elektrische Spannung angelegt ist, ein schwacher elektrischer Strom. Sobald nun das Gewicht auf die Dose einwirkt und die Meßstreifen und damit ihre Drähte gedehnt werden, verringern sich die Durchmesser der Drähte um eine Winzigkeit, die man mit bloßem Auge niemals wahrnehmen könnte. Aber durch die geringfügige Querschnittsverringerung ändert sich der elektrische Widerstand in den Drähten und damit die Stärke oder Menge des durchfließenden Stroms. Die Stromstärkenänderung läßt sich sehr genau messen. Sie ist dann das Maß für das Gewicht des Gutes, das so auf indirekte Weise »gewogen« wurde.

Da sich elektrische Meßwerte sehr einfach und auch über weite Strecken hinweg übertragen lassen, bietet sich die Möglichkeit der Fernmessung an. Außerdem können solche elektrisch übertragene Daten elektronisch gespei-

Auf einen Blick vermag der Lagerarbeiter das Gewicht der beförderten Stahlbündel von seinem jeweiligen Standort aus abzulesen. Portalkran mit eingebauter elektromechanischer Waage und mit fahrender Leuchtziffern-Lastanzeige auf einem Lagerplatz.

chert und in jeder Weise rechnerisch verarbeitet werden. Damit ist es möglich, die elektromechanische Kranwaage über eine Fernleitung mit einer elektronischen Datenverarbeitungsanlage, also einem »Computer«, zu verbinden. Und so kann man den Wägevorgang, wo im Betrieb und bei was für einem Transport er sich auch abspielen mag, unmittelbar mit der Buchhaltung koppeln.

Für den Kranführer ist die Arbeit ganz einfach. Er braucht bloß auf einen Knopf zu drücken, und alles weitere geht von selbst. In wenigen Sekunden schlägt der Zeiger auf der Gewichtsskala aus oder die Gewichtsangabe erscheint an geeigneter Stelle in Leuchtziffern. Und wenn es sein soll, wird bei entsprechender Ausrüstung das ermittelte Gewicht in Tonnen oder Kilogramm zugleich angezeigt und durch Fernübertragung in Buchungsmaschinen oder Elektronenrechner eingegeben und dort »verarbeitet«. Der Weg führt von der Kranwaage unmittelbar in den Büro-Computer.

Das Verfahren erleichtert nicht nur die Arbeit ungemein, sondern strafft auch den Betriebsablauf. Das Gut braucht nicht mehr zur sonst unerläßlichen Bodenwaage transportiert zu werden, und der gesonderte Arbeitsgang des Wägens daselbst wird ebenso eingespart wie der Platz für die nun überhaupt nicht mehr benötigte Bodenwaage mit Fundament und Wägehaus. Der Wegfall dieser Einrichtung schlägt normalerweise stärker zu Buch als der Aufwand für das Kranwaagensystem. Hinzu kommen noch die Zeit- und Energieeinsparungen.

Die Anzeigeeinrichtungen können »mitfahren« oder ortsfest angebracht werden, nämlich innerhalb der Krankabine oder außerhalb derselben, und da wieder im Blickfeld des Kranführers oder so, daß sie vom Boden aus abgelesen werden können. Sie lassen sich auch an einer Gebäudewand befestigen, und zwar so, daß sie im Blickfeld des Kranführers liegen und es zugleich möglich ist, sie vom Boden aus abzulesen, und natürlich kann man sie auch in einer Schaltwarte unterbringen. Dabei lassen sich durch Kabel Entfernungen bis zu etwa 400 Meter überbrücken. Die Genauigkeit solcher Kranwaagen wird auf die Anforderungen des Betriebs, bei dem sie eingesetzt sind, abgestimmt; es ist zum Beispiel ein Unterschied, ob Schrott oder Edelmetall gewogen werden sollen.

Wo das ermittelte Gewicht mit dem Zeiger auf einer Skala angezeigt wird, handelt es sich in der technischen Fachsprache um das »Analogprinzip«, denn je schwerer das gewogene Gut ist, um so weiter schlägt der Zeiger aus – Ausschlag und Gewicht entsprechen einander. Die Anzeige in Zahlen dagegen – durch springende Leuchtziffern – beruht auf dem »Digitalprinzip«, denn es werden entsprechend den ursprünglich zum Zählen benutzten Fingern beider Hände zehn Ziffern (von 0 bis 9) verwendet, und Finger heißen auf lateinisch digitus. Je nach Bedarf wird bei den elektromechanischen Kranwaagen die Einrichtung der Analoganzeige mit 1000 bis 3000 Skalenteilen und die der Digitalanzeige mit 1000 bis 3000 möglichen Zahlenschritten ausgerüstet.

Oben: Erzumschlag im Antwerpener Hafen durch eine Greiferbrücke. Auch diese Krananlage für Massengüter besitzt eine elektromechanische Waage, die selbsttätig die Greifer- und ganze Schiffsladungen registriert.

Rechts: Eine Kraftmeßdose – die Wägezelle in elektromechanischen Kranwaagen. Sie setzt mechanische, nämlich Druckkräfte auf Grund des piezoelektrischen Effekts in elektrische Werte um. Fotos Droscha

Die bis jetzt größten Krananlagen, die solche Einrichtungen besitzen, sind zwei neue Greiferbrücken bei Antwerpen. Sie laden Massengüter wie Phosphate, Zink- oder Bleierz aus Seeschiffen in Binnenfrachter um und erreichen dabei eine stündliche Umschlagleistung von zusammen 850 Tonnen. Auf jeder Brücke können Mengen bis zu 15 Tonnen in einem Vorgang gewogen werden. Da die digitale Anzeigevorrichtung in 1500 Zahlenschritte, die jeweils zehn Kilogramm bedeuten, unterteilt ist, beträgt bei einer durchschnittlichen Greiferladung von zehn Tonnen der Fehler höchstens plus minus ein Promille, also ein Zehntel Prozent. Der angeschlossene Drucker zeichnet die Gewichte der einzelnen Greiferladungen auf und, indem er sie summiert, die umgeschlagenen Schiffsladungen. Alles geschieht vollautomatisch.

Gas, das aus der Kälte kommt

Erster Bohrturm auf Eisplattform in der Arktis — Hecla N-50 funkt: »Fündig mit täglich 210 000 Kubikmeter Erdgas« — Ingenieurwagnis: Pipeline aus Kanadas Polararchipel über 4800 Kilometer

VON VITALIS PANTENBURG

Mit gut 500 km/h Geschwindigkeit zog die viermotorige »Hercules« ihre Bahn auf Polkurs. Als die meergroße Hudson Bay vor ihr auftauchte, verschwanden die letzten Konturen des Festlandes; nichts mehr war um den dahinstürmenden Silbervogel als Himmel und Wasser, aufgerauht vom scharfen arktischen Norder zu hellen Kämmen, immer mehr weißgetupft von treibendem Eis.

Das Flugzeug war voll ausgelastet mit einer Forschergruppe. Ihr Ziel: Eine Bohrstelle an der Nordküste von Melville Island, eines der großen Inselländer in Kanadas Arktisarchipel. Außer für ihre notwendigste persönliche Habe — sie ließ sich gut in einem »bag«, eine Art Seesack, verstauen — brauchten die Männer für nichts zu sorgen. Alles war schon im Camp der Bohrmannschaft deponiert. Die drei Teilnehmer — Tom Norman als arktiserfahrener Bohr- und Transport-Ingenieur der Teamleiter, John Weber, Geophysiker, und Jüngster im Team: Jack Smith, Glaziologe und Ozeanograph — hatten es sich auf allerlei Gepäckstücken, Kisten und Instrumentenkoffern bequem gemacht. Sitze gab es in diesem Luftgroßfrachter — er hatte rund 30 Tonnen Nutzlast — nicht; um jeden Winkel auszunutzen, war das Flugzeug »ausgeweidet«. Die beiden jüngeren Wissenschaftler hatten sich nur zu gern zu diesem Forschungsunternehmen in der Hocharktis verpflichtet. Studenten, hauptsächlich der Wissensgebiete Ozeanographie, Glaziologie, Geophysik, Geologie und Meteorologie drängen zu Vorhaben, die der Erforschung und Erschließung von Bodenschätzen — in erster Linie Öl und Erdgas — in den nördlichsten Regionen Kanadas dienen. Sie sehen darin

Mitte: Hier bereiten die Glaziologen eine Eisdickenmessung vor. Wird die Eisdecke die schweren Bohrgeräte und die Ausrüstung tragen können? Das muß geklärt werden.

Links: Rund um das Bohrloch werden in gleichmäßigen Abständen Geophone ins Eis gesteckt. Sie orten die durch Sprengungen erzeugten und reflektierten Wellen.

Rechts: Klirrende Kälte und Schneestürme – keine Hindernisse für Landmesser bei den Vorbereitungen zur Aufschlußbohrung im übereisten Flachseegebiet der Arktis.

ebenso eine Bewährungsprobe wie eine günstige Gelegenheit, ihre theoretischen Hochschulkenntnisse praktisch anzuwenden und sozusagen an der Front Erfahrungen zu sammeln – hier meeres- und gletscherkundliche Untersuchungen vor der eisblockierten Nordküste des menschenlosen, völlig kahlen Melville Island. Man war über einem anscheinend sehr großen Erdölfeld fündig geworden.

Der Auftrag für die Forscher lautete: die Eismeerzone über dem meerwärts sehr flach abfallenden Sockel vor der Nordküste von Melville Island noch einmal auf ihre Ölhöffigkeit prüfen. Die Geophysiker und Bohringenieure vermuteten, daß ihr auf Land entdecktes Naturgasvorkommen sich in der Schelfzone untermeerisch fortsetzte. Gab es sichere Anzeichen für diese Annahme, würde man eine Testbohrung ansetzen, die allein darüber Aufschluß geben kann, ob und in welcher Tiefe der Bohrmeißel eine erdgas- oder ölgefüllte »Tasche« oder »Falle« aufreißen, man also »fündig« werden wird. Für dieses Bohrunternehmen stellte sich daher die Frage: Wie weit erstreckt sich die Flachseezone seewärts, wie tief ist das Meer hier; wie stark ist insbesondere die Eisdecke, wie groß ihre Tragfähigkeit, und welche Bewegungskräfte – Strömungen, Winde und Gezeitenhub – wirken, wenn überhaupt, auf das Eis ein?

Bei der Zwischenlandung auf dem Hauptstützpunkt Resolute (auf Cornwallis Island) hatten sie das Flugzeug gewechselt. Nun steuerte der Pilot nach einer knappen Flugstunde mit der kleinen Maschine die provisorische Landepiste an der fernhin einladenden Landmarke des Bohrturms an, um den sich ringsum Wohnwagen und Depotstapel kuschelten. Tom hielt nach dem ebenso schmackhaften wie reichlichen Willkommensmahl (arktische Bohr-

Donnernd fegt eine Riesenfontäne aus Eisbrocken und Wasser hoch. Durch Sprengungen werden künstliche Erschütterungen des Erdbodens erzeugt, die Rückschlüsse auf Erdgas- und Öllager zulassen. Exploration und Aufschlußbohrungen in der eisigen Welt des hohen Nordens erfordern neben Fachkenntnissen ein gutes Maß an Einfallsreichtum (großes Bild).

Oben: Alle drei Stunden muß der Eisforscher aus dem Zelt hinaus ins Freie, um seine Instrumente abzulesen. Die Messungen bestätigen: Das Meereis liegt hier wirklich ganz fest und ist widerstandsfähig genug, um auf diesem Naturfundament Vorarbeiten für Tiefbohrungen vornehmen zu können. Fotos Archiv Pantenburg

teams werden besonders gut versorgt) eine Lagebesprechung ab. Es galt, die knappe Spanne des Sommers zu nutzen und unverzüglich mit den Untersuchungen im Schelfeis zu beginnen.

Die »Verkehrsmittel« für die Forscher standen betriebsbereit am Saum der Piste; von hier waren es nur wenige Kilometer bis zur Küste. Neben schweren Planierraupen waren leichte, geländegängige Kettenfahrzeuge, sogenannte »Wiesel«, aufgefahren und Motor-Toboggane, auf Eis und Schnee sehr schnelle kleine Gefährte mit zwei Breitskiern vorn und einer Antriebsraupe unter dem Heck. Außerdem standen da noch eine kleine »Piper« und schließlich der Hubschrauber der Bohrstelle.

Die Forscher brauchten übrigens bis 14 Kilometer vor dem festen Land nicht zu befürchten, daß sich in der Eisdecke plötzlich Spalten öffnen und sie mitsamt Ausrüstung verschlingen könnten. Bildmeßflieger und Glaziologen hatten ein eigenartiges Phänomen entdeckt: Vor diesem Küstenstrich lag eine mehrere Meter starke Eisdecke das ganze Jahr über unverrückbar fest.

Zunächst tasteten die Forscher in dem Bereich, den die Ölgeologen für die Bohrung vorgeschlagen hatten, den Seeuntergrund »reflexionsseismisch« ab. Erdgas- und Ölsucher verzichten niemals auf diese Methode, die von dem deutschen Geologen und Geophysiker Professor Mintrop (Hannover) in den zwanziger Jahren entwickelt worden ist. Nach Durchstoßen der Eisdecke bohrten sie etwa 15 Meter tiefe Löcher in den Meeresgrund. (Die Wassertiefe betrug in diesem flachen Meeresteil nur wenige Meter.) In die Bohrlöcher wurden Dynamitpatronen eingebracht, gut verkeilt und über Drähte mit dem Zündkasten verbunden; rund um das Bohrloch steckten die Männer in gleichmäßigen Abständen faustgroße, unten mit einem Spieß versehene Geophone ins Eis und schlossen sie über Kabel an die Instrumentenbox an.

»Volle Deckung!« warnte Tom noch einmal die Gefährten, die hinter den weit abgesetzten Fahrzeugen standen. John drückte den Zündknopf: Donnernd fegte eine Riesenfontäne aus Eisbrocken und Wasser hoch; bunte Lämpchen flackerten im Meßstand auf; die Zeiger auf den Skalen vollführten einen wilden Tanz; Schreibstifte fegten vibrierend auf rotierende Papierstreifen – das »Seismogramm«.

Das Seismogramm, eigentlich eine »Karte gleicher Wellenlaufzeiten«, spiegelt das Auf und Ab des Untergrunds ziemlich genau wider. Oder anders gesagt: Bei Professor Mintrops »Reflexionsseismik« werden durch Sprengungen künstliche Erschütterungen des Erdbodens erzeugt. Man mißt dabei die Laufzeiten, die die seismischen Wellen benötigen, bis sie, beim Auftreffen auf eine im Untergrund liegende Schicht (Gestein, Sand, Ton u. dgl.) zurückgeworfen, wieder an die Erdoberfläche gelangen, wo Seismographen sie genauestens registrieren und zum Meßwagen übermitteln. Dort wandelt ein Oszillograph die zurückgeworfenen Wellen in elektrische Stromstöße und mit Hilfe einer ausgeklügelten Feinoptik in nadelfeine Lichtstrahlen um, die ein sehr schnell laufender Filmstreifen aufzeichnet. Erfahrene Geophysiker schließen aus dieser »Karte gleicher Wellenlaufzeiten« – freilich nur ganz grob –, ob sich hier zwischen Aufwölbungen eine »Tasche« oder »Falle« gebildet haben könnte. Solche senkrecht zur Oberfläche verlaufenden Falten im Festgestein gelten als ideale Erdgas- und Öllager.

Die Ergebnisse des Teams stimmten mit dem überein, was seine Vorgänger mit Hilfe anderer Verfahren herausgefunden hatten: Abweichungen im gravimetrischen und magnetischen Kraftfeld der Erde. Beide, das Schwerefeld und der Erdmagnetismus, verändern sich nämlich örtlich mit dem jeweiligen geologischen Aufbau in der Erdkruste.

Den Erkundungen war eine wissenschaftliche Luftaufklärung vorausgegangen. Aeromagnetometer, elektronisch gesteuerte, hochempfindliche Geräte, die von Flugzeugen mitgeschleppt werden, registrieren automatisch noch Unterschiede im Magnetfeld der Erde bis zu $1/_{50\,000}$stel. Geophysiker schließen daraus auf die Tiefe und Ausdehnung von Gesteinsformationen. Es entstehen geomagnetische Karten, aus denen sich die Mächtigkeit der Erdschichtungen erkennen läßt. Indes gilt für die heute geradezu hektische Jagd nach gasförmiger wie flüssiger Energie immer noch das unter Prospektoren geläufige Wort: »Wer Öl oder Erdgas finden will, muß bohren!«

So auch im Flachseegebiet vor Melville Island. Die Frage und damit das Hauptanliegen von Normans Team war nur: Wie ließ sich auf dieser Eisfläche ein Bohrturm aufrichten, der es erlaubt, wenn nötig etliche tausend Meter tief in den Meeresgrund vorzustoßen. Zwar reichte die gemessene Eisdicke von 2,5 Meter aus, eine beladene »Hercules« soeben noch sicher zu tragen, keineswegs aber, um einen 500-Tonnen-Turm daraufzusetzen mit allem Zubehör wie Antriebsmotoren, Maschinenpark, Gerät, große Stapel von Diesel- und Heizölfässern und nicht zuletzt die Wohnwagen für Mannschaft und Werkstatt.

Teamjüngster Jack Smith, nach Wochen eintöniger Arbeit rund um die Uhr inzwischen mit den Eigenschaften und Tücken arktischen Meereises vertraut, hatte über das Problem gegrübelt, wie man die Eisdecke genügend dick machen kann, um Tiefbohrungen vom Eis aus niederzubringen, ohne Mannschaft, Bohrturm und Gerät zu gefährden. »Man muß die Natur selbst mitwirken lassen«, erklärte er seinem Chef und dem kaum weniger verblüfft aufhorchenden Bohringenieur der PANARCTIC, in deren Dienst die Männer auf Melville Island standen. Sein Vorschlag war so genial wie einfach: In einem etwa 130 Meter langen ovalen Feld, in dem die Aufschlußbohrung angesetzt werden soll, wird eine größere Anzahl Löcher durch die Eisdecke getrieben. Motorpumpen heben in dieses ringsum durch einen Eis- und Schneewall abgegrenzte Oval Meerwasser, das in der scharfen Kälte der Mittwinterzeit rasch gefriert. Auf diese Weise »wächst« das Eis Tag für Tag um etliche Zentimeter. Eine derartige Decke aus Alt- und Neueis, fünf oder mehr Meter dick, ist felshart, eine Naturplattform, auf der sich auch der größte Bohrturm sicher montieren und betreiben läßt.

»Glänzende Idee«, lobte auch die PANARCTIC-Direktion im fernen Süden und gab Auftrag, einen Versuch zu machen. Student Smith saß inzwischen schon wieder in der Hochschule über seinen Büchern. Man schickte

Oben: Aus dem geräumigen Laderaum des Groß-Luftfrachters »Hercules« rollt eine Raupe auf das Eis – geländegängige Kettenfahrzeuge sind in diesen Regionen unentbehrlich, als Transport- wie als Verkehrsmittel.

Panarctic »Hecla N-50« – erster Bohrturm auf einer Plattform aus Meereis in der Zentralarktis wurde mit Erdgas fündig. 200 000 Kubikmeter am Tag werden hier seit April 1974 gefördert. Um den Turm kuscheln sich im Dämmerlicht der Polarnacht Depotstapel und Unterkünfte. Vier Monate lang bekommt die Mannschaft die Sonne nicht zu sehen, lebt sie in Eis, Schnee und Kälte (großes Bild).

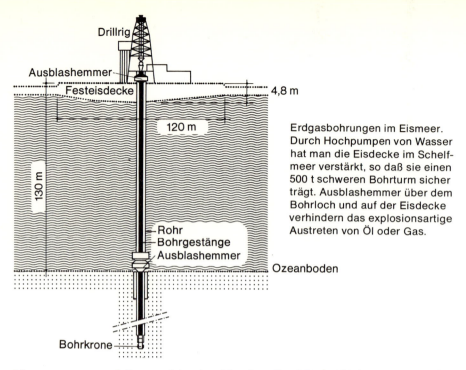

Erdgasbohrungen im Eismeer. Durch Hochpumpen von Wasser hat man die Eisdecke im Schelfmeer verstärkt, so daß sie einen 500 t schweren Bohrturm sicher trägt. Ausblashemmer über dem Bohrloch und auf der Eisdecke verhindern das explosionsartige Austreten von Öl oder Gas.

Motorpumpen und Personal in den Norden. Im März 1974 war es soweit: Eine »Hercules« transportierte auf 45 Flügen den Turm einer aufgelassenen Bohrstelle in Einzelteilen heran. Ein Meisterstück schloß die Montage »Hecla N-50« ab: Zwei »Mannlöcher« wurden ins Eis geschnitten – eines für das abzulassende Bohrgestänge, das andere, damit Taucher unter der Eisdecke arbeiten konnten. Sie mußten das Gestänge richtig führen und vor dem Absenken einen »blowout preventer«, eine Vorrichtung, die das von allen Bohrleuten gefürchtete explosionsartige »Ausblasen« von Öl oder Gas verhindern soll, über der Bohrkrone anbringen. Ein zweiter »preventer« wurde unter dem Bohrtisch im Turm eingefügt. Diese Gasmeßgeräte zeigen rechtzeitig den Druck an – bevor Bohrgestänge und Turm der Bohrmannschaft um die Ohren fliegen.

Schon im April 1974, nach knapp einem Monat rauher Bohrarbeit, funkte Projekt »Hecla N-50«, der erste Bohrturm auf purem Eis im arktischen Ozean, vollen Erfolg: »Fündig geworden – 900 Meter unter Meeresgrund – Ausstoß täglich 210 000 Kubikmeter Erdgas.« Auch der Student Smith konnte recht zufrieden sein; die Gesellschaft ließ ihm als Anerkennung für seinen guten Einfall, der sich jetzt als brauchbar erwiesen hatte, einen Scheck über eine stolze Dollarsumme überreichen.

Bohren in den Breiten des hohen Nordens ist freilich kein Kinderspiel. Die Mannschaft bekommt etwa vier Monate lang die Sonne nicht zu sehen. Doch leben die Männer sozusagen komfortabel – in vorzüglich isolierten Wohnungen, Heizung und elektrische Energie liefern Diesel-Aggregate. Jeweils 14 Tage arbeiten sie in 12-Stunden-Schichten bei Wintertemperaturen von minus 40 Grad Celsius und mehr. Natürlich ist die Bohrkammer im Turm geheizt. Alle zwei Wochen werden sie in den Süden ausgeflogen, bis 3000 Kilometer weit. Der Verdienst freilich ist beneidenswert hoch: 8000 bis 10 000 Mark im Monat!

Außer dem Aufsehen erregenden Aufschluß »Hecla N-50« wurden bis Ende 1974 sechs weitere Bohrungen in Kanadas Hocharktis fündig, mit einer Ausnahme (Öl) alle auf Erdgas. Die nördlichste Fundstelle, auf Ellesmereland, ist nur 970 Kilometer vom Nordpol entfernt! Die Fachleute rechnen mit weiteren Bohrerfolgen und mit soviel Erdgas, daß es lohnt, selbst über 4800 Kilometer Entfernung eine Pipeline bis in den ostkanadischen Ballungsraum zu bauen. Rohrleitungs-Ingenieure, Meeresforscher, Glaziologen und andere Fachleute sind schon dabei, die für den Transport sehr großer Gasmengen bestgeeignete Trasse durch die arktischen Inseln und Meeresteile festzulegen und zu vermessen. Mehr als 220 Kilometer eisbedeckter Sunde und Fjorde sind daraufhin zu erkunden, wie man sie am besten mit Rohrleitungen queren kann. Man muß Wassertiefen und Bodenbeschaffenheit der zu kreuzenden Meeresarme genau kennen, wenn man die ganz neuartigen technischen Aufgaben ingenieur-wissenschaftlich klären und lösen will.

Manche Arbeiten können nur im Winter getan werden. Wie stark ist die Eisdecke zu dieser, für Transporte und sonstige Bewegungen auf dem Meereis günstigsten Jahreszeit? Hält das Eis, wenn man breite Spalten heraussägen muß, um die Rohrleitungen auf den Meeresboden abzusenken? In über hundert Meter Tiefe sind Furchen in den Meeresgrund einzupflügen, in die die Rohrstränge verlegt werden. Die größte erreichte Tiefe für im Meer verlegte Pipelines beträgt bisher 130 Meter. Hinzu kommt, daß im Bereich des arktischen Archipels das Eis durch Winde und Strömungen überall aufbricht und sich an vielen Stellen zu hohen Packeishügeln und -rücken auftürmt, die sich nur mühsam passieren lassen. Bis zum erneuten Wintereinbruch ist das Meereis dann in ständiger Bewegung.

Wenn die Regierung grünes Licht zum Bau und Betrieb einer Pipeline (nur für das – im Gegensatz zu Öl – viel umweltfreundlichere Erdgas) gibt, sehen sich Planer und Ingenieure dem Kernproblem »Transport« gegenübergestellt. Kaum mehr als zwei Monate bleiben den von Eisbrechern geleiteten Konvois, um alle Baustellen und Lagerplätze mit Ausrüstung, Rohren, Geräten, Behausungen und Verbrauchsgütern für mindestens ein Jahr zu versorgen. Der Bau der Transportleitung für dieses »Gas, das aus der Kälte kommt ...« wird ein großartiges Ingenieurwagnis, eine Tat voller technischen Abenteuer.

Die Aufwendungen für Bau und Betrieb einer solchen fast 5000 Kilometer langen Transportleitung durch großenteils menschenlose, verkehrsferne polare Eiswüsten, Tundren und subarktische Waldgebiete gehen in die Milliarden Dollar. Sie werden sich nach Ansicht der kanadischen Energiewirtschaftler lohnen. Täglich würden etwa 60 Millionen Kubikmeter hochwertiges Erdgas Fabriken und Haushalten im Süden zugeleitet, rund zwanzig Jahre lang. Überschüsse könnten, verflüssigt, von Kanadas Ostküste in Flüssiggastankern in das energiehungrige Westeuropa exportiert werden.

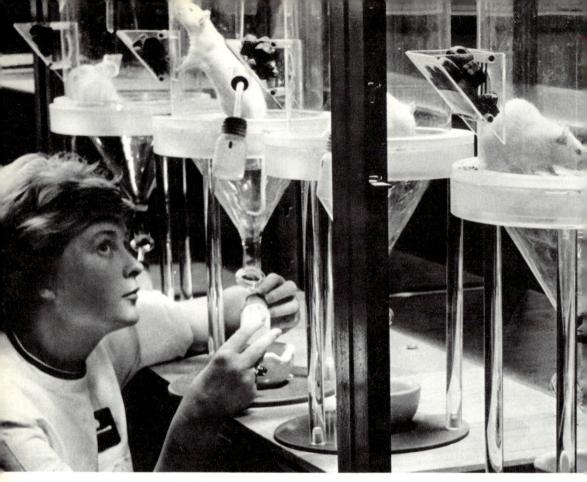

Im biologischen Labor. Um die Wirkung von erbverändernden Stoffen zu untersuche

Wenn das Erbgut

VON THEO LÖBSACK

Immer, wenn von genetischer Manipulation, von Eingriffen in das Erbgeschehen die Rede ist, schlagen die Wellen hoch. Manch einer befürchtet eine »biologische Atombombe«, andere sehen Menschen mit zwei Köpfen, Frankenstein-Monster oder Draculas unter uns auftauchen: Labor-Erzeugnisse einer Wissenschaft, die alles Machbare auch zu machen bereit ist, die ihre Grenzen nicht erkennt und die Geister, die sie rief, am Ende nicht mehr los wird. »Was da in der Genetik auf uns zukommt, bereitet mir schlaflose Nächte«, bekannte unlängst ein profilierter Biologe, der Nobelpreisträger Salvador Luria. Dachte er an jene Science-fiction-Szene, in der die ABC-Schützen sich ihre Einmaleins-Kenntnisse statt durch Lernen in Form eines Pulvers oder tropfenweise aneignen werden – dreimal täglich einen Teelöffel?

...erden Mäusen Mikroorganismen injiziert und später aus dem Tier wiedergewonnen.

manipuliert wird

Daß die Wissenschaftler die Gefahren ihrer Forschungsarbeit sehen, dafür hat im Sommer 1974 eine Gruppe von elf führenden amerikanischen Biochemikern ein bemerkenswertes Beispiel gegeben. Sie hatten gefordert, bestimmte Versuche nicht weiter zu verfolgen, weil die Gefahren für die Bevölkerung unabsehbar wären. Im Herbst 1974, vom 10. bis 12. Oktober, ist auf einem internationalen Symposion in Davos über die Möglichkeiten und Grenzen einer genetischen Manipulation diskutiert worden. Auch hier ging es darum, Nutzen und Schaden abzuwägen, außerdem um die Denkschrift jener elf Wissenschaftler, deren Sprecher Professor Paul Berg von der Stanford University Medical School zu einem Versuchsstopp und zu einer Denkpause aufgerufen hatte.

Was ist das nun, die Manipulation von Erbsubstanz, welche Vorteile kann sie haben, welche Gefahren bergen? Zunächst der Begriff: Unter genetischer Manipulation versteht man die künstliche Veränderung der Erbanlagen, eigentlich überhaupt jeden Eingriff in die Erbmasse eines Lebewesens. Die Voraussetzungen dafür sind in den letzten beiden Jahrzehnten geschaffen worden. So konnten die Erbanlagen oder Gene als stoffliche, molekulare Gebilde in den Zellkernen ausgemacht, ihr chemischer Aufbau ermittelt und eine Vorstellung von der Art und Weise ihres Wirkens in der Zelle gewonnen werden. Heute wissen wir in großen Zügen, wie es die DNS-Erbträgermoleküle mit Hilfe des berühmten »genetischen Codes« machen, die Lebensvorgänge zu steuern. Wir wissen grundsätzlich auch einiges darüber, warum aus der einen Keimzelle eine Pflanze, aus der anderen ein Tier und aus einer dritten ein Mensch mit unverwechselbaren Eigenschaften wird.

Verantwortlich für all das ist die Reihenfolge bestimmter chemischer Bausteine innerhalb der DNS-Erbträgermoleküle (DNS = Desoxyribonukleinsäure). Diese Grundbestandteile liefern der Zelle eine Art von Arbeitsanweisung, ein Programm für ihre vielfältigen Aufgaben, voran die Erzeugung von Enzymen und anderen Eiweißstoffen, die für den Aufbau, den Stoffwechsel, für das normale Agieren und Reagieren des Lebewesens in seiner Umwelt notwendig sind. Kommt es aus diesem oder jenem Grund zu einer Veränderung innerhalb des kettenartigen DNS-Gefüges, so wird auch die Arbeitsanweisung für die Zelle gestört, vergleichbar dem veränderten Lochstreifen eines Computerprogramms. Die Zelle kann dann vielleicht ein lebenswichtiges Enzym nicht mehr ausreichend herstellen, weil die Arbeitsanweisung für dessen Zusammenbau »unleserlich« geworden ist. Die Biologen sagen: Die Erbinformation stimmt nicht mehr, ein »Gen« ist beschädigt worden. Und weil sich der Fehler auf die nächste Generation überträgt, kann es zu einer Erbkrankheit kommen, zu einer körperlichen Mißbildung oder zu einer Enzym-Mangelkrankheit wie etwa der Phenylketonurie, eine Form angeborenen Schwachsinns, der Ahornsirup-Krankheit, die sich als schweres Stoffwechselleiden schon im Babyalter zeigt und ebenfalls die geistige Entwicklung hemmt, oder anderen.

Was hat das mit der genetischen Manipulation zu tun? Nun, in letzter Zeit ist es den Genetikern wiederholt gelungen, Teilstücke der DNS im Reagenzglas künstlich herzustellen. Mit Hilfe bestimmter Chemikalien, die man Restriktionsenzyme nennt, gelingt es außerdem, Erbträgermoleküle chemisch auseinanderzunehmen. Mit anderen, »Ligasen« genannten Stoffen lassen sich die Bruchstücke wieder neu zusammensetzen.

Das Aufregende an der Sache ist nun, daß diese Neukombination nicht nur mit der DNS ein und desselben Organismus gelingt, sondern sich auch Erbmaterial ganz verschiedener Lebewesen neu »zusammenleimen« läßt. So ist es zum Beispiel geglückt, DNS-Bruchstücke aus den Körperzellen von Fröschen und Fruchtfliegen mit DNS-Bruchstücken von Bakterien zu verbinden, ja sogar menschliche DNS-Teile mit solchen von Mäusen.

Da in jeder Körperzelle zwar immer nur ein Teil der Gene, der Erbanlagen, wirksam, aber grundsätzlich doch der gesamte Erbanlagenbestand vorhanden ist, läßt sich ein weiterer Kunstgriff denken. Man könnte nämlich – bei Fröschen ist das schon gelungen – die Zellkerne etwa von Darmzellen reihenweise herauspräparieren und sie in zuvor »entkernte« Eizellen verpflanzen. Wenn sich diese Eizellen dann weiterentwickelten, würden lauter Wesen mit völlig gleicher Erbausstattung entstehen, lauter Doppelgänger eines und desselben Menschen zum Beispiel. Man könnte aber auch, um im Fall von Krankheit und Unfällen gewappnet zu sein, ein lebendes Ersatzteillager anlegen. Die Verpflanzung von Körperorganen, die den Chirurgen heute noch wegen der Abwehrreaktion des Körpers gegen fremdes Eiweiß so viel Schwierigkeiten bereitet, würde dann keine Probleme aufwerfen, da es sich ja praktisch um das biochemisch gleiche Gewebe handeln würde...

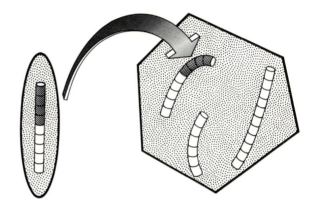

Austausch und Neuzusammensetzung von Erbmaterial: Virus-Erbanlagen können in das Erbgut von Bakterien (oder umgekehrt) eingeführt werden. Das mit den zusätzlichen Anlagen versehene Bakterium hat entsprechend neue Eigenschaften.

Es ist nun hier nicht der Platz, ausführlich über die vielfältigen Möglichkeiten solcher Experimente zu sprechen, auch nicht über ihre sittlichen Aspekte. Wir wollen nur festhalten, daß die Versuche grundsätzlich unter zwei Gesichtspunkten gesehen werden können. Der eine ist segensreich: Es scheint nämlich so – wir kommen darauf zurück –, als ob sich die Chance einer genetischen Therapie abzuzeichnen beginnt, also einer gezielten Behandlung von Erbkrankheiten am Entstehungsort selbst, am krankhaft veränderten Gen.

Der andere Gesichtspunkt stimmt bedenklich, denn solche Versuche sind insgesamt noch wenig kontrollierbar. Es läßt sich zum Beispiel nicht ausschließen, daß beim Experimentieren mit dem darmbewohnenden Koli-Bakterium, einem beliebten Versuchsobjekt, Unheil angerichtet werden kann. Koppelt man nämlich im Tierversuch Koli-DNS mit dem Erbmaterial von bestimmten krebserregenden Viren (den SV-40-Viren), so könnten krebserregende Verbindungen entstehen, die auch im menschlichen Körper verheerende Wirkungen hätten. Auf ähnliche Art könnte die Eigenschaft zur Resistenz gegen Arzneimittel auf solche Krankheitserreger übertragen werden, die bis zur Stunde der ärztlichen Heilkunst noch zugänglich sind.

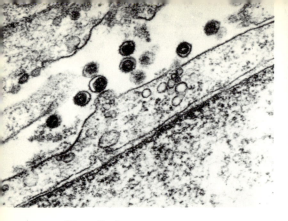
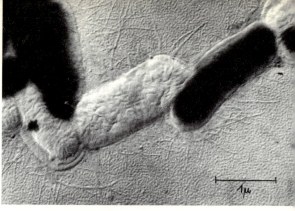
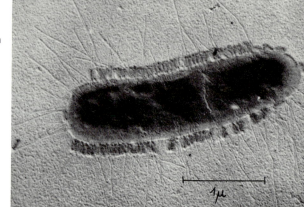

Oben: Krebserzeugende Viren bei der Maus. Dieses Foto entstand im Elektronenmikroskop bei 45 000facher Vergrößerung. Die Erbsubstanz solcher Virusteilchen läßt sich isolieren und mit dem Erbmaterial von Bakterien kombinieren, so daß neue, unberechenbare Verbindungen entstehen. Foto Dr. Marquart

Daneben: Bakterium Koli. Versuche haben ergeben, daß sich die Erbsubstanz dieses darmbewohnenden Einzellers mit dem genetischen Material von Viren verbinden läßt. Wegen der Gefahren, die eine solche Manipulation für den Menschen haben kann, haben Wissenschaftler vor weiteren Versuchen gewarnt.

Schließlich könnte als Versuchsergebnis auch ein vorher harmloser Darmbewohner wie das Koli-Bakterium zu einem gefährlichen Gast verwandelt werden, indem es dadurch, daß sich fremde DNS-Teilstücke an seine eigene Erbsubstanz anlagern, zu einem Erreger etwa von Giftstoffen würde.

Nicht ohne Grund waren es denn auch diese Gefahren, die der amerikanischen Forschungsgruppe zu denken gaben und sie zu zwei dringenden Forderungen an ihre Kollegen in aller Welt veranlaßte. Erstens: Alle Versuche sollten unterlassen werden, bei denen Erbgut von Bakterien mit Eigenschaften wie Resistenz gegen Arzneien oder Giftstoff-Erzeugung in andere Bakterien eingeführt wird. Zweitens: Alle Versuche sollten unterlassen werden, bei denen Erbgut von krebserregenden Viren oder solchen, die Tierkrankheiten hervorrufen, in Bakterien übertragen wird.

Wie schon angedeutet, haben Experimente zur Gen-Kombination, wie man das nennt, jedoch auch eine positive und nützliche Seite. Jenseits der Vorurteile und Gemütsbewegungen sollte man bedenken, daß sich durch sie eines Tages auch die Möglichkeit eröffnen kann, bei erbkranken Menschen die Ursachen ihres Leidens zu behandeln. Leider ist es ja so, daß wir in unserer Welt zunehmend Einflüssen und Umständen ausgesetzt sind, die zur Verschlechterung des menschlichen Erbguts beitragen. Ein Beispiel: Je besser heute die ansteckenden Krankheiten durch Antibiotika und andere Medi-

Tabak-Mosaik-Virus, bekannter Erreger einer Pflanzenkrankheit, in Riesenvergrößerung. Viren als besonders einfach gebaute organische Teilchen sind zu beliebten Forschungsobjekten geworden. Auch Viren enthalten Erbsubstanz; sie dient bei Experimenten zur Gen-Kombination. Foto Zeiss

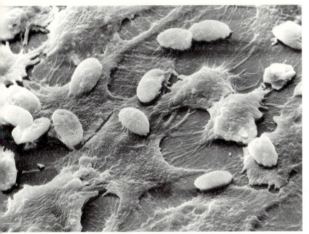

Krebszellen des Menschen. Eine Gefahr genetischer Manipulation liegt darin, heute noch harmlose Krankheitserreger so zu verwandeln, daß sie beim Menschen Krebs erzeugen können. Die genetische Manipulation hat aber auch positive Seiten. Vielleicht gelingt es mit ihrer Hilfe einmal, krankmachende Erbanlagen des Menschen auf ähnlichem Weg zu »heilen«. Fotos Siemens

Linke Seite: Hier wird ein Kolibakterium von »bakterienfressenden« Viren, den Phagen vom Typ T2, angegriffen. Man sieht die Phagen wie einen Saum rings um die Bakterienkörper aufsitzen.

kamente bekämpft werden können, um so weitgehender wird die natürliche Auslese entschärft, weil nun auch alle diejenigen Menschen überleben und sich fortpflanzen können, die mit erblich unzureichenden Abwehrkräften, mit einem unzureichenden Immunsystem, etwa gegen Infektions-Krankheiten, geboren werden.

Die Folge davon ist, daß immer mehr Menschen mit erblich schwachen Abwehrsystemen leben. Vor rund 200 Jahren starb noch etwa die Hälfte aller Kinder an ansteckenden Krankheiten. Damals fand also noch eine scharfe Auslese statt, durch die sich allmählich die segensreichen Immunsysteme, die Gesamtheit der erblichen Abwehrkräfte des Körpers, herausbildeten. Heute überleben unter dem Schutz wirksamer Arzneien auch die vergleichsweise »Abwehrschwachen«, was ungewollt und unvermeidbar die Gefahr heraufbeschwört, daß sich eben jene nützlichen Abwehrsysteme auflösen, die wir zur Bekämpfung von Krankheitserregern im Körper brauchen. Die schwindenden Abwehrfähigkeiten müssen mehr und mehr durch Arzneien ersetzt werden – solange diese zur Verfügung stehen und wirksam sind.

Als eine deutsche Expedition kürzlich in den Urwäldern Ecuadors den zurückgezogenen Indianerstamm der Aucas besuchte, fielen den Forschern bei den Indios starke Kiefermißbildungen auf. Außerdem hatten zahlreiche Angehörige jenes Stammes jeweils sechs Finger und sechs Zehen statt fünf.

Hier war offenbar Inzucht im Spiel: Weil die Aucas in kleinen, weit auseinander wohnenden Gruppen im Urwald leben, heiraten häufig Verwandte untereinander, was vorhandene Erbkrankheiten leichter durchbrechen läßt. - Während wir hier ein Beispiel für die Wirkung von Verwandtenheirat auf erbliche Krankheiten haben, werden in der zivilisierten Welt künftig die Enzym-Mangelkrankheiten eine ernste Rolle spielen, die erblichen Formen des Diabetes, die Bluterkrankheit und andere. Einige dieser Krankheiten nehmen um so mehr zu, je mehr Menschen mit den entsprechenden Anlagen unter dem Schutz der modernen Medizin ins fortpflanzungsfähige Alter kommen. So soll sich nach einer Mitteilung von Professor Jean Hamburger vom Pariser Nierenforschungszentrum die erbliche Verengung des Magenausgangs bereits verfünfzigfacht haben, seit dieses Leiden chirurgisch behandelt werden kann.

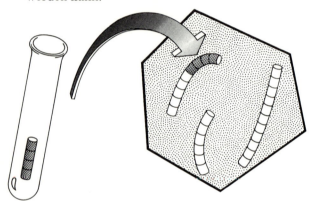

Grundlage der Behandlungsmöglichkeit von Erbkrankheiten durch genetische Manipulation: Künstlich hergestellte DNS könnte mit dem Erbmaterial von Viren oder Bakterien gekoppelt und in den Körper eingeschleust werden, um die »kranke DNS«, die fehlerhafte Erbanlage, auszuwechseln.

Wenn es gelänge, die für solche Krankheiten zuständigen Gene auf den Erbmolekülen des Menschen dingfest zu machen, wäre ein erster Schritt auf dem Wege zu einer genetischen Heilweise getan. Anstatt die Auswirkungen einer Krankheit durch Insulingaben, chirurgische Korrekturen oder Diät zu behandeln, könnte das Übel an der Wurzel gepackt werden. Grob gesagt wäre es denkbar, eines Tages in den Körper Bakterien oder Viren einzuführen, in deren Erbgut zuvor durch genetische Manipulation die DNS oder Teile von ihr ausgetauscht worden sind, die nun im Zellkern die richtige Erbinformation vermitteln. Mit anderen Worten: Man könnte vielleicht einmal harmlose Viren oder Bakterien als »Briefträger« für gesunde Gene benutzen. Die Schwierigkeiten für ein derartiges Verfahren sind im Augenblick allerdings noch überwältigend groß. Denn mit der Absicht, in das innerste Gefüge des Erbguts einzugreifen, befinden wir uns noch in der Lage eines Uhrmachers, der für eine schwierige Reparatur nur verhältnismäßig grobe Werkzeuge hat. Ja, wir sind eigentlich insofern noch schlechter daran, als uns nicht nur die passenden Werkzeuge, sondern auch das letzte Verständnis dafür fehlt, wie das Räderwerk eigentlich arbeitet.

Behutsames Vorgehen ist also das dringende Gebot der Stunde. Der Aufruf der amerikanischen Forscher kann zudem nicht hoch genug einge-

Forschung an der Grenze des Vertretbaren. Die »genetische Chemie« hat einzigartige Aussichten eröffnet: Erbinformationen nicht miteinander verwandter Organismen zu kombinieren. Diese Möglichkeiten nutzend, haben Wissenschaftler die DNS von Fröschen und Fruchtfliegen auf bakterielle DNS übertragen. Fruchtfliegen sind wegen ihrer Vermehrung ein besonders geeignetes Versuchsobjekt. Foto Häusser

schätzt werden in einer Welt, in der man nicht sicher ist, ob andere am Ende das tun, was man selbst für zu gefährlich hält. Da es ausgeschlossen ist, die Grundlagenforschung auf diesem Gebiet völlig zu unterbinden, und weil wegen der Bedeutung der genetischen Manipulation für eine biologische Kriegsführung auch politische Fragen eine Rolle spielen, wäre schon viel gewonnen, wenn man sich in allen Ländern gemeinsam auf eine wirksame Überwachung einigen könnte. Sie müßte dort einsetzen, wo die Forschung verlassen wird und die praktische Anwendung beginnt.

Wind, ein Segel und ein Brett

VON OSSI BRUCKER

Auf schwankendem Brett vor dem Wind. Gleichgewichtsgefühl, Standfestigkeit und viel Kraft erfordert eine solche abenteuerliche Fahrt durch gischtende Wellen. Windsurfing ist eine neue Sportart, die immer mehr begeisterte Freunde gewinnt. Der Kampf mit den Elementen ist eine reizvolle Sache. Foto Jörg Jochmann

Windsurfing heißt das neue Zauberwort für Sportlerinnen und Sportler, die das Ausgefallene lieben. Windsurfing – schon mal davon gehört? Am Anfang war ein Brett, etwa dreieinhalb Meter lang und einen halben Meter breit. Mit diesem »Bügelbrett« führten die kaffeebraunen Boys aus Hawaii den staunenden Touristen ein waghalsiges Spiel vor: Sie tänzelten und balancierten auf den haushohen Brandungswellen vor dem Waikiki-Beach.

Der Gedanke war gut und breitete sich schnell aus. Vor Australiens Küsten genauso wie in Kalifornien gleitet man auf dem Surfbrett. Bisher litt das Wellenreiten jedoch sehr unter den Witterungsverhältnissen und den Wasserbedingungen. War die See ruhig, so kam der Surfer nicht mehr ans Ufer zurück, war sie aufgewühlt, so wurde die Fahrt auf den Schaumkronen der Brandungswellen zu einer recht abenteuerlichen Angelegenheit – sie war dann alles andere als ungefährlich. Da solche Küstenplätze bevorzugt wurden, wo die See meist ruhig ist, waren oft ganze Horden von Surfern zu beobachten, die mehrere hundert Meter weit draußen auf den »Reitplätzen« eine kleine Ewigkeit auf die »große Welle« warteten. Dank eines klugen Einfalls des Flugzeugingenieurs Jim Drakes aus Los Angeles hat das geduldige Ausharren auf die Antriebswelle sein Ende gefunden. Er brachte auf dem Surfbrett ein kleines Segel an. Das Ergebnis: Eine neue Sportart ist geboren, die sich »Windsurfing« nennt, was zu deutsch nichts anderes heißt als »Windreiten«, »Brettersegeln« oder »Wellenreiten mit dem Segel«.

Seit dieser Erfindung nehmen Männer und Frauen, Jungen und Mädchen auf einem Brett, mit Mast und Segel daran, den Kampf mit den Elementen auf. Die leiseste Brise genügt, um das Brett über die glatte Oberfläche der Küstengewässer dahingleiten zu lassen. Für das Windsurfing, nach dem Wasserski und Wellenreiten der dritte neue Wassersport, benötigt man ein 3,65 Meter langes und 65 Zentimeter breites Brett, das freilich nicht mehr aus Balsaholz besteht wie bei den Eingeborenen Hawaiis, sondern aus schaumstoffgefülltem Polyäthylen oder Eboxyglasfiber und ein Schwert mit 60 Zentimeter Tiefgang besitzt. Der Fiberglasmast ist etwa 4,20 Meter hoch, die Segelfläche beträgt 5,20 Quadratmeter. Das ganze Ding wiegt genau 28 Kilo und ist mit wenigen Handgriffen in kaum mehr als einer Minute zusammengesetzt. Der Mast wird einfach in eine auf dem Brett angebrachte Halterung gesteckt; durch ein drehbares Kardangelenk am Mastfuß kann er dann nach allen Seiten gekippt werden, ist also um 360 Grad drehbar.

Und wie wird es nun gemacht – das Wellenreiten mit dem Segel?

Der Anfänger läßt in hüfthohem Wasser das Heck des Brettes, in der Fachsprache »board« genannt, von einem Helfer festhalten. Das Segel liegt in Lee, also der dem Wind abgekehrten Seite, im Wasser. Der Windsurfer oder der, der es werden will, klettert nun auf das Brett, wo er einen Fuß links und den anderen rechts vom Mast aufsetzt. Und dann kommt schon das Hauptproblem: Gleichgewicht halten! Sollte dies auf Anhieb gelingen, werden Segel und Mast mit der Mast-Holeleine allmählich – kontinuierlich, wie die Fachleute sagen – aus dem Wasser gezogen, bis der Mast senkrecht auf

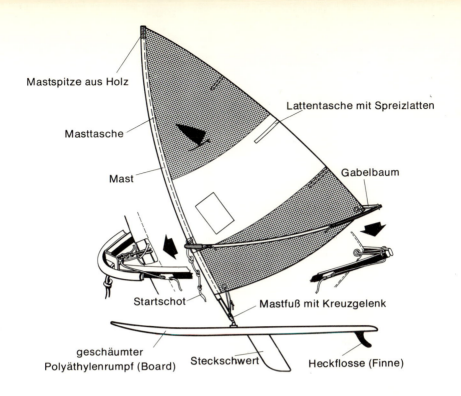

Der TenCate Windsurfer

Technische Daten:			
Länge	365 cm	Rumpf	19 kg
Breite	65 cm	(geschäumtes Polyäthylen)	
Tiefgang	5 cm	Segel	5,20 m²
Tiefgang mit Schwert	60 cm	(verschiedene Farben)	
		Mast	420 cm
		(Eboxyglasfiber)	
		Gesamtgewicht	28 kg

dem Brett steht. Nun greift die linke Hand zum Gabelbaum, die rechte etwa 60 Zentimeter dahinter. Zum Start wird der Mast leicht nach vorn geneigt und gleichzeitig 15 Grad in den Wind gedreht. Der linke Arm am Gabelbaum nimmt die Aufgabe des Steuers wahr, der rechte die der Schot, also der Leine zum Einstellen eines Segels. Beim eigentlichen Segeln, Gleiten und Surfen wird es noch etwas schwieriger. Obwohl sich das Segelbrett genau wie eine Jolle steuern läßt und man mit ihm sämtliche Kurse fahren kann, ist ein enormer Kraftaufwand nötig, um das leichtgewichtige Fahrzeug auf Kurs zu halten. Der Anfänger sollte deshalb auf Binnenseen oder auf dem Wattenmeer bei Windstärke 1 und 2 üben. Für Fortgeschrittene dagegen ist es am schönsten, bei Windstärke 4 bis 6 an den Wellen »entlangzusurfen«. Und bei solchen Windstärken werden dann auch Geschwindigkeiten erreicht, die Segler der verschiedensten Bootsklassen vor Neid erblassen lassen. Nur – man darf keine Angst haben, mit dem Brett baden zu gehen. Deshalb lautet die Regel beim Surfen: den Rücken immer dem Wind zukehren! Das hört sich schön an, und das Ganze sieht auch verdammt leicht aus, sich aber bei Windstärke 5 auf dem schmalen Brett halten und dazu noch segeln, das ähnelt sehr oft einem Balanceakt auf dem Hochseil. Am Anfang kommt man sich vor

Lange Vorbereitungen sind beim Windsurfing nicht nötig: Das verhältnismäßig leichte Brett läßt sich auf jedem Dachständer befördern, und auch startklar gemacht ist es schnell (oben und Mitte). Schwieriger wird's – wenigstens für den Anfänger, wenn es beim Start gilt, Mast und Segel aus dem Wasser aufzurichten (unten). Bei einer leichten Brise treiben die Windsurfer über die ruhige See – die linke Hand am Gabelbaum steuert (großes Bild).

In voller Fahrt bei Windstärke 4 bis 6. Sich bei den dabei erreichten hohen Geschwindigkeiten auf der

wie eine emsige Ameise: Plumps ist man vom Brett runter, krabbelt wieder hoch, und plumps liegt man schon wieder im Wasser. So geht das manchem Anfänger bis zur völligen Erschöpfung.

Windsurfing ist kein Sport für Wasserscheue oder gar Nichtschwimmer. Am Anfang, aber auch noch als Fortgeschrittener muß jedermann damit rechnen, daß er öfter baden geht, als ihm lieb ist. Falls es im Wasser etwas kälter sein sollte als angenehm, gibt es dafür die hautengen Taucheranzüge.

Wichtig ist das bereits erwähnte Gleichgewichtsgefühl; denn das Surfbrett ist alles andere als eine standsichere Unterlage. Und eben deshalb dauert es ungefähr fünf Übungsstunden, bis man soweit ist, daß das Segeln auf dem Brett einigermaßen klappt. Für den, der diesen neuen Sport halbwegs beherrscht, ist es etwas unbeschreiblich Schönes. Man schwebt auf dem Wasser – scheinbar im Zustand der Schwerelosigkeit. Man spürt nur den Wind, der das Segel bläht und es manchmal zu zerreißen droht. Nirgends ist die Auseinandersetzung mit der Natur, mit Wind und Meer so unmittelbar wie beim Windsurfen. Anderthalb Meter hohe Wellen kann man mit diesem grazilen Schiffchen durchpflügen. Wenn einer das Gefühl für den Wind hat, dann kann er mit dem »Segelbrett« jeden Luftzug einfangen und sich eine volle Stunde lang treiben lassen. Nach dieser Zeit verlassen ihn vermutlich die Kräfte, denn Windsurfing ist keine Sache für Schwächlinge, muß doch der Surfer das Segel mit seiner Körperkraft aufrecht halten. Das soll natürlich nicht heißen, daß Surfing ein Sport für Muskelprotze sei, es gibt auch schon viele Mädchen, die den Sport mit Brett und Segel erfolgreich betreiben.

Gekonnt ausgeführt, verlangt Windsurfing die Kenntnis des Segelns, die Balancekünste des Wellenreitens und die Standfestigkeit des Wasserskifahrens. Es braucht deshalb mehrere Wochen, bis man das Segelbrett beherrscht. Dann aber ist man durchaus in der Lage, sich auch bei Windstärke 5 in ein Meter hohen Wellen vom Wind treiben zu lassen. Und wer sich

...hmalen Brett zu halten, erfordert Kraft und geradezu akrobatisches Können. Foto Ernstfried Prade

nicht mehr treiben lassen, sondern stoppen will, der drückt den Mast mit dem Segel nur nach unten.

Der Kampf mit Wind und Wellen erfordert viel Geschicklichkeit. Irgendwann aber beginnt auch der Sportbegeisterte an ganz irdische Dinge zu denken – an das Geld. Das Segelbrett, das in himmlischen Fahrten die kleinen und großen Wellen durchbricht, kostet immerhin zwischen 1000 und 1500 Mark, dazu kommen noch etwa 160 Mark für den Gummianzug als Schutz gegen Kälte, wenn man ins Wasser fällt. Dieser Geldbetrag ist keine Kleinigkeit, aber andererseits auch kein Vermögen.

Und es ist eine Ausgabe, die sich lohnt. Das Brett mit dem Segel ist recht handlich. Man kann das 28-Kilo-Ding ohne Schwierigkeiten auf dem Autodach befestigen und damit in den Urlaub fahren. Da es sehr leicht ist, kostet selbst die Fracht im Flugzeug nicht viel, wenn man es in die Ferien an südlichen Gestaden mitnehmen will. So gesehen, kann man Windsurfing betreiben, wann und wo nur immer sich eine Gelegenheit bietet.

Was man für sein Geld bekommt: Auf dem Surfbrett ist mit einem Universalgelenk der Segelmast mit dem 5,2 Quadratmeter großen Segel befestigt. Ungefähr in Armhöhe befindet sich am Mast ein doppelseitiger Bügel, der Gabelbaum, an dem man sich festhalten und mit dem man zugleich die Richtung des Segels bestimmen kann. Vor der warmen Küste Kaliforniens sieht man immer mehr Windsurfer. Dort ist Windsurfing auf dem besten Weg, ein echter Volkssport zu werden. So etwas kann man hier noch nicht behaupten, aber auch in den Ländern Westeuropas gewinnt dieser neue Sport laufend Freunde. Daß Windsurfing keineswegs an die Meerküsten gebunden bleiben muß, haben die Deutschen entdeckt. In verschiedenen Gegenden der Bundesrepublik Deutschland gibt es schon Windsurfing-Clubs, deren Mitglieder sich auf Binnenseen tummeln. Und Spitzenkönner tragen sogar Landes-, Europa- und Weltmeisterschaften mit ihren »Bügelbrettern« aus.

Wettervorsorge statt Wettervorhersage

VON HEINZ PANZRAM

Nicht gegen das Klima bauen — Technoklimatologie, ein neues Arbeitsgebiet der Meteorologen

Folgende Szene hat sich, so oder ähnlich, sicher schon oft in bundesdeutschen Wohnzimmern abgespielt. Nach der Tagesschau flimmern Wetterkarte und Wettervorhersage über den Bildschirm. Während der Ansage für den folgenden Spielfilm platzt es aus dem 17jährigen Sohn heraus: »Nun haben die schon wieder zeitweise schauerartige Regenfälle prophezeit — genau wie gestern, dabei ist kein Tropfen gefallen, und morgen wird's dasselbe sein!«

Das kann durchaus stimmen, aber trotzdem braucht die Wettervorhersage nicht falsch zu sein. Warum? »Schauerartige Regenfälle« sind zeitlich und örtlich begrenzte Erscheinungen. Wenn zum Beispiel in Offenbach kein Schauer heruntergegangen ist, kann das in Frankfurt doch der Fall gewesen sein oder umgekehrt. Dasselbe trifft natürlich auf Nürnberg und Fürth oder andere nahe beieinander liegende Städte zu.

Außerdem sollte folgendes Umfrageergebnis zu denken geben. Von allen regelmäßigen Sendungen des Fernsehens und Rundfunks hat die Wettervorhersage nach den politischen Nachrichten die höchste Einschaltquote. Und diese Prognosen sollen meistens nicht stimmen?

Nun sehen wir mal ganz davon ab, daß 85 von Hundert aller kurzfristigen Vorhersagen eintreffen und nur 3 Prozent völlig falsch sind — die Wetterdienste geben nicht nur Vorhersagen heraus! Das ist der große Irrtum bei dem berühmten »Mann auf der Straße«. Ein ganz erheblicher Anteil der Arbeit der Wetterdienste dient in den Industrienationen wie in den Entwicklungsländern den verschiedenen Zweigen der Volkswirtschaften dieser Staaten. Nur ein paar Beispiele: Die Meteorologen beraten die Landwirtschaft bei der Schädlingsbekämpfung, der Bauindustrie erteilen sie Ratschläge für das »Bauen im Winter«, die Höhe der Schornsteine der Industriewerke wird mitbestimmt von wetterkundlichen Gutachten über die Gefahr der Luftverschmutzung, die von ihnen ausgeht, und ebenso bedürfen viele andere Fragen des Umweltschutzes der Mitarbeit des Wetterdienstes. Wir können unser Klima, das Einfluß auf die Umwelt ausübt, nicht ändern, aber wir können unsere Gebäude so bauen und unsere Städte so anlegen, daß wir aus den gegebenen klimatischen Verhältnissen den größtmöglichen Nutzen für den Menschen und sein Wohlbefinden ziehen. Heute wird kein Hochhaus errichtet, ohne daß zuvor der Wetterdienst um Auskunft über den maximalen Winddruck gebeten worden ist. Wo eine Kanalisation angelegt wird, ist es wichtig, die mittlere Frosttiefe im Erdboden zu kennen und auch die in bestimmten Gebieten anfallenden größten Niederschlagsmengen, weil sich danach das Fassungsvermögen der Abflußkanäle richtet. Die Reihe der

Titelbild: Köln — eine der größten Städte der Bundesrepublik Deutschland. Rund eine Million Menschen leben hier, arbeiten, atmen und sollen sich wohl fühlen. Wie lange ist das in den Ballungsgebieten moderner Industriestaaten noch möglich? Meteorologen und Städteplaner müssen in Zukunft enger zusammenarbeiten als bisher. Foto Bavaria

Beispiele solcher angewandter und technischer Klimatologie könnte über Seiten hinweg fortgesetzt werden; auch für den Bau von Kernkraftwerken, insbesondere Kühltürmen, sind wetterkundliche Gutachten erforderlich. Und vergessen wir den Verkehr nicht, der, gleichgültig, ob zu Lande, zu Wasser oder in der Luft, ja sehr stark wetterabhängig ist. Wetterberatungen und Warnungen ersparen hier jährlich auf der ganzen Welt Schäden in Höhe von vielen Millionen Mark. Man hat nach übereinstimmenden Untersuchungen in nahezu allen Erdteilen festgestellt, daß diese Dienste der Meteorologen den Volkswirtschaften das Fünfzehn- bis Zwanzigfache dessen einbringen, was sie den Steuerzahler kosten.

Aus diesem großen Kreis der technischen Klimatologie oder, wie ein neuer Begriff heißt, der »Technoklimatologie« haben wir uns hier die Mitarbeit der Meteorologen bei der Stadt- und Gebäudeplanung herausgesucht. Dazu muß wenigstens in Stichworten erläutert werden, was unter »Stadtklima« zu verstehen ist.

Das Klima vieler Städte, der großen Ballungsgebiete von Industrie und Handel, ist eingehend untersucht worden. Kein Wunder, denn schon jetzt leben rund 70 Prozent der Weltbevölkerung in oder in der Nähe von Städten, und bis zum Jahre 2000 werden es – so schätzt man – 85 Prozent der Menschheit in der westlichen Welt sein.

Was aber geschieht, wenn bis dahin sozusagen jungfräulicher, mit Pflanzen, Gras, Sträuchern oder Bäumen bedeckter Boden umgepflügt und eingeebnet wird und auf ihm Straßen, Häuser, Fabriken und Parkplätze gebaut werden? Der wasserdurchlässige oder wasserspeichernde Erdboden wird ersetzt durch Asphalt, Beton, Steine, die keinen Tropfen Wasser mehr in das darunter liegende Erdreich eindringen lassen. Die unmittelbare Folge ist, daß sich die Verdunstung verringert, weil Schnee und Regen durch die Kanalisation, die bekannten »Gullies«, entweder dem Grundwasser zugeführt werden, indem man sie versickern läßt, oder rasch in die Flußläufe geleitet werden. Die Niederschläge haben gar keine Zeit zum Verdunsten.

Wo etwas verdunstet wird Wärme verbraucht, das lernen wir im Physikunterricht. Wenn kein Wasser mehr da ist, das Verdunsten kann, wird weniger Wärme verbraucht und die Temperatur erhöht sich. Da nun Steine, Asphalt und Beton zusätzlich auch noch bessere Wärmespeicher sind als ein mit Pflanzen bedeckter, poröser Boden, werden die Städte zu »Wärmeinseln« in der Landschaft. Hinzu kommt noch die große Wärmeerzeugung in den Städten durch Verbrennungsvorgänge aller Art, Kraftwerksbetriebe, Verbrauch von elektrischem Strom, Innenraum-Klimatisierung usw. Nach klaren, windschwachen Tagen können die Temperaturunterschiede in den ersten Abendstunden zwischen dem Stadtkern und der Umgebung bis zu 10 Grad Celsius betragen.

Im Bereich der Wärmeinseln wird die frostfreie Zeit im Laufe des Jahres verlängert. Das führt, wenigstens auf den ersten Blick, zu paradoxen Erscheinungen. Im viel beklagten Stadtklima gedeihen manche Pflanzen besser als

Großstädte und Ballungsgebiete sind »Wärmeinseln« in der Landschaft. Mit der aufsteigenden Warmluft und Rauchfahnen gelangen zusätzlich Kondensationskerne in die unteren Wolkenschichten; ein solches Überangebot kann dazu führen, daß sehr viele, kleinste Tröpfchen entstehen, was ein Zusammenfließen und damit ein Ausregnen verhindert. Es können aber auch Gefrierkerne (großer Pfeil links) in die Wolken gelangen, die vor allem leewärts vom Stadtgebiet zu erhöhtem Niederschlag führen.

auf dem flachen Land. In München ist beobachtet worden, daß die Fliederblüte in der Stadt früher einsetzt als in der näheren Umgebung.

Auf der anderen Seite führen die hohen Temperaturen in der City verbunden mit Windflauten, bei den Bewohnern zu verstärkten Schwüle- und Unbehaglichkeitsgefühlen. Mit der bebauten Fläche steigt die »Rauhigkeit« gegenüber Feldern und Wiesen um ein bis zwei Größenordnungen an; die Windgeschwindigkeiten werden hier deshalb um 10 bis 40 Prozent herabgesetzt. Das wieder hat zur Folge, daß die ohnehin schon viel stärker verschmutzte Großstadtluft nicht umgewälzt wird. Besonders gefährlich wird das bei windschwachen Hochdrucklagen im Winter, wenn Temperaturumkehrschichten (Inversionen) wenige hundert Meter über Grund liegen. Sie unterbinden weitgehend den vertikalen Luftaustausch, und die gasförmigen und festen Luftbeimengungen werden bei den durch die Reibung weiter verminderten, ohnehin schon geringen Windgeschwindigkeiten im Stadtgebiet nicht verdünnt.

Wir wollen nicht weiter in die Einzelheiten gehen, aber zusammengefaßt kann man das Stadtklima gegenüber dem der freien, natürlichen Landschaft der Umgebung etwa so beschreiben: Das Klima in den Städten ist wärmer, wolken- und niederschlagsreicher, dadurch sonnenscheinärmer, windstiller, mit Schadstoffen und Abgasen stärker verschmutzt, lärmerfüllt und nicht zuletzt nebelreicher.

Alles in allem nicht gerade eine erfreuliche Bilanz. Sie macht verständlich, daß es so viele Menschen raus aus den Städten und in die Umgebung zieht. Was können die Meteorologen nun tun, um das Klima in den Städten, in denen Millionen Menschen nach wie vor leben müssen, erträglicher zu machen?

Professor Dr. H. E. Landsberg, ein seit vielen Jahren in den USA lebender Hochschullehrer (der aus Deutschland stammt), hat das Stadtklima, seine Folgen und die meteorologische Stadtplanung untersucht. Er ist der Ansicht, daß in Zukunft die Meteorologen schon bei den Planungsmaßnahmen zu Rate gezogen werden müssen, was ein ziemliches Umdenken erforderlich macht. In den größeren Wetterdiensten der Welt wird nachdrücklich an den damit verbundenen Fragen gearbeitet. Das trifft auch auf die Bundesrepublik Deutschland zu, etwa bei dem regionalen Planungsobjekt Untermain. Hauptzweck dieser lufthygienisch-meteorologischen Untersuchungen ist es, Grundlagen für die Planung von Grünzügen in den Bebauungsgebieten zu schaffen, damit die Bevölkerung soweit wie möglich vor Lärm und Luftverschmutzung geschützt wird. Dazu werden die lokalen Windströmungen erfaßt, die die aufgestaute (stagnierende) und verschmutzte, im Sommer auch überhitzte und schwüle Luft wegräumen und durch Frischluft ersetzen können. Insbesondere soll verhindert werden, daß diese Frischluftkanäle in Ballungsgebieten »verbaut« werden. Bei dieser Untersuchung leistete ein seit 1974 beim Deutschen Wetterdienst eingesetzter »Meßzug Umweltschutz« wertvollen Dienst. Dieser Meßzug wird unter anderem für den Smog-Warndienst ein-

Oben, links: Wetterwarte, 3106 m über dem Meer. Regelmäßige Niederschlagsmessungen auch in großer Höhe liefern die Daten für lufthygienische Untersuchungen.

Rechts: Radiosonden funken Temperatur, Luftdruck und Luftfeuchtigkeit aus verschiedenen Höhen zur Erde. Meßgeräte und Sender befinden sich im Instrumentenkasten.

Unten, links: »Gefesselter« Ballon des Umweltschutz-Meßzuges, mit dessen Hilfe Messungen in den bodennahen Schichten der Atmosphäre gemacht werden.

Rechts: Norderney – eine wichtige deutsche Wetterstation an der Küste. Hier werden gerade die Luftfeuchtigkeit bestimmt und der Ozongehalt der Luft geprüft.

gesetzt, aber auch die Vorgänge bei der Ausbreitung von Luftverunreinigungen in den bodennahen Luftschichten werden mit seiner Hilfe erforscht. Eine weitere Aufgabe des Meßzuges ist, Gutachten für die Standortwahl geplanter Kraftwerke und größerer Industrieanlagen zu erarbeiten. Dabei werden die meteorologischen Bedingungen erfaßt, unter denen sich Schadstoffe ausbreiten, und es wird untersucht, wie sich der Bau der Werke auf das Klima am Standort und in der Umgebung auswirkt. Dasselbe gilt für die Wärmebelastung der Atmosphäre durch die Kühltürme von Kernkraftwerken.

Die wichtigste Forderung lautet, im Stadtgebiet sollen so viele Grünflächen wie nur möglich mit Sträuchern und Bäumen erhalten oder geschaffen werden. In diesem Zusammenhang ist eine Aktion in München erwähnenswert: Die Bürger der bayerischen Metropole wurden aufgefordert, Bäume »zu kaufen«, die im Stadtgebiet angepflanzt werden sollten, und in nur wenigen Wochen wurden Zehntausende von Bäumen gepflanzt. In Bremen hat man mit einer ähnlichen Bürgerinitiative ebenfalls gute Erfahrungen gemacht – auch hier kauften viele Einwohner von der Stadtverwaltung »ihren« Baum und pflanzten ihn.

Je mehr Sträucher und vor allem Bäume zwischen Hochhäusern und Betonschluchten stehen, um so mehr Niederschlag wird aufgefangen. Sie verlangsamen nicht nur dessen Abfluß, sondern tragen im Sommer durch stärkere Verdunstung gleichzeitig zur Kühlung bei. Besonders an warmen Tagen und Nächten spenden mit Bäumen bepflanzte Grünflächen durch ihren Schatten und die Verdunstung von Bodenfeuchte den Wärmeinseln Kühlung. Wer glaubt, hier werde zu akademisch argumentiert, fahre nach Paris. In den breiten, an beiden Seiten mit Bäumen bepflanzten Boulevards und Avenuen ist die Luft viel weniger verpestet als in den baumlosen Häuserschluchten unserer Großstädte, obwohl die Pariser Straßenzüge mindestens genauso stark von Kraftfahrzeugen befahren werden.

Grünflächen – wie hier in Paris (links) und Berlin-Spandau – sorgen auf zwei Wegen zugleich für die Erneuerung der Luft: Sie bringen Sauerstoff hervor und binden Kohlendioxyd. Bäume und Sträucher wirken als eine Art Filter, da viele feste Schmutzteilchen an ihnen haften bleiben und später vom Regen fortgewaschen werden.

Rechts: Solche riesigen Kühltürme von Kraftwerken bewirken mit anderem die Wärmeinseln in Ballungsgebieten. Diese Wärme soll in Zukunft nicht mehr im Himmel verpuffen. Fotos Bavaria

In die Zukunft weist die Forderung, beim Bau neuer Städte oder Stadtviertel, insbesondere in kälteren Klimazonen, die warmen Abgase und Dämpfe von Kühltürmen zu nutzen, indem man sie durch Röhren unter das Straßenpflaster leitet und außerhalb der Stadtgebiete, nachdem die Schadstoffe ausgefiltert worden sind, durch hohe Schornsteine in die Luft abläßt. Diese neuartige Verwendung der sonst schädlichen Wärme könnte das bei den Kraftfahrern berüchtigte Salzstreuen im Winter überflüssig machen und so viel dazu beitragen, daß die Autos weniger schnell dem Schrottplatz entgegenrosten.

Auf die auch in den Trabantenstädten entstehenden Hochhäuser wird viel geschimpft. Sie benötigen aber weniger der ohnehin knappen Bodenfläche als Flachbauten, und zwischen ihnen können Grünflächen mit Kinderspielplätzen angelegt und Bäume gepflanzt werden. Besonders zeitgemäß ist die Forderung, ein Hauptziel des modernen Hausbaues müsse sein, den Energieverbrauch für Heizungs- und Klimatisierungszwecke herabzusetzen. Bessere Isolierung der Dächer und Wände gegen Wärmeverluste wäre eine der möglichen Maßnahmen. Glasflächen sollten mit einer Auflage versehen werden, die im Winter die Sonneneinstrahlung zur Raumerwärmung nutzt und im Sommer durch ihre reflektierende Wirkung die kurzwellige Strahlung weitgehend zurückwirft.

Wenn diese Pläne und Vorschläge für eine wetter- und klimagerechte Stadtplanung Wirklichkeit werden sollen, müssen Meteorologen und Architekten selbstverständlich viel enger zusammenarbeiten, als das bisher der Fall war. Das ist auch auf einer Tagung der Weltorganisation für Meteorologie im Oktober 1973 in der Bundesrepublik Deutschland betont worden. Die Vertreter von mehr als 40 Mitgliedstaaten erhoben die Forderung, bei der Städteplanung und der Errichtung von Gebäuden sollte nicht g e g e n das Klima gebaut werden.

Das elektronische Fräulein vom Amt

VON PETER RUPPENTHAL

Das Tastentelefon kommt

Wollte man alle Telefongespräche, die innerhalb der Stadt New York geführt werden, heute noch von Hand vermitteln, müßten alle jungen Damen der Weltstadt samt und sonders am Klappenschrank sitzen. Ob das rein technisch möglich wäre und wieviele Wolkenkratzer man für diese Supervermittlung benötigte, darüber kann man nur Vermutungen anstellen. Als Philip Reis im Jahre 1861 in Frankfurt die erste elektrische Übermittlung der menschlichen Stimme per Draht vorführte, hat wohl noch niemand geahnt, welche Entwicklung seine Erfindung nehmen würde. Graham Bell in den Vereinigten Staaten von Amerika dachte schon mehr an die Zukunft. Er meldete 1876 sein Telefon zum Patent an.

Von der damaligen Technik ist nicht mehr viel geblieben. Die Sprech- und Hörkapseln heute haben mit den Geräten von anno dazumal kaum etwas gemein. Die Deutsche Bank in Frankfurt erreicht ihre New Yorker Filiale via Satellit, Herr Huber aus München spricht mit seinem Geschäftsfreund Karstensen in Hamburg über Richtfunk. Richtfunkstrecken und Satelliten ergänzen heute, wo immer große Entfernungen überbrückt werden, die herkömmlichen Kabel. Aber auch an deren Verbesserung wird verstärkt weiter gearbeitet.

Genauso wie sich die Nachrichtenübertragung wandelt, ändert sich auch die Methode, den gewünschten Telefonapparat anzuklingeln. Daß Wien oder Zürich ohne Fernamt zu erreichen sind, wundert uns nicht mehr. Wenn sich freilich nach dem Drehen der 0061 2... Sydney in Australien, der 0081-78... Kobe in Japan oder der 001 801... Salt Lake City in den USA melden, dann sind wir doch ein wenig überrascht. Mutet es schon erstaunlich an, daß es die Technik ermöglicht, rund um den Globus zu telefonieren, ohne daß sich eine Dame mit »Ici Paris, parlez s'il vous plaît!«, mit

Die erste Vermittlungsstelle des elektronischen Wählsystems für das öffentliche Fernsprechnetz der Deutschen Bundespost. Der Aufbau der Fernsprechverbindungen ist rechnergesteuert. Links das Zentralsteuerwerk mit steckbaren Baugruppen und Kabeln, in der Mitte der Bedienungsplatz, der einen unmittelbaren Eingriff erlaubt. Das rechte Bild veranschaulicht die modulare Bauweise einer Baugruppe. Fotos Siemens

»London here, speak now please!« oder gar mit »Finito!« einschaltet, so hat die Vermittlungstechnik noch keineswegs ihren Höhepunkt erreicht, Computer ziehen in die Fernmeldeämter ein. Doch bevor darauf eingegangen wird, welche Aufgaben sie hier übernehmen, ein Blick zurück.

In den Anfängen der Telefonie war es die fast schon legendäre Klingelfee, die zwei Telefonpartner miteinander verband. Für diese Arbeit gibt es inzwischen längst automatisch arbeitende Einrichtungen, die das direkte »Selbstwählen« der Verbindung ermöglichen: Es sind die sogenannten Wähler, die in den Orts- und Fernmeldeämtern dafür sorgen, daß die einzelnen Leitungsabschnitte einer gewünschten Sprechverbindung durchgeschalten werden.

Bei einem Ortsgespräch vollzieht sich der Verbindungsaufbau zum gewünschten Teilnehmer beim Wählen der Rufnummer. Jede Ziffer löst beim Drehen der Nummernscheibe am Telefonapparat eine entsprechende Anzahl von Stromstößen – Impulsen – aus, die an die Wähler weitergeleitet werden. So entstehen beispielsweise bei der Ziffer 2 zwei Impulse, bei der 5 fünf Impulse und so weiter. Diese Impulse steuern den Wähler so, daß die Verbindung mit jeder gedrehten Ziffer ein Stück weiter reicht und mit der letzten Ziffer schließlich bei dem gewünschten Teilnehmer anlangt. Will ein Kölner jedoch mit Augsburg telefonieren, kommen die einzelnen Impulsfolgen zunächst in einen Speicher, und der Wähler sucht sich anschließend den günstigsten Verbindungsweg. Jede Ziffer der Vorwahlnummer hat eine bestimmte Bedeutung. Die 0 signalisiert, daß ein Ferngespräch gewünscht wird. Die 8 gibt an, daß der gesuchte Teilnehmer im südlichen Bayern sein Zuhause hat, die 2, daß er im Bezirk Augsburg wohnt, und die 1 schließlich, daß er in der Stadt Augsburg zu finden ist.

Der ganze Vorgang des Wählens läuft in den Ämtern keineswegs geräuschlos ab. Ratternd drehen sich die Wähler auf der Suche nach einer freien Leitung. Kleine Elektromotoren treiben sie an. Ein Gang durch die endlosen Gestellreihen eines Fernmeldeamtes hat sowohl optisch als auch akustisch einiges zu bieten. Die Techniker bezeichnen diese Art des Verbin-

dungsaufbaus als »elektromechanisch«, und Mechanik versteht auch der Laie: Da bewegt sich was. Mit der Bewegung ist es nun jedoch vorbei, fast vorbei. Kontakte müssen zwar auch bei dem neuen System, das die Deutsche Bundespost zur Zeit ausprobiert, geschlossen werden, aber dies vollzieht sich in den neuen Anlagen lautlos und für das Auge unsichtbar.

Der Vorgang ist nicht nur deshalb unsichtbar, weil die ganze Anlage in einem Blechschrank untergebracht ist, sondern auch, weil die eigentlichen Schaltelemente – sogenannte bistabile Relais – in Metallgehäuse eingebaut sind. Der Begriff Blechschrank ist nicht nur wörtlich zu nehmen, sondern soll auch für das von den Amerikanern geprägte Wort »black box« stehen. Eine »black box« ist ein Gerät von dem man zwar weiß, was es tut, aber nicht wie. Zu dem Wie sei immerhin soviel gesagt, daß es sich bei den Innereien der Box um »Koppelfelder« handelt, wie die Techniker sagen. In diesen Feldern vollzieht sich das Durchschalten von Telefonverbindungen. Die Aufgabe der »Blechschränke« ist es also, den Sprechweg zwischen zwei Telefonpartnern herzustellen. An sie sind deshalb auch alle Telefonteilnehmer eines bestimmten Amtsbezirks angeschlossen.

Bevor sich in unserer black box etwas tut, muß ihr jedoch vorher jemand angeben, was sie machen soll. Das übernimmt bei dem neuen Wählsystem ein Computer, der aber nicht unmittelbar eingreifen kann. Zwischen ihm und den Schalteinheiten bestehen noch teilzentrale Steuerwerke, die beide Teile – Rechner und Schalteinheit – hinsichtlich der Geschwindigkeit und der Leistung einander anpassen.

Die Fachleute bezeichnen den Computer im Zusammenhang mit den neuen Wählsystem lieber als »Zentralsteuerung«, obgleich diese Steuerung in ihrem Aufbau und in ihren Aufgaben durchaus den herkömmlichen Datenverarbeitungsanlagen ähnelt. Das Leistungsvermögen dieser zentralen Steuerung reicht aus, mehrere Schalteinheiten – sie entsprechen den bisherigen Vermittlungsämtern – gleichzeitig zu betreuen. Sie sind dabei so programmiert, daß in den einzelnen Schalteinheiten auf das bisher übliche Wartungs-

Tasten statt Nummernscheibe. Mit der Einführung des elektronischen Wählsystems ändert sich auch das Äußere des Telefonapparates. Tippen ist einfacher und geht rascher als Drehen. Und wo bisher elektrisch angetriebene Wähler ratternd die Sprechverbindung herstellten, besorgen das miniaturisierte Relais auf steckbaren Baugruppen. Foto Siemens

personal verzichtet werden kann. Der Computer in der Zentrale testet auf Wunsch der Bedienung jedes einzelne angeschlossene Amt mit einem Prüfprogramm durch. Mußte man bei den bestehenden Vermittlungseinrichtungen auch nicht unbedingt warten, bis sich ein aufgebrachter Telefonteilnehmer über einen Defekt beschwere, so können jetzt möglicherweise auftretende Fehler noch schneller erkannt und beseitigt werden.

Zu den weiteren Möglichkeiten der schnellen Rechner, die als Steuereinheit eingesetzt sind, gehört es, die »Verkehrsbelastung« der Vermittlungsstellen und der Kabelnetze zu ermitteln. Unter Verkehrsbelastung verstehen die Fachleute die Anzahl der Telefongespräche, die zu einem bestimmten Zeitpunkt geführt werden, und die hierzu notwendigen Leitungen und Vermittlungseinrichtungen. Würde die eine Hälfte der Bundesbürger gleichzeitig zum Telefonhörer greifen, um die andere Hälfte anzurufen, bräche unser ganzes Telefonsystem schlicht zusammen. Die Post hat nämlich aus wirtschaftlichen Gründen nur soviele Vermittlungs- und Übertragungseinrichtungen geschaffen, daß sie für die durchschnittliche Gesprächshäufigkeit ausreichen. Da sich solche Durchschnittswerte jedoch mit der Zeit ändern, müssen die Techniker die Anlagen den neuen Sprechgewohnheiten anpassen. Die Angaben hierfür liefert der Computer. Und nicht zuletzt erstellen die Rechner auch noch die Fernmelderechnungen für die Kunden.

Dies alles ist für den normalen Telefonbenutzer zunächst nur bedingt interessant. Mit dem elektronischen Wählsystem (EWS) wird sich aber auch das Äußere seines Telefonapparates ändern: statt der Nummernscheibe bedient man in Zukunft Tasten. Das Tippen geht sehr viel einfacher und schneller als das Aufziehen und Ablaufenlassen der Nummernscheibe. Wem dies noch nicht genügt, der kann häufig benutzte Nummern vorprogrammieren. Dann reicht es zum Beispiel, eine zweistellige Zahl zu tasten, und die gewünschte Freundin in Paris oder London kommt an den Apparat. Stellt jedoch ein geplagter Vater fest, daß sein Sohn oder seine Tochter von dieser Möglichkeit allzu häufig Gebrauch machen, läßt er bestimmte Dienste ganz einfach sperren: Die Anlage schaltet auf stur, und ein Gespräch nach New York oder Madrid kommt nicht mehr zustande.

Wer sich einmal Ruhe vor dem Telefon gönnen möchte, kann dem Rechner, indem er einen bestimmten Code eingibt, signalisieren, daß er nun Empfangspause hat. Dann weiß der Anrufer, daß sein Partner zwar da ist, aber nicht gestört werden möchte. Handelt es sich bei einem ankommenden Gespräch um eines solcher fragwürdiger Zeitgenossen, die anonym über ein unliebsames Thema plaudern möchten, setzt der belästigte Fernsprechteilnehmer durch Tastendruck eine sogenannte Fangschaltung der EWS-Anlage in Tätigkeit, und der elektronische Kommissar spuckt schwarz auf weiß die Nummer des Anrufers aus, der somit schnell von der Polizei ermittelt werden kann. Das neue System bietet dem Benutzer noch eine Reihe weiterer Annehmlichkeiten. So wird der Auftragsdienst automatisiert, und statt des Weckers klingelt morgens das Telefon, wenn man dem Computer die gewünschte Weckzeit mitgeteilt hat.

Die erste Vermittlungsanlage mit Zentralsteuerung und gespeichertem Programm ist seit 1967 im nachrichtentechnischen Zentrallaboratorium der Siemens AG in München in Betrieb. Eine Weiterentwicklung führte zum elektronischen Wahlsystem EWS. Es soll das bei der Post verwendete EMD-System ablösen. Dabei ist neben der Einrichtung neuer Vermittlungsstellen in EWS-Technik auch vorgesehen, EMD-Vermittlungsstellen mit ferngesteuerten EWS-Einheiten zu erweitern. Solche Einheiten können später in voll gesteuerte oder steuernde Vermittlungsstellen umgewandelt werden. Auf diese Weise ist es möglich, die neue Betriebsart in allen Bereichen des Netzes einzuführen, ohne vorhandene Einrichtungen vorzeitig ersetzen zu müssen.

Bei der Übergabe der ersten elektronischen Fernsprech-Ortsvermittlungsstelle in München-Perlach sagte der deutsche Bundespostminister im August 1974 unter anderem, daß die Post bei ihrem Streben nach neuen, kostengünstigen Techniken dem Sachzwang unterliegt, neue Technologien auszunutzen. Die Zusammenarbeit der Post mit der Fernmeldeindustrie habe dabei auch eine nicht zu unterschätzende wirtschaftspolitische Bedeutung. Dadurch, daß die Post immer mehr bisherige Edelmetall-Motor-Drehwähler durch das EWS ersetzt, wird weniger Material gebraucht und der Bedarf an den so knappen Rohstoffen geht zurück.

Tollkühne Männer in ›heißen‹ Körben

VON KARL GRIEDER

Heißluftballone gehören gewiß zu den romantischsten Fluggeräten, aber auch zu den zuverlässigsten. Das zeigte sich bei der ersten internationalen Montgolfière-Woche, die im Herbst 1974 in der Schweizer Ortschaft Flims stattfand. Vor der Bündener Alpenkette stiegen sechs Heißluftballone zu Wettfahrten auf. Alle kehrten wohlbehalten zurück. Daß der Heißluftballonsport heute bereits in aller Welt seine Freunde gefunden hat, bewies die hohe Beteiligung an dieser Veranstaltung. Achtzehn Piloten aus den USA, England, Deutschland, Belgien, Schweden und der Schweiz fanden sich im Kanton Graubünden zusammen, und insgesamt fünfzigmal starteten die modernen Montgolfièren. In der Regel besteht die Besatzung eines Heißluftballons aus zwei, höchstens drei Personen. Passagiere und Pilot finden wie beim gasgefüllten Bruder, dem Freiballon, in einem Weidenkorb von quadratischem Querschnitt Platz. Hier sind auch die Propangasflaschen und die Instrumente verstaut. Der Hülleninhalt der unterschiedlich großen Ballone schwankt zwischen 1600 und 2200 Kubikmeter.

Die Fahrten waren bei dieser 1. Alpinen Heißluftballon-Woche von unterschiedlicher Dauer und fanden meist bei West- oder Südwestwind statt. Er brachte den Piloten alles an Wetter: Sonnenschein, Regen aber auch Schnee – obwohl man von vornherein darauf bedacht gewesen war, im Alpenraum keine großen Risiken einzugehen. Die allein von erhitzter Luft getragenen Ballone vermögen sich nur solange in ihrem Element zu halten, wie der Propangasvorrat ausreicht.

Den ersten Preis für die meisten, während der Flimser Heißluftballon-Woche erreichten Fahrkilometer errang ein Pilot aus der Bundesrepublik Deutschland. Die längste Fahrt erzielte ein Österreicher, und die meisten Starts brachte ein Engländer hinter sich. Der große Wanderpreis für die beste kameradschaftliche Tat aber wurde einem Schweizer Nichtballonfahrer verliehen. Die Montgolfièren landeten in der Nähe von Flims, bei Ragaz, bei Davos und am Bodensee. Bei schwachem Wind legt ein Ballon in einem Zeitraum von ein bis drei Stunden zwischen 10 und 50 Kilometer, und bei starkem Wind 50 bis 100 Kilometer zurück. Ballonpiloten schätzen freilich allzu starken Wind nicht sonderlich, weil er die Landung erschwert.

Bläst man Seifenblasen in die Luft, so steigen diese in die Höhe, weil unser Atem – warme, in die dünne Seifenhaut eingeschlossene Luft – leichter ist, als die kältere Luft der Umgebung. Auch beim Heißluftballon entsteht der statische Auftrieb durch den Gewichtsunterschied zwischen kalter und erhitzter Luft. Solche »Aerostaten« weisen eine dickbauchige, birnenförmige Form auf. Die Hülle ist wie beim gasgefüllten Ballon aus Nylonbahnen zusammengenäht. Oben befindet sich ein Ventil. Es wird sofort nach der Landung betätigt, damit die heiße Luft entweicht und die Hülle zu Boden sinken kann.

Noch vor Jahren betrug der Heizwert des bei einer Ballonfahrt verbrannten Gases 300 000 Kilokalorien (kcal), heute wird im Schnitt mit einem Heizwert von 3 Millionen Kilokalorien gerechnet oder nach der neuen Maßbezeichnung von 12,588 Millionen Kilojoule (kJ). Diejenige Wärmemenge, die notwendig ist, um die Temperatur von 1 Liter reinem Wasser von 14,5 Grad Celsius auf 15,5 Grad Celsius zu erhöhen, heißt 1 Kilokalorie, das entspricht 4186 Joule. Je mehr Kalorien ein brennbarer Stoff abgibt, desto größer ist seine Verbrennungswärme oder, anders ausgedrückt, sein Heizwert.

Die Propangas-Brenner – heute sind es in der Regel zweimal zwei Brenndüsen, die parallel arbeiten – befinden sich unmittelbar unter der Ballonöffnung, so daß der Wind die Flamme nicht wegpusten kann. Im Gegensatz zum Gasballon, wo ein Aufstieg langwieriger Vorbereitungen bedarf, geht es hier ruck-zuck. Der Pilot und sein Mitfahrer – im Ballon wird gefahren und nicht geflogen – entfalten sorgfältig die Hülle. Ein von einem Benzinmotor angetriebenes Ventilatoraggregat preßt zunächst kalte Luft in die Hülle, bis sie zu etwa Dreiviertel ihres Volumens aufgeblasen ist. Dann bringt die Besatzung den Korb, über dem an einem hohen Bügel die Brenner befestigt sind, in Schräglage und zündet die Gasdüsen. Unter der einströmenden Heißluft bläht sich die Hülle vollends auf und wölbt sich lotrecht über dem Korb, der sich dabei wieder aufrichtet.

Prall gefüllt, wölben sich die Hüllen von vier Heißluftballons – ein farbenprächtiges Bild. Bei der 1. Alpinen Heißluftballon-Woche in der Schweizer Ortschaft Flims stiegen sechs Montgolfièren vor der Bündner Alpenkette zur Wettfahrt auf. Foto Liniger

Wenn nichts schiefläuft, dauert das Ganze eine knappe Viertelstunde. Der Pilot reguliert währenddessen die Flamme so ein, daß sie rund eineinhalb Meter Höhe erreicht. Mit dem »Schockbrenner«, einer zusätzlich angebrachten Brenndüse, läßt sich sogar eine Flamme von drei bis vier Meter Höhe erzielen. Er wird hauptsächlich bei der Landung verwendet. Werden die Brenner gedrosselt, so beginnt der Ballon zu sinken, und er sinkt immer schneller und schneller. Der Pilot kann den Fall dadurch regulieren, das heißt abbremsen, daß er alle fünf bis zehn Sekunden den Schockbrenner betätigt. Er muß dabei über viel Fingerspitzengefühl verfügen, denn der Ballon sinkt auch bei eingeschaltetem Schockbrenner anfänglich noch weiter. Die eingeschlossene Luftmasse, die ein Gewicht von 1 bis 2 Tonnen hat, ist entsprechend träge und reagiert auch so.

Naturgemäß ist der Auftrieb dann am größten, wenn die den Ballon umgebende Luft am kältesten ist, also im Winter. Die nachstehenden Zahlen zeigen, welche Heißlufttemperatur bei einer bestimmten Kaltlufttemperatur erzeugt werden muß, damit der Ballon steigt:

Außentemperatur in °C	0	+ 10	+ 20
Heißlufttemperatur in °C	+ 80	+ 100	+ 120

Als Begründer des Heißluftballonsports mit modernen Montgolfièren gilt der Schweizer Kurt Rünzi. Er unternahm im Jahre 1964 in den USA seine erste Fahrt mit einem derartigen Ballon. Davon begeistert, setzte er zwei Jahre später seine Fahrversuche in der Schweiz fort. Zwei namhafte Firmenkonzerne stifteten je einen Heißluftballon. Mit Aufschriften auf der Ballonhülle warben sie bei den Versuchsfahrten, die damit ausgeführt wurden, für ihre Erzeugnisse. Ein anderer Ballon mit der amtlichen Zulassung HB-BEG trägt den Namen »Kinderdorf«, und zwar deshalb, weil damit des öfteren Ballonpost zu Gunsten eines Kinderdorfes befördert wird. Solche Aufstiege erfolgten in Israel, Belgien, Ungarn, Afrika, Deutschland und in der Schweiz. Der Ballon »Kinderdorf« ist 25 Meter hoch und hat einen Durchmesser von 18 Meter.

Viele Ballonpiloten, gleichgültig ob von der gasgefüllten Konkurrenz oder von Montgolfièren, reizt es, einmal die Hochalpen zu überqueren. Auch Kurt Rünzi und seinen Landsmann Ernst Ammann lockte dieses Ziel. Jahrelang trafen sie gemeinsame Vorbereitungen hierzu und unternahmen Versuchsfahrten. So ließen sie sich zum Beispiel von einem Ballon auf 4000 Meter Höhe tragen und sanken im freien Fall auf 2000 Meter Höhe ab, um herauszufinden, wie schnell, falls das notwendig werden sollte, der Abstieg in ein Bergtal erfolgen kann.

Am 18. Mai 1974, an einem schönen Frühlingsmorgen, trafen sie neben dem kleinen Sportplatz Mollis im Kanton Glarus die letzten Startvorbereitungen. Sorgsam breiteten sie die rot-gelb-gestreifte Hülle im noch taufrischen Gras aus. Propangasflaschen, Radio, Funkgerät und eine Notausrüstung waren – fest verschnürt – bereits im Korb verstaut. Der hohen Gewichtsbelastung wegen wurden die Brenner so eingestellt, daß die Luft im Innern der Hülle bis auf 130 Grad Celsius erhitzt wurde. Diese Temperatur war notwendig, damit der Ballon abheben konnte. Einem Lift gleich, ging er in die Höhe. Das Variometer zeigte 1 bis 2 m/s Fahrt nach oben an. Als sie eine Höhe von 4200 Meter erreicht hatten, war bereits eine Propangasflasche leer. Vorsichtig und unter großer Kraftanstrengung bei aufgesetzten Sauerstoffmasken mußte eine Ersatzflasche, die wegen Platzmangels außerhalb des Korbes befestigt war, hochgehievt und im Korb an ihren Platz gebracht werden. Diese Prozedur kostete an die 500 Meter Höhe. Die Brenner wurden wieder auf volle Leistung eingestellt, und in 5400 Meter Höhe fanden die beiden kühnen Piloten endlich den ersehnten Nordwind. Nachdem sich der Ballon einige Male um die eigene Achse gedreht hatte, packte ihn die Luftströmung und trieb ihn über das Glärnischmassiv, die Bündner Alpen und das Valsertal in Richtung Süden.

Die wagemutigen Männer landeten nach dreieinhalbstündiger Luftfahrt im Nessocotal (Tessin). Als sich beim Tiefergehen der Ballon noch rund 500 Meter über dem Boden befand, näherten sie sich bedrohlich einer schroffen Felswand. Doch da kam ein Hangwind auf, der den Ballon wegtrieb. In einer kleinen, steil abfallenden Waldlichtung setzte der Korb auf.

Sich in die Luft erheben und den Vögeln gleich fliegen können, war ein uralter Traum der Menschen. Man schrieb den 4. Juni 1783, als die beiden französischen Brüder Joseph und Etienne Montgolfier bei Annonany (Departement Ardèche) mit ihrem selbstgebauten Heißluftballon heimlich den ersten, unbemannten Aufstiegsversuch wagten. Mit diesem Datum beginnt die Geschichte der Luftfahrt. Bereits einen Tag später wurde der staunenden Volksmenge der große Heißluftballon, ein Luftfahrzeug leichter als Luft, vorgestellt. Der aus Papier gefertigte Ballon – die Zuschauer glaubten, daß es sich um Teufelswerk handele – besaß einen Durchmesser von 11 Meter, der Rauminhalt soll rund 500 Kubikmeter betragen haben.

Einer der beiden Brüder Montgolfier hatte eines Tages beobachtet, daß eine Krinoline (Reifrock), die seine Frau über einer offenen Feuerstelle im Haus zum Trocknen aufgehängt hatte, sich in der warmen Luft nach oben bewegte. Die beiden Brüder sannen über die Ursache dieser Beobachtung nach und schlossen, daß heiße Luft leichter sein muß als kalte und damit ein Auftrieb entsteht. Nur wenige Monate später, am 21. November 1783, fand dann im Garten des Schlosses de la Muette in Paris der erste bemannte Aufstieg mit einem Heißluftballon statt. Die Fahrt dauerte 20 bis 25 Minuten, die zurückgelegte Entfernung betrug rund 10 Kilometer. Piloten waren der Physiker Pilâtre de Rozier und der Infanteriemajor Marquis d'Arlandes. Ein abenteuerliches Unterfangen. Um genügend Auftrieb zu erhalten, verbrannten die beiden tollkühnen Männer Stroh in einer offenen Feuerstelle, was bei der leicht entflammbaren Ballonhülle reichlich gefährlich gewesen sein muß.

Schwerelos treibt der Ballon, allein von erhitzter Luft getragen, hoch über der bizarren Kulisse der Alpengipfel dahin – ein romantisches, aber sicheres Fluggerät (großes Bild).

Oben und Mitte: Der Ballon wird startklar gemacht. Nachdem kalte Luft in die Hülle gepreßt worden ist, wird der Korb in Schräglage gebracht, die Gasdüsen werden gezündet und meterlange Flammen schießen in den Ballon.

Unten: Die einströmende Heißluft hat die Hülle vollends aufgebläht, der Korb hat sich wieder aufgerichtet. Deutlich sind die Brenner über dem Korb und die Propangasflasche außenbords zu erkennen. Fotos Ernst Liniger, Gerhard Hehl

Kommune im Gespinstsack

VON HANS P. ROSCHINSKI

Spinnen, die in Gemeinschaften leben

Sie sind nicht beliebt, diese schnellhuschenden Tiere, die in stillen Zimmerwinkeln ihre dreieckigen Fangdecken spinnen wie die Hauswinkelspinne. Den Fotografen, der draußen im Wald umherpirscht, begeistert das mit Tautropfen beschwerte Netz im Geäst vor dunklem Hintergrund. Der Wanderer aber, dem beim Gang durchs Dickicht die klebrigen Fäden auf der Wange haften, verzieht erschrocken das Gesicht. Spinnen sind nützlich, sie vertilgen Schadinsekten, und sie sind kunstvolle Netzbauer, schön – das wissen wir alle: Aber wer will sich schon mit Spinnen abgeben?

Zumindest sollte man genauer hinsehen – allein die Gestalt der Spinnen schon: Deutlich ist der Körper in einen Kopf-Brust-Teil und in einen Hinterleib gegliedert, acht Beine haben sie. Lange Fühler wie bei Insekten bemerken wir nicht, Spinnen sind »Fühlerlose«. Allerdings haben sie außer den vier Beinpaaren ein Paar – oft sehr langer – Taster. Sie sind hoch organisiert: Ihr Nervenzentrum vorn im Kopf-Brust-Teil kann man schon als ein »Gehirn« ansprechen. Das auffällige Kennzeichen aller der Ordnung Araneae – den Spinnen – zugehörigen Tiere sind die paarigen Spinnwarzen am Hinterleib; denn im weiteren Sinn sind auch die Skorpione mit ihrem Giftstachel und die Weberknechte Spinnentiere, und zum Beispiel die Milben, lästige Geschöpfe – von unserem Standpunkt: unter ihnen gibt es nun einmal viele Parasiten bei Mensch, Tier und Pflanze.

Der Vorderkörper trägt alle Organe, mit denen die Spinne sich fortbewegt, mit denen sie ihre Nahrung aufnimmt, mit denen sie sich verteidigt. Der Hinterleib ist nur durch einen dünnen Stiel mit dem Vorderleib verbunden, er ist also beweglich. Das ist wichtig für die Spinnen. Am Leibesende nämlich liegen die Spinnwarzen. Und um ihr mehr oder minder kunstvolles Netz zu spinnen oder – wenn eine Spinne nicht zu den Netzbauerinnen gehört – zumindest einen »Sack« für die Eier, ist ein solcher beweglicher »Spinnapparat« von Vorteil. Der dünne Stiel erlaubt der Spinne, den Hinterleib hin und her, auf und ab zu wenden, wenn sie einen Haftpunkt sucht, um ihren Spinnfaden zu befestigen.

Spinnen haben Augen, unterschieden nach Haupt- und Nebenaugen – keine großen Facettenaugen wie die Insekten. Die beiden Hauptaugen und die drei Nebenaugenpaare unterscheiden sich in ihrem Aufbau. Ihre Anordnung vorn auf dem Kopf-Brust-Teil ist für viele Arten charakteristisch – doch sehen, scharf sehen können die meisten kaum mit diesen Augen. Für die Spinnen ist ein anderer Sinn von viel größerer Bedeutung, der Tastsinn, verbunden mit der Fähigkeit, selbst geringste Erschütterungen zu orten.

Wie aber nimmt die Spinne diese Erschütterung wahr? Was überhaupt

Titelbild: Ein Wohngespinst und die davon ausgehenden Fäden des Fangnetzes der soziallebenden Stegodyphus-Spinne. Wie Früchte hängen im Frühling auf Madagaskar diese Wohngespinste zahlreicher Spinnenkommunen an den noch kahlen Bäumen. Rund 5000 Spinnen jagen auf einem Baum ihre Insektenbeute. (Vgl. auch S. 98).

nimmt sie noch mit ihren Sinnen auf, wenn sie doch so schlecht sehen kann? Mit dem Elektronenmikroskop haben Wissenschaftler im Kieler Zoologischen Institut bei einer Spinnenart 18 verschiedene Typen von Haaren und Borsten festgestellt – und jeder Typ hat seine bestimmte Aufgabe. Einige sind Sinneshaare, sie nehmen die ertasteten Eindrücke auf und leiten sie über Nervenbahnen zum »Spinnenhirn«, mit anderen »riecht« oder »hört« die Spinne.

Wenn du draußen im Garten oder Wald eine größere Spinne antriffst, schau sie dir einmal genau von vorne an. Deutlich erkennst du auf der Vorderseite die Augen. Zwei einfache Taster bemerkst du, und dann – bei den meisten Spinnen in unserem Lande – senkrecht nach unten ein Paar kräftige Säulchen, die am Ende je eine bewegliche, spitze Kralle haben: Das sind die »Cheliceren«, die Krallenhörner. Diese Klauen stehen mit Giftdrüsen in Verbindung, deren Gift das Beutetier tötet. Spinnen, deren Cheliceren nach unten gerichtet sind, werden als Labidognatha (»mit seitwärts gewandten Kinnbacken«) bezeichnet; eine andere Gruppe, zu der auch die größten, die gefürchteten Vogelspinnen gehören, hat die Cheliceren geradeaus in der Körperrichtung stehen, sie sind die Orthognatha.

Die Spinnen haben keine so vielgestaltigen Mundwerkzeuge, wie wir sie von den Insekten kennen, sie haben weder kauende Kiefer noch Saugrüssel – aber die brauchen sie auch nicht. Sie bereiten ihre Nahrung außerhalb des Körpers auf. Die getötete Beute wird »eingespeichelt«, dieser Speichel zersetzt das Gewebe des Beuteinsekts zu einem »Nahrungsbrei« – und den saugt die Spinne durch ihre Mundöffnung auf.

So, das waren eine Menge Informationen über Spinnen. Damit ist aber noch nicht alles über diese Tierordnung gesagt, bei weitem nicht: Die mehr als 20 000 Arten, die hierzu gehören, haben eine jede ihre Spinnenumwelt ganz nach dem Lebensraum gestaltet, in den sie sich einpassen. Aber alle diese Tiere scheinen uns ausgeprägte Einzelgänger zu sein, jedes Tier schlägt sich allein durchs Spinnenleben, sieht in einer anderen Spinne und selbst in Artgenossen nur die Jagdbeute oder den Feind – und das Lebensrecht behält der Stärkere. Häufig ist zu hören, daß das Spinnenweibchen nach der Hochzeit das Männchen verspeise – wenn dieses nicht schnell genug entweicht. Nun, beobachtet, sicher beobachtet und damit bewiesen ist das für nur sehr wenige Spinnen. Und mit den Einzelgängerleben bei allen Spinnenarten, das ist auch nicht die ganze Wahrheit. Immerhin wissen wir heute, dank der eingehenden Arbeit der Spinnenforscher, daß es etwa dreizehn Arten gibt, bei denen die Einzeltiere – und das oft in sehr großer Zahl – stets beieinander bleiben, gemeinsam Wohn- und Fanggespinste herstellen, gemeinsame Mahlzeiten halten, auch so etwas wie Brutpflege betreiben – kurz, daß es »soziale« Tiere sind. Diese Spinnenarten kommen in Südamerika vor, in Afrika, in Mexiko, in Indien – in warmen Gegenden also, nicht in unseren Breiten. Solche sozialen Spinnen gibt es nur bei Webspinnen, bei den »Cribellaten« und bei den »Ecribellaten«.

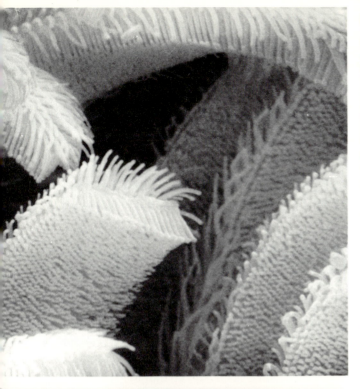

Oben links: Haftpolster am Fußende einer Spinne: Sie ermöglichen es dem Tier, selbst an Glas zu laufen. Die Aufnahme im Rasterelektronenmikroskop zeigt deutlich, wie jedes Element des Polsters weiter aufgespalten ist und viele Haftpunkte ergibt.

Oben rechts: Spinnspulen, aus denen die Fäden zum Fesseln der Beute austreten. Auf der Spinnwarze sitzen Tausende solcher feinen Röhrchen, von denen jedes mit einer Drüse verbunden ist.

Links: Wie Injektionsnadeln sind die Klauen der Cheliceren gebaut. Mit ihnen spritzt die Spinne das Gift in ihre Beute, um sie zu töten.

Die Spinnen mit seitwärts gerichteten Kinnbacken sind in zwei Gruppen eingeteilt: Bei der ersten ist das vorderste Spinnwarzenpaar zu einer zweigeteilten »Spinnplatte« mit Tausenden von Spinnröhrchen ausgebildet. Bei einer Spinnenart hat man 25 000 solcher feinen Röhrchen auf einer Hälfte der Spinnplatte, dem »Cribellum«, festgestellt, und jedes Spinnröhrchen ist mit einer Drüse verbunden, die das Spinnsekret abgibt! Dazu trägt das vorletzte Glied des letzten Beinpaares dieser Spinnen einen Borstenkamm, mit dem das Tier die austretenden feinen Fäden (von denen ungefähr 50 000 nebeneinander erst einen Millimeter ergeben) herauskämmen kann. Dieses Feingespinst lagert die Spinne auf Achsenfäden auf, denen Kräuselfäden beigegeben sind. Beide Fäden kommen aus den übrigen drei Paar Warzen hinter der Spinnplatte. Eine andere Gruppe hat statt der geteilten Spinnplatte nur ein Höckerchen. Diese Spinnen aber können, wie unsere heimische Kreuzspinne, ihre Fangfäden mit einer Klebemasse zu »Leimruten« machen. Sie sind »ecribellate« Spinnen.

Bei den sozialen, also in Gemeinschaften lebenden Spinnen ist der Zusammenhalt recht unterschiedlich ausgeprägt. Da ist zum Beispiel in der Gruppe der Ecribellaten und in der Familie der Radnetzspinnen, zu der auch unsere Kreuzspinne gehört, eine: Araneus sermoniferus nennt sie der Wissenschaftler. Sie lebt in Südamerika und ist die erste, die man als sozial erkannte. Viele Einzelspinnen bauen hier gemeinsam einen Gespinstsack, 30 Zentimeter lang und etwa halb so hoch. Darin schützen sie sich am Tage. Doch kommt der Abend, da ziehen sie einzeln aus und bauen irgendwo in der Umgebung des Wohngespinsts eine jede ihr Radnetz, und der Wegfaden ist von da bis zum gemeinsamen Schlupfwinkel gezogen, »Wegleitung« für den Heimweg. Denn da jede Spinne ihr Radnetz hat, macht auch jede Nacht um Nacht ihre Beute auf eigene Rechnung, ist »Selbstversorger«, am Morgen erst kehrt sie zu den anderen zurück.

Eine andere gemeinsam lebende Spinne ist die Trichterspinne Agelena consociata, in Westafrika nahe dem Äquator zu Hause, aus der Verwandtschaft unserer Hauswinkelspinne. Da beginnen die ersten Tiere draußen auf Pflanzen einen Schlupfwinkel zwischen den Blättern zu spinnen, andere beteiligen sich. Das erste Stück Gang wächst zu einer langen Galerie an, andere Gänge kommen hinzu, werden miteinander verbunden, und alle Galerien führen hinaus auf den zweiten wichtigen Teil des Netzes: einem waagerecht ausgesponnenen Teppich, der bis zu vier Quadratmeter groß sein kann. Das ist das Jagdgebiet der Spinnen. Denn der Teppich ist mit hochgezogenen Fäden an Ästen aufgehängt: Das stützt ihn. Doch das nicht allein – die Fäden sind zugleich Fallen. Insekten fliegen dagegen, stürzen ab und fallen ins Netz. Die Erschütterung alarmiert die Jäger, sie stürzen hinaus. Ihre Zahl richtet sich nach der Stärke des Signals, das immer neu gegeben wird, da sich das Insekt zu befreien versucht. Ist es sehr groß, eine Grille vielleicht, dann stürzen sich bis zu 30 Jäger auf das Opfer, schlagen mit den Vorderbeinen darauf, um sich zu vergewissern, beißen zu, fahren

Bei Erschütterungen des Netzes »vernehmen« die gemeinsam jagenden Spinnen das Signal und eilen herbei. Im Eifer des Beutefangens beißen sie selbst auf Holundermark, doch ein Art- oder Kommunegenosse ist sicher vor diesem tödlichen Biß.

zurück, springen vor und beißen wieder. Wie leicht könnte da im Jagdeifer ein Nestgenosse einen tödlichen Biß abbekommen – aber das geschieht nicht: Die Berührung mit dem Vorderbein überzeugt jede Spinne davon, wen sie vor sich hat. Bei Insekten, das wissen wir, werden bestimmte Stoffe ausgetauscht, Pheromone, die gewissermaßen ein Ausweis der Gemeinschaft sind. Haben Spinnen ähnliche Stoffe, an denen sie sich gegenseitig erkennen? Genau wissen wir es noch nicht, doch möglich ist das bei einigen Arten. Wenden wir unseren Blick zurück auf die Jagdbeute im Netz. Die Spinnen schleppen die große Beute nicht zu einem Schlupfwinkel, wie sie es mit kleineren Opfern tun, sie speicheln sie an Ort und Stelle ein. Daran sind mehrere Tiere beteiligt – und noch mehr Spinnen saugen eine Weile später das Opfer aus. Werden bei dieser gemeinsamen Mahlzeit solche Erkennungsstoffe ausgetauscht? Vielleicht. Der Zusammenhalt bei dieser Trichterspinne ist enger als bei den in Gemeinschaft lebenden Netzspinnen.

Insektenstaaten sind Organisationen zur Brutfürsorge. Überall gibt es da Klassen: Die Königin allein ist in der Lage, für die Fortpflanzung zu wirken, Eier zu legen. Die übrigen Weibchen haben diese Fähigkeit verloren, sind wie im Bienenstaat zu »Arbeiterinnen« geworden, die für die heranwachsende Generation sorgen und innerhalb des Ganzen unterschiedliche Stellungen einnehmen. Bei den sozialen Spinnarten gibt es solche Klassen nicht. Da ist keine »Spinnenkönigin«, die nur für den Erhalt des Staates und damit ihrer Art diente. Alle Spinnen sind gleichberechtigte Wesen, die alle auch für den Erhalt der Gemeinschaft arbeiten – aber die Brutfürsorge, die es auch bei ihnen gibt, wie wir gleich sehen werden, steht offensichtlich nicht im Mittelpunkt des Zusammenschlusses. Die Weibchen sozialer Spinnen legen sogar weniger Eier als die einzeln lebender Arten. Sondert man einzelne Tiere von der Gemeinschaft ab, dann können sie sich, wie Versuche zeigten, ganz gut alleine durchs Leben schlagen. Kurz, die Spinnengesellschaft ist eine »klassenlose Gesellschaft«, und dafür hat Professor Kullman in Kiel den Begriff »Kommune« geprägt.

Wenn also Spinnen meist Einzeltiere sind, angriffslustig obendrein und das selbst gegen die eigenen Artgenossen, dann muß die erste Eigenschaft der in Gemeinschaft lebenden sein, daß sie andere Tiere ihrer Art in ihrer Umgebung dulden, sie müssen tolerant ihnen gegenüber sein. Aber mehr noch, eine Spinnengemeinschaft vollbringt ja auch gemeinschaftliche Leistungen. Alle haben Vorteile davon, sie wohnen sicherer, und der Tisch ist bei anderen reicher gedeckt: Es muß über die Toleranz hinaus noch etwas dasein, was die Tiere zum gemeinsamen Leben und Handeln zusammenbringt, ein Drang zur Gesellschaft, kein zufälliges Aufeinandergerücktsein. Das bezeichnet der Wissenschaftler mit dem Fachwort Interattraktion, die »Anziehungskraft« zur Gesellschaft. Und das dritte auffällige Kennzeichen ist die Zusammenarbeit, die Kooperation, der einzelnen Tiere. Bei den sozialen Radnetzspinnen beschränkt sie sich mehr als bei der Trichterspinne, vorhanden ist sie immer.

September – und Frühling auf Madagaskar, ein großer Baum ist noch unbelaubt, in ihm aber hängen wie vertrocknete Früchte viele – fast 200 – kleine Gespinste: Wohngesellschaften einer Spinne, und jede umfaßt 20 bis 30 Tiere. Es ist eine cribellate Art der Gattung Stegodyphus. Zwischen vier- und sechstausend Spinnen wohnen in diesem Raum, sind auf Jagd nach Insekten – da läßt sich schon abschätzen, wie wirksam eine solche Spinnenbevölkerung die Besiedlung mit Kerbtieren niederhält!

Im Zoologischen Institut der Universität Kiel stand ich erstmals vor einem großen Netz einer Stegodyphus-Spinnenart, denn Professor Kullmann und seine Mitarbeiter erforschen gerade diese soziallebenden Tiere. Schwarze Rahmen standen da, groß wie Wandschirme, deren Seide allerfeinst gesponnen war. In einer Ecke hing ein dicklicher, länglicher Seidensack, das Wohngespinst der Spinnen. Irgendwann war ein Weibchen ausgewandert und hatte eine Kolonie gegründet, oben in einem warmen Winkel des Rahmens. Da hatte sich eine neue Kommune gebildet. Die Toleranz zwischen diesen Tieren geht soweit, und das haben die Forscher auch bei freilebenden Kommunen festgestellt, daß das Mitglied einer Kommune in eine andere überwechseln kann, dort in die Wohngemeinschaft aufgenommen wird. Im Laboratorium haben Spinnenkommunen, die zwischen solchen Holzrahmen angesiedelt wurden, sogar die Fangnetze miteinander verbunden!

Das kunstvolle Radnetz einer tropischen Agiope-Spinne auf Madagaskar. Das Tier lauert in der Nabe auf Beute. Bei vielen »cribellaten« Spinnen bestehen die Haftfäden aus einem Strang paralleler Achsenfäden und gekräuselter Randfäden. Prallt ein großes Insekt auf, reißen die jeweils gespannten Fäden, die längeren strecken sich dann – bis auf fast das 20fache der Anfangslänge. Das Netz hält stand.

Es ist doch ein großer Sprung vom alleinlebenden Jäger zum Kommunenmitglied – und dieser Sprung hat sich in den Spinnenfamilien dazu noch unabhängig voneinander vollzogen. Selbstverständlich bewegt die Forscher die Frage, wie es dazu kam. Hatte dieser weite Sprung gewissermaßen »Vorversuche«, ehe er gelang? Gibt es Zwischenformen des Zusammenlebens zwischen dem Alleingängertum an einem Ende der Möglichkeiten und dem dauernden sozialen Zusammenleben auf der anderen Seite?

Alle Spinnen, Seidenfabrikanten, die sie sind, bauen eine weiche Kinderwiege aus Gespinst, einen Kokon, der ihre Eier umschließt. In der Regel bewacht das Spinnenweibchen eifersüchtig diesen Kokon, Weibchen mancher Arten schleppen ihn mit sich herum, andere befestigen ihn in einem Schlupfwinkel – kurz, sie verwenden alle Sorgfalt darauf, bis die kleinen, ja winzigen Spinnen ausschlüpfen. Ein beachtlicher Schritt, der über solche Art der Brutpflege hinausgeht, wurde bislang erst bei einigen wenigen Spinnarten festgestellt: Die Alte füttert ihre »Jungen« von Mund zu Mund.

Nun läßt sich diese Tatsache nicht allein durch Beobachtung belegen, wir haben heute noch andere, wenn auch etwas aufwendigere Methoden. Die im Laboratorium gehaltenen Spinnen müssen mit Nahrung versorgt werden, denn in den nüchternen Räumen eines zoologischen Universitätsinstituts schwirren ja keine Fliegen und Schmetterlinge umher wie draußen in der freien Natur. Also züchten die Forscher nebenbei noch Insekten, etwa Stubenfliegen, heran, in kleinen Gläschen unter feinmaschigen Netzen. Vorsichtig bringt man einen Tropfen Zuckerlösung mit der Spur einer radioaktiven Phosphorverbindung auf den Deckel: Die Fliegen saugen davon, werden somit radioaktiv. Inzwischen hat das Spinnenweibchen seinen Kokon gebaut. In ungefähr einem Monat ist es an der Zeit: Kurz vor Ablauf dieser Spanne bekommt es eine radioaktive Fliege angeboten, die saugt die Mutter aus – und nun ist sie selbst radioaktiv. Sorgfältig entfernt der Forscher die Reste der verzehrten Fliege, damit die bald schlüpfenden Jungspinnen damit nicht in Berührung kommen. Die Jungspinnen sind jetzt heraus, und vom ersten Tag an wird regelmäßig eine Zahl von ihnen eingefangen, die Radioaktivität bei ihnen gemessen (die Impulse je 100 Sekunden) und das Gewicht bestimmt. Und siehe, die Jungspinnen werden radioaktiv – ein sicheres Zeichen, daß sie von der Mutter gefüttert werden. (Abb. Seite 99.)

Alle Meßwerte tragen die Forscher in Tabellen ein, dazu die Beobachtungen über das Heranwachsen der Kleinen. Beim Schlüpfen, da gingen bei einer Art fünf bis zehn junge Spinnen auf ein Tausendstelgramm, doch am nächsten Tag, da hatte sich das Gewicht der Jungen schon verdoppelt! Dabei konnte man sehen, wie sie eifrig zum Mund der Mutter huschten; dort wurden sie gefüttert, jedes eine bestimmte Portion. Nach drei Tagen ist ihnen die erste Haut zu eng geworden, sie streifen sie ab, und immer noch füttert die Mutter. Da ist keine zuvor aufgenommene Nahrung, die sie ihren Jungen zukommen läßt. Der »Säuglingsbrei« wird im Darm der Mutterspinne erzeugt. Die Mutter verzehrt sich gewissermaßen von innen, um den

Lebensanfang ihrer Nachkommen zu erleichtern. Fütterung durch Regurgitation nennt der Wissenschaftler diese Ernährung.

In Abständen von nur wenigen Tagen häuten sich die jungen Spinnen wiederum, die Weibchen bis zur vollen Reife acht- bis neunmal, die Männchen siebenmal. Bis dahin können sie ihr Körpergewicht – so eine Haubennetzspinne – um das 200fache, eine andere Spinnenart bis zum 5000fachen vermehren!

Die Haubennetzspinne, von der eben die Rede war, gehört zu den einheimischen Arten. Sie baut am Rande von Fichtengehölzen ihr Netz. Manchmal sieht man, wie sich darin die zahlreichen Jungspinnen schon vor der ersten Häutung an einer eingespeichelten Schwebefliege gütlich tun. Die Mutter fängt ihnen die Beute, speichelt sie ein und bietet sie an. Aber die Fürsorge dauert nicht lange. Die Jungen der Haubennetzspinne zeigen schon vor ihrer zweiten Häutung Wanderlust. Sie spinnen auf erhöhtem Sitzort einen langen Faden, der Wind greift ihn auf und trägt die Spinnchen schwebend fort – Altweibersommer. Ihre Verwandten bleiben dagegen länger zusammen, fast die halbe »Jugendzeit«, oft bis nach der vierten Häutung. Sie handeln gemeinsam und fangen gemeinsam Beute, sie »fliegen« nicht hinaus in die Welt. Ja, eines muß ich noch erzählen: Jene kühnen Luftschiffer von Haubennetzspinnen haben vor ihrer Abreise die Mutter verspeist, die durch treue Sorge sich zum Ende gebracht hat!

Spinnen, die nur in einer bestimmten Periode des Lebens verträglich und einhellig miteinander leben, sich dann aber zu Einzelgängern zerstreuen, können wir als periodisch-sozial bezeichnen. Solches Verhalten findet sich umgekehrt auch unter sozial-lebenden Spinnen: Eine Stegodyphus-Art aus Afghanistan liebt die Geselligkeit in der Jugend. Die Mutter ist schon lange tot, die Jungen haben sich zum vierten- oder fünftenmal gehäutet – da ergreift sie die Wanderlust, aber sie sondern sich in Grüppchen ab, zwei bis fünf Tiere bleiben noch beisammen. Die eigentlich »solitäre«, also auf sich allein gestellte Lebensweise macht bei dieser Spinne, die ein Jahr alt wird, nur ein Vierteljahr aus, vielleicht die Zeit der besten Jagdgelegenheiten. Dann aber ist von Gemeinsamkeit keine Spur mehr vorhanden.

So ist es nun möglich, Stationen auf dem Weg vom Jägereinzelgänger zum Gemeinschaftswesen aufzuzeichnen: Alle Spinnen bauen »Kinderwiegen«, Kokons, für ihren Nachwuchs; die Mutter öffnet noch die Gespinste. Bei einer Reihe von Arten fängt sie erste Beute für die Jungen, oder sie ist gar selbst nach ihrem zeitigen Tod der »Nahrungsspeicher«. Bei wenigen Arten dauert die Fürsorge weiter, da füttert das Weibchen eine besondere Nahrung und bietet zusätzlich noch Beute an. Sie erschöpft sich dabei, nach ihrem Tod ist sie wiederum selbst Nahrungsquelle. Dann können die Jungspinnen noch eine Weile zusammen leben und gemeinsam handeln, ehe sie auseinandergehen. Letzte Stufe aber ist die Kommune, in der viele Spinnen, von einigen Zehnen bis zu einigen Hunderten, zumindest gemeinsam ein Netz bauen, viele aber auch gemeinsam Beute fangen und verzehren.

Eine Spinnenkommune.
Dieses zarte Gespinst der sozial-lebenden Spinne Stegodyphus sarasinorum, die auf dem indischen Subkontinent zu Hause ist, überzieht große Teile eines Strauchs. An den Zweigen dahinter haben sich weitere Kommunen angesiedelt.

Rechts oben: Eine Wolfsspinne (Tarantel der Gattung Lycosa) mit Jungen auf dem Hinterleib. Eine Zwischenstufe vom alleinlebenden Jäger zum sozialen Zusammenleben in einer Kommune sehen die Forscher in der »Brutpflege« mancher Spinnenfamilien. Foto Dr. Krüger

Ein Weibchen der Spinne Stegodyphus pacificus füttert ihre Jungen von Mund zu Mund. Der »Säuglingsbrei« ist keine zuvor aufgenommene Nahrung, sondern wird im Darm der Mutterspinne erzeugt. Die Mutter verzehrt sich sozusagen selbst, um ihre zahlreiche Nachkommenschaft zu beköstigen.
Alle Fotos Prof. E. Kullmann, Kiel

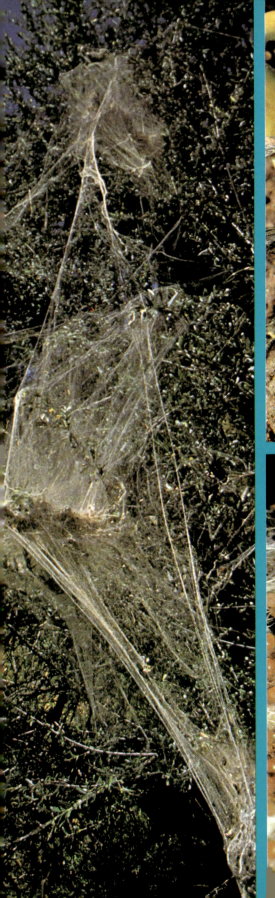

Die Scheichtümer Angelpunkt der Weltwirtschaft

VON INGE DREECKEN

Vom Mittelalter ins dritte Jahrtausend

»Die Hand, die du nicht abhacken kannst, mußt du schütteln«, sagt der Herr im blütenweißen Burnus und lächelt unter schweren halbgeschlossenen Lidern. Er meint das nicht wörtlich. Er antwortet nur mit einem alten arabischen Sprichwort auf unsere Frage: »Wie denken die Menschen in Ihrem Land über diesen Wirtschaftsboom?«

Die zweistrahlige Düsenmaschine der GULF AIR startet jeden Nachmittag zu ihrem sechsstündigen Linienflug von Kuweit im Norden nach den Vereinigten Arabischen Emiraten im Süden des Persisch-Arabischen Golfs. In der Tiefe blaues Wasser, braune Felsenküsten, gelbe Sanddünen. Und überall, unübersehbar und untilgbar die Stempel, die der Ölboom dieser Landschaft aufgedrückt hat: Wälder von Bohrtürmen in der Wüste und im Küstengewässer. Bohrinseln im Meer, orangerot beleuchtet. Sechsspurige Avenuen und Pisten längs der Küste, quer durch die Städte und durch die Wüste, abrupt irgendwo in der Wildnis endend. Ehemalige Fischerdörfer und Piratennester, die in Großbaustellen zu explodieren scheinen. Hochhäuser und Flughäfen, von den besten Architekten der Welt entworfen. Tankerflottillen zu Hunderten und Tausenden bei den Häfen und Öltanklagern. Künstliche Ölverladeinseln im Meer. Und weit draußen im Golf die endlose Kette der Riesentanker, die das »schwarze Gold«, die Hälfte des Weltverbrauchs an Erdöl, nach Süden transportieren: aus dem Iran und Irak, aus Kuweit, Saudi-Arabien, Bahrein, Katar und den Vereinigten Arabischen Emiraten durch das Nadelöhr der Meerenge von Hormuz in den Golf von Oman und weiter durch den Indischen Ozean nach Europa, Amerika oder nach Japan. Alle zwölf Minuten, vierundzwanzig Stunden rund um die Uhr, passiert nach statistischen Berechnungen ein Großtanker diese Meerenge. Wenn die Nacht einbricht, fast ohne Übergang zwischen Hell und Dunkel wie alle Wüstennächte, verwandelt sich die Landschaft in ein buntes Feuerwerk: Erdgasfakkeln, Lichtreklamen, Signallampen, Scheinwerfer in Gelb, Orange und Rot, Weiß, Grün und Violett.

Die Fluggäste im Düsenjet bieten ein verkleinertes Abbild der Männergesellschaft, die innerhalb weniger Jahre dieses arabische Ölgebiet aus dem Mittelalter ins dritte Jahrtausend führt: eine moderne Art von internationalen Goldgräbern. Es sind Bankkaufleute, Ölbohrer, Hotelmanager, Handels- und Industrievertreter, Bauunternehmer, Techniker und Ingenieure aus allen westlichen und östlichen Industrienationen; dazwischen Araber in europäischen Maßanzügen und – seltsam exotisch in dieser gemischten Gesellschaft – die eigentlichen Landesherren: die Scheichs in ihren makellosen Gewändern, dunkelbärtig und dunkeläugig. Wie die anderen Fluggäste

Über dem Titel: Die Bohrung »Safaniya Nr. 1«. Mehr als ein Drittel des in aller Welt geförderten Erdöls stammt aus den Ländern des Nahen Ostens, der Anteil an den bekannten Ölreserven beträgt sogar 56 Prozent. Ein Großteil dieser Erdölvorkommen liegt unter den Wassern des Persisch-Arabischen Golfes – darunter Safaniya, das größte Off-Shore-Ölfeld der Welt.

Oben: Öl per Rohrpost. Eine sinnreiche Anordnung von Pumpen, Schiebern, Düsen und Manometern befördert das Öl in die Tankerhäfen. – Darunter: Eine Erdgasverflüssigungsanlage.

Rechts: Wo sich weithin Wüste dehnte, steht heute ein mächtiger Eukalyptuswald. Öl ist nicht nur wertvoller Energieträger, es kann auch der Kultivierung dienen. Indem man die Dünen damit besprüht, verkleben die Sandkörner; sie halten dem Wind stand und mindern die Verdunstung. Fotos Esso

verspeisen sie die angebotenen Sandwich-Happen und bestellen bei der Stewardeß Gin-Tonic oder Whisky-Soda: Genüsse, die ihnen der Koran, die Heilige Schrift der Mohammedaner, untersagt.

Der Golf ist ein flaches Mittelmeer des Indischen Ozeans – nicht mehr als 25 Meter tief. Vierzehn Länder begrenzen ihn: fünf Riesen und neun Zwerge – nach den Milliarden-Reingewinnen, die ihnen das Erdöl beschert. Die Riesen sind, der Ölförderung des Jahres 1974 nach: Saudi-Arabien (412 Millionen Tonnen), Iran (301 Millionen Tonnen), Kuweit (112 Millionen Tonnen), Irak (95 Millionen Tonnen) und Abu Dhabi (68 Millionen Tonnen). Aber auch die »Zwerge«, selbst die, auf deren Boden – vorläufig – gar keine Ölquellen sprudeln, ziehen Nutzen aus dem gigantischen Wirtschaftswunder ihrer Nachbarn. Die Araber vom Golf sind sich in den letzten Jahren näher gekommen. Jahrhundertelang waren sie in blutigen Stammes- und Grenzfehden zerstritten. Jetzt haben das Erdöl und die Weltpolitik sie vereint. Sogar ihre uralte Abneigung gegen die persische Übermacht jenseits des Golfs ist durch gemeinsame Wirtschaftsbestrebungen und die Angst vor dem Kommunismus zu einer vorsichtigen Partnerschaft geworden.

Diese Länder liegen rund um den Persisch-Arabischen Golf:

D e r   I r a n (Persien) umfaßt 1 648 000 Quadratkilometer und hat 31 300 000 Einwohner. Die Hauptstadt ist Teheran (2 719 730 Einwohner). Die Regierungsform: konstitutionelle Monarchie. Staatsoberhaupt ist der Schah, seit 1941 Mohammed Resa Pahlavi. Wichtigstes Ausfuhrgut: das Erdöl (80 Prozent). Erste Ölfunde: 1872.

Schah Resa Pahlavi sieht sein Land als Weltmacht des Jahres 2000. Um es in einen modernen Industriestaat zu verwandeln, war er bis zum Jahr 1973 auf Geldanlagen und Kredite der reichen Industrienationen angewiesen. Seit dem Herbst 1973 vervierfachte sich der Ölpreis. Nun sind die Ölländer die Reichen und investieren selbst in der ganzen Welt. Der Schah zum Beispiel übernahm am 12. Juli 1974 ein Viertel der Krupp Hüttenwerke in Bochum für rund 250 Millionen Mark. Im Februar 1975 bot er der amerikanischen Fluggesellschaft PAN AM 330 Millionen Dollar. Dafür gehören ihm dann 13 Prozent der PAN AM und die Mehrheit der angeschlossenen Hotelkette Inter-Continental. Aber das Erdöl, das ihn zum Geldgeber der verarmenden westlichen Industrienationen macht, ist ihm auf die Dauer zu schade zum Verbrennen. »Öl muß für die chemische und die Heilmittelindustrie reserviert werden«, sagt er. »Wenn wir es weiterhin verschleudern, sind wir in fünfzig Jahren am Ende.« Deshalb steckt er sein Geld in die Entwicklung neuer Energiequellen und rät auch den westlichen Ländern dazu. Außerdem rüstet er den Iran zur militärischen Ordnungsmacht am Indischen Ozean auf – anstelle der Sowjetunion und der USA. Revolutionäre Araberführer wie der libysche Staatschef Ghadafi und der irakische Präsident Hassan el Bakr sehen in ihm deshalb einen machtlüsternen Potentaten und Feind der arabischen Völker. Der Schah bemüht sich indessen um gute Nachbarschaft mit dem König von Saudi-Arabien und mit den konservativen Scheichs.

Öl wird nur selten dort gefunden, wo man es braucht. Die größten Vorkommen liegen unter dem Wüstensand der arabischen Halbinsel. Das Lager eines Ölsuchtrupps in der Rub'al-Khali – der größten zusammenhängenden Sandfläche der Erde (oben).

Rechts: Unter sengender Sonne mit Sprechfunkgerät und Spezialwüstenreifen im tiefen Sand unterwegs. Längst ist noch nicht alles Erdöl und Erdgas entdeckt. Man schätzt die möglichen Erdölvorräte auf 800 Milliarden Tonnen, die Erdgasvorräte auf eine Menge, die 200 Milliarden Tonnen Erdöl entspricht.

Der Irak umfaßt 434 924 Quadratkilometer und hat 10 410 000 Einwohner. Die Hauptstadt ist Bagdad (410 877 Einwohner). Regierungsform: Volksdemokratische Republik. Staatsoberhaupt ist General Achmed Hassan el Bakr. Wichtigstes Ausfuhrgut: das Erdöl (rund 90 Prozent).

Die Küste des Irak am Golf ist nur wenige Kilometer lang. Um sie gab es jahrhundertelang Streit mit Persien und Kuweit. Deshalb ist das irakische Hauptproblem der Transport der riesigen Erdölmengen zum Meer. Durch mächtige Pipelines – 41 Zentimeter und 76 Zentimeter im Durchmesser – werden sie zum modernen Verladehafen Khor al-Amaja, 32 Kilometer vor der Küste, und von dort unmittelbar in den Bauch der Großtanker gepumpt. 1961, drei Jahre nach der Ermordung des letzten Königs und seines gesamten Hofstaats, kündigte die irakische Revolutionsregierung die Konzessionsverträge mit der British Petroleum Company. Dieses »Gesetz Nr. 80« war für ganz Arabien ein Signal: Die Macht der internationalen Ölkonzerne begann zu bröckeln. Dennoch ist das Verhältnis zwischen dem Irak und seinen konservativen Nachbarn gestört. Politische Unruhen im südöstlichen Grenzland seien vom iranischen Kaiser angezettelt, behauptet der Irak. Unruhen unter seinen jungen Intellektuellen erklärt Kuweit für die Folge irakischer Aufwiegelung. So halten sich politische Gegensätze und gemeinsame Wirtschaftsinteressen unter den Golfbewohnern ungefähr die Waage.

Kuweit umfaßt 17 818 Quadratkilometer und hat 880 000 Einwohner. Die Hauptstadt ist Kuweit (80 405 Einwohner). Regierungsform: ein arabisch-islamisches Fürstentum. Staatsoberhaupt ist seit 1965 Emir Sabah as Salim as Sabah. Wichtigstes Ausfuhrgut: Erdöl und Erdölerzeugnisse.

Kein Land der Welt hat je einen so rasanten wirtschaftlichen und sozialen Aufstieg erlebt wie Kuweit. Etwa so groß wie Schleswig-Holstein, hat es das höchste Pro-Kopf-Einkommen unter den reichen Ölländern. Emir Sabah as Salim – seine Familie regiert seit 212 Jahren das Land – machte ein Wort seines Großvaters wahr: »Allah hat uns das Öl geschenkt – jeder Kuweiti soll diesen Reichtum genießen.« So gibt es in Kuweit weder Steuern noch sonstige Abgaben. Alters- und Krankenversorgung, Telefon, Schul- und Universitätsbildung sind frei. Jeder Kuweiti, der im Ausland studiert, erhält einen Monatsbonus von 2000 Mark. Wer keine Arbeit findet, wird vom Staat unterstützt. Ein Liter Benzin kostet etwa 20 Pfennig. Ein junger Beamter verdient rund 1900 steuerfreie Mark im Monat, dazu 250 Mark Autogeld. Über die vier- und sechsspurigen Prachtstraßen gleiten riesige amerikanische Straßenkreuzer. Der Emir fährt im Mercedes 600; Anfang Dezember 1974 hat er für rund eine Milliarde Mark Aktien der deutschen Automobilfabrik Daimler-Benz gekauft. Er beauftragte namhafte Architekten aus Europa und Amerika, seine Hauptstadt in einer gelungenen Mischung aus klassischem arabischem Stil und moderner Form auszubauen. Ölmilliarden aus Kuweit liegen auf Schweizer, deutschen, Londoner Banken und bei der Weltbank in New York. Der Emir kaufte auch die Insel Kuawah vor der amerikanischen Atlantikküste; er will sie in ein großes Touristenzentrum verwandeln. In der

Londoner City gehören ihm Büropaläste, Warenhäuser und sogar das Gebäude von New Scotland Yard! Im März 1975 schlug die Nachricht wie eine Bombe ein, daß das konservative Kuweit, das sich wie alle Emirate um ein gutes Verhältnis zu den westlichen Industrienationen bemüht, die ausländischen Ölgesellschaften zu 100 Prozent verstaatlicht hat.

Doch auch in Kuweit gibt es Schwierigkeiten: Der sozialistische Nachbar Irak hat seine Hoffnungen auf eine Annektion nie aufgegeben. Die Bevölkerung besteht zur knappen Hälfte aus Kuweitis, die alle Vorteile des Ölreichtums genießen; der größere Rest sind Gastarbeiter, denen sie vorenthalten bleiben. Diese Palästinenser, Inder, Perser, Iraker und Ägypter können eines Tages, wie in allen Golfländern, zu einem Krisenherd werden. Und wie alle Araber nimmt auch Emir as Salim die amerikanische Drohung ernst, gegebenenfalls die Ölfelder zu besetzen. Er machte es wie König Feisal von Saudi-Arabien und Emir Said von Abu Dhabi: Er ließ sämtliche Ölanlagen für den Notfall verminen.

S a u d i - A r a b i e n umfaßt etwa 2 149 690 Quadratkilometer und hat 7 965 000 Einwohner. Hauptstadt ist Er Rijad (225 000 Einwohner). Regierungsform: Monarchie. Staatsoberhaupt und Regierungschef war seit 1965 bis zu seiner Ermordung am 25. März 1975 König Feisal ibn Abdul Asis. Nachfolger wurde sein 62jähriger Bruder Khaled. Nahezu einziges Ausfuhrgut: Erdöl und Erdölerzeugnisse.

Saudi-Arabien ist ein Land der Superlative: größter Rohölerzeuger der Welt mit dem größten Ölverladehafen der Welt, Ras Tanura. König Feisal war der reichste der arabischen Ölfürsten und sein Land eines der rückständigsten. Nur langsam vermochte der kluge, strenggläubige Mohammedaner seine Untertanen aus dem Mittelalter in die Neuzeit zu führen. Die riesigen hochmodernen Ölraffinerien an der Küste, die endlosen Reihen der T-förmigen Piers, an denen die Pipelines enden, die grandios konstruierte Ölverladeinsel Sea Island zum Auffüllen der 500 000-Tonnen-Tanker: Das ist die eine Seite von Saudi-Arabien. Die andere: Mehr als die Hälfte der Bewohner sind Beduinen. Sie haben nie eine Schule besucht. Man kann sie nicht einmal zählen, denn nach alter Sitte verweigern sie die Auskunft über ihre Frauen und Kinder. Das Gesetzbuch Saudi-Arabiens ist der Koran, seit 1300 Jahren. Nach dem Gottesdienst am Freitag werden in Riad zum Tode Verurteilte vom Henker öffentlich hingerichtet. An der Universität von Dschidda dürfen Mädchen studieren, aber getrennt von den jungen Männern verfolgen sie die Vorlesungen über das Fernsehen. Ihre Lehrer dürfen sie nur telefonisch befragen. Keine Frau darf ein Auto lenken.

Mit Hilfe seines gescheiten Ölministers Scheich Achmed al-Jamani, der in New York und an der Harvard Universität studiert hat, versuchte König Feisal, sein Land zu entwickeln. Dazu brauchte er Arbeitskräfte: die Beduinen. Aber die Söhne der Wüste verachten Landarbeit, Industriejobs und feste Wohnsitze. Sie lieben die Freiheit und ihre Kamelherden, von denen sie leben. Da sie als gläubige Moslems die Versammlung zur Gebetsstunde

schätzen, hofft die Regierung, sie durch den Bau von Moscheen in Oasenzentren allmählich anzusiedeln. Der Stuttgarter Architekt Rolf Gutbrod baute das Vorbild dafür im neuen Kongreßzentrum der Pilgerstadt Mekka.

B a h r e i n umfaßt 622 Quadratkilometer und hat 230 000 Einwohner. Es ist ein Archipel mit der Hauptinsel Bahrein, drei bewohnten und mehreren kleinen unbesiedelten Inseln. Hauptstadt ist Manama (88 765 Einwohner). Wichtigstes Ausfuhrgut: Erdöl. Die Staatsform: Monarchie. Staatsoberhaupt ist Scheich Isa Bin Sulman el Khalifa.

Anders als die übrigen Scheichtümer am Golf war Bahrein lange vor der Erdölfindung bereits ein blühender kleiner Wirtschaftsmittelpunkt. Seit Jahrhunderten betrieben arabische Kaufleute auf den Inseln einen lebhaften Transithandel nach Fernost, Afrika und Europa. Dementsprechend stritten sich Perser und Piraten, Portugiesen, Holländer und Engländer um Bahrein. Im Jahr 1971 erklärte der Emir die Unabhängigkeit von England. 1973 ließ er erstmals ein Parlament wählen; Frauen hatten dabei keine Stimme. Doch verwaltet Scheich Isa weiterhin sein Inselreich mit seinen Söhnen, Brüdern und Neffen als eine Art Familienbetrieb. Er machte den 30 Kilometer vor der Küste gelegenen Archipel zu einem vielbesuchten Wochenenddomizil für die Männer, die am Golf arbeiten – mit Alkohol und Unterhaltungslokalen, die in den Nachbarstaaten verboten sind. Scheich Isa ließ auch einen der modernsten Großflughäfen auf Bahrein bauen. Es soll, wie seit Jahrhunderten, weiterhin ein Umschlaghafen für den Handel und Verkehr nach anderen Ländern bleiben.

K a t a r umfaßt 22 014 Quadratkilometer und hat 90 000 Einwohner. Hauptstadt ist Doha (60 000 Einwohner). Regierungsform: Fürstentum mit beratender Versammlung. Staatsoberhaupt ist Khalifa bin Hamad at-Thani. Nahezu einziges Ausfuhrgut: Erdöl.

Links: Ras Tanura – der größte der 17 Tankerhäfen am Persischen Golf. Im Jahre 1973 wurde er von 4131 Tankern angelaufen – das sind elf Schiffe am Tag –, die das Rohöl Saudi-Arabiens in 65 Länder transportierten. Nur 7 Prozent werden in den Raffinerien Ras Tanuras verarbeitet. Das Tanklager hier zählt 46 Tanks.

Rechts: Sprengungen helfen bei der Erdölsuche. Aus den von verschiedenen Erdschichten gebrochenen und zurückgeworfenen Schallwellen können die Geologen auf das Tiefengestein schließen.

Vor zwanzig Jahren war die Halbinsel Katar eine Sandwüste, in der ein paar tausend Nomaden ihr kümmerliches Dasein fristeten. Dann begann der Ölboom mit einigen Gründerjahren, in denen die Presse voll war mit den absurdesten Geschichten über die Großmannssucht und Ausschweifungen der neureichen Ölscheichs. Doch das änderte sich schnell. Bereits vor 15 Jahren, als die meisten Ölländer noch gar nicht daran dachten, entwickelte Katar ein hervorragendes Bildungssystem, um die Jugend für den Aufbau des Landes zu gewinnen: allgemeine Schulpflicht für Jungen und Mädchen, vom Staat finanziertes Studium im In- oder Ausland. Straßen, Kraftwerke, Hotels, petrochemische Werke und Kunstdüngerfabriken wurden gebaut, eine Fischfangflotte entstand. Heute hat Katar ein gleich hohes Pro-Kopf-Einkommen wie das reiche Kuweit. Nach der Unabhängigkeitserklärung von England lehnte es – wie auch Bahrein – den Zusammenschluß mit den Vereinigten Emiraten ab.

Die Vereinigten Emirate umfassen 90 050 Quadratkilometer und haben 205 000 Einwohner. Die sieben Fürstentümer schlossen sich 1971 nach langen Streitigkeiten zu einem Staatenbund zusammen. Staatsoberhaupt ist der Emir von Abu Dhabi, Scheich Said bin Sultan an Nahjan.

Kaperfahrten im Mittelalter, später der Schmuggel mit Gold und Uhren waren willkommene Nebeneinnahmen für die armen Beduinen und Perlenfischer der winzigen Kleinstaaten. Sie verhalfen dem flachen, inselreichen Küstenland zu seinem alten Namen: Piratenküste. Erst seit 1963 wird in Abu Dhabi Öl gefördert. Es folgten 1969 Dubai und 1974 Schardschah. Die vier Emirate Adschman, Umm el Kaiwein, Ras el Cheima und Fudscheira hoffen bisher vergeblich auf Ölfunde, doch sie profitieren vom Zusammenschluß mit den wohlhabenden Nachbarn. Die Föderation wäre ohne den tatkräftigen und weitblickenden Emir von Abu Dhabi nie zustande gekommen. Acht seiner vierzehn Vorgänger wurden ermordet. Er selbst setzte seinen rückständigen Vetter ab. Seine Gegner werfen ihm Machtgelüste vor, allen voran sein Rivale im Gerangel um Öl und Einfluß, Scheich Raschid von Dubai. Beide Herrscher wetteifern in der Entwicklung ihrer kleinen Staaten. Großzügig verteilen sie Millionen an die Beduinenstämme, um sie auf ihre Seite zu bringen. Nur 100 Kilometer voneinander entfernt, besitzen ihre beiden Hauptstädte modernste Großflughäfen und ausgebaggerte Tiefseehäfen. Beide Städte sind riesige Baustellen, auf denen Straßenzüge und Schulen, Krankenhäuser, petrochemische Fabriken und Ölraffinerien entstehen. Denn wie ihre großen Ölnachbarn werden auch Abu Dhabi und Dubai in Zukunft weniger Rohöl und mehr Veredlungsprodukte ausführen. Damit wollen sie erstens den Ölpreis stützen und zweitens ihre Länder industrialisieren.

O m a n umfaßt 212 457 Quadratkilometer und hat 720 000 Einwohner. Hauptstadt ist Maskat (6200 Einwohner). Regierungsform: ein unabhängiges Sultanat. Staatsoberhaupt ist Sultan Kabus bin Saiyid. Wichtigste Ausfuhrgüter: Erdöl, Datteln, Fische, Früchte, Perlen.

Oman, ein riesiges Wüstenland mit teilweise fruchtbaren Küstenstreifen, erstreckt sich längs der arabischen Südwest- und Südküste des Golfs von Oman und des Arabischen Meeres. Es gehört nicht zu den reichsten unter den Ölländern. Seine Erdölquellen, etliche davon tief im Landesinneren nahe der saudiarabischen Grenze, fließen erst seit rund zehn Jahren. In Oman zieht die Neuzeit langsamer ein als in den Ländern am Golf. Der Vater des Sultans herrschte bis zum Jahr 1970 wie ein mittelalterlicher Despot. Er fürchtete, daß jede Modernisierung seine Macht bedrohte. Deshalb verbot er seinen Untertanen Auslandsreisen und sogar Fahrten durchs eigene Land. Autos, Radios, Fotoapparate, Fahrräder und westliche Kleidung waren ungesetzlich. Bei Sonnenuntergang ließ er die Holztore von Maskat schließen. Niemand durfte die Hauptstadt nachts verlassen, niemand sie betreten. Wer zwischen Abend und Morgen auf die Straße ging, mußte eine Laterne tragen, um seinen Weg anzuzeigen. Denn »Mörder und Rebellen sind im Dunkeln unterwegs«, meinte der Sultan. Sein Sohn Kabus bin Saiyid durfte zwar in England studieren, aber als er zurückkehrte, ließ ihn der Fürst zusammen mit den Söhnen etlicher Beduinenscheichs in der Residenz Salalah gefangensetzen. Sie sollten als Geiseln die Loyalität ihrer Väter garantieren. Im August 1970 setzten Kabus und seine Freunde den alten Sultan durch einen Gewaltstreich ab und verbannten ihn nach England. Seitdem versucht Sultan Kabus vorsichtig, sein Land zu modernisieren. Er hat ständige Schwierigkeiten mit den linksextremistischen Guerillas der »Volksfront zur Befreiung Omans und des Arabischen Golfs«, die in seiner Südprovinz Dhofar, nahe der Grenze zur Volksrepublik Südjemen, agieren. König Feisal von Saudi-Arabien unterstützte Oman wie alle kommunistisch bedrohten Araberstaaten. Zum Trost für die Verbannung des Vaters schenkte Sultan Kabus seiner Mutter das Berghotel »Almhütte« bei Garmisch-Partenkirchen als Sommersitz. Er kaufte es 1974 für zehn Millionen Mark.

Lackieren mit 1000 Ampere

Modernes Lackierverfahren bringt Vorteile für Autowerker, Autofahrer und Umwelt

VON HEINZ THOMASS

Der Lack unserer Autos ist nicht nur schmückendes Kleid in reizvoller Farbe, sondern vor allem auch ein wirksamer Schutz gegen die vielfältigen Einwirkungen, denen der Aufbau außen und innen, unten und oben ausgesetzt ist. Sommerliche Hitze und strenge Kälte, Niederschläge und ultraviolette Strahlen sind Feinde des Autolacks. In Hohlräumen droht Rost durch Kondenswasser, wie wir es von beschlagenen Fensterscheiben her kennen. Auf der Landstraße greifen Staub, Insekten, Splitt und Steinschlag den Lack an, in der Stadt sind es Unmengen von Staub, Ruß und ätzenden Stoffen, die in der Luft enthalten sind. Im Winter setzt das Streusalz dem Auto zu. Der Lack hat also viele schädliche Einflüsse abzuwehren. Rost ist nur einer davon. Soweit es um chemische Angriffe auf die Metallteile des Aufbaus geht, sprechen wir von Korrosion, die allerdings oft durch mechanische Beschädigungen der Oberfläche eingeleitet wird.

Wenn vom Lack schlechthin die Rede ist, dann handelt es sich in Wirklichkeit um mehrere Schichten, die auf den Ober- und Innenflächen der Karosserie übereinander liegen. Dabei sind die unteren Lagen schützende, glättende und haftfähige Trägerschichten für die oberen Lagen. An den Lack eines Autos werden jedoch nicht nur im Gebrauch hohe Anforderungen gestellt, sondern auch in der Verarbeitung. Ein Autolack muß

● sich in möglichst wenigen Arbeitsgängen und ohne lange Trockenzeiten auftragen lassen,

● im Decklack selbsttätig den Glanz bilden, der ein nachträgliches Polieren erübrigt,

● widerstandsfähig gegen atmosphärische und chemische Einflüsse sowie farbecht und lichtbeständig sein,

● im Formverhalten elastisch, in der Oberfläche jedoch hart und daher stoß-, schlag- und kratzfest sein.

Bei der Lackierung von Autokarosserien und Karosserieteilen kennt man das Spritzen, das Tauchen und das elektrostatische Lackieren. Alle drei Verfahren eignen sich nicht gleich gut für die verschiedenen Bearbeitungsstufen des Lackierens und weisen, je nach Anwendungsbereich, gewisse

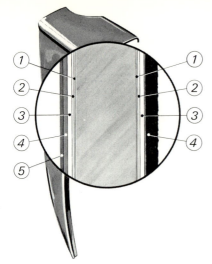

Die beidseitige Beschichtung des Karosserieblechs unter der Lupe.
Links Oberpartien: 1 Phosphatierung, 2 Elektrophorese-Schutzschicht, 3 Grundierung, 4 farbiger Unterlack, 5 Decklack.
Rechts Unterpartien: 1 Phosphatierung, 2 Elektrophorese-Schutzschicht, 3 Grundierung, 4 Unterbodenschutz.

Nachteile auf: im Materialverbrauch, in der Haftfähigkeit des Materials, in der Gleichmäßigkeit des Lackfilms, in den Arbeitsbedingungen für das Personal, in der Bearbeitungsdauer u. a.

Ein im Grundsatz schon länger bekanntes Verfahren, das aber erst im letzten Jahrzehnt breitere Anwendung in der Industrie gefunden hat, ist die Elektrophorese. Man kann den Begriff fast wörtlich übersetzen: elektrisches Auftragen. Hierbei werden elektrochemische Vorgänge ausgelöst, die auf dem Wandern kleinster Teile in einem elektrischen Feld und auf dem Durchgang elektrischen Stromes durch eine Lösung unter chemischer Zersetzung, also auf Elektrolyse beruhen.

Im großen und ganzen sind die Lackierverfahren in allen Automobilfabriken ähnlich. Die nachstehende Schilderung lehnt sich an die Arbeitsweise bei FIAT an. Dieses Werk mit seinen über ganz Italien verbreiteten Fabriken besitzt eine der modernsten Anlagen dieser Art.

Nachdem die Roh-Karosserie das Schweißwerk verlassen hat, wird ihr Blech zunächst entfettet; denn die Konservierungsfette der Lagerung und die Ziehfette für den Preßvorgang würden ein Haften des Grundlacks unmöglich machen. Dann folgt das »Phosphatieren«, wobei die Bleche einen Phosphatüberzug erhalten, der sie bis zu einem gewissen Grad unanfällig gegen Rost macht und zugleich den Haftgrund für die nachfolgende Korrosionsschutzschicht abgibt. So vorbehandelt, gleiten die Karosserien auf die eigentliche Lackierstraße. Die Elektrophoreseanlage ist durch strenge Sicherheitsbestimmungen abgeschirmt. Es besteht zwar keine Brandgefahr, wie bei herkömmlichen Lackieranlagen, denn bei der Elektrophorese werden unbrennbare Lacke verwendet. Da aber, wie der Name sagt, mit elektrischem Strom gearbeitet wird, müssen andere Schutzvorkehrungen getroffen werden.

In der Eingangsstation werden an die Roh-Karosserien, die, an einer Laufschiene hängend, herangleiten, Kabel angeklemmt. Die Schiene senkt sich dann über ein langgezogenes Becken, und die Wagenkörper tauchen völlig in die darin befindliche milchige Flüssigkeit ein. Wo sonst maskierte Männer mit Spritzpistolen hantieren oder flinke Hände Hohlräume und Kanten mit Spachteln und Streichpinseln nacharbeiten, da machen hier die Karosserien eine »U-Boot-Fahrt«.

Lack besteht in der Regel aus dem Farbstoff, einem Harz und dem Lösungsmittel. Der Farbstoff bewirkt die Färbung und den Korrosionsschutz der behandelten Oberfläche. Das Harz stellt die Bindung des Farbstoffes an die Oberfläche her. Das Lösungsmittel macht das Harz verarbeitungsfähig, es sorgt dafür, daß der Farbstoff gleichmäßig verteilt wird, und verflüchtigt sich, wenn der Lack aufgetragen ist. Ein Lackiervorgang vollzieht sich in drei Stufen: dem Auftragen, dem Abbinden und dem Härten des Lacks.

Im Elektrophoresebad finden die ersten beiden Stufen des Lackierens statt. Das Tauchbecken enthält je nach der Größe der zu lackierenden Karosserien 100 bis 180 Kubikmeter Flüssigkeit. Sie besteht zu 88 Prozent aus entmineralisiertem Wasser und zu 12 Prozent aus Lack-Konzentrat, das in winzig kleinen Tröpfchen (Partikeln) im Wasser schwebt. In dem Bad wird nun ein elektrisches Feld aufgebaut. Die Beckenwand ist dazu an den negativen Pol einer Gleichstromquelle angeschlossen. Sie bildet somit die Kathode, während das zu lackierende Werkstück zur Anode wird.

Sobald der Strom fließt, wandern die negativ aufgeladenen Lackpartikel zur Anode. Dort entladen sie sich und stoßen dabei – obwohl selber in Wasser getaucht – den Wasseranteil ab, in dem das Harz gelöst ist, und verbinden sich mit der Oberfläche. Sie »gerinnen« gleichsam und bilden dadurch einen zusammenhängenden Film. Die Spannung des elektrischen Stromes beträgt je nach beabsichtigter Dicke der zu lackierenden Karosserie 800 bis 1200 Ampere, die Temperatur des Bades 20 bis 35 Grad Celsius. Das Eintauchen – wie auch das spätere Auftauchen – geht sehr langsam vor sich, um Wirbel, Blasen und Schaumbildung zu vermeiden. Die »Tauchfahrt« dauert zweieinhalb bis vier Minuten. Da der Karosseriekörper völlig untertaucht, überzieht der Film gleichmäßig die gesamte Oberfläche, auch an Innenteilen und Hohlräumen, wo der Lack im Spritzverfahren schwer oder nie hingelangen würde. Auf diese Weise entsteht eine einheitliche, zusammenhängende Schutzschicht, die der Korrosion kaum Ansatzpunkte bietet.

Die Elektrophorese ist ein dem Galvanisieren ähnlicher Vorgang, nur mit dem Unterschied, daß das Bad keine Metallsalze, sondern Lackteilchen enthält und daß diese Partikel als Nichtmetalle nicht zur Kathode, sondern zur Anode wandern. Der Unterschied zum elektrostatischen Spritzverfahren, bei dem ja auch der elektrische Strom im Spiele ist, liegt darin, daß es sich dort hauptsächlich um ein Auftragen, also um ein Wandern der Lackteilchen handelt, während bei der Elektrophorese ein Wander- und Bindevorgang stattfindet. Beim reinen Tauchbad schließlich ist der Lack in seiner Zusammensetzung bereits fertig und verteilt sich nur noch als Film auf der Oberfläche des zu lackierenden Werkstücks, wo er durch die Bindefähigkeit des Harzes haftet. Bei der Elektrophorese hingegen verdichten sich die Lackteilchen erst beim Auftreffen auf der Lackierfläche zu einem Film, der durch

Ein Auto erhält sein Lack-Kleid. Als erstes wird auf das blanke Blech ein Phosphatüberzug aufgetragen – Rostschutz und Haftgrund zugleich. Ausfahren der Karosserie aus dem Phosphatiertunnel (oben).

Frisch aus dem Farbtopf: Die Karosserie taucht aus dem Elektrophoresebad auf. Bei diesem modernen Lackierverfahren werden die winzigen Lacktröpfchen auf elektrischem Wege auf das Werkstück aufgebracht. Die Wand des Tauchbeckens ist an den negativen Pol, die Karosserie an den positiven Pol einer Gleichstromquelle angeschlossen (großes Bild).

In der Spritzkabine wird als nächstes die Grundierung im Spritzverfahren vollautomatisch aufgesprüht. Der Wagenkörper gleitet durch den Farbnebel, der sich als weißlicher Belag niederschlägt (unteres Bild). Werkfotos FIAT

elektrische Entladung und Wasserabspaltung bindet. Ließe man eine Karosserie durch ein Elektrophoresebad ohne elektrischen Strom gleiten, würde sie auftauchen, als ob sie gar nicht behandelt worden wäre.

Während sich nun der Film bildet, wird noch eine weitere Erscheinung wirksam, die für das Verfahren recht nützlich ist. Je dicker der Lackfilm wird, um so größer wird der Widerstand, den er dem Stromfluß entgegensetzt, bis er ihn völlig unterbricht. Dann nimmt die Schicht keinen weiteren Lack mehr an. Durch Spannung, Temperatur und Dauer des Bades kann die Dicke des Films beeinflußt werden. Im allgemeinen mißt die elektrophoretisch aufgetragene Lackschicht etwa 30 Mikrometer (1 μm = $^1/_{1000}$ mm), was einem Verbrauch von 6 bis 8 Kilogramm je Karosserie entspricht.

Ein Rührwerk hält die Tauchflüssigkeit ständig in Bewegung, damit sich keine Senkstoffe ablagern. Sie wird in einer Stunde etwa 30mal umgewälzt, wobei ihr laufend neues Gemisch aus Lack-Konzentrat und entmineralisiertem Wasser zugeführt wird. Da sich während des Tauchvorganges starke Wärme entwickelt, leitet man die umlaufende Flüssigkeit durch eine Kühleinrichtung und, um Verunreinigungen zu vermeiden, über eine Filteranlage.

Die Vorteile der Elektrophorese-Lackierung sind vielseitig:

- Alle Hohlräume, Kanten und Blechverbindungen der Karosserie erhalten einen dauerhaften, korrosionsbeständigen Schutzfilm.
- Das Verfahren ist voll automatisiert, Handarbeit entfällt.
- Die Schichtstärke ist völlig gleichmäßig, es bilden sich keine Lacktränen oder »Rotznasen«.
- Der Schutzfilm haftet unlösbar durch die elektrochemische Verbindung mit der Oberfläche.
- Die Verluste an Schutzlack sind gering. Während beim Spritzen 50 Prozent des Lacks verlorengehen, beträgt der Verlust bei der Elektrophorese nur 10 bis 15 Prozent.
- Es besteht keine Brandgefahr durch Kunstharze und Lösungsmittel.
- Die Umweltbelastung ist weit geringer als bei allen anderen Lackierverfahren.

Nach dem Auftauchen aus dem Elektrophorese-Becken werden von den Karosserien die Stromkabel abgeklemmt. Die jetzt gelblichgrau schimmernden Wagenkörper gleiten nun in eine Spülkammer, wo ungebundener Lack abgewaschen wird, und anschließend in eine Heißluftkammer zum Trocknen. Danach wird in einem Infrarot-Ofen der Lack 30 Minuten lang bei 170 Grad Celsius eingebrannt.

Die Grundierung, die eine glatte und dichte Trägerschicht für die folgenden Oberschichten bildet, wird im herkömmlichen automatischen Spritzverfahren aufgetragen und im Einbrennofen gehärtet. Auf den nächsten Stationen tritt dann wieder der Mensch in Erscheinung. Arbeiter nehmen zusätzliche Korrosionsschutzbehandlungen vor: Sie dichten Schweißnähte ab, versiegeln Hohlräume, spachteln Fugen aus. Eine andere Gruppe beschichtet den Wagenboden, den Motorraum und die Radkästen mit Vinyl-

Harz (PVC), wieder eine andere bearbeitet Unebenheiten im Grundlack mit Schleifmitteln. Nachdem die Karosserien erneut gewaschen und heißgetrocknet worden sind, wandern sie nun in die Kabinen, in denen der Unterlack aufgespritzt wird. Hier münden zahlreiche Rohrleitungen mit den verschiedenen Farben. Der Arbeitsgang ist weitgehend automatisiert. Unter hohem Druck tritt die Farbe fein zerstäubt aus den Spritzdüsen und hüllt die Karosserie in einen Farbnebel. Lediglich einige schwer zugängliche Stellen und notwendige Retuschen werden von Hand gespritzt. Erst jetzt ist zu erkennen, welche Farbe das Auto einmal schmücken wird. Dieser Unterlack, der ebenfalls im Einbrennofen aushärtet, besitzt hohe Deck- und Füllkraft. Er sorgt dafür, daß der Decklack gleichmäßig verläuft und guten Glanz bildet.

Der Decklack wird, nachdem der Unterlack sorgfältig geglättet und gründlich gereinigt worden ist, in zwei bis drei Glasurschichten aufgespritzt. Das geschieht auf Flächen wiederum automatisch, an verdeckten Stellen oder solchen, die besondere Sorgfalt erfordern, in Handarbeit. Es folgt das Trocknen und Einbrennen. Nach der alles in allem langwierigen Prozedur beträgt die Gesamtstärke der verschiedenen Lackschichten – je nach Fahrzeugmodell – 120 bis 150 µm, also 0,12 bis 0,15 Millimeter. Das mag sehr dünn anmuten. Der Grundsatz beim Lackieren lautet jedoch: So dick wie nötig, aber so dünn wie möglich. Das Karosserieblech ist häufigen und heftigen Verformungen ausgesetzt – Schwingungen, Wärmedehnungen, mechanischen Belastungen –, und nur eine äußerst dünne Lackhaut vermag diesen Materialbewegungen zu folgen, ohne zu reißen, zu splittern oder abzuplatzen. Äußere Härte und innere Geschmeidigkeit sind wichtiger als Dicke.

Auch die Lackiererei eines Automobilwerkes kann ein gerüttelt Maß dazu beitragen, unsere Umwelt zu belasten. Dem wird mit erheblichem technischen Aufwand begegnet. Das gleiche gilt für die Arbeitsbedingungen. Die Lackierer in den Spritzkabinen sind in allseitig geschlossene Schutzanzüge eingehüllt und arbeiten mit Schutzbrillen und Atemmasken. Sie werden in kurzen Zeitabständen abgelöst, erhalten oft Erschwerniszulagen zum Lohn, Urlaubsvergünstigungen und andere soziale Leistungen. Die stärkste Gefährdung geht von den vernebelten Farbteilchen und den sich verflüchtigenden Lösungsmitteln aus. Da es sich dabei vorwiegend um Kohlenwasserstoffe handelt, sind sie einerseits leicht brennbar, andererseits reizen sie Atemwege und Augenschleimhäute und führen bei längerer oder geballter Einwirkung zu Gesundheitsschäden. Die Spritzkabinen sind daher mit Wasserberieselungsanlagen ausgestattet, die den freischwebenden Sprühnebel niederschlagen und wegschwemmen. Die Abwässer durchlaufen, bevor sie das Werk verlassen, Abscheide- und Kläranlagen, um nicht die öffentliche Kanalisation oder freie Gewässer zu verunreinigen. An den Spritzkabinen und besonders an den Trockenöfen sind Absauganlagen installiert, die die ausgedampften Lösungsmittel aufnehmen. Wo Besiedelung, geographische und klimatische Verhältnisse nicht erlauben, sie in die freie Luft abzublasen, haben einige Automobilfabriken neuerdings Nachverbrennungsanlagen errichtet.

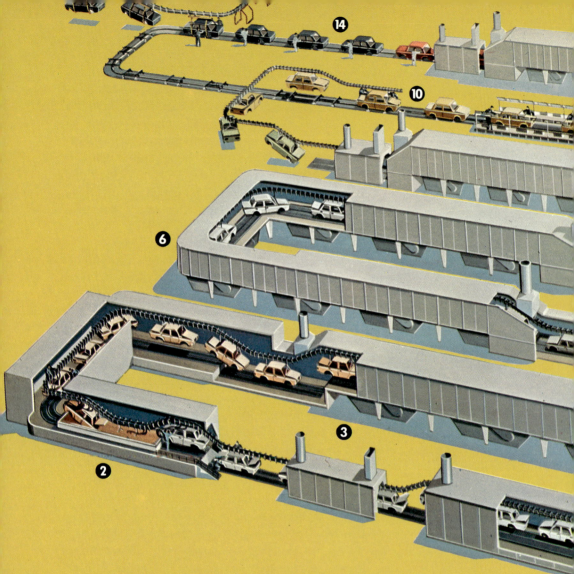

Derartige Umweltprobleme gibt es bei der Elektrophorese nicht, da hierbei ja keine in der Luft flüchtigen und brennbaren Lösungsmittel verwendet werden. Außerdem kommt dieses Verfahren fast ohne menschliche Arbeitskraft aus. Die wenigen Mitarbeiter, die an der Eingangs- und an der Abklemmstation tätig sind, arbeiten nicht unter erschwerenden Bedingungen. Dafür werden allerdings hohe Anforderungen an die Reinigung der Abwässer gestellt. Auf Grund der elektrochemischen Vorgänge, die sich bei der Elektrophorese abspielen, ist diese Säuberung nur mit einer besonderen Einrichtung möglich.

Insgesamt bringt die Elektrophorese der Autolackierung jedoch entscheidende Vorteile in den Arbeitsbedingungen, in der Fertigungstechnik, beim Umweltschutz und nicht zuletzt in der Güte des Enderzeugnisses, eben des Autolacks. Ein wirksamer Korrosionsschutz aber erhöht die Wertbeständigkeit des Automobils, was für viele Autobesitzer wichtig ist.

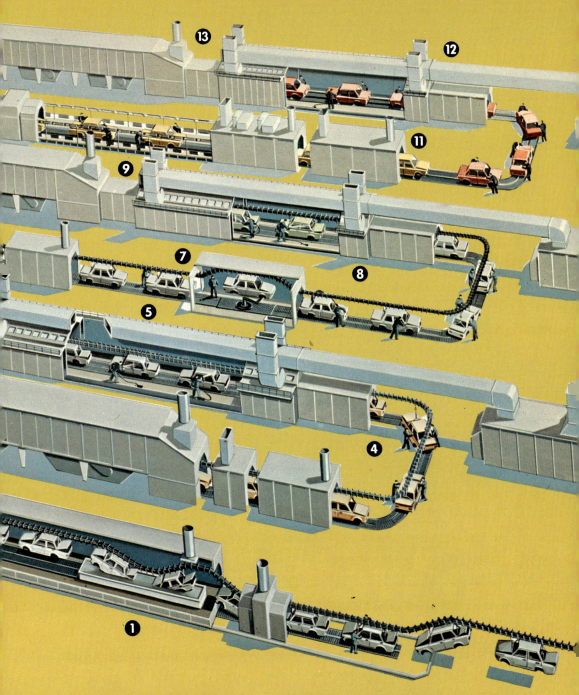

er Lackiervorgang ist eine langwierige Prozedur. wischen den einzelnen Lackierstationen liegen eweils Trockenkammern und Einbrennöfen. Je orgsamer die einzelnen Farbschichten aufgetra- en werden, desto widerstandsfähiger ist die Ober- äche später gegen Korrosion und Schlageinwir- ung. Hier die schematische Darstellung der ackstraße eines Autowerkes:

1 Phosphatierung, 2 Elektrophorese, 3 Einbrennen der Elektrophorese-Schicht, 4 Versiegelung, 5 Grundierung, 6 Einbrennen des Grundlacks, 7 Aufbringen des Unterbodenschutzes, 8 Spritzen des Unterlacks, 9 Einbrennen des Unterlacks, 10 Anbringen der Schalldämpfung, 11 Trockenkabine, 12 Spritzen des Decklacks, 13 Einbrennen des Decklacks, 14 Endkontrolle. Werkbild FIAT

Weiße Löcher im Weltall oder der verlängerte Arm der Schöpfung

VON HANS-JÖRG FAHR

Tätige Quellen neuer Materie – das ewige Leben des Alls

Der Traum vom ewigen Leben wird immer wieder aufs neue geträumt, aber – jeder von uns weiß zu genau, daß er sich weder für uns noch für andere je erfüllen wird. Jedes Leben muß einmal zu Ende gehen. Was für uns als Lebewesen gilt, muß jedoch nicht unbedingt auch für das Weltall als Ganzes zutreffen. Warum sollte nicht das Weltall ein ewiges Leben besitzen können? Unsere Erfahrung vermag bei ihrer Kürze – sie dauert kaum 5000 Jahre, indessen das Alter der Welt auf zehn Milliarden Jahre geschätzt wird – auf diese Frage nicht zu antworten. Sofern nichts Grundsätzliches dagegen spricht, muß man es für möglich halten, daß das Universum ewig währt und daß nur wir selbst, jeder einzelne von uns, in ihm entstehen und vergehen.

Fragen wir uns einmal, wie es mit dem Grundsätzlichen in dieser Sache steht. Worin unterscheidet sich unser Leben mit seiner Vergänglichkeit von dem des Universums? Auch in einem Universum bilden sich, indem sich intergalaktische Materie zusammenballt, zu gewissen Zeiten Sternsysteme, die sogenannten Galaxien. In ihnen wiederum entstehen – kenntlich an den auffälligen Leuchterscheinungen, die mit einer sogenannten Nova verbunden sind – aus einer nur im roten Spektralgebiet fahl leuchtenden Gaskugel hell strahlende Sterne, die alle ihre Geschichte haben und ihr eigenes Leben führen. Nach Abschluß eines solchen Sternlebens, das hundertmillionenmal länger währt als ein Menschenleben, müssen auch solche Sterne schließlich sterben. Mit einer Nova beginnen die Sterne ihr Leben, mit einer Supernova, einem Lichtausbruch viel gigantischer noch als bei ihrer Geburt, beenden es die meisten von ihnen.

Wenn es aber überall im Weltall sichtlich ein Sterben von Materie gibt, in Form ausbrennender und in sich zusammenstürzender Sterne und Galaxien, muß, damit das Universum als Ganzes erhalten bleibt, auch neue Materie entstehen, aus der alles Vergehende sich wiederum neu bilden kann. Das ewige Leben des Universums kann es nur geben, wenn zumindest im Durchschnitt für jeden sterbenden Stern ein neuer Stern geboren wird. So jedenfalls stellen sich viele bekannte Astrophysiker heute das ewige Leben des Universums vor, wenn sie vom »steady-state«-Modell, dem statischen Zustand des Weltalls, sprechen.

Nach diesem viel erörterten Modell soll das Weltall, gesehen über genügend große Zeit- und Ortsräume, weder Veränderungen von Ort zu Ort noch Veränderungen in der Zeit durchmachen, sondern dem Betrachter, wo immer sich dieser im Weltall aufhält, zu jeder Zeit gleichbeschaffen erscheinen. Diese Forderung läßt sich mit den Tatsachenbefund nicht so ein-

Titelbild: Eine Milchstraße mit Milliarden Sonnen. Überall im Universum ballt sich Materie zu Sternsystemen zusammen, in denen wiederum ständig Sterne entstehen und vergehen. Und das Weltall selbst – hat es ein ewiges Leben? Foto Palomar-Observ.

fach unter einen Hut bringen, wie man vielleicht meinen möchte. Das Weltall dehnt sich nämlich, wie die Rotverschiebung des Lichtes ferner Galaxien deutlich anzeigt, nach allen Seiten hin aus. Der Zustand des Universums im Ganzen kann also nur dann erhalten bleiben, wenn die aus jedem Teilraum des Universums hinausexpandierende Materie, die ja eine Materieverdünnung zurücklassen würde, genau in der richtigen Rate ergänzt wird. Da diese Ausdehnung auch bei uns vor sich geht, müßte also auch in unserer – kosmisch gesehen – unmittelbaren Nachbarschaft solche Materie ergänzt werden. Welche Vorgänge sollten es jedoch sein, die noch in der heutigen Zeit eine solche Nachschöpfung von Materie besorgen können? Gehen wir, um eine Antwort auf diese Frage zu finden, von den uns bekannten Gesetzen der Physik aus und nehmen wir an, daß diese Gesetze über alle Grenzen, die unseren Beobachtungen gesetzt sind, hinweg Gültigkeit behalten. Dann sagt uns der Satz von der Erhaltung der Energie doch eindeutig, daß in unserem Kosmos keine neue Materie aus dem Nichts dazuentstehen kann; daß es sich also, wenn bis hin zu unseren Tagen Materie entsteht, nur darum handeln kann, daß eine bereits vorhandene Energieform in »junge«, das heißt zum Sternaufbau befähigte Materie umgewandelt wird. Die vernünftigste Idee, die mit dieser Forderung im Einklang steht, wäre dann wohl diejenige, daß die in sterbenden – »kollabierenden« – Sternen verendende Materie, die zu keinem kosmischen Werdeprozeß mehr dienen kann und sich also dem kosmischen Geschehen entzieht, auf irgendeine Weise wieder in »junge«, aufbaufähige Materie zurückverwandelt wird. Nun lehrt die Physik uns aber neben der Erhaltung der Energie auch die Vermehrung einer Größe, die Entropie genannt wird. Sie ist, obwohl physikalisch genau bestimmbar, doch außerordentlich unanschaulich; grob gesagt, kennzeichnet sie den Ordnungszustand in einem bestimmten physikalischen System. Mit dieser Größe läßt sich genau vorhersagen, in welcher Richtung sich ein physikalisches System entwickelt, in dem zufallsbedingt – der Fachmann sagt statistisch – viele, untereinander unabhängige Einzelvorgänge ablaufen. Denken wir uns etwa einen Behälter, dessen Wände gegen den Außenraum dicht abschließen und in dessen Mitte eine Trennwand angebracht ist, die dafür sorgt, daß sich in der linken Hälfte des Behälters eine statistisch große Menge von Gasmolekülen aufhält, während in der rechten Hälfte Vakuum herrscht. Diesem Zustand der ungleichen Verteilung der Gasmoleküle auf nur eine Hälfte des Behälters würde der Physiker eine bestimmte Größe der Entropie zuschreiben. Wenn nun die Zwischenwand des Behälters entfernt wird, so sagt uns der Energieerhaltungssatz alleine nichts darüber aus, wie sich die Gasmoleküle auf den ihnen nunmehr in seiner Gänze zugänglichen Innenraum des Behälters verteilen. Hier aber kommt das Gesetz von der Vermehrung der Entropie bei allen in der Wirklichkeit ablaufenden Vorgängen zum Tragen. Grundsätzlich wäre denkbar, daß sich die frei umherfliegenden Moleküle auch nach Entfernen der Zwischenwand irgendwann wieder alle in der linken Hälfte des Behälters aufhalten. Was jedoch dagegenspricht, ist der

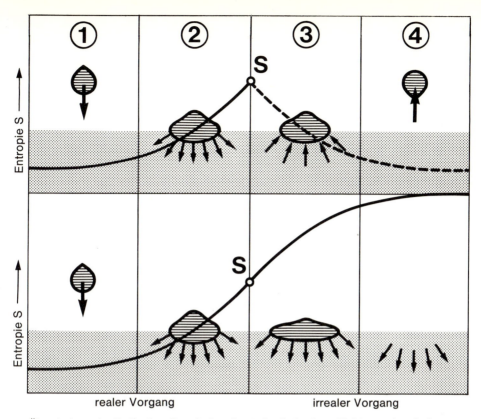

Über jedem physikalischen Geschehen liegt ein eindeutiger Richtungssinn, indem es danach strebt, zusammengeballte Energie gleichmäßig zu verteilen. Ein Wassertropfen zum Beispiel, der von einer bestimmten Höhe herunterfällt, stellt ein solches Energiemißverhältnis im Schwerefeld dar, denn den darin enthaltenen Wassermolekülen kommt eine höhere Energie zu als den Molekülen des darunter befindlichen Wasserspiegels. Trifft der Tropfen auf die Wasserfläche auf, so gibt er seine erhöhte Energie an alle Wassermoleküle seiner Umgebung ab. Es kommt also zu einer Gleichverteilung, wie es die vier Phasen der unteren Darstellung zeigen. Bei dem Vorgang erhöht sich, wie es sein muß, laufend die Entropie S des Systems. – Nach dem Energieerhaltungsgesetz müßte sich der Tropfen ebensogut nach dem Auftreffen auf der Wasseroberfläche wieder aufwärts bis zu seiner alten Höhe bewegen können (obere Hälfte der Abbildung). Hierbei müßte sich dann die Entropie in Phase 3 und 4 wieder erniedrigen und auf ihren Anfangswert zurücksinken. Wegen des Satzes von der Entropievermehrung in allen Vorgängen ist dies jedoch unmöglich – irreal.

Entropiesatz, der eine »Einsinnigkeit« in die zeitliche Entwicklung der Molekülverteilung legt. Das heißt, die Moleküle streben unbeirrbar auf die wahrscheinlichste Verteilung hin, nämlich die gleichmäßige Verteilung über den gesamten Innenraum, oder anders ausgedrückt, ihr kommt die größte Entropie dieses einfachen physikalischen Systems zu. Es widerspricht also diesem Entropieverhalten völlig, daß sich, nachdem die Trennwand entfernt worden ist, irgendwann einmal wieder alle Gasmoleküle durch Zufall in nur einer Hälfte des Behälters versammeln; das würde eine wirklichkeitsfremde Umkehrung des Richtungssinnes dieses Umverteilungsgeschehens bedeuten.

Sehen wir uns nun unter diesen Vorzeichen einmal die Idee der Verwandlung von sterbender – nekrotischer – Sternmaterie in »junge« kosmische Materie an und überlegen wir, wie diese Idee mit dem offensichtlich doch allenthalben in der Natur gültigen Entropieverhalten in Einklang zu bringen ist. Die Urmaterie, also jene »junge« Materie, aus der sich die Sternsysteme und die Sterne bilden, besteht hauptsächlich aus Wasserstoff, dem leichtesten chemischen Element, das wir kennen. Ziehen Sterne sich unter ihrer eigenen Schwere zusammen, so kommt es in ihrem Inneren zu derart hohen Drucken und Temperaturen, daß die dort befindlichen Wasserstoffatomkerne zu Heliumkernen zusammenschmelzen können und jene gigantische Fusionsenergie liefern, von der die Sterne den längsten Teil ihres Daseins leben. Erst in den Spätphasen eines Sternlebens, wenn sozusagen der gesamte ursprüngliche Wasserstoffball in einen Heliumball umgeschmolzen worden ist, wird dann unter den inzwischen noch weit höheren Drucken und Temperaturen im Sterninneren auch Helium zu schwereren Elementen bis hinauf zu den Uranen verschmolzen. In dieser Spätphase ist die Entwicklung von Kernenergie durch Verschmelzungsvorgänge derart ungestüm, daß sehr oft ein solcher Stern zerplatzt: Es kommt zu einer sogenannten Supernova. Die Hülle des Sternes wird sozusagen ins Weltall hinausgepustet, während der Kern, der keine Energie mehr aufbringen kann, unter seiner eigenen Schwere »implodiert«.

Bei diesem Implosionsvorgang handelt es sich um ein Hineinstürzen ausgebrannter Materie in das Schwerezentrum des Sternes. Wenn nur genügend viel Materie noch versammelt ist, so ist die wirksame Schwereanziehung größer als alle bekannten, von der Materie ausgehenden Kräfte, die deren restloses Implodieren auf ein sich immer weiter einschnürendes Raumgebiet verhindern könnten. Die Materie des inneren Kerns eines Sterns versinkt also in einem Punkt des Raumes und ist nur noch durch ihre Schwerewirkung zu bemerken. Während die Materie des Kerns dem Kosmos damit ganz verlorenzugehen scheint, wird die Materie der Sternhülle in den den Stern umgebenden Raum hinausgestoßen und stünde im Prinzip für weitere Prozesse zur Verfügung. Doch diese Materie kann nicht als jene »junge« Materie angesehen werden, aus der sich wieder neue Sterne aufbauen können; denn sie enthält ja praktisch keinen Wasserstoff mehr, sondern nur Helium und höhere chemische Elemente. Auch über der Sternentwicklung, also dem Entstehen und Vergehen von Sternen, waltet das Fatum der Entropievermehrung in dem Sinne, daß es stets aus »junger« Materie »alte« hervorgehen läßt. Niemals scheint es einen Vorgang geben zu können, der diesem Richtungssinn zuwiderläuft. Nach einer Neuentstehung von »junger« Materie verlangen, scheint also nichts anderes zu bedeuten, als nach einem Schöpfungsakt rufen, der sich bis in unsere Zeit hinein laufend neu vollzieht und allein das normale Entropiegeschehen durchbrechen könnte.

Neuerdings wird nun tatsächlich spekuliert, daß es Räume im Weltall geben könnte, in denen solche Schöpfungsakte auch heute noch stattfinden

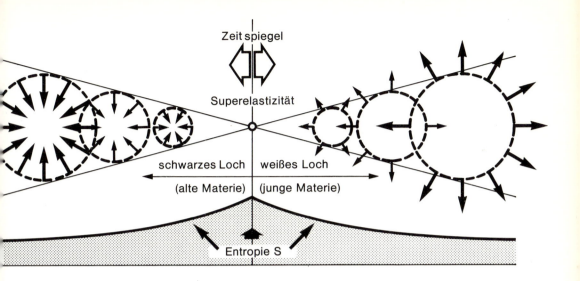

Bei einer kritischen Zusammenballung von Sternmaterie kommt es zur unaufhaltsamen »Implosion« dieser Materie auf ihr Schwerezentrum hin. Die »alte, ausgebrannte« Materie versinkt in einem »schwarzen Loch«. Wird dieser Vorgang in der Zeit gespiegelt, so geht aus dem »schwarzen« ein »weißes« Loch hervor, wie es die rechte Hälfte der Abbildung zeigt. Verbunden mit dieser Zeitspiegelung ist eine Umkehr des normalen Entropiegeschehens: Während in der linken Hälfte die Entropie ständig zunimmt, würde sie in der rechten Hälfte stetig abnehmen. Dies wäre im Prinzip ein Vorgang, bei dem aus »alter« Materie sogenannte »junge« Materie entstehen kann, aus der sich wieder neue Sterne aufbauen könnten. Zeichnungen nach Prof. Fahr

und in denen die Natur sozusagen unphysikalische Entropiesprünge macht. Diese Räume führen den Namen »weiße Löcher«, und mit ihnen soll es folgende Bewandtnis haben: Wenn gegen Ende eines Sternlebens der Kern des Sternes implodiert, so hinterläßt er ein »schwarzes Loch«, so genannt, weil aus dem Gravitationszentrum, in das der Stern ohne Einhalt hineinstürzt, kein elektromagnetisches oder korpuskulares Signal mehr in den Außenraum herausdringt. Nicht einmal Photonen, die Teilchen des Lichtes, können aus diesem Gebiet entweichen, weil das ungeheure Schwerefeld sie wie Satelliten an sich bindet. Dieses Gebiet ist also in der Tat ein »schwarzes« Gebiet im Weltraum. Die Allgemeine Relativitätstheorie beschreibt den Zustand als »ein Sichabschnüren des betroffenen materieerfüllten Raumes vom restlichen Weltraum«.

Etwas Derartiges vollzieht sich im Kleinen, wenn ein Stern implodiert. Genau das gleiche mag sich dereinst jedoch auch vollziehen, wenn das gesamte, derzeit sich noch ausdehnende Weltall von seiner Eigenschwere gezwungen wird, in einen Kontraktionsprozeß überzugehen. Dann würde sich sozusagen das gesamte All auf einen Punkt zusammenschnüren. Bei dem Schrumpfvorgang würden beliebig hohe Materiedichten und Temperaturen aufkommen, mit denen bis heute kein Physiker konfrontiert worden ist. Niemand weiß demnach, wie sich die Natur in diesen extremen, wissenschaft-

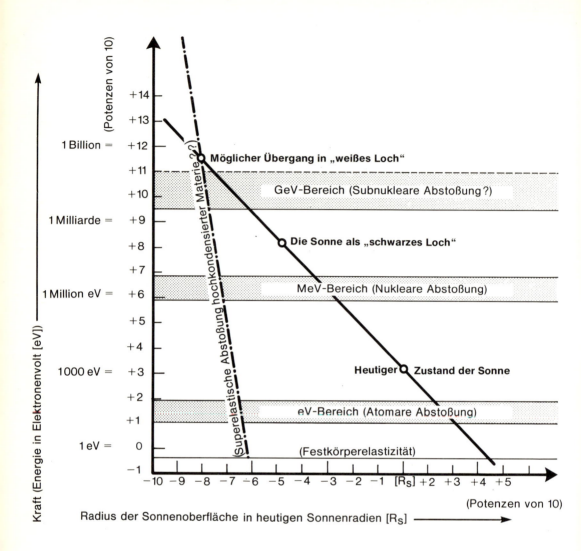

Möglicher Übergang vom schwarzen zum weißen Loch, aufgezeigt am Beispiel der Sonne: Das Schwerefeld der Sonne bindet ein an der Sonnenoberfläche befindliches Proton mit einer Energie von etwa 2000 Elektronenvolt. Schrumpft die Sonne nun im Lauf ihres Lebens auf immer kleinere Bruchteile ihres heutigen Radius (Rs), so wird diese Schwerebindung eines Oberflächenprotons immer stärker, wie es die von rechts unten nach links oben verlaufende schwarze Linie zeigt. Die Anziehungskraft des Sonnenzentrums wächst mit dieser Schrumpfung über das Maß der atomaren, der nuklearen und sogar der – vermuteten – subnuklearen Abstoßungskräfte hinaus. Oberhalb des GeV-Bereiches gibt es heute keine bekannte Kraft mehr, die der Schwereanziehung bei fortgeschrittener Schrumpfung (R kleiner als ein Zehnmillionstel Rs) entgegenwirken könnte. Nur eine Art Superelastizität der Materie, nach Art der strichpunktierten Linie im Stadium höchstkondensierter Materie als abstoßende Kraft, würde die restlose Implosion der Sonne aufhalten können: Die Sonne könnte nach vorherigem Untergang in einem schwarzen Loch zu einem weißen werden. (Die Zahlen an den Skalen sind als Potenzen von 10 gemeint.)

lich völlig unerschlossenen Situationen verhält – und hier setzen die Spekulationen an. So muß man beispielsweise nur annehmen, daß die vierdimensionale Raumstruktur des »schwarzen Loches« während der Implosion der Materie zu einem bestimmten Zeitpunkt eine zeitliche Spiegelung erleide, derart, daß zur Zukunft dieses Loches wird, was bisher seine Vergangenheit war – und schon wird aus einem schwarzen Loch ein »weißes Loch«, das die Explosion von Materie aus einem punktförmigen Massenzentrum beschreiben würde. Wir würden somit die Geschichte des Sternsterbens und des Verendens in einem schwarzen Loch rückwärts laufen lassen, so daß sie schließlich wieder zur Ausschüttung »junger«, unverbrauchter Urmaterie ins Weltall führt.

Hierin würde sich sozusagen ein verspäteter Urknall ereignen, ganz ähnlich jenem Geschehen, dem man die Entstehung des gesamten Universums glaubt verdanken zu müssen. Aus einem solchen schwarzen, durch zeitliche Spiegelung weiß gemachten Loch, würde dann, wenn auch in sehr viel kleinerem Umfang als beim Urknall des Universums, jene »junge« Urmaterie hervorgehen, bestehend aus Wasserstoff, Deuterium und Anteilen von Helium. Damit würde dem Kosmos wieder frisches Brennmaterial für neue Sterngenerationen zugeführt, das nach den Gesetzen der Entropievermehrung die Geschehnisse von der Geburt bis zum Tod von Sternen und Sternsystemen in Gang halten kann.

Nun darf nicht übersehen werden, daß die willkürlich durchgeführte Zeitumkehrung, die uns das schwarze in ein weißes Loch verwandeln hilft, nichts als ein mathematischer Trick ist. Wie steht es aber damit, diesen Trick physikalisch zu verwirklichen? Wir wissen oder nehmen als gewiß an, daß die Schwerkraft schließlich alle anderen uns bekannten Kräfte zu überwiegen beginnt, wenn nur genügend viel Materie genügend dicht an einem Ort zusammengepackt wird. Unter solchen Umständen müßte ein unaufhaltbares Implodieren dieser Materie auf ihr Schwerezentrum hin die Folge sein. Auch bei einem Weltall, das unter solchen Umständen implodiert, sollte diese Folge unausweichlich sein, da die Weltallmaterie – bei genügender Dichte – bar jener Elastizitätseigenschaft ist, die dieses Implodieren aufhalten oder gar ein erneutes Explodieren veranlassen könnte. Oder andersherum gesagt: Um ein »weißes Loch« zu machen, müßte es also eine Art Superelastizität der Materie geben, die wir bisher noch nicht kennengelernt haben, eine Naturkraft, die bei hochkondensierter Materie auftritt und ein Auseinanderschnellen der zusammenstürzenden Materie verursacht. Diese Naturkraft müßte bei sich verdichtender Materie eine Abstoßung der kleinsten Stoffteilchen hervorrufen, wobei ihre Stärke wesentlich schneller zunehmen müßte als die der Schwerkraft bei implodierender Materie. Eine solche Kraft kennt bisher niemand. Wenn es sie gibt, so kann es auch eine Materieschöpfung bis hinein in unsere Zeit geben. Gibt es sie jedoch nicht, so hat das Universum kein unendliches Leben und es gibt keine Entropiesprünge in der Natur. Die Geschichte dieses Weltalls wäre nur wie ein einziger Tag.

SUZ 350
VON ORTWIN TRUNK
Die rollende Gleisbaufabrik

Schwerere Lasten bei schnellerer Fahrt – das ist heute und in Zukunft die Aufgabe der Eisenbahn. Fahrgeschwindigkeit, Achslast und die Zahl der Züge, die je Tag über eine Strecke rollen, beanspruchen den Fahrweg, das Gleis. Für Strecken, die besonders hohen Belastungen ausgesetzt sind, wurde deshalb in internationaler Zusammenarbeit eine neue Schiene entwickelt: der Typ UIC 60 (Union Internationale des Chemins de fer; Schienengewicht 60 kg/m). Die Deutsche Bundesbahn wird in einem Umbauprogramm, das auf Jahre angelegt ist, ihre wichtigsten Strecken auf diesen Schienentyp umrüsten. Die ausgebauten leichteren Schienenarten S 54 (54 kg/m) und S 49 (49 kg/m) wandern aber nicht etwa auf den Schrott, sie werden vielmehr auf weniger beanspruchten Strecken verlegt. Im ganzen bedeutet das: Gleisumbau auf 16 000 Kilometer Länge. Für diese gewaltige Aufgabe hat die Technik ein völlig neues Arbeitsverfahren und Maschinen geschaffen: den Schnellumbauzug.

Es ist kurz vor Mitternacht. In wenigen Minuten, um Null Uhr, beginnt der *Schnellumbauzug SUZ 350* der Deutschen Bundesbahn auf der Strecke Donauwörth–Treuchtlingen bei km 29,464 mit der Arbeit. Drei Tage Umbauzeit sind angesetzt. Das sind vier Schichten, in denen die 50 Mann Besatzung mit ihrer rollenden Gleisbaufabrik 4 655 Meter Gleis erneuern werden. 9 310 Meter alte Schienen und 7 392 Schwellen sind auszubauen und durch neues Material zu ersetzen.

Mit dieser Leistung übertrifft der SUZ 350 andere maschinelle Verfahren um fast ein Drittel. Der Vergleich mit der Arbeitsleistung einer Rotte Gleisbauarbeiter von ehedem, die sich mit Schottergabel, Stopfhacke, Schienenzangen und Rammbäs mühsam plagte, würde dem Schnellumbauzug einen geradezu unglaublichen Vorsprung sichern. Zwei Mann schafften am Tag etwa 20 Schwellen mit rund 13 Meter Gleis!

Rund 1000 Meter lang ist der Maschinenzug im ganzen. Von der Spitze her reicht über 400 Meter der »Rückbauteil«, der dem Abbau des alten Gleises dient; zum Ende hin erstreckt sich über die gleiche Länge der »Neubauteil«. Dazwischen, in der Mitte des Zuges also, ist zugleich die Mitte des Geschehens: Hier bewirken auf rund 180 Meter Länge schwere Maschinenwagen mit Greifern und Förderbändern, eine Schotterplanierfräse und die Schwellen- und Schienenverlegegeräte den eigentlichen Gleiswechsel. Auf jedem Meter Fahrt verwandelt dieses rollende Fließband den Schienenweg unter sich von alt in neu.

Noch aber steht der Zug am Beginn der Umbaustrecke. Mit Schweißbrennern trennen Gleiswerker die endlos verschweißten Schienen auf, lösen sie aus ihrer Verschraubung und fädeln den Strang in die Aufnehmervorrichtung des Umbauzuges ein. Hydraulisch bewegte Führungsarme senken sich nach

Titelbild: Fünf Altschwellen auf einmal hat der Greiferkran auf dem vorderen Waggon gefaßt. Zu Paletten aufgesetzt, werden sie auf die weiter vorne laufenden Altschwellenwaggons abtransportiert. Dem Kranwagen folgen das Schwellenaufnehmegerät, die Schotterplanierfräse und das Schwellenverlegegerät. (Arbeitsrichtung von links nach rechts.)

Arbeitsrichtung →

Neuschwellen

Neuschwellenwaggon   Waggon mit Kleineisenbehälter

Waggons mit Kabinen für Kleineisenarbeiter,
Fördereinrichtung und Behälter für Kleineisen

Schotterplanierfräse

Portalkran

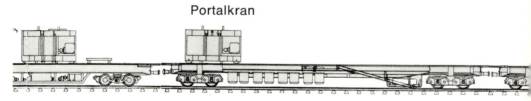

Kleineisenwaggon

Der Schnellumbauzug SUZ 350 in graphischer Darstellung. An der Zugspitze laufen zahlreiche Altschwellenwaggons, am Schluß die Wagen mit den neuen Schwellen, dazwischen die Großgeräte zum Abbau und zum Verlegen des Gleises. Rund 1000 m lang ist der – auf unserer Zeichnung aus Platzgründen mehrfach unterteilte – Maschinenzug im ganzen. Grafik Plasser & Theurer

rtalkran Altschienenumlenkwaggon mit Pflügen zum Einschottern Doppelkopf-Schraubmaschinen

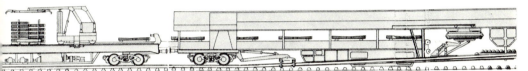

Greiferkran

Antriebswaggon Schwellenverlegegerät

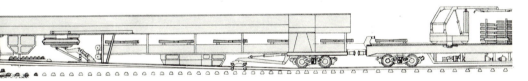

Greiferkran

Schwellenaufnehmegerät Antriebswaggon

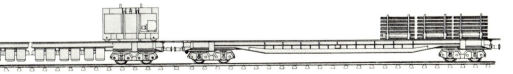

Altschwellen

Waggon mit Kleineisenbehältern Altschwellenwaggon

unten. Kräftige Männer heben die freien Schienenenden hüfthoch an, genau bis vor die Führungsschlitze dieser Hydraulikarme. Der Werkmeister gibt dem Maschinisten des Zuges über Sprechfunk die Anweisung: »Einen Meter vorrücken! Gut so, stop!« Die Führungsarme haben die Schienen sicher gefaßt, und während der Zug, angetrieben von zwei 260-PS-Dieselmotoren, meterweise langsam vorzieht, übernehmen Leitrollen die eingefädelten Schienen. Noch einmal hält der Zug an. Der leitende Ingenieur überprüft, ob alle Maschinenanlagen einsatzbereit sind, und gibt dann über Funk das Startkommando für die Arbeitsfahrt.

Im Schrittempo bewegt sich der Zug lärmend voran. Die Hydraulikarme heben die Altschienen höher, drücken die schweren Schienenstähle wie Federdraht zur Seite weg, so daß die Schwellen völlig frei auf dem Schotter liegen. Nun kann sie das Schwellenaufnehmegerät nach oben abheben. Dieses Gerät ist in einem vierachsigen, 35 Meter langen Großmaschinenwagen untergebracht. In seinem Heck trägt er, einem Kranausleger ähnlich, einen Greifer und ein Förderband, die beide schräg nach unten – auf das Gleis – gerichtet sind. Mit spitzen Stahlkrallen faßt der Greifer Schwelle um Schwelle, reißt sie aus dem Schotterbett und legt sie auf das Förderband, das sie nach oben abtransportiert. Am Ende des Förderbandes nimmt ein anderer Greifer die Schwellen ab und legt sie zu je fünf Stück nebeneinander. Alle diese Arbeitsgänge gehen fließend ineinander über und sind automatisch gesteuert. Keine Hand braucht einzugreifen.

Ein Großgreifer, mit zehn Fangarmen wie ein Polyp anzusehen, packt eine solche Fünfergruppe von Schwellen auf einmal und stapelt sie, eine um die andere, sechs Schichten hoch zu einer Palette, fertig zum Abtransport auf die Altschwellenwaggons. 16 vierachsige Flachwagen bilden das 380 Meter lange Altschwellenlager im Zug. Es kann 2 880 Betonschwellen aufnehmen, genau so viel, wie der Zug in einer Achtstundenschicht ausbaut. Die Größe dieses Lagers ist der Grund für die erstaunliche Länge des Schnellumbauzuges: Er muß das gesamte abgebaute Material aufnehmen können, nur die

Links: Schwellenaufnehmegerät, Planierfräse und Verlegegerät tragen seitlich die abgeschraubten alten Schienen (innen) und die neuen. Dann werden die Schwellen aus der Bettung gehoben.

Rechts: Die Umbaulücke ist gleisfrei und neu planiert. Das Verlegegerät läuft vorne auf Raupen. Dahinter liegen schon die neuen Schwellen. Die neuen Schienen werden nach innen gezogen und auf die Schwellen abgesenkt. Mit dem Heck rollt das Verlegegerät bereits auf dem neuen Gleis.

alten Schienen selbst werden seitlich auf dem Bahnkörper abgelegt. Die Baustelle ist schmal, und nichts darf in den Fahrweg des Nachbargleises hineinragen. Dort ist auch während der Bauarbeiten Betrieb, sogar Hochbetrieb: Das Nachbargleis muß in diesen Tagen die doppelte Zahl von Zügen bewältigen, nämlich auch die für die Gegenrichtung. Immer wieder lassen die Sicherungsposten an der Strecke die preßluftgespeisten Typhone brüllen, um die Mannschaft am Umbauzug vor vorüberfahrenden Zügen zu warnen.

Hochbetrieb herrscht auch auf den Altschwellenwaggons des Umbauzuges. Vier motorgetriebene Portalkräne flitzen als Schwellentransportstafette ununterbrochen über diesen Zugteil. Die Bordwände der Waggons sind niedrig und dienen zugleich als Kranfahrschienen. Die Kräne überspannen so die gesamte Wagenbreite und schleppen ihre Last, die Schwellenpaletten, gleichsam unter dem Bauch. Kran 1 bringt die Paletten vom Förderband 120 Meter nach vorn, übergibt sie dort an Kran Nr. 2 und fährt selbst zurück, um den nächsten Stapel abzuholen. Der Kranführer auf Nr. 2 fährt die Last weiter zum dritten Stafettenkran und erst der vierte befördert sie, an der Spitze des Zuges beginnend, endgültig zum Ablegeplatz auf einem der Waggons. Das schnelle Arbeitstempo beim Abbau diktiert das Schwellenabbaugerät, und nur mit Hilfe der Transportstafette, die aus einem langen Transportweg vier kurze Strecken macht, gelingt der Abtransport der Schwellen im gleichen Tempo. Nach Schichtende wird eine Rangierlok die beladenen Altschwellenwagen abziehen und neuen Laderaum bereitstellen.

Doch zurück zur Umbaulücke. Sind die ersten Meter Altschienen beim »Einfädeln« noch in Einzelarbeit abgeschraubt worden, so wird das bei der Arbeitsfahrt des Schnellumbauzuges ebenfalls zur Fließbandarbeit. Vor dem Schwellenaufnehmegerät laufen als ein Teil der Gleisumbaufabrik Arbeitswaggons, die unter ihren Wagenböden – dicht über den Schienen – Einmann-Unterflurkabinen tragen. Jede Kabine ist mit einem dickgepolsterten Schalensessel – wie aus einem Sportkabriolet – ausgestattet. Hier sind die Arbeitsplätze der Schraubenlöser und Kleineisensammler. Über Hydraulik-

hebel bedienen die Arbeiter in den vorderen Kabinen Schraubmaschinen, mit denen sie die Gleisverschraubung lösen. Vom Rost der Jahre festsitzende Muttern werden kurzerhand mit einer maschinellen Hebelschere abgeschnitten. Die Arbeitsfahrt des Zuges darf nicht stocken! Die Männer in den nachfolgenden Kabinen greifen mit dickbehandschuhten Fingern nach den Muttern, Federringen, Klemmplatten und Schrauben und sammeln dieses Kleineisen in Behälter. Das alles ist wertvolles Material. Auch wenn ein Hauptgleis erster Ordnung 20 Jahre lang seinen Dienst getan hat, sind seine Schienen noch nicht Schrott, die Schwellen noch kein Brennholz. Der Schienenhobel glättet die Laufflächen, und auf Nebengleisen oder Privatanschlüssen, wie den firmeneigenen Bahnhöfen, überdauern solche Schienen meist eine zweite Generation. Mit Schwellen und Kleineisen ist das nicht viel anders.

Die gleisfreie Umbaulücke schiebt sich genau im Tempo des Rückbaues nach vorne. Daran anschließend arbeitet im gleichen Rhythmus der Vorbauteil des Zuges, der das neue Gleis verlegt.

Wie beim Abbau der alten Schienen heben hier die hydraulischen Führungsarme der Verlegemaschine die neuen Schienen, die zu 120 bis 180 Meter langen Strängen verschweißt auf dem Bahnkörper lagern, an und spreizen auch sie bis an die Ränder des Schotterbettes hinaus. Die alten Schwellen und Schienen sind beseitigt. Damit hat sich der Umbauzug allerdings auch selbst seine Fahrbahn genommen. Statt auf Rädern und Schienen zu rollen, kriecht er deshalb auf breiten Raupen über den vom Herausheben der Altschwellen gelockerten Schotter. Das Raupenfahrzeug trägt die Schotterplanierfräse. Ihre starken Räumketten »machen das Bett neu«, planieren den Schotter und ebnen ihn selbsttätig auf genau der richtigen Höhe ein.

Wie ein Panzerfahrer steuert der Mann an der Fräse sein Raupenfahrzeug über das Planum. Durch geschicktes Bremsen der linken oder rechten Raupe hält er seine Maschine – sie hat ja keine Führung im Gleis! – in der Spur des

Ganz links: Von Unterflurkabinen aus lösen Gleiswerker die Verschraubung des abzubauenden Gleises und setzen (im Neubauteil) die Schrauben für das neue Gleis ein.

Mitte: So fassen die Krallen des Schwellenaufnehmegerätes die alten Schwellen, reißen sie aus der Bettung und heben sie auf ein Förderband.

Rechts: Nach dem Schnellumbauzug arbeitet auf der Baustelle die Nivellier-, Stopf- und Richtmaschine, verdichtet die Bettung und bringt das Gleis in die richtige Lage.

Umbauzuges. Das ist wichtig, denn auch die Fräse trägt in seitlichen Führungsrollen mit an den Schienen und hält sie, die alten und die neuen, hoch und breit über der Bettung.

Von hier an laufen im Neubauteil die gleichen Arbeitsgänge ab, wie wir sie vom Rückbau her schon kennen, jedoch in der umgekehrten Reihenfolge.

Das Schwellenverlegegerät gleicht dem Aufnehmer, nur ragt sein Auslegearm mit dem Förderband wie eine Schnabelspitze nach vorne zum Schotter hinunter. Über die lange Reihe der Neuschwellenwagen am Zugende bringen die Portalkräne unablässig Nachschub heran. Die Greifer fassen nach den bis zu 300 Kilogramm schweren Schwellen, heben sie aufs Förderband, und genau alle 60 Zentimeter legen unten die Krallen Stück um Stück auf die Bettung. Die Hydraulikarme ziehen die neuen Schienen nach innen und setzen sie genau über den Befestigungsplatten auf den Schwellen ab.

Nun finden die Räder des Schnellumbauzuges wieder Halt auf den neuaufgelegten, noch federnd nachgebenden Schienen. Von den Unterflurkabinen der nachfolgenden Wagen aus legen die Gleiswerker die Klemmplatten auf, setzen die Schienenschrauben ein und drehen die Muttern mit einer Umdrehung auf das Gewinde. Eine elektrische Schraubmaschine zieht sie fest.

Der neue Gleisrost, so nennt der Fachmann die mit den Schwellen verbundenen Schienen, liegt.

Bis zur ersten Zugfahrt auf dem neuen Gleis bedarf es allerdings noch mehrerer Arbeitsgänge: nivellieren – stopfen – richten – schweißen – und immer wieder prüfen und nachmessen, bis es endgültig freigegeben wird mit dem Prädikat: Fahrweg technisch einwandfrei und sicher befahrbar!

Das aber sind Arbeiten, die der SUZ 350 und seine Mannschaft anderen Gleisbauspezialisten überlassen. Er selbst fährt weiter zur nächsten Großbaustelle. Eine rollende Gleisbaufabrik, im Einsatz überall im Netz der Deutschen Bundesbahn.

Eine wäßrige Angelegenheit

VON HILDEGARD WOLTERECK

Nach der antiken Weltvorstellung gehörte das Wasser neben der Luft, dem Feuer und der Erde zu den Lebenselementen. Sehr zu Recht! In der Erdgeschichte war das Wasser für eine lange Zeit sogar ausschließliche Heimat alles Lebens, das erst Hunderte von Millionen Jahren später das Land eroberte. Aber selbst dort hängt das Leben vom Wasser ab. Denn alle Lebensvorgänge finden in Flüssigkeiten statt.

Der Mensch selbst besteht zum größten Teil aus Wasser. Beim Embryo im dritten Monat macht es noch 94 Prozent aus! Später werden wir zwar langsam etwas »trockener«, doch auch im Körper des Erwachsenen enthalten die Gewebe noch zu 70 bis 75 Prozent Wasser, wobei es vor allem als Lösungs- und Transportmittel dient.

Auf der Erde gibt es keine chemische Verbindung von so großer Bedeutung wie das Wasser. Das liegt nicht zuletzt an seinen einmaligen physikalischen und chemischen Eigenschaften. Es ist zum Beispiel der einzige Stoff, der sich im flüssigen Zustand bei Abkühlung von 4 auf 0 Grad Celsius ausdehnt und sogar beim Gefrieren noch wächst. (Alle anderen Stoffe ziehen sich bei Abkühlung und beim Erstarren zusammen.) Eine bei Frost geplatzte Wasserleitung hat schon manchen mit dieser »Anomalie des Wassers« bekanntgemacht. Sie bewirkt durch jene Dehnungskräfte auf der Erdkruste auch die Verwitterung. Und würden nicht alle Gewässer von oben nach unten zufrieren – Wasser von 4 Grad ist ja am schwersten und sinkt nach unten, wogegen das leichtere Eis schwimmt –, stünde es um die Überwinterung der Fische, Frösche und sonstigen Lebewesen im Wasser schlecht.

Chemisch besteht Wasser aus den Elementen Wasserstoff und Sauerstoff. Sein Molekül hat die Formel H_2O. Ganz außergewöhnlich ist aber die Verknüpfung der einzelnen Moleküle untereinander. Sie sind nämlich in einzigartiger Weise befähigt, sich über sogenannte Wasserstoffbrücken zu Flächen- und Raumstrukturen zusammenzuschließen. Räumlich betrachtet sieht das so aus: Jedes Sauerstoffatom ist zunächst über zwei normale chemische Bindungen an »seine« beiden Wasserstoffatome gebunden. Außerdem tritt aber jedes Wasserstoffatom mit dem Sauerstoffatom des benachbarten Moleküls in Wechselwirkung. Dabei ist dann allerdings der Abstand erheblich größer als bei der »richtigen« chemischen Bindung (siehe Abbildung Seite 140).

Diese Wasserstoffbrücken-Bindungen sind die eigentliche Ursache für die erwähnten Anomalien des Wassers. Wären die Moleküle nicht durch zusätzliche Bindungskräfte zusammengehalten, müßte das Wasser entsprechend seinem niedrigen Molekulargewicht von nur 18 schon bei Zimmertemperatur gasförmig sein. (Die Siedepunkte von Stoffen steigen im allgemeinen mit der Zahl der Atome im Molekül.) Auch die Tatsache, daß sich Wasser beim Gefrieren ausdehnt, hat ihre Ursache in der Wasserstoffbrücken-Bindung. Es können sich nämlich nur dann viele solcher Brücken ausbilden, wenn die Moleküle nicht zu dicht gepackt sind. Bei der Eisbildung entstehen daher Hohlräume. Sie machen etwa ein Zehntel des Gesamtvolumens aus. Das Eis wird infolgedessen spezifisch leichter als Wasser und schwimmt auf ihm.

Jegliches Leben und somit auch das des Menschen hängt vom Wasser ab. Nur wo dauernd Wasser zur Verfügung steht, ist ihm ein ständiger Aufenthalt möglich. Ausreichende Wasserversorgung ist Grundbedingung für sein Dasein. Nun, an sich ist auf der Erde Wasser genug vorhanden. Man schätzt den Inhalt der Ozeane auf 1,37 Milliarden Kubikkilometer. Die Meere bedecken 71 Prozent der Erdoberfläche!

Das Wasser auf der Erde ist einem ständigen Kreislauf unterworfen. Es verdunstet, verweilt eine Zeitlang in der Atmosphäre und kehrt als Niederschlag zurück. 86 bis 88 Prozent der Gesamtverdunstung stammen von den Ozeanen. Auf den Kontinenten gibt es im Verhältnis zur Verdunstung einen Überschuß an Niederschlag, der dann eben zu den Ozeanen abfließt. Verfolgen wir einmal das Schicksal eines Wassermoleküls auf der Erde!

Das Wassermolekül verdunstet und verweilt etwa 9 Tage in der Atmosphäre,

Oben: Schwimmender Eisberg in der Antarktis. Nur rund ein Viertel seiner gesamten Masse ragt aus dem Wasser heraus. Wasser ist in festem Zustand leichter als in flüssigem, weil bei der Eisbildung Hohlräume entstehen. Die Schmelzwasser der sich von dem gewaltigen antarktischen Eisschild ablösenden Eisberge beeinflussen die Wassertemperatur der Ozeane und damit die Verdunstung, was zu Niederschlagsschwankungen in den Tropen führt. Foto Dr. Krügler

Ein faszinierender Anblick: Im Wasser verteilte Sauerstoffbläschen. Chemisch besteht Wasser aus den Elementen Wasserstoff und Sauerstoff. Die Verknüpfung der einzelnen Moleküle ist es, die dem so alltäglichen, allgegenwärtigen Stoff physikalisch höchst ungewöhnliche Eigenschaften verleiht. Diese geben dem Wasser seine große Bedeutung für alles Geschehen auf der Erde, machen es zum Lebenselement schlechthin (großes Bild). Foto H. Pfletschinger

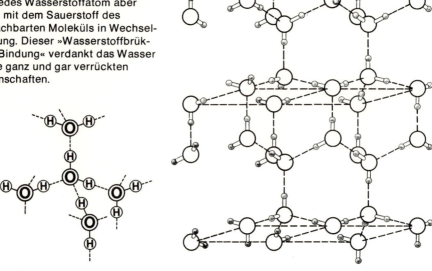

Anordnung der Wassermoleküle im Eiskristall. Jedes Sauerstoffatom ist chemisch an »seine« beiden Wasserstoffatome gebunden. Zusätzlich tritt jedes Wasserstoffatom aber noch mit dem Sauerstoff des benachbarten Moleküls in Wechselwirkung. Dieser »Wasserstoffbrücken-Bindung« verdankt das Wasser seine ganz und gar verrückten Eigenschaften.

wobei es je nach Klimazone mit einer Geschwindigkeit von 100 bis 1000 Kilometer pro Tag fortbewegt wird. Es kann also in den 9 Tagen Tausende von Kilometern zurücklegen. Deshalb hat das etwa aus einem Stausee verdunstende Wasser keinerlei Einfluß auf die Niederschläge in der Umgebung. Nach den 9 Tagen regnet das Molekül aus. Wenn es in die Tiefen der Ozeane gelangt, kann es dort an die 3000 Jahre verweilen, ehe es wieder verdunstet und als Wasserdampf in die Atmosphäre aufsteigt.

Im Laufe eines Durchschnittsjahres gehen fast 400 000 Kubikkilometer Wasser durch Verdunstung in die Atmosphäre, und eine gleiche Menge kehrt zur Erdoberfläche zurück. Etwa 70 Prozent der ozeanischen Gesamtverdunstung geschieht in den Tropenzonen. Schon geringe Temperaturverschiebungen können von größtem Einfluß auf den Wasserhaushalt der Erde sein. Wenn sich der Unterschied zwischen Luft- und Wassertemperatur um nur $1/10$ Grad ändert, dann verändert sich die Verdunstungsmenge bereits um 2,4 Prozent. Dies kann durch Schmelzvorgänge in der Antarktis geschehen. Die großen Niederschlagsschwankungen in den Tropen könnten damit zusammenhängen.

Dagegen unterliegt der Süßwasserhaushalt der Kontinente bereits stark den Eingriffen des Menschen. Nur 13 Prozent aller Verdunstung auf der Erde findet auf dem Festland statt; die Menge der Niederschläge dort beträgt hingegen 21 Prozent sämtlicher Niederschläge auf der Erde. Der sich daraus ergebende Überschuß an Wasser gelangt als Abfluß in die Seen und Flüsse oder in das Grundwasser. Große Mengen des Abflusses werden durch den Menschen genutzt. Wird dieses Wasser danach in gereinigter Form dem Abfluß wieder zugeführt, so schadet das dem Gesamtwasserhaushalt nicht. Doch tragen Kühltürme, künstliche Bewässerung und sogar das Rasensprengen, aber auch die große Fläche der Stauseen (300 000 Quadratkilometer) dazu bei, daß Wasser dem Abfluß verlorengeht. So ist die Verdunstungsrate der Landfläche bereits um 2,7 Prozent angestiegen. Zur Zeit wird auf der Erde eine Fläche, die neunmal so groß ist wie die Bundesrepublik Deutschland, künstlich bewässert. Man schätzt, daß von dem Gesamtwasserverbrauch jährlich etwa 1 800 Kubikkilometer in die Atmosphäre verdampfen. Das sind 1 500 Liter je Kopf und Tag – eine riesige Menge, die bis zum Jahre 2000 auf das 5,5fache anwachsen wird.

Doch auch heute finden schon Eingriffe statt, die zu bleibenden Verlusten an Wasser führen. So steigerte sich durch die zahlreichen Bewässerungsanlagen am Rande der Sahara der Verbrauch dort um etwa 50 Prozent. Dieser Mehrbedarf wird aus Grundwasservorräten gedeckt, die noch aus der Eiszeit stammen, sich also nicht wieder auffüllen. Auch anderwärts ist man auf der Suche nach solchen Vorkommen. Tatsächlich stießen kürzlich israelische Geologen unter der Negev-Wüste auf einen riesigen unterirdischen See, der vom Toten Meer bis an den Westrand der Sinai-Halbinsel reicht. Der See befindet sich in etwa 1000 Meter Tiefe und soll 200 Milliarden Kubikmeter Wasser enthalten. Dieses Reservoir könnte die landwirtschaftliche Erschließung der Wüste möglich machen.

Immer mehr Menschen bevölkern die Erde, immer mehr Menschen müssen ernährt werden. Ohne zusätzliches Wasser ist das unmöglich. Nun gibt es zwar auf der Erde Wasser mehr als genug, nur ist das weitaus meiste versalzen. So wird die Gewinnung von Süßwasser aus dem Meer immer wichtiger. Das ist freilich nicht ganz billig. Nachdem aber hauptsächlich die USA, Großbritannien, die Sowjetunion und Israel viele Millionen für Forschungs- und Entwicklungsarbeiten auf diesem Gebiet ausgegeben haben, konnten die Kosten je Kubikmeter erheblich gesenkt werden. In erdöl- und damit energiereichen Gebieten wie Kuweit können solche Anlagen durchaus wirtschaftlich arbeiten. Auch die Atomkraft bietet sich als Energiequelle an. Doch hat die Sache einen Haken: Durch die benötigten Kühltürme und durch die starke Verdunstung bei der künstlichen Bewässerung selbst verringert sich abermals der Abfluß. Vielversprechender sind die neuesten Pläne amerikanischer Wissenschaftler, die Sonne zur Entsalzung von Meerwasser zu nutzen. Wie weit hat nun der Mensch schon zur Veränderung des Wasserhaushalts und somit des Klimas beigetragen?

Die großen Klimaschwankungen auf der Erde erfolgten natürlich ohne Einwirkung des Menschen. Sein Einfluß ist ja erst spät in Erscheinung getreten. Noch vor 4 000 bis 5 000 Jahren war Mitteleuropa zu etwa 90 Prozent mit Wald bedeckt. Doch im Laufe der Zeit wurden dann große Waldgebiete gerodet, um Ackerbau und Viehzucht treiben zu können. Über die so freigeschlagenen Flächen strich der Wind, dem Boden wurde durch die vermehrte Verdunstung Feuchtigkeit entzogen. Das Klima wurde wärmer und trockener. Soweit solche Gebiete bepflanzt wurden, war die Auswirkung auf die Niederschlagsverhältnisse verhältnismäßig gering. Wo aber – vor allem in Gebirgsgegenden mit nur geringer Bodendeckschicht – nach dem Roden eine Neubepflanzung ausblieb, führte das zur Verkarstung, die nicht mehr rückgängig gemacht werden kann.

Mit Urgewalt stürzen die Wasser der Iguassú-Fälle in Brasilien in zwei Stufen 69 Meter in die Tiefe – hier noch ursprüngliche Natur, hat sich der Mensch anderwärts die Kraft des Wassers längst dienstbar gemacht. Auf den Kontinenten gibt es im Verhältnis zur Verdunstung einen Überfluß an Niederschlägen, der zu den Ozeanen abfließt. Foto Anthony

Immer mehr Menschen auf der Erde brauchen immer mehr Wasser. In riesigen Entsalzungsanlagen will man Süßwasser aus dem Meer gewinnen, um vor allem die Trockengebiete zu versorgen. Bei dieser Anlage in Kuwait wird das Meerwasser zum Sieden gebracht und der Dampf, der kein Salz enthält, dann abgekühlt. Foto Bavaria

Eigenartig ist, daß sich neuerdings eine Vermehrung von Niederschlägen über Großstädten und Industriegebieten beobachten läßt. So wurde über dem Ruhrgebiet eine um etwa 20 Prozent höhere Schauertätigkeit als in der angrenzenden Kölner Bucht gemessen. In Hamburg hat man eine Zunahme von Starkregen von 25 bis 30 Prozent in der Umgebung auf 50 bis 55 Prozent über dem Stadtzentrum festgestellt. Bei Untersuchungen in den USA fand sich sogar eine Erhöhung der Niederschlagsmengen an Wochentagen gegenüber den Sonntagen. Ursache dafür scheint die wochentags erhöhte Wärme- und Wasserdampfproduktion zu sein. Ganz allgemein hat man in Deutschland in diesem Jahrhundert eine Zunahme der Niederschläge beobachtet.

Seit einiger Zeit versucht jetzt der Mensch, selbst zum Regenmacher zu werden, und das immerhin mit einigem Erfolg. Man kann Wolken mit Silberjodid, Trockeneis und anderen Mitteln besprühen und so – nämlich durch Anregung zur Kondensation – künstliche Niederschläge erzeugen. Mit dieser Methode gelingen zwar örtliche Niederschläge, der gefallene Regen fehlt dann aber an anderen Stellen. Man kann eben nicht die Wolkenbildung vermehren, sondern nur schon vorhandene Wolken an einer gewünschten Stelle zum Ausregnen bringen. In wolkenlosen Trockengebieten, wo Niederschläge am dringendsten gebraucht würden, scheitern deshalb solche Versuche. Neuerdings gelang es übrigens in der Ukraine, auf rund 150 000 Hektar Fläche eine 3 Zentimeter dicke Schneedecke zu erzeugen. Fast zwei Tage lang mußten Flugzeuge die Wolken mit Spezialmitteln bearbeiten. Der Zweck war, Winterweizen vor dem Auswintern zu schützen.

Alle diese Verfahren können natürlich die Gesamtmenge an Wasser, diesen kostbarsten unserer Rohstoffe, nicht vermehren. Der Bedarf nimmt aber ständig zu. Im Mittel aller Erdteile rechnet man mit einer jährlichen Wachstumsrate von 2 Prozent je Kopf. Das ist eine Entwicklung, die in absehbarer Zeit bereits den Wasserhaushalt der Erde beeinflussen kann. So haben Wissenschaftler herausgefunden, daß das Grundwasser weniger wird und gebietsweise auch tiefer sinkt. Immer mehr sind wir darauf angewiesen, unser Trinkwasser aus Flüssen und Seen zu entnehmen. In der Bundesrepublik Deutschland wird schon heute über die Hälfte des Trinkwassers aus Flüssen gewonnen. Allein 20 Millionen Menschen trinken Rheinwasser!

Hier taucht nun das weltweite Problem der Wasserverschmutzung auf. So ist der Rhein durch die dichte Besiedlung und die damit verbundene Industrialisierung heute nicht mehr in der Lage, sich durch biologischen Abbau der Schmutzstoffe selbst zu reinigen. Eine Nutzung des Rheinwassers als Trinkwasser ist deshalb ohne kostspielige technische Aufbereitung überhaupt nicht mehr möglich. Schon in naher Zukunft könnten sich die jährlichen Kosten für Frischwasserbeschaffung und Abwasserführung auf je 40 Mark pro Einwohner belaufen. Größtes Kopfzerbrechen machen den Wasserwerken jene Stoffe, mit denen die an sich noch immer fleißigen Mikroorganismen im Wasser überhaupt nicht fertig werden. Selbst unter günstigen Bedingungen wird sich die Menge solcher biologisch nicht abbaubaren Schmutzstoffe bis zum Jahre 2000 verdoppeln. Erst wenn die heute gebräuchlichen Kläranlagen durch zusätzliche Reinigungsstufen ergänzt werden, besteht für den Rhein die Hoffnung, allmählich wieder ein sauberer Fluß zu werden. Die dazu benötigten Verfahren sind zwar technisch durchaus möglich, erfordern aber viel Geld.

Einige Zahlen noch zur wasserwirtschaftlichen Lage der Bundesrepublik Deutschland. Im Jahre 1969 flossen über die öffentlichen Abwassersammler täglich rund 17,4 Millionen Kubikmeter; die Hälfte davon waren häusliche Abwässer. Für 1985 erwartet man eine Zunahme auf rund 26 Millionen Kubikmeter. Noch sind erst 44 Prozent der Bevölkerung an eine biologische Kläranlage angeschlossen, bis zum Jahre 1985 sollen es nach dem Willen der Bundesregierung etwa 90 Prozent sein.

Anders liegen die Verhältnisse bei den rund 500 Millionen Einwohnern der Entwicklungsländer. Wie aus einem Bericht der Weltgesundheitsorganisation hervorgeht, verfügt dort nur ein Drittel der Bevölkerung über Trinkwasser in der Nähe der Wohnstätten und nur ein Viertel über Abwasseranlagen.

Der steigende Wasserverbrauch führt zwangsläufig auch zu steigendem Energiebedarf. Wenn wir in Zukunft unsere Süßwasservorräte aus den Ozeanen ergänzen müssen, so bedeutet das eine Verschärfung des sowieso schon drängenden Energieproblems. Dies hat aber durch die damit verbundene Erwärmung weltweite Auswirkungen auch auf das Klima. Teile des arktischen Eises könnten abschmelzen, eine Neubildung wäre nur teilweise möglich. Nicht wieder rückgängig zu machende Klimaverschiebungen wären die unabwendbare Folge.

Eines steht fest: Wasser- und Energiebedarf dürfen nicht beliebig zunehmen. Das Schicksal der Menschheit steht auf dem Spiel! Das soll nicht bedeuten, daß wir künftig auf die Errungenschaften der Zivilisation verzichten müssen. Die Folgen von Raubbau aber sollte der Mensch bewältigen, ehe er von ihnen überwältigt wird.

Blick bis zum Anfang der Welt

VON HEINRICH KLUTH

Die neuesten Spiegel-Teleskope und ihre Herstellung

Für Astronomen ist es Genugtuung wie glänzende Anerkennung ihrer wissenschaftlichen Arbeit und ihrer Vorstellungskraft, daß eigentlich alles, was sie seit Jahrtausenden über die außerirdische Welt erforscht und zusammengetragen haben, von der Raumfahrt unserer Tage bestätigt worden ist. Natürlich haben darüber hinaus Satelliten und Astronauten unser Blickfeld noch erweitert und viele neue Fragen aufgegeben. Aber trotz der so aufsehenerregenden Raketenerfolge bleibt die Wissenschaft, um bis an das Ende oder, besser gesagt, bis an den Anfang des Alls vordringen zu können, in dem es ja nach landläufigen Vorstellungen keine Grenzen gibt, nach wie vor auf die sichtbaren und unsichtbaren Strahlen angewiesen. Oft viele Milliarden Jahre unterwegs, können ihre Quellen werdende, brodelnde und vergehende Welten sein. Das ist ein erregender Gedanke. Darüber weitere Aufschlüsse zu erhalten, gehört zu den aufregendsten Anliegen forschenden Menschengeistes.

Das größte Instrument, das Lichtstrahlen erfaßt, ist das amerikanische 5-Meter-Spiegelteleskop der Mount-Palomar-Sternwarte. Es hat die für damalige Zeiten unglaubliche Summe von 4,6 Millionen Dollar gekostet und ist mit (welch eine Ironie) Ölgewinnen der Rockefeller-Stiftung finanziert worden. Wird es dazu beitragen, einmal Energievorgänge im All nachzuahmen und so die Ölkrise zu überwinden? Sein Bau dauerte einschließlich aller Vorversuche fast 20 Jahre, ehe es am 5. Juni 1948 seiner Bestimmung übergeben werden konnte. Die Begeisterung über erste Erfolge wich jedoch bald einer gewissen Enttäuschung. Das Licht, das auf den Aufnahmen eingefangen war, stammte zwar aus bis dahin unerreichten Fernen, aber bereits im Abstand von nur wenigen Bogenminuten von der Achse des Parabolspiegels sind die Bildfehler so groß, daß es zu einer unsymmetrischen Lichtverteilung kommt. So erzielt man mit dem 5-Meter-Spiegel auf der fotografischen Platte nur in einem Feld von fünf Millimeter Durchmesser eine wirklich gute Bildqualität. Dieses noch immer größte in Gebrauch befindliche Instrument

In dieser Kuppel bei Staniza Slentschukskaja im Nordkaukasus wurde das größte Teleskop der Welt aufgestellt. Um beim Öffnen des Sehschlitzes Luftturbulenzen, die die Beobachtungsgenauigkeit beeinträchtigen könnten, zu vermeiden, wird die Halle ständig gekühlt. Das Observatorium befindet sich in 2070 m Höhe. Foto APN

wird inzwischen in seiner optischen Leistung von zwei Teleskopen übertroffen, die ebenfalls auf dem Mount Palomar stehen. Sie sind zwar nur mit je einem 0,65 und 1,20 Meter großen Kugelspiegel ausgerüstet, wurden aber durch eine schon im Jahre 1929 von dem Hamburger Astronomen und Physiker B. Schmidt angeregte und nach ihm benannte Optik so verbessert, daß sie den 5-Meter-Spiegel hinter sich lassen. Schmidt-Spiegelteleskope können allerdings nur bis zu einer gewissen Größe gebaut werden; heute gibt es sie in zahlreichen Sternwarten.

Dennoch ertönte der Ruf der Astronomen nach weiteren und besseren Spiegelteleskopen immer lauter. Ein erster Anlauf wurde schon im Jahre 1947 in England genommen, wo man das sogenannte Isaac-Newton-Teleskop verwirklichte. Es besitzt einen Spiegel von immerhin zweieinhalb Meter. Da am Aufstellungsort ungünstiges Wetter überwiegt, kann aber nur in wenigen Nächten des Jahres erfolgreich damit gearbeitet werden. Natürlich hat man das vorher gewußt. Aber dieser Nachteil wurde in Kauf genommen, um den Astronomen die damals noch abenteuerlichen, mehrtägigen Flugreisen nach besseren Beobachtungsorten auf der Südhalbkugel der Erde zu ersparen. Erst als diese Schwierigkeiten dank des schnelleren und zuverlässigeren Jet-Luftverkehrs weggefallen waren, entschloß man sich, gemeinsam mit Australien ein weiteres Spiegelteleskop zu bauen. Bei einem Spiegeldurchmesser von vier Meter wiegt es nur 16 Tonnen. Als anglo-australisches Teleskop (AAT) wurde es in Siding Spring, 450 Kilometer nordwestlich von Sydney, aufgestellt und in diesem Jahr in Betrieb genommen. Die Kosten, die beide Länder gemeinsam tragen, werden mit 22 Millionen Pfund angegeben. Das sind etwa 130 Millionen Mark.

Etwa zur gleichen Zeit faßten Astronomen aus sechs anderen europäischen Staaten den Plan, gemeinsam eine gut ausgestattete Sternwarte auf der Südhalbkugel zu errichten (vgl. Das Neue Universum, Band 91, Seite 356). Das 3,6-Meter-Spiegelteleskop, dessen optisches System von Wissenschaftlern aus Oberkochen mitberechnet wurde, ist für die Europäische Südsternwarte auf dem Berg La Silla in Chile vorgesehen und dürfte im Jahre 1976 in Betrieb genommen werden können. Als Grundstoff für den Spiegel hat man Quarz gewählt, ein sehr schwer schmelzbares kristallinisches Material, mit dem man für den großen Mount-Palomar-Spiegel noch nicht fertig wurde, das man inzwischen aber beherrschen gelernt hat.

Seit Mitte der sechziger Jahre haben sich auch die Russen, als gute Mathematiker und Astronomen bekannt, mit dem Bau eines großen Spiegelteleskops beschäftigt. Es ist mit einem gigantischen 6-Meter-Spiegel ausgerüstet, dessen Fertiggewicht mit 42 Tonnen angegeben wird. Damit übertrifft es an Größe alles, was es bisher gab und was geplant ist. Leider sind die russischen Wissenschaftler, wie wir das auch von der Raumfahrt her kennen, mit genauen Angaben noch sehr zurückhaltend. Die Optisch-Mechanische Vereinigung Leningrad, die für die Herstellung verantwortlich war, hat für den Spiegelkörper eine besondere Glasschmelze entwickelt. Mit ihr gelang es, bei 1600

Dieser Teleskopspiegel, der größte, der jemals hergestellt wurde, hat einen Durchmesser von 6 Meter. Er wurde in Leningrad von der Optisch-Mechanischen Vereinigung gefertigt. Die Astronomen hoffen damit Vorgänge beobachten zu können, die weit jenseits der Grenzen des bis jetzt absehbaren Weltalls ablaufen. Foto APN

Grad Celsius einen 70 Tonnen schweren Block zu gießen. Er benötigte mehr als zwei Jahre – genau 736 Tage –, um abzukühlen, ohne daß sich Risse im Glas bildeten. Beim Schleifen und Polieren mußten nicht weniger als 28 Tonnen Glasmaterial entfernt werden. Dazu wurden 15 000 Karat Diamanten gebraucht.

»Das hohe Lichtsammelvermögen des Teleskops«, so berichtete der Chefkonstrukteur, Professor Bagrat Ioannissiana, »erlaubt es, Vorgänge zu untersuchen, die den vorhandenen Instrumenten noch unzugänglich sind, also jenseits der Grenzen des bis jetzt absehbaren Weltalls ablaufen.«

Das Riesenfernrohr, das zum Temperaturausgleich in einer künstlich gekühlten Halle steht, wird das Hauptinstrument des Astro-Physikalischen Observatoriums bei Staniza Slentschukskaja sein, das Professor Kotylov leitet. Es befindet sich am Nordrand des Kaukasus in der Region Stawropol in 2070 Meter Höhe. Die Gegend dort ist mit mindestens 200 klaren Nächten im Jahr besonders günstig für astronomische Beobachtungen. Das gewaltige Instrument zeichnet sich außer durch die Größe des Spiegels durch die Art der Nachführung aus. Es dreht sich dabei nicht, wie alle bisherigen Lichtte-

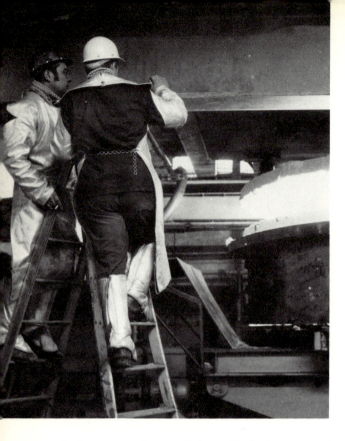

Links: 45 t Glasschmelze – die brodelnde Zerodur-Masse zum Guß des 3,5-m-Spiegels im Mainzer Glaswerk Schott & Genossen. Das neue deutsche Spiegelteleskop soll selbst größere Instrumente an Leistung übertreffen.

Rechts: Blick in die Gußform für den 4 m großen und 1 m dicken Block. Kurz vor dem Einfahren des heißen, teilweise erstarrten Zerodur-Glasrohlings in den Kühlofen wurde die Abdeckung (links im Bild) entfernt. Fotos Schott

leskope, um die parallel zur Erdachse ausgerichtete Stundenachse, sondern gleichzeitig um die lotrechte und um die waagerechte Achse. Diese Technik ist erst mit Hilfe von Computern möglich geworden und hat sich bei Radioteleskopen bereits bewährt.

Als Anfang der sechziger Jahre die Astronomen immer dringender nach leistungsfähigeren Spiegelteleskopen verlangten, griff man auch in der Bundesrepublik Deutschland, die auf diesem Forschungsgebiet eine große Tradition hat, alte Pläne wieder auf. Bonner Ministerien fanden sich bereit, den Bau einer großen deutschen Sternwarte zu fördern. Es zeigte sich jedoch bald, daß so ein Vorhaben nur innerhalb einer großen Forschungsorganisation zu verwirklichen ist. Die Max-Planck-Gesellschaft nahm sich der Bestrebungen an und gründete schließlich im Jahre 1968 das Max-Planck-Institut für Astronomie. Es wurde der Leitung von Professor Hans Elsässer unterstellt. Die Bauten auf dem 568 Meter hohen Königstuhl bei Heidelberg sind bereits so weit fortgeschritten, daß im Sommer 1975 etwa 150 Wissenschaftler ihre Arbeiten an neuen Forschungsprogrammen, an der Entwicklung neuer Apparaturen und in dem neuen Astrolabor für Experimente mit Sternenlicht haben aufnehmen können. Hauptaufgabe des Instituts aber wird es sein, die von einem neuen 3,5-Meter-Spiegelteleskop erwarteten Aufnahmen »nach allen Regeln der Kunst« auszuwerten. Dieses Fernrohr ist nach völlig neuen Gesichtspunkten entworfen worden und soll in seiner optischen Leistung selbst neuen Teleskopen mit größeren Spiegeldurchmessern gleich-

wertig, wenn nicht überlegen sein. Nachdem man alle in Frage kommenden Punkte sorgfältig auf die klimatischen Bedingungen untersucht hat, wird es auf dem 2168 Meter hohen Calar-Alto in der spanischen Provinz Almeria aufgestellt werden, wo das Heidelberger Institut das »Deutsch-Spanische Astronomische Zentrum« gegründet hat. Dort stehen außer einem ebenfalls neuen Zeiss-2,2-Meter-Spiegelteleskop bereits das 1,23-Meter-Teleskop der Deutschen Forschungsgemeinschaft und der 1,2-Meter-Schmidt-Spiegel der Deutschen Sternwarte Hamburg-Bergedorf. Weitere Instrumente sind vorgesehen. Erstmalig werden die Spiegel aller neuen deutschen Großteleskope aus einer besonderen Glaskeramik hergestellt, die keiner der optischen Leistung abträglichen Wärmeausdehnung mehr unterworfen ist. Der mittlere lineare thermische Ausdehnungskoeffizient beträgt im Temperaturbereich von minus 30 Grad Celsius bis plus 70 Grad Celsius praktisch Null. Die Glassorte, die den Namen »Zerodur« trägt, ist von dem »Jenaer Glaswerk Schott & Gen.« in Mainz entwickelt und sehr gewissenhaft erprobt worden. Sie erstarrt zunächst glasig und erfährt danach eine sozusagen vergütende Wärmebehandlung bei 800 Grad Celsius. Erst dann entstehen – während des Abkühlungsvorganges – durch in die Schmelze eingebrachte Keimbildner Mischkristalle von spiralartigem Gefüge. Nach einem komplizierten Mechanismus ziehen sie sich bei Temperatursteigerung zusammen. Zwei Drittel der Glaskeramik besteht aus solcher »polykristallinen Struktur«, der Rest ist Glas von einer bestimmten Wärmeausdehnung, so daß sich im Fertigprodukt beide

Komponenten aufheben. Das Glas ist dann zwar nicht mehr klar durchsichtig, aber das braucht es auch nicht zu sein, da nur die verspiegelte Oberfläche benutzt wird. Bei einem 2,2-Meter-Spiegel hat man das Verfahren schon mit sehr gutem Erfolg angewendet.

Für den 3,5-Meter-Spiegel mußten 45 Tonnen des Materials, an dessen Güte besonders hohe Anforderungen gestellt wurden, drei Wochen lang auf einer Temperatur von 1600 Grad Celsius gehalten werden. Dabei fraßen die Brenner der Schmelzöfen stündlich 500 Liter Heizöl. Um eine durch und durch gleichmäßige, schlierenfreie Masse zu bekommen, wurde sie zur Läuterung durch mechanische Rührer – aus einem chemisch beständigen Werkstoff – ununterbrochen in Bewegung gehalten. Von der gesamten Schmelze verwendete man für den Guß, der – in einer spannungsgeladenen Atmosphäre – etwa drei Stunden dauerte, nur rund 27 Tonnen. Auf diese Weise hoffte man Schmutzteile, die trotz aller Vorsichtsmaßnahmen in die Masse gelangt sein könnten, am Boden der Schmelzwanne zurückzuhalten. Um ganz sicher zu gehen, daß der Spiegelblock die geforderte Reinheit aufweist, hat man ihm zunächst vier Meter Durchmesser gegeben und ihn ein Meter dick gemacht; denn erfahrungsgemäß pflegen sich Ungleichmäßigkeiten in der Masse, die trotz aller Vorsichtsmaßnahmen möglich sind, am Boden und am Rand abzusetzen. Sie können so durch »Beschnitt« vor der Weiterverarbeitung entfernt werden. Aber bis dahin vergehen Monate. So lange nämlich dauert die thermisch genau überwachte Abkühlungsphase und die anschließende »Keraminisierung« des Blocks. Bei 900 Grad Celsius ist er ausreichend fest, um – noch rotglühend – von der Stahlumklammerung der haltenden Formwände befreit zu werden.

»Die Farbe der teilweise noch durchsichtigen Glut ist von einem unheimlich schönen Orangerot, etwa so, als wenn uns die Sonne einen besonders romantischen, unwirklichen Untergang vorzaubern wollte; die Hitzeabstrahlung ist gewaltig«, schwärmte ein Fernsehreporter beim Anblick dieser einmaligen Erscheinung.

Nach der Keraminisierung und nachdem der Block eine 60 Zentimeter große Bohrung in der Mitte der Oberfläche für den Strahlengang erhalten hat, wird er in den optischen Werkstätten des Carl Zeiss Werkes in Oberkochen weiterbearbeitet werden. Dieses dank seiner besonderen Leistungen in der ganzen Welt bekannte Werk stellt damit unter Beweis, daß es auch fähig ist, Großteleskope mit Spiegeln bis zu vier Meter Durchmesser zu erarbeiten und zu bauen. Es ist nach dem Wunsch der für Technologie zuständigen Ministerien in Bonn wieder in der Lage, sich mit Erfolg dem internationalen Wettbewerb zu stellen.

Während Blöcke aus normalem Glas wegen der Ausdehnungswärme, die durch die Bearbeitung entsteht, täglich nur zweimal je 15 Minuten geschliffen werden konnten, erfordert der Block aus dem stabilen Zerodur, der rund zwei Millionen Mark kostet, so gut wie keine Arbeitspausen. Entwurf, Bau und Montage der optischen Fräs-, Schleif- und Poliermaschine, die den Giganten

Oben: Die mit höchster Präzision bearbeitete Fläche des 2,2-m-Spiegels muß in allen Lagen des astronomischen Teleskops ihre Form behalten. Der über 3 t schwere Spiegelkörper wird an insgesamt 68 genau berechneten Stellen auf der Rückseite und am Umfang unterstützt. Hier der Spiegel in seiner Fassung.

Unten: Letzte Hand wird hier an den bereits fertiggestellten 2,2-m-Spiegel gelegt. Die Abweichung der wortwörtlich spiegelglatten Oberfläche beträgt nur den Bruchteil einer Lichtwellenlänge. Etwa vier Jahre dauert die Bearbeitung – Fräsen, Rohschleifen und Polieren – des Glasblocks. Fotos Zeiss

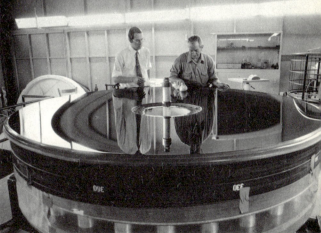

Mitte: Jedes der neuen, von Zeiss gebauten Teleskope wird in der Astroabteilung in Oberkochen zur »Abnahme« zusammengesetzt und auf einwandfreie Funktion aller seiner Teile geprüft.

In orangerotem, unwirklichem Licht erstrahlt der hier noch von der stählernen Gußform umklammerte Block. In einem Kühlofen innerhalb mehrerer Monate auf Raumtemperatur abgekühlt, wird der glasige Rohling, von eventuellen Steineinschlüssen und Schlieren befreit, in glasig-kristallinen Zustand überführt und auf die Sollmaße 3,6 m Durchmesser und 60 cm Dicke gebracht. Die Personen, die neben der Rohscheibe stehen, geben einen Eindruck von der Größe. Foto Schott

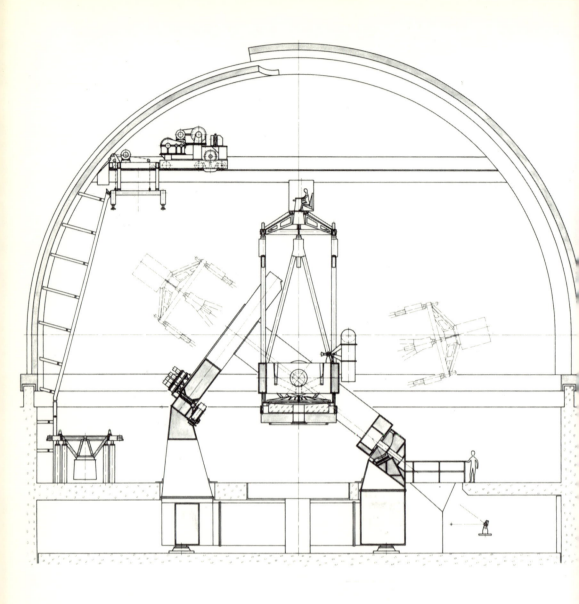

Und so wird das größte der drei neuen Teleskope für das Max-Planck-Institut für Astronomie in Heidelberg aussehen. Nord-Süd-Schnitt durch die Kuppel des 3,5-m-Teleskops, das auf den Calar-Alto in der Sierra de los Filabres in Südspanien aufgebaut werden wird. Oben auf dem Gittertubus befindet sich das Okular mit der Beobachterkabine, in der sich der Astronom aufhält oder eine Kamera zur Sternfotografie angebracht wird. Genau gegenüber, auf dem Bild also unten, fängt der viele Tonnen schwere Spiegel das Licht ferner Welten ein und strahlt es in die Optik. Eine besondere technische Leistung ist die Steuerung und ruckfreie Nachführung des Gittertubus, der dem sich scheinbar bewegenden Gestirn folgen muß. Mit diesem Teleskop hoffen die Astronomen, von der südspanischen Bergkuppe aus bis an den »Anfang der Welt« blicken zu können.

mechanisch bearbeitet, haben rund vier Jahre gedauert. Dabei wurden alle vorliegenden Erfahrungen sorgfältig genutzt. Sie wird hydraulisch angetrieben, wofür 50 PS erforderlich sind, und das Gewicht der Maschine beträgt 63 Tonnen. Dafür kann sie allerdings Werkstücke bis zu 20 Tonnen bearbeiten. Die ersten Versuche wurden an einem gewaltigen Betonklotz vorgenommen; er steht heute als schmückende Plastik auf dem Werksgelände und erinnert an diesen wichtigen Arbeitsabschnitt.

Der aus dem Glaswerk angelieferte und nur grob von überflüssigem Material befreite 3,5-Meter-Spiegel wird zunächst mit Diamant-Sinter-Werkzeug gefräst, bis er nicht mehr als etwa ein Millimeter von der errechneten Endform abweicht. Das dauert schätzungsweise 25 Wochen. Anschließend folgt das Rohschleifen, das nach etwa sechs Wochen bei einem mittleren Radius der Spiegelwölbung von 24 Meter eine Oberflächengüte von wenigstens 0,01 Millimeter ergibt. Dazu führt die Maschine ein entsprechend vorgearbeitetes Aluminiumgußwerkzeug, während sie lose Schleifmittel zugibt, über die Fläche des sich drehenden Werkstücks. Poliert wird in drei Etappen, wofür weitere 100 Wochen, also fast ganze zwei Jahre, erforderlich sind. Die mittlere Abweichung der Spiegeloberfläche von der berechneten, komplizierten asphärischen Form beträgt danach $\frac{1}{10}$ Lichtwellenlänge, also etwa 0,00006 Millimeter! Ein Beispiel mag eine Vorstellung davon geben, was das bedeutet: Die Glätte entspricht der eines Flugplatzes von 3,5 Kilometer Länge, dessen mittlere Unebenheit nur 0,06 Millimeter beträgt! Dagegen muß jede spiegelglatte Tanzfläche noch wie ein Gebirge wirken!

In Oberkochen wird nicht nur der Spiegel bearbeitet, sondern das Teleskop mit all seinen technischen Finessen abnahmefertig aufgebaut. Das geschieht in der großen, mehr als zwanzig Meter hohen Astrohalle. Eine besondere Leistung ist die überaus feine Steuerung und Nachführung des Gittertubus mit dem schweren Spiegel, der sich dabei nicht um die geringste Spur verbiegen darf. Das wird durch sehr feinfühlige »hydrostatische« Lager erreicht, bei denen die Zapfen gleichsam nur auf einem $\frac{1}{10}$ Millimeter dicken Ölfilm schwimmen, der unter bis zu 120 Atmosphären Druck gehalten wird. Eine komplizierte elektrische Steuerung schließlich sorgt dafür, daß das gegen Kippung stabile, viele Tonnen schwere Gitterrohr mit der Optik, deren Lage zum Hauptspiegel sich nicht verändern darf, völlig stoßfrei und zuverlässig immer im Gleichlauf mit dem jeweiligen, sich scheinbar bewegenden Gestirn bleibt.

Mit seinem Kuppelgebäude wird das 300 Tonnen schwere Gerät, das im Jahre 1979/80 für wissenschaftliche Beobachtungen endgültig freigegeben werden soll, rund 60 Millionen Mark kosten. Damit wird dann allerdings auch ein 60 Jahre alter Traum deutscher Astronomen in Erfüllung gehen, Lichtquanten einzufangen und zu beobachten, wie sie vielleicht bei Vorgängen am Anfang allen Weltgeschehens vor Jahrmillionen ausgestoßen wurden. Möglicherweise weisen sie auf ein Geschehen und Energiequellen hin, die uns heute noch unbekannt sind.

Ausflug ins Revier der Seebären

VON HERMANN J. GRUHL

Ein spektakuläres Abenteuer bei der Robbeninsel

Während der Überfahrt konnte es, wer einigermaßen seefest war, noch aushalten, aber als wir schließlich die Motoren stoppen und der Anker über Bord rasselt, bekommen wir die volle Wucht des Seegangs zu spüren. Hier, in der schmalen Passage zwischen der Insel und den vorgelagerten Riffen, rollen die Wogen nicht mehr gleichmäßig aus derselben Richtung an, sie brechen sich an den steilen Felsklippen und werden zurückgeworfen, so daß unser Boot in den Wellen und Wasserstrudeln auf- und niedertorkelt. Tauchgeräte und wertvolle Kameras kollern durcheinander, und wir selbst müssen uns krampfhaft festklammern, um nicht über Bord geworfen zu werden. Seit Tagen schon baut sich der Südwestern auf und macht die Tauchgänge, die ich an der Westküste des Kap der Guten Hoffnung plante, zunichte. Für die kommende Woche hat der Rundfunk auch für die False Bay Wetterverschlechterung angesagt; darum habe ich auf den heutigen Ausflug bestanden.

Mühsam zwängen wir uns in die vor Kälte steifen Tauchanzüge. Was nur kann einen verleiten, frage ich mich – noch in meinem von eisigen Spritzern durchnäßten Wollpullover zitternd –, solche Strapazen auf sich zu nehmen und bei einer einsamen Insel im Atlantik, an der südlichsten Spitze des afrikanischen Kontinents, zu tauchen?

Über der Insel steht in der frühen Morgensonne eine Dampfwolke, gebildet aus Gischt und Spritzwasser. Durch das Tosen der Brandung vernehmen wir nur undeutlich das Bellen und Keuchen der Robben, und gelegentlich weht ein Hauch von der Tierkolonie zu uns herüber – der Gestank ist schier unerträglich!

Seerobben! Nicht ein paar Einzeltiere, sondern eine Kolonie aus etwa zweitausend dieser Amphibien, das ist es, was mich nicht hat ruhen lassen, seit wir auf unserer gestrigen Ausfahrt weit draußen auf dem Meer fischenden Robbentrupps begegnet sind.

Man betrachtet die Robben, weil sie sich ausgezeichnet an das Wasserleben angepaßt haben, als Seeraubtiere und stellt sie den Landraubtieren gegenüber. Stammesgeschichtlich ist das nicht ganz richtig, denn Robben zählen wahrscheinlich altterziäre Bären zu ihren unmittelbaren Vorfahren. Kennzeichnend für alle Robben sind der spindelförmige Rumpf und die zu flossenähnlichen Gebilden umgewandelten Gliedmaßen. Die Knochen der Gliedmaßen sind denen der Landraubtiere ähnlich, aber stark verkürzt und im Rumpf eingeschlossen. Praktisch schauen nur Hände und Füße hervor, wobei Finger wie Zehen mit derben Schwimmhäuten versehen sind. Die Nasenlöcher bilden einen schmalen Spalt, der beim Atmen durch einen besonderen Muskel geöffnet und wieder geschlossen wird. Alle Robben tragen ein kurzes, dicht anliegendes Fell, das je nach Art unterschiedlich gefärbt ist. Diese Amphibien verbringen den überwiegenden Teil ihres Lebens im Meer. Fische, Kraken und anderes Meeresgetier wie Krabben und Muscheln, gelegentlich aber auch Seevögel bilden ihre Nahrung. Die Zoologen unter-

Ein Meeting der Jungrobben. Männliche Ohrenrobben, die noch nicht stark genug sind, sich einen Platz in der großen Kolonie zu erkämpfen, schließen sich zu Gruppen zusammen und versuchen, durch Lockrufe fischende Robbendamen auf sich aufmerksam zu machen.

Rechts: Seebärenweibchen mit zwei Jungtieren. Erst wenn die Neugeborenen schwimmen gelernt haben, folgen die Mütter der Herde zurück ins Meer. Fotos Gruhl

scheiden zwei Überfamilien: die »Hundsrobbenartigen« mit den Familien Mönchsrobben, Südrobben, Rüsselrobben und Seehunden und die »Ohrenrobbenartigen« mit den Familien Ohrenrobben und Walrossen. Ihre Körpergröße ist recht unterschiedlich. Am kleinsten sind die Seehunde, die bei einer Länge von höchstens 1,40 Meter ein Durchschnittsgewicht von 90 Kilogramm erreichen. Ihnen steht als größter Vertreter der Art der See-Elefant gegenüber, der bei einem Gewicht von dreieinhalb Tonnen bis zu 6,50 Meter lang werden kann. Abgesehen von der Ohrenrobbe, die noch im Mittelmeer vorkommt, und der Ringelrobbe, die mancherorts sogar im Süßwasser heimisch ist, findet man die meisten dieser Tiere in den kälteren Meeresregionen der nördlichen und südlichen Erdhalbkugel. Alljährlich kehren die Robben aus dem Meer zu genau den Stränden und Inseln zur Paarung zurück, auf denen sie selbst geboren worden sind, und versammeln sich dort in riesigen Kolonien. Eine solche Massenversammlung von Robben zu beobachten, ist ein spektakuläres Abenteuer.

Und so liegen wir heute an dieser Insel vor Anker, um die südafrikanischen Ohrenrobben über und unter Wasser zu beobachten. Was wird uns im Meer erwarten? Keiner von uns hat je zuvor bei Seal Island getaucht, und unsere Meinungen über Gefährlichkeit von Seerobben gehen weit auseinander. Schon öfters sollen Taucher von Einzeltieren gebissen worden sein; wie sich die Seals im Rudel verhalten werden, ist völlig ungewiß. Die Robben haben ein raubtierartiges Gebiß, selbst die Backenzähne sind spitz ausgebildet und damit weniger zum Kauen als zum Greifen und Festhalten der Beute bestimmt. Gestern beobachtete ich im offenen Wasser einen Seelöwen, der einen riesigen Kraken gefangen hatte und sich vor unseren Augen daran machte, ihn zu verschlingen. Das Tier biß in den Oktopus, schleuderte ihn in die Luft, warf ihn mit heftigem Ruck auf die Wasseroberfläche zurück, und jedesmal riß die Robbe dabei große Fleischfetzen aus dem zähen Krakenkörper. Harmlos ist dieses Gebiß sicherlich nicht!

Wer in den Gewässern am Kap der Guten Hoffnung unterwegs ist, begegnet öfters fischenden Robbentrupps. Wenn die Tiere unter der Oberfläche nach Beute ausschauen, sieht man nur die flossenartigen Hinterfüße mit den Schwimmhäuten zwischen den Zehen. Aus der Entfernung glaubt man, ein Rudel Haie vor sich zu haben, und Haie sind hier in der Tat nicht selten. Sogar der berüchtigte Weißhai, der immerhin eine Länge von zwölf Meter erreicht, wurde schon häufig gesichtet. Es heißt achtgeben in der Nähe von Seal Island, denn stets lauern diese Räuber auf leichte Beute, auf alternde oder kranke Robben und unvorsichtige Jungtiere.

In unserem schwankenden Gefährt machen wir uns zum Tauchen fertig, und als das Boot wieder einmal in ein tiefes Wellental kippt, gleiten wir über Bord. Ich fühle mich recht unbehaglich in dem eiskalten Wasser. Angst steigt hoch, als ich merke, daß ich zum Spielball von Strömung und Brandung geworden bin. Werden wir es überhaupt schaffen, die 200 Meter bis zur Insel hinüberzuschwimmen? Und wie sollen wir uns zum Boot zurückkämpfen –

gegen die See? Nur zögernd trete ich in meine Schwimmflossen; gleich darauf ist unser Boot hinter den Wellenkämmen verschwunden, ich bin mir selbst überlassen. Meine Augen brennen vom Salzwasser und von der Anstrengung, mit der ich den Horizont nach sich nähernden Robben oder Haien absuche.

Plötzlich sind sie da, ohne daß ich ihre Annäherung auch nur bemerkt hätte. Zwanzig, dreißig – ungezählte Seerobben gleiten blitzschnell wie Torpedos durchs Wasser. Ich fasse das Mundstück des Lungenautomaten mit den Zähnen und lasse mich absinken. Schon bin ich mitten unter den Tieren und bestaune ein Unterwasserballett, wie ich es mir nie zuvor erträumt hätte. In drolligen und dabei doch eleganten Kapriolen jagen sie um mich herum, hinauf, hinunter, Looping rechts und Salto links, voll von ungebändigtem Übermut. Mehrmals schießen sie frontal auf mich zu und biegen nur Zentimeter vor meiner Tauchmaske wieder ab, so nah, daß ich den Wasserstau im Gesicht fühlen kann. Unmöglich, einem der Tiere mit den Augen zu folgen, allzu schnell verschwindet es wieder aus dem Gesichtskreis und zu oft kreuzen andere Seals seine Bahn. Die an Land so tollpatschigen Ohrenrobben führen uns Menschen ihre totale Überlegenheit im Wasser vor.

Aber bald wird der wilde Tanz ruhiger, die Robben verhalten im Wasser und mustern uns neugierig – offenbar hat sich die erste Aufregung gelegt. Wir beginnen, uns miteinander vertraut zu machen. Sechs oder sieben Robben, etwa von meiner Körpergröße, stehen senkrecht – die flossigen Hinterfüße nach oben, den Kopf zurückgebogen – reglos im Wasser, um mich zu betrachten. Andere gleiten langsam dazwischen umher und brillieren mit einem Schwimmstil, der alle Bewunderung verdient. Wie unbeholfen wirkt dagegen ein Fisch, der auf Grund seines Grätenskeletts zum Schwimmen in ein und derselben Ebene ausgerichtet ist! Der Seal aber ist biegsam bis in den letzten Rückenwirbel und damit wie geschaffen für dreidimensionales Schwimmen. Der Körper, durch dickes Fettgewebe gegen Abkühlung geschützt, ist muskulös, die Haare des kurzen, braunen Fells sind wasserschlüpfig nach hinten gerichtet und selbst die borstigen Barthaare zeigen stromlinienförmig nach rückwärts. Die Robben ringsum sind unterschiedlich groß. Die mächtigen Bullen mit ihrem hellbraunen Pelzkleid haben sich zuerst an uns herangewagt, dann die fast schwarzen, sehr viel kleineren Jungtiere. Die dickleibigen, grauen Muttertiere halten noch Abstand und umkreisen uns gemächlich; dicht an ihre Bauchseite gedrängt, schwimmen Babys von kaum mehr als Armeslänge. Obwohl sicher erst ein paar Wochen alt, bewegen sich die Jungen mit der gleichen Eleganz wie die Mutter, und sie tauchen auch ebensolange. Erstaunlich, wie lange die Tiere unter Wasser bleiben können!

Langsam treibt uns die Strömung unserem Ziel entgegen. Die Wassertiefe nimmt stetig ab, und kurz vor der eigentlichen Brandungszone schwimmen wir wieder an die Oberfläche. Wir haben einen prachtvollen Blick auf die Insel: Der Strand und die Felsen unmittelbar am Ufer sind dicht bei dicht mit Robben bevölkert, kaum ein freies Plätzchen bleibt übrig. Unmittelbar am

Wasser lagern mächtige Bullen, die größten mögen zweieinhalb Meter messen, und um jeden der Paschas schart sich eine Gruppe von Weibchen, die seinen Harem bilden. Hangaufwärts nimmt die Population von Stufe zu Stufe ab, es herrscht ein ständiges Kommen und Gehen, und fortlaufend brechen zwischen den Bullen Streitereien aus um die besten Plätze. Bei vielen der Tiere könnte man meinen, sie hätten die Räude: Sie sind im Haarwechsel begriffen, dem sie alljährlich im Sommer – auf der südlichen Erdhalbkugel also den Monaten November und Dezember – unterliegen.

Langsam und immer von einer Schar verspielter Jungrobben begleitet, schwimme ich auf einen flachen Felsen zu, auf dem ein wahrer Koloß von Pascha seine Frauen bewacht. Als er mich wahrnimmt, richtet er sich drohend in seiner vollen Größe auf und macht mir durch dieses Gehabe deutlich, daß es für mich nicht ratsam wäre, hier an Land zu steigen. Urplötzlich fällt mir ein, daß Vorsicht ja schon immer der bessere Teil der Tapferkeit war, und ich wende mich schnell wieder seewärts, wo das Wasser klarer und tiefer ist.

Ein paar kleinere Seals haben herausgefunden, daß es sich prächtig mit der Luft aus meinem Lungenautomaten spielen läßt. Sie beißen in die aufsteigenden Blasen, und es dauert geraume Zeit, bis ich die metallischen Laute, die dabei an meine Ohren dringen, als ihr Bellen erkenne. Einer von ihnen kommt lässig zu mir herabgewedelt und dreht sich vor mir in grotesken

Des Spiels müde geworden, trollt sich der mächtige Bulle – offenbar davon überzeugt, es mit einem harmlosen, im Wasser höchst unbeholfenen Wesen zu tun zu haben.

Spiralen, wobei seine Augen mich unentwegt betrachten. Und diese eindrucksvollen Augen sind es, die mich bezaubern, aus ihnen spricht deutlich das »Ich«, die Individualität, die Seele des Tieres. Aus kaum einer Handbreit Entfernung blicken sie mir in die Tauchmaske und scheinen zu fragen: »Na, was sagst du nun?«

Aber auf einmal ist der Spaß verflogen. Ein Kerl von einem Bullen kommt auf mich zu, umkreist mich, enger und enger. Dabei zieht er die Lippen zurück, fletscht die kräftigen Zähne und klappert mit dem Gebiß, als wolle er zupacken. Ich drehe mich wie ein Kreisel, um ihn ständig im Auge zu behalten, und jedesmal wenn er herankommt, trete ich ihm mit der Flosse vors Gesicht. Doch immer schneller werden seine Bewegungen. Ich kann kaum noch folgen, mein Atem rasselt und das Blut hämmert in den Schläfen. Erschöpft gebe ich meine schwache Verteidigung auf und warte jeden Augenblick darauf, von hinten angefallen zu werden – aber nichts dergleichen geschieht. Aus den Augenwinkeln sehe ich den Bullen gemächlich davontrollen. Als ich meine zappeligen Bewegungen aufgegeben habe, ist er offenbar des Spiels müde geworden.

Vor Aufregung und Begeisterung habe ich meine Kamera völlig vergessen, ich habe noch kein Foto geschossen. Das muß ich jetzt nachholen. Schwierig ist es nicht, ich brauche die Kamera nur in irgendeine Richtung zu halten und abzudrücken – Objekte gibt's genug!

Unterwasserballett. Voller ungebändigtem Übermut jagen die Robben in wilden Zirkeln und Kreisen hinauf, hinunter, Looping rechts und Salto links. Fotos Gruhl

Langsam geht die Luft in meinem Tauchgerät zur Neige, und auch mein Freund signalisiert den Wunsch, zurückzukehren. So schwimmen wir gegen Wellen und Strömung, ständig von einem Rudel Seerobben begleitet, zum Boot zurück. Noch als wir nacheinander Kameras, Bleigürtel und Tauchgeräte hinaufreichen, tummeln sich die verspielten Tiere unmittelbar in unserer Nähe. Mit unverhohlener Anteilnahme beobachten sie, wie wir an Bord klettern, die Ankerleine einholen, die Motoren anwerfen und davontuckern.

Das Fell vieler Robbenarten ist vom Menschen begehrt. Besonders bei den Damen steht der Pelz aus »Blue-Back« oder »Seal« hoch im Kurs. Da sich Tiere zur Fortpflanzungszeit in großer Zahl auf bestimmten, den Fängern wohlbekannten Inseln und Küstenstrichen einfinden, werden sie dort für Jäger eine leichte Beute. So hat man in der Vergangenheit Millionen von Seals hingeschlachtet, wegen des wertvollen Pelzes besonders die Jungtiere. Fast alle Robbenarten sind von Ausrottung bedroht oder waren es während der letzten Zeit. Noch im Jahre 1870 schätzte man allein die auf den Pribilof-Inseln landenden Tiere auf über vier Millionen. Im Jahre 1911, als die USA, Japan, England und Rußland endlich einen Vertrag zum Schutz der Robben unterzeichneten, gab es bereits keine nennenswerten Bestände an nördlichen Seebären mehr. Dank strikter Überwachung der Bestimmungen hat sich die Zahl dann im Laufe der Jahre wieder auf eineinhalb Millionen erhöhen können. Walrösser, hauptsächlich wegen ihrer starken Hauer gejagt,

Mit vier Flossen schwimmt es sich besser als mit zweien. Ihr stromlinienförmiger Körper und das wasserschlüpfige Fell machen die Tiere im Wasser überlegen.

die wie Elfenbein verarbeitet wurden, sind heute – bis auf einige wenige Exemplare in den arktischen Gebieten – ausgestorben. See-Elefanten galten fast als ausgelöscht, die Bestände haben sich jedoch in jüngster Zeit wieder etwas erholt. Auch der südafrikanische Seebär ist bedroht. Zwar unterliegt die Pelzjagd strengen Vorschriften – 1973 durften 70 000 Babyrobben erlegt werden, die dem Land 4 Millionen Mark an Devisen einbrachten – doch es gibt noch andere Gefahren für die Tiere: Da die Seals von Fischen leben, müßten bei einem Anwachsen der Bestände zwangsläufig die Fischereierträge leiden! Aus diesem Grund sind auf fast allen Kuttern Gewehre versteckt, und die Zahl der Seerobben, die alljährlich von Fischern getötet werden, läßt sich nicht einmal schätzen. Die Robbenkolonien, besonders in den Küstengebieten von Kapstadt, haben sich in letzter Zeit erschreckend gelichtet. Wenn hier nicht Abhilfe geschaffen wird, ist der Tag abzusehen, da lediglich der Name Seal Island (Robbeninsel) an die heute noch dort heimischen, herrlichen Tiere erinnert.

Es wäre verfehlt, den ·Felljägern den Schwarzen Peter zuschieben zu wollen, sie erfüllen ja nur die Anforderungen der Pelzindustrie. Wirkungsvoll wird man dem Robbenschlachten der mehr oder minder brutal vorgehenden Felljäger nur Einhalt gebieten können, indem man die Nachfrage beschränkt. Ich jedenfalls werde nach diesem unvergeßlichen Erlebnis bestimmt keine Seal-Mütze mehr kaufen – und sei sie noch so modern!

So tollpatschig die Seebären am Land auch scheinen – der Seal ist biegsam bis in die letzten Rückenwirbel. Hier tummeln sie sich in ausgelassenem Spiel.

Landschaft aus Menschenhand

VON VITALIS PANTENBURG

Über dem flachwelligen, westlich von Köln verlaufenden Höhenzug, genannt Vorgebirge oder Ville, zog auf linealgeradem Kurs eine »Do 28« ihre Bahn. Zur Luftbildmessung eingerichtet, überflog das Flugzeug eine Landschaft, die seit Jahrzehnten um und um gewühlt wird, um im Tagebau Braunkohle zu gewinnen. Die neuzeitliche Abbautechnik mit ihren gewaltigen Fördergeräten verändert ständig Feld und Flur, so daß die Landkarten hier in viel kürzeren Abständen auf neuen Stand gebracht werden müssen als anderwärts. Die Grundlagen für die kartographische Darstellung liefern Reihenluftbilder – in der Fachsprache wird dieses Verfahren als »Aerophotogrammetrie« bezeichnet.

Die aus der Vogelschau aufgenommenen Bildstreifen vermitteln eine ungemein deutliche Vorstellung von diesem Braunkohlenland. Hier, im Dreieck Köln–Aachen–Neuß, liegt das größte geschlossene Braunkohlenvorkommen Europas, gerechnet bis hin zum Ural. Unter dem über 200 Meter mächtigen »Deckgebirge« lagert Kohle genug für mindestens hundert Jahre – auch dann, wenn in Zukunft weit mehr herausgeholt werden sollte als die zur Zeit nahezu 109 Millionen Tonnen jährlich. Als Energieträger ist dieser Brennstoff kaum ein Drittel so ergiebig wie Steinkohle, aber dennoch preisgünstiger; denn die rheinische Braunkohle läßt sich billiger gewinnen als jene – dank der großflächigen Tiefbauverfahren, zu denen man hier schon frühzeitig übergegangen ist.

Der Geodät flog das Revier von Norden her an, wohin sich die Förderung vom mittlerweile stark ausgekohlten Südrevier zunehmend verlagert. Hier, nahe diesen jüngeren Aufschlüssen, wo die Flöze viel tiefer verlaufen als im Süden, liegen die größten Dampfkraftwerke Europas. Sie verwandeln die aus den Tagebauen kommende, schokoladenbraune Kohle sozusagen an Ort und Stelle in elektrische Energie. Aus wuchtigen Kühltürmen quirlen immerzu schneeweiße Dampfschwaden, während die schlanken hohen Schornsteine kaum noch Rauch und Asche in die Luft abgeben.

Braunkohlentagebau im rheinischen Revier. Riesige Absetzgeräte mit 100 000 Kubikmeter Tagesleistung werfen Abraum in den bereits ausgekohlten Tagebauteil, der dann unverzüglich rekultiviert wird. Aus Abraum wird lebenerfüllte Landschaft.

Aus braunschwarzer Kohle wird Strom erzeugt – hier im Wärmekraftwerk Frimmersdorf, mit einer Leistung von 2600 MW (2 600 000 Kilowatt), nach Niederaußem mit 2700 MW im gleichen Revier, zur Zeit das zweitgrößte in Europa (großes Bild).

Links: Unablässig schrappen gigantische Schaufelradbagger Abraum und Kohle aus den Flözen des größten geschlossenen Braunkohlenvorkommens Europas. Aus Landschaft wird Industriewüste – doch hier nur zwischenzeitlich.

Rechts: Wo vormals Schaufelradbagger Kohle förderten: Heute kristallklare Seen, eingebettet in mit Mischwald beforstete Hügel – hochgeschätztes Naturschutzgebiet und gern besuchte Erholungslandschaft für die nahen Ballungszonen. Die Wanderwege dürfen nicht mit Motorfahrzeugen befahren werden! – Luftbilder freigegeben durch Reg.-Präsidium Düsseldorf. Alle Fotos Rheinbraun

Die früher recht lästige Asche wird längst, bis auf geringe Reste, herausgefiltert. Die sechs Großkraftwerke des Rheinisch-Westfälischen Elektrizitätswerkes, denen die Rheinischen Braunkohlenwerke den Brennstoff liefern, haben eine Kapazität von 9900 Megawatt, darunter Niederaußem allein 2700 Megawatt. In diesen Kraftwerken sind neue Turbogeneratoren in Betrieb, mit der sehr hohen Leistung von je 600 Megawatt. Jede dieser Einheiten braucht bei Vollbetrieb alle 24 Stunden 18 000 Tonnen Rohbraunkohle; derartige Mengen lassen sich nur in Großförderung gewinnen. Die Kraftwerke sind auf das Verbundnetz geschaltet, das ganz Westeuropa bedient und sich von Jütland bis Spanien, vom Atlantik bis zur Adria spannt.

Die Reihenbildmeßkammer der »Do 28« hatte den Tagebau Fortuna-Garsdorf, zur Zeit tiefster im Revier und größter der Erde, aufzunehmen. Hier legten die Schaufelradbagger auf einer Fläche von zwölf Quadratkilometer bis zu 105 Meter mächtige Kohlenflöze frei, nachdem sie zuvor das 200 Meter hohe Deckgebirge weggeschrappt hatten. Solche Baggerungetüme können buchstäblich Berge versetzen. Jede dieser stählernen Wühlmäuse räumt am Tag 100 000 Kubikmeter Kohle oder Abraum, was einem Gewicht von 200 000 Tonnen entspricht. Im Jahr 1976 wird in Fortuna- Garsdorf ein wahrer Gigant mit der doppelten Leistung, also 200 000 Kubikmeter oder 400 000 Tonnen je Tag, arbeiten. Mit 85 Meter, mehr als halb so hoch wie der Kölner Dom (156 Meter), hat er eine Länge von 220 Meter und ein Gewicht von 13 000 Tonnen. Dieser Schaufelradbagger wird der größte der Welt sein. Überall auf der Erde nimmt der Energiebedarf zu, in den hochindustrialisierten Ländern verdoppelt er sich alle zehn Jahre. Vorsorglich plant man daher, sehr viel mehr Braunkohle zu fördern, die, mehr noch in Zukunft, einer der wichtigsten Energieträger für Europas Elektrizitätsversorgung ist.

Die hoch wasserhaltige Braunkohle zur Stromerzeugung zu nutzen, lohnt aber nur, wenn sie den Feuerungsanlagen der Dampfkraftwerke unmittelbar zugeführt wird. Im Rheinischen Braunkohlenrevier übernehmen dies 2,2 Meter breite Förderbänder, die mit einer Geschwindigkeit von 18 Kilometer in der Stunde umlaufen. Über 130 Kilometer dieser endlosen Transportanlagen sind zur Zeit in Betrieb. Mit den von ihnen beförderten Massen – Abraum, Kohle und auch Mutterboden für Neuland – ließe sich jeden Tag ein Güterzug beladen, der etwa von Köln bis Frankfurt reicht.

Das Bild der Landschaft im Braunkohlenbereich verändert sich ständig. So entstehen in dem von Natur nur leicht gewellten Gelände regelrechte Tafelberge, aufgeschüttet aus dem Abraum des Tieftagebaus. Diese bis zu 100 Meter hohen Halden sind die höchsten Erhebungen weit und breit – von Menschenhand gestaltete Berge, mit schnellwüchsigen Pflanzen begrünt.

Es läßt sich nicht vermeiden, daß der weitflächige Tagebau tief in die Landschaft eingreift und sie zunächst zerstört; doch das Bild einer häßlichen Industrieöde ist zum Glück nur vorübergehend. Alles Land, das für den Abbau der Kohle in Anspruch genommen werden muß, wird, sobald sie erst gehoben ist, rasch wieder grün – es wird »rekultiviert«, wie es in der Fach-

2,2 m breite Bandstraßen ziehen sich über Kilometer hin. Solche stetig laufenden Förderbänder sind in den tiefen Tagebauen die zweckmäßigsten Transportmittel.

sprache heißt. Straßenzüge, Bahnkörper, Versorgungseinrichtungen, Wasserläufe, ganze Ortschaften, Weiler und Gehöfte müssen verlegt, ihre Bewohner umgesiedelt werden. Seit Beginn des laufenden Abbaus wurden davon 43 Orte mit 20 000 Menschen betroffen. Bis zum Jahre 1980 kommen weitere 9500 hinzu. Nur wenige Kilometer von den aufgelassenen Dörfern entfernt, entstehen neue Siedlungen mit modernen öffentlichen Einrichtungen, mit ansprechenden Wohnhäusern anstelle der durchweg mehr als bescheidenen Altbauten. Zentralheizungen, Toiletten und Bäder sind selbstverständlich; zuvor hatten diese Dinge hier Seltenheitswert.

Tieftagebau bedeutet aber auch Eingriff in den Grundwasservorrat. So muß der Grundwasserspiegel bis unter die unterste Sohle abgesenkt werden, die beispielsweise im Tagebau Fortuna-Garsdorf später bei mehr als 300 Meter Tiefe vorgesehen ist. Soll ein Tagebau nicht absaufen – was die Förderung unmöglich machen würde –, müssen große Mengen Wasser ständig

Während die Groß-Schaufelradbagger Braunkohle aus bis 100 m mächtigen Flözen fördern, wird im ausgekohlten Teil des Tieftagebaus Abraum vom über 200 m hohen Deckgebirge »verkippt«. Nach Planieren und Aufbringen einer meterstarken Humusschicht entsteht hier ertragreiches Ackerland, wachsen Mischwälder hoch. Fotos Rheinbraun

Aus einer kraterdurchsetzten künstlichen Mondlandschaft wurde ein Erholungsgebiet: Die großstadtmüden Menschen kommen an schönen Tagen und Wochenenden zu Zehntausenden in diese reizvolle, der Natur zurückgegebene Landschaft mit ihren Seen und dem grünen Wald über sanften Hügeln. Luftbilder freig. Reg.-Präs. Düsseldorf

abgesaugt und weggeführt werden. Das geschieht zum Rhein hin, wozu man eigens einen Randkanal gebaut hat. Im ganzen Revier werden jährlich 1,2 bis 1,3 Milliarden Kubikmeter Wasser hochgepumpt, wovon ein Teil aber auch der Versorgung von Bevölkerung, Landwirtschaft und steigender Industrie im Revier dient sowie von Ende 1975 an auch der Städte Neuß und Düsseldorf. Auch dies gehört zum weitgespannten Aufgabenfeld der Rheinischen Braunkohlenwerke AG.

Ebenso großartig und zukunftsbezogen wie Tieftagebau, Kraftwerke und Landschaftsgestaltung ist die Nutzung ausgekohlter Tagebaue als Wasserspeicher. Im Ballungsraum Köln–Bonn–Aachen rechnet man damit, daß zur Jahrhundertwende der Wasserbedarf etwa zweimal so hoch sein wird wie heute. Es ist geplant, gereinigtes, aufbereitetes Wasser vom Rhein her durch 20 Kilometer lange unterirdische Stollen in einen großen See zu leiten, der im geplanten Tagebau Hambach entstehen soll, wenn die bergbauliche Tätigkeit dort beendet ist. Hier können 2,5 Milliarden Kubikmeter Wasser gespeichert werden. Der gesamte Talsperrenraum der Bundesrepublik Deutschland beträgt derzeit 1,75 Milliarden Kubikmeter. Diese gewaltige Wasserreserve im Braunkohlenland wird dann einen bedeutenden Beitrag zur Versorgung nicht nur des Industrielandes Nordrhein-Westfalen, sondern im unerläßlichen Verbundnetz der gesamten Bundesrepublik leisten.

Je näher das Vermessungsflugzeug dem Südrevier kommt, um so überzeugender ist der Einblick, den das von Grund auf neu geschaffene Land gewährt, das zuvor ebenso aufgewühlt war wie der nördliche Revierteil. Hier ist bewiesen, daß sich eine verunstaltete Landschaft, in der hundert Jahre lang Tagebau betrieben wurde, durch auf lange Sicht und sorgsam geplanten Umweltschutz in eine wahre Naturoase verwandeln läßt. Aus den zahlreichen, häßlichen Scharten in dem einstmals bewaldeten Höhenzug der Ville wurden an die 40 Seen und Weiher, die im Jahre 1972 zusammen bereits eine Fläche von rund 570 Hektar bedeckten. Mit kristallklarem Wasser locken die größeren schon seit einigen Jahren zum Baden und Schwimmen, zu allen Arten von Wassersport – ausgenommen Motorboote; im Sommer werden auf den zwei größten Regatten ausgesegelt. Gute Fischbestände, die man durch eingesetzte Jung-Edelfische ständig vermehrt, gestatten mittlerweile sogar Sportangeln. In den neu angepflanzten Wäldern gibt es Nieder- und Hochwild, das sich wieder eingefunden hat. Auch die Vogelwelt zeigt sich reichhaltiger als früher. Zugewanderte Wasservögel brachten zudem, wie Ornithologen und Fischer verwundert feststellten, in ihrem Gefieder Laich von Fischarten mit, die zuvor in dieser Landschaft unbekannt waren. Ständige fachgerechte Aufforstungen schufen ein wahres Paradies für Spaziergänger und ermuntern zu ausgedehnten Fußwanderungen. Junger, lebenskräftiger Mischwald bedeckt, einem schwingenden grünen Mantel gleich, weithin die künstlich geschaffene Hügellandschaft. Jahr für Jahr kommen bis 250 Hektar neuer Wald mit rund 3 Millionen Jungbäumen hinzu. Die Anpflanzungen gedeihen erfreulich gut, weil die aufgeforsteten Flächen zuvor gute Erde erhalten. Mit Waggons und über Förderbandanlagen transportiert man eigens fruchtbaren Mischboden an, der bei neuen Grubenaufschlüssen abgehoben wird, Großabsetzer verkippen das Material. Dieses sich ständig erweiternde Wald- und Seengebiet, das alsbald von natürlicher Landschaft nicht mehr zu unterscheiden ist, suchen an den Wochenenden und in der Ferienzeit Zehntausende lufthungrige Menschen, nicht nur aus den nahen Ballungsräumen, auf; für die Autos gibt es geräumige Parkplätze. Professor Bernhard Grzimek, ehemals Bundesbeauftragter für Naturschutz, lobte dieses Beispiel dafür, wie sich eine Industriewüste in ein vorbildliches Naherholungsgebiet verwandeln läßt, als nachahmenswert: »Hier hat Landschaftumwandlung nicht am Förderband aufgehört – hier hat man die Natur wieder in eine ausgekohlte Landschaft zurückgeholt.«

Zugleich werden laufend ausgedehnte Flächen der landwirtschaftlichen Nutzung erschlossen. Mit Waggons oder Förderbändern wird Abraum aus den noch in Betrieb befindlichen Gruben zu den bereits aufgelassenen gefördert, wo Großabsatzgeräte damit die klaffenden Riesenlöcher wieder auffüllen. In wenigen Jahren entsteht wertvolles Land.

Um guten Boden über schlechter Unterlage gleichmäßig zu verteilen, hat sich auch die »Lößverspülung« bewährt. Löß, einer der fruchtbarsten Böden unserer Erde, wird in neuen Abbaugebieten mit Schaufelradbaggern abgehoben, in erwähnter Weise herangebracht, dann etwa im Verhältnis 1:1,5 mit Wasser versetzt und durch kilometerlange Rohrleitungen in mehrere Hektar große, abgedeichte Flächen (Polder) gedrückt. Das Wasser läuft ab, verdunstet, versickert – und zurück bleibt die gut ein Meter starke, überaus fruchtbare Lößschicht. Die ansehnlichen Gutshöfe, die in diesen Revierteilen entstehen, liegen inmitten eines großen, zusammenhängenden Neulandes, das sich mit mechanisiertem, modernem Gerät vorzüglich bearbeiten läßt und ungewöhnlich gute Erträge bringt.

So waren im Jahre 1974 von den 16 500 Hektar Braunkohlenland, das als Tagebau in Anspruch genommen wurde, über 10 000 Hektar natürlicher Nutzung wieder zugeführt – davon mehr als ein Drittel für die Landwirtschaft, fast die Hälfte für Aufforstungen.

Die Vielfalt der Aufgaben, eine Landschaft wiederherzustellen, die durch Industrieeingriffe für einen gewissen Zeitraum zerstört worden ist, erfordert sorgsam abgestimmte Zusammenarbeit zwischen Ingenieuren und Naturwissenschaftlern. Biologen, Verfahrenstechniker und Chemiker gehören ebenso dazu wie Geologen, Bodenkundler und Hydrologen, Botaniker, Geodäten und Bergbautechniker, nicht zuletzt die Fachleute für Natur- und Umweltschutz. Ist, Jahre später, die Braunkohle abgebaut, ersteht das Land schöner, gepflegter als es je zuvor war. Ein Beispiel, das Schule macht und auch im Ausland hohe Anerkennung findet. Der Amerikaner J. D. Ratcliffe, einer von vielen Fachleuten, die sich im rheinischen Braunkohlenland umgesehen haben, nennt das Rekultivierungs- und Umsiedlungsprogramm im industriellen Herzen Deutschlands »eines der phantasievollsten in der Welt«.

Radle dich in die Luft
VON FRANZ-PETER GROBSCHMI[DT]

Muskelkraftflug — ein neuer Sport?

In England, ebenso berühmt als die Heimat des Sports wie durch die spleenigen Einfälle seiner Bewohner, werden seit 1970 alljährlich Wettbewerbe im Muskelkraftfliegen veranstaltet. Hier hat die Muskelkraftfliegerei die meisten Anhänger, wobei neben den zahlreichen Schaulustigen auch eingefleischte Wetter auf ihre Kosten kommen. Sieger bei dieser Konkurrenz ist derjenige, der die weiteste Entfernung zurücklegt. Vor dem Start wird jede Maschine einer eingehenden Prüfung unterzogen. Es könnte ja sein, daß einer der Teilnehmer irgendwo einen »Hilfs«-Motor versteckt hat...

Einige dieser Amateur-Flugzeugbauer lockt jedoch ein weitaus lohnenderer Wettbewerb: Bereits vor fünfzehn Jahren hat ein britischer Kaufmann eine Prämie in Höhe von 10 000 Pfund Sterling ausgelobt. Sie steht demjenigen zu, der als erster allein mit der Kraft seiner Muskeln in mindestens drei Meter Höhe eine 1600 Meter lange Acht fliegt. Daß dies bis heute noch niemandem gelungen ist, beweist, daß es sich dabei um alles andere als eine leichte »Preisaufgabe« handelt!

Im Mutterland des muskelkraftgetriebenen Flugzeugs wurden bislang etwa fünfzig solche Apparate gebaut; die meisten davon verschwanden bereits nach dem ersten mißglückten Startversuch wieder auf dem Schrottplatz, andere fanden einen Winkel im Museum. Sie alle hatten Vorläufer. Jahrhunderte hindurch versuchten Bastler und Erfinder den alten Traum des »fliegenden Menschen« zu verwirklichen. Vom sagenhaften Ikarus bis zu Otto Lilienthal mußten sie ihren Wagemut mit dem Leben bezahlen, Opfer ihrer technischen Unwissenheit: Sie meinten, mit starren oder unbeholfenen mechanischen Vorrichtungen es den Vögeln gleichtun zu können. Der Engländer Sir George Cayley war es schließlich, dem es als erstem gelang, einen Flugapparat zu bauen, mit dem der Mensch die Tücken der Luft überwinden konnte. An Bord seines »Hanggleiters« schwebte im Jahr 1853 ein zehnjähriger Junge einige Meter weit. Der Wunschtraum eines muskelkraftgetriebenen Flugzeugs aber wurde erst im Laufe der letzten Jahre Wirklichkeit.

Freilich hatte der Mensch schon sehr viel früher das Segelfliegen erlernt. Neben großem Geschick beim Ausnutzen der Luftströmungen erfordert diese Art des Fliegens jedoch einen verhältnismäßig großen Aufwand an technischen Hilfsmitteln, damit sich das Segelflugzeug überhaupt erst einmal in die Luft erhebt. Beim muskelkraftgetriebenen Flugzeug wird dieses Handicap dadurch überwunden, daß sich der Pilot beim Starten der eigenen Körperkraft bedient. Mit Hilfe einer Tretkurbel, ähnlich der eines Fahrrads, treibt er über eine Kette einen am Heck oder über dem Rumpf der Maschine angebrachten Propeller an, der den nötigen Schub erzeugt. Leider verlangt derzeit der Start dem Piloten noch so viel Kraft ab, daß sie nur für einen sehr kurzen Flug ausreicht. Ist die Tretkurbel beispielsweise mit einem 28-Zoll-Rad verbunden, so sind, um auf eine Startgeschwindigkeit von 10 m/s zu kommen, immerhin 60 Umdrehungen in der Minute erforderlich!

»Malliga 1«, das muskelkraftgetriebene Flugzeug des österreichischen Offiziers Josef Malliga. Mit der aus Aluminiumrohren und Glasfaserkunststoff gebauten Maschine legte Siegfried Puch, ein erfahrener Segelflieger, 350 m zurück. Die Flughöhe betrug dabei ein Meter.

Vor neun Jahren begann neben vielen anderen Flugbegeisterten in aller Welt auch Josef Malliga, ein Offizier der österreichischen Armee, mit dem Bau eines Muskelkraftflugzeugs. Aus Aluminiumrohren, die er mit Glasfasermatten und Polyester überzog, und Teilen abgewrackter Flugzeuge bastelte er in 2500 Arbeitsstunden seinen Flugapparat. Im September 1967 unternahm er auf einer Rollbahn des Militärflugplatzes von Zeltweg die ersten Startversuche. Bereits drei Jahre später legte diese Maschine bei einem Flug in ein Meter Höhe eine Entfernung von etwa 350 Meter zurück. Das ist eine bemerkenswerte Leistung, wenn man berücksichtigt, daß dieses Fluggerät zu den kleinsten seiner Art zählt. Die »Malliga 1« hat nicht einmal 20 Meter Spannweite und wiegt etwas über 58 Kilogramm. Allerdings hatte Malliga das Glück, in Siegfried Puch einen erfahrenen Segelflieger als Piloten zu finden, der mit nur knapp 60 Kilogramm ein Gewicht aufweist, das manchem Jockey zur Ehre gereichen würde. Aber zweieinhalb Zentner mußte er doch in die Luft strampeln.

Vor vier Jahren beschlossen drei Absolventen der Universität von Southampton, ein muskelkraftgetriebenes Flugzeug zu konstruieren. Obwohl sie keinerlei praktische Erfahrung im Flugzeugbau besaßen, war ihr Fluggerät bereits nach acht Monaten fertiggestellt. Rumpf und die Tragflächen entsprachen etwa denen eines Segelflugzeugs. Höhen- und Seitenruder konnten vom Piloten über Hebel, an denen er sich während des Radelns festhielt, betätigt werden. Die ersten Startversuche verliefen nicht sonderlich erfolgversprechend: Wenige Sekunden in der Luft, sackte das Flugzeug jeweils unvermittelt ab und landete höchst unsanft wieder auf dem Boden. Außer unzähligen blauen Flecken, die sich der Pilot im Laufe der Versuche einhandelte, verliefen diese »Abstürze« aus zwei bis drei Meter Höhe glimpflich. Nach zahlreichen Abänderungen glückte schließlich ein 600 Meter langer Flug mit sicherer Landung. Daß Muskelkraftflugzeuge aufgrund ihrer Leichtbauweise äußerst windempfindlich sind, wurde auch den Erbauern der »SUMPAC« (*S*outhampton *U*niversity *M*an *P*owered *A*ircraft) auf drastische Weise verdeutlicht: Als ihre Maschine in neun Meter Höhe von einer Windböe erfaßt wurde, riß die Strömung ab, das Flugzeug ging in Sturzflug über und zerschellte am Boden.

Weniger aufregend verliefen die Flüge der »Puffin«. Testpiloten der englischen Flugzeugfirma de Havilland hatten den Apparat, der immerhin die beachtliche Spannweite von 25,3 Meter und dabei nur ein Gewicht von 54,5 Kilogramm aufwies, aus Balsaholz und Kunststoff in zweijähriger Bauzeit gebastelt und erreichten auf Anhieb eine »Weite« von 650 Meter. Nachdem man die herkömmlichen Flügel gegen neue, im Windkanal erprobte Tragflächen ausgetauscht hatte, legte die Flugmaschine eine Entfernung von über 910 Meter zurück. Diese Leistung ist bis auf den heutigen Tag noch nicht übertroffen worden. Leider erlitt dieses so erfolgversprechende Projekt ein ähnliches Schicksal wie die meisten seiner Art: Nach über neunzig glücklich verlaufenen Flügen stürzte die Maschine ab, als der Wind sich plötzlich drehte.

Auch auf der anderen Seite des Globus, in Japan, dachte man angestrengt darüber nach, wie ein Aeroplan allein mit Hilfe der Muskelkraft angetrieben werden könnte. Unter der Leitung von Professor Kimura entstand an der Nihon-Universität ein Flugzeug, das jedoch seines hohen Gewichts wegen keine überzeugenden Leistungen erbrachte; trotz ständiger Veränderungen kamen die Japaner nicht über 90 Meter Flugstrecke hinaus.

Zu den skurrilsten Muskelkraftflugzeugen aber zählt ohne Zweifel das von dem Belgier Panamarenko entwickelte »Meganeudon«. Es handelt sich dabei um ein sogenanntes Insekt-Flugzeug, mit dem er sich nach eigenen Angaben bereits mehrmals für kurze Zeit in der Luft befunden hat. Der Erfinder ist fest davon überzeugt, daß der nach dem Vorbild eines Insekts schlagende Flügel einmal die zweckmäßigste Form des Fliegens sein wird – zumindest bei den mit Menschenkraft angetriebenen Flugapparaten.

Um die technischen Schwierigkeiten verstehen zu können, die es bei dem flatternden Flügelflugzeug zu überwinden gilt, ist ein eingehendes Studium des Verhaltens der Vögel und Insekten beim Flug unumgänglich. Erst Zeitlupenfilm und Hochfrequenzfotografie haben an den Tag gebracht, wieso Vögel und Insekten überhaupt fliegen können.

Beide flattern auf völlig unterschiedliche Weise. Dabei läuft der Flugvorgang beim Vogel sehr viel komplizierter ab als beim Insekt. Aus diesem

Den Engländern sagt man nach, daß sie für alles Ausgefallene besonders aufgeschlossen sind – das stimmt zumindest für die Muskelkraftfliegerei. Hier die »SUMPAC«, eine Konstruktion der Universität Southampton, im Flug. Eine Windböe brachte die äußerst leichte Maschine zum Absturz.

Sogar mit einem Zweisitzer versuchte man es in England. Der größeren Kraftentwicklung durch zwei Piloten steht jedoch das höhere Gewicht entgegen. Immerhin erhob sich am 3. Juli 1973 die »TOUCAN« 5,50 m hoch in die Luft und flog 640 m weit.

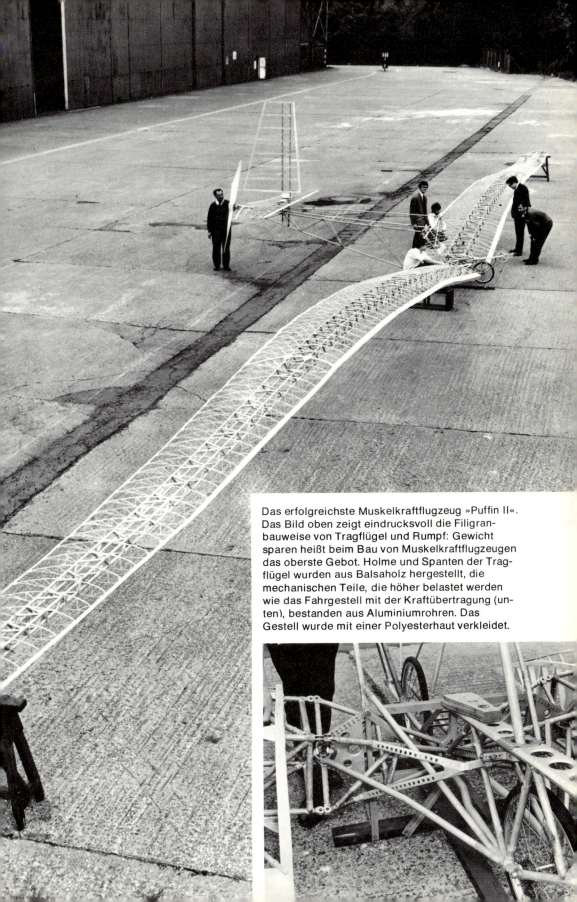

Das erfolgreichste Muskelkraftflugzeug »Puffin II«. Das Bild oben zeigt eindrucksvoll die Filigranbauweise von Tragflügel und Rumpf: Gewicht sparen heißt beim Bau von Muskelkraftflugzeugen das oberste Gebot. Holme und Spanten der Tragflügel wurden aus Balsaholz hergestellt, die mechanischen Teile, die höher belastet werden wie das Fahrgestell mit der Kraftübertragung (unten), bestanden aus Aluminiumrohren. Das Gestell wurde mit einer Polyesterhaut verkleidet.

Grunde wäre es äußerst unpraktisch, einen Apparat mit einem vogelähnlichen Flattermechanismus zu bauen – er würde viel zu groß und schwer ausfallen. Der Schlagflügel der Insekten dagegen arbeitet im Prinzip genauso wie ein Propeller. Der einzige biotechnische Unterschied: Die Technik läßt ihre Luftschraube rotieren, die Natur ihren Schlagflügel hin und her schwingen. Brauchbare Luftkräfte erzeugen beide Systeme, freilich mit einer Abweichung: Den Auftrieb übernimmt beim Flugzeug der starre Tragflügel; das Insekt dagegen muß mit seinem Schlagflügel Vortrieb und Auftrieb gleichzeitig zustande bringen. Beim Propellerflugzeug werden also Schub und Hub getrennt voneinander erzeugt, beim Insekt ist beides vereinigt. Technisch gesehen ähnelt die Fliege im Geradeausflug also eher einem Hubschrauber, der rasch dahinfliegt, als einem Flugzeug.

Man hat bereits mehrfach erfolglos versucht, den Aufbau eines Insektenflügels nachzuahmen, weil das zweifellos auch in der Technik ein energetisch äußerst günstiges, treibstoffsparendes Antriebssystem wäre. Ausschlaggebend für die richtige Wirksamkeit des Schlagflügels ist dessen Gestaltung, die bei vielen Insekten einer gewölbten Wellblechstruktur täuschend ähnlich ist. So hat zum Beispiel der Segelfalter lange, bandförmige Flügelzipfel am Körperende, mit denen er möglicherweise bei seinen häufigen Gleitflügen steuert. Scharfe, glatte, eiförmige Umrisse dagegen haben die Flügel der Fliegen und Mücken mit ihren außergewöhnlich hohen Schlagfrequenzen von mehreren hundert Hertz (= Schwingungen in der Sekunde). Einige Wissenschaftler sind der Ansicht, daß derart hohe Schlagzahlen bei Apparaten, die größer als Insekten sind, nicht zu verwirklichen seien. Auch Vögel, so meinen sie, fliegen nur deshalb anders, weil es ihnen aufgrund ihres Gewichts unmöglich sei, die Flügel sehr schnell zu bewegen. Lediglich sehr kleinen Vögeln, wie den Kolibris, gelingt das, aber auch dann noch nicht mit einer vergleichbar hohen Schwingungszahl.

Panamarenko jedoch ist vom Gegenteil überzeugt. Er verweist darauf, daß bereits in prähistorischer Zeit riesige Insekten geflogen sind, die eine Flügelspannweite von 70 Zentimeter besaßen: gewaltige Libellen, Meganeuras, die man in den fossilen Ablagerungen des Devon entdeckt hat.

Von den Prinzipien des Tierflugs hat die Technik bisher nicht allzuviel übernommen, obwohl es nie an Vorschlägen gefehlt hat. Ein Beispiel dafür: Die Focke-Wulff-Werke sollen gegen Ende des Zweiten Weltkrieges vorgehabt haben, ein Triebflügel-Flugzeug zu bauen, dessen beide Riesenpropeller gegenläufig laufen sollten wie die Flügelpaare von Libellen.

In den Kindertagen des Segelfliegens hätte es wohl kaum jemand für möglich gehalten, daß diese Sportart sich einmal zu solcher Vollendung entwickeln würde. Möglicherweise wird der muskelkraftgetriebene Flug im Laufe der Jahre ebenfalls so weit gedeihen, daß er von einem breiteren Publikum als Sport betrieben wird. Augenblicklich und in absehbarer Zeit jedoch wird die Entwicklung von Muskelkraftflugzeugen wohl einzelnen Personen oder kleinen Gruppen überlassen bleiben, die die nötige Begeisterung besitzen, sich in der Freizeit ihre Flugapparate selbst zu entwerfen und zu bauen.

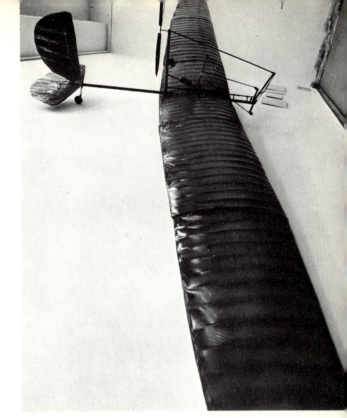

Rechts: Einem Libellenflügel nachgebaut hat der belgische Konstrukteur Panamarenko die Flügel seiner »Meganeudon«, eines der skurrilsten Muskelkraftflugzeuge. Es wird nach dem Vorbild eines Insekts durch Schlagflügel bewegt.

Unten: Auch beim Schlagflügelantrieb wird die Kraft, wie bei allen Muskelkraftflugzeugen, mit Hilfe von Tretpedalen und einer Fahrradkette auf den Antriebsmechanismus übertragen. Bemerkenswert ist die große Übersetzung, die für rasche Schlagzahlen sorgen soll. Sie verlangt viel Kraft. Fotos Joachim Wilms

Die weiße Kuppel von Vierumäki

VON HELLMUT DROSCHA

Eine Sporthalle aus Sperrholz

Wenn man von Helsinki nordostwärts die leicht gewellte südfinnische Landschaft durchfährt und die Möbelstadt Lahti hinter sich hat, schimmert es plötzlich strahlend weiß durch den hohen Kiefernwald. Wir sind im nationalen Leistungssportzentrum Vierumäki – einem überwältigend schönen Kuppelbau, der die neue Trainingsanlage für die Wettkampfjugend des Tausendseenlandes umschließt. Betrachten wir das ungewöhnliche Bauwerk näher, das hier entstanden ist, enthüllt sich uns eine in mehrfacher Hinsicht neuartige Technik, mit der der Vorstoß in einige bisher noch unerschlossene Bereiche gelang.

Es handelt sich um eine aus Sperrholz-Fertigteilen zusammengefügte, völlig stützenfreie Hallenkonstruktion, die mit 87 Meter Durchmesser eine Grundfläche von 5400 Quadratmeter überspannt. Die tragenden Bauteile der 30 Meter hohen Kuppel sind 45 als Holzleimbinder ausgeführte Bögen, von denen jeder 48 Meter lang ist. Sie wurden in gleichen Abständen, die an der Basis 6 Meter betragen, kreisförmig angeordnet und durch Quersparren so gegeneinander abgestützt, daß senkrechte Dachlatten entfallen konnten; oben werden die Tragbögen von einem Abschlußring zusammengehalten.

Dieses Tragwerk ist innen mit Stahlblech ausgekleidet und außen durch ein Gewebe aus der Polyesterfaser »Trevira hochfest« abgedeckt. Die Stahlblechhaut ist durchlöchert, um Geräusche zu dämpfen, und ebenso wie die Polyesterhaut, die in einzelnen Segmentfeldern unter Vorspannung aufgebracht und zusammengeschweißt ist, beidseitig mit Polyvinylchlorid (PVC) beschichtet. Der Kunststoffüberzug macht das Stahlblech rostsicher und die Außenhaut luft- und wasserdicht und schwer entflammbar. Im übrigen ist er abriebfest, wärme- sowie kältebeständig und unempfindlich gegen ultraviolette Strahlung. Zweck der Blechhaut ist es, zusammen mit einer Isolationsschicht aus Mineralwolle, die den Zwischenraum zwischen Stahl und Gewebe füllt, die Holzkonstruktion gegen Feuer zu schützen.

Die Tragbögen hat man mit Hilfe eines Stahlrohrgerüsts aufgestellt und bespannt, das in der Mitte des Bauwerkes errichtet und nach dessen Vollendung wieder abgetragen wurde. Das Einsetzen der »Minikuppel« im Scheitel der riesigen Rundhalle besorgte ein Hubschrauber.

Die Sperrholztragbögen bestehen aus einzelnen Kastenelementen, die teils in der Fabrik, teils auf der Baustelle zusammengebaut wurden. Dabei kam man mit halbsoviel Verbindungsschrauben aus, wie erforderlich gewesen wären, wenn man statt dessen mit Schnittholz gebaut hätte. Das im Verhältnis zu ihrer hohen Festigkeit sehr geringe Gewicht der sperrhölzernen Bogenteile hat ihre Handhabung sehr erleichtert, sowohl beim Transport als auch bei der Montage. Das günstige Verhältnis von Bogenhöhe zu Spann-

Titelbild: Hell leuchtet die weitgespannte Kuppel durch den finnischen Kiefernwald: eine vorbildliche Übungsstätte für die Sportjugend des Landes. Die stützenfreie Halle ist in einer neuartigen Bauweise aus Sperrholzteilen errichtet.

Links und Mitte: Beginn der Abdeckung des fertigen Tragwerks mit Polyestergewebe. In der Mitte das Montagegerüst.

Oben: Das Halleninnere. Auf der Rundgalerie die 190 m lange Laufbahn, unter dem Dach die Ringlaufstege mit Lampen und Lüftung.

weite, also zum Durchmesser der Kuppel, ist vor allem deren idealer Statik zuzuschreiben. Dabei hat die nachträgliche Durchrechnung, die an der Technischen Hochschule Helsinki von einem Computer vorgenommen wurde, ergeben, daß man die Bauteile noch erheblich schwächer hätte bemessen können, denn dreifache Sicherheit, wie sie die Konstruktion jetzt aufweist, ist zweifellos als »statischer Luxus« anzusehen.

Damit aber bietet sich die Aussicht, bei nachfolgenden Bauwerken gleicher Konstruktion noch billiger zu bauen, obwohl die Kuppel von Vierumäki bereits bemerkenswerte Kosteneinsparungen erbracht hat. So hat die Trevira-Außenhaut nur etwa den halben Aufwand herkömmlicher Abdeckungen

erfordert. Dabei waren hier die geringeren Kosten durchaus nicht ausschlaggebend, sondern die Verrottungsbeständigkeit und weitgehende Wartungsfreiheit einer solchen Haut. Deren Gesamtfläche beträgt in diesem Falle 7000 Quadratmeter. Im übrigen ist auch das verwendete Gewebe, obwohl mit beiderseitiger Beschichtung nur knapp dreiviertel Millimeter dick, noch reichlich »überdimensioniert«. Denn seine Reißfestigkeit ist zehnmal so hoch wie die tatsächliche Beanspruchung, die bei höchster Belastung durch Schnee und Wind oder Sturm auftritt.

Im Inneren des Kuppelbaus sind zwei kreisförmige Ringlaufstege in Gitterkonstruktion aufgehängt, an denen vor allem die Beleuchtungskörper und Lüftungseinrichtungen angebracht sind. Zwei gerade Stege gleicher Bauweise verbinden sie miteinander. Die akustischen Verhältnisse sind besser als erwartet; die Nachhallzeit beträgt, nachdem man theoretisch mit drei Sekunden gerechnet hat, in Wirklichkeit nur eineinhalb Sekunden.

Auch wärmewirtschaftlich ist der Bau infolge der durch die äußere Form bedingten geringen Wärmeableitung hervorragend, denn die Kuppel hat nahezu die Gestalt einer Kugelkalotte, und bei der Kugel ist das Verhältnis von Oberfläche zu Rauminhalt bekanntlich das kleinste aller geometrischen Körperformen. Diese ideale Voraussetzung äußert sich darin, daß durchschnittlich nur etwa 60 Tonnen Heizöl im Jahr verbraucht werden, was bei dem umbauten Raum von 80 000 Kubikmeter und unter den klimatischen Bedingungen des Standorts als recht maßvoll gilt. Vergleichsweise gering ist auch der Energieaufwand für die Ventilation, da die Luft infolge des großen Volumens nur sehr wenig verunreinigt wird.

Die Halle, an deren Weiträumigkeit sich das Auge des Beschauers erst gewöhnen muß, enthält drei Tennisplätze sowie Sportplätze für andere Ballspiele, ausgenommen Fußball, eine 60 Meter lange gerade und eine 190 Meter lange geschlossene Laufbahn, diese in der »ersten Etage«, die als Rundgalerie gestaltet ist, ferner Sprunggruben, Wurfplätze, Massageräume, Garderoben und, da in der hauptsächlich als Trainingsstätte dienenden Halle gelegentlich auch Wettkämpfe stattfinden sollen, zwei Zuschauertribünen mit zusammen rund 300 Sitzplätzen.

Der durch seine fein gegliederte Rundform und dezente Farbgebung ungemein ansprechend wirkende Kuppelbau von Vierumäki fügt sich harmonisch in die finnische Waldlandschaft ein. Mit dieser Konstruktion und der Ausführung in einer Gesamtbauzeit von nur 14 Monaten haben die Erbauer Pionierarbeit geleistet. Sie haben gute Aussichten, Kuppelbauten dieser Art, sogar bis zu 150 Meter Durchmesser und 45 Meter Scheitelhöhe, nicht nur als Sporthallen, sondern möglicherweise auch für Supermärkte, als Großlagerhallen oder für andere Zwecke erstellen zu können. Bei Lagerung von Getreide mit 22 Grad Böschungswinkel ließe sich eine Kuppel der genannten Höchstmaße, die einen Raum von rund einer halben Million Kubikmeter umschließen würde, zu etwa 80 Prozent füllen. Das entspräche einem Speichervermögen von 280 000 Tonnen oder 127 vollbeladenen Eisenbahnzügen.

Expedition in die Steinzeit

VON G. KIRNER UND W. HUBERT

Am 29. Dezember 1973 landete ich, aus Frankfurt kommend, bei brütender Mittagshitze in Djakarta, der Hauptstadt Indonesiens. Von den Fluggästen, die mit mir der Boeing 707 entstiegen, unterschied ich mich in geradezu grotesker Weise: Während die mehr als hundert Passagiere aus aller Herren Länder sich in leichter Sommerbekleidung und fröhlich ausgelassener Urlaubsstimmung zum Weiterflug auf die Ferieninsel Bali sammelten, stand ich bei 38 Grad im Schatten, mit derber Bergsteigerkleidung und schweren Bergschuhen angetan, vor der Zollabfertigung. Der Eispickel in meiner Hand nahm sich in dieser Umgebung fast lächerlich aus. Meine Erscheinung kümmerte mich indes wenig. Mit einer Flasche Whisky als kleines »Geschenk« für den Zollbeamten war die erste Formalität, der noch viele andere, weitaus schwierigere folgen sollten, erledigt.

Zunächst war ich froh, die Eintönigkeit der langen Flugreise hinter mir und wieder festen Boden unter den Füßen zu haben. Mein Vorhaben, zusammen mit dem 32jährigen Bernd Schreckenbach, dem 27jährigen Herbert Karasek und dem 43jährigen Hermann Huber, erprobte Bergsteiger aus München und in Fachkreisen als Expeditionsteilnehmer bekannt, in das Landesinnere Neuguineas einzudringen, begann.

Unser Ziel war die Besteigung der Carstensz-Pyramide, mit 5030 Meter Höhe über dem Meeresspiegel die höchste Erhebung zwischen Himalaja und den Anden. Den Namen hatte sie von Jan Carstensz erhalten, einem holländischen Seefahrer, der den Berg im Jahre 1623 erstmals von der Arafura-See her für die zivilisierte Welt entdeckte. Schon in den Jahren 1911 und 1913 war eine englische Expedition mit der gleichen Absicht aufgebrochen. Ihr Führer, Henry Wollastone, kam mit seiner Truppe aber nur bis zum Fuße des Gebirges; Seuchen und Krankheiten rafften Teilnehmer und Träger dahin und ließen so das Vorhaben auf dramatische Weise scheitern. Erst viele Jahre später gelang dem Österreicher Heinrich Harrer die Erstbesteigung mit einer groß angelegten, von der damals noch holländischen Regierungsverwaltung unterstützten Expedition. Das war im Jahre 1962.

Bernd holte mich am Flughafen ab. Er war, gerade von einer deutschen Dhaulaghiri-Expedition aus Nepal zurückgekehrt, unmittelbar nach Djakarta geflogen und bereit zu einem neuen Abenteuer.

Am ersten Tag des neuen Jahres 1974 trafen auch Herbert und Hermann als letzte unserer Gruppe in Djakarta ein. Nun mußten wir an die zwar lästige, aber unvermeidbare bürokratische Vorarbeit gehen. Dazu gehörten: die Einreisegenehmigung nach West-Neuguinea einholen, Kontakt mit der Deutschen Botschaft aufnehmen und umfangreichen Proviant einkaufen. Unsere Bergsteigerausrüstung, Spezialschuhe für Urwald und Sumpf, wasserdichte Bekleidung für die niederschlagsreichen Regionen auf dem Anmarsch – teilweise regnete es 18 Stunden am Tag – und natürlich stärkende Nahrungsmittel (bewährte Vitaminkonzentrate) hatten wir neben der medizinischen Ausstattung aus Deutschland mitgebracht. Unsere Gesamtausrüstung wog stattliche 400 Kilogramm.

Am 7. Januar bringt uns ein Flugzeug der Merpati-Airlines rund 3000 Kilometer nach Osten, quer durch das indonesische Inselreich zum verkehrstechnisch wichtigsten Inselstützpunkt Biak vor der Geelvink-Bucht im nordöstlichen Bereich Neuguineas. In Biak müssen wir tief in unsere Reisekasse greifen. Wir kaufen große Mengen an Reis, Fischkonserven, Zucker, Salz und anderen Lebensmitteln ein sowie gebrauchte Militärbekleidung für die Träger. Unsere Ausrüstung wächst damit auf rund 800 Kilogramm an. Danach hält uns nichts mehr in Biak. Mit einer gecharterten »Twin-Otter« verlassen wir am nächsten Tag die letzte Bastion der zivilisierten Welt und landen nach einem achtzigminütigen Flug, der über Urwald, Bergland und Schluchten führt und uns einen ersten Eindruck des Landesinneren vermittelt, in Ilaga.

Rumpelnd setzt die Maschine auf dem abschüssigen, holperigen Grasstreifen auf, der wenig gemeinsam hat mit einer üblichen Landepiste. In Ilaga werden wir von Reverend Larson begrüßt, mit dem wir bereits von Deutschland aus Verbindung aufgenommen hatten und der sich bei der Auswahl der Träger als wertvoller Helfer erweisen sollte. Gordon F. Larson kam bereits im Jahre 1954 in das Ilagatal. Als Missionar versuchte der 55jährige Ameri-

Links: Begegnung von Steinzeit und moderner Technik. Eine Horde wilder Burschen umringt unser Flugzeug, als es auf der holperigen Graspiste aufsetzt. Wir befinden uns in einer anderen Welt.

Rechts: Um ein Feuer hockend, warten die Danis, Hochlandbewohner Neuguineas, viele Tage lang, ob nicht wieder eines dieser Wunderwerke einer ihnen fernen Zivilisation eintrifft.

kaner zusammen mit einem Landsmann seitdem mit sichtbarem Erfolg, die Danis behutsam – das heißt unter Beibehaltung ihres natürlichen Lebensraumes und ihrer Eigenart – von barbarischen Gewohnheiten abzubringen. Seit zehn Jahren – auf diese Tatsache verweist der Missionar mit besonderer Genugtuung – hat es unter den Stämmen keine größere kriegerische Auseinandersetzung mehr gegeben. Für Expeditionen ins Landesinnere hat sich Larson als schlicht unentbehrlich erwiesen.

Der Übergang von der Zivilisation zur primitiven Lebensform vollzieht sich in kaum mehr als einer Stunde. Aus den Fenstern des ausrollenden Flugzeugs blickend, sehen wir bereits eine Horde von Danis, einer der neben den Damal und den Uhundunis hier beheimateten Stämme. Sie sind von kleinem Wuchs und dunkelhäutig, mit negroiden Gesichtszügen. Mit dem durch die Nasenscheidewand gestoßenen Eberhauer, Bambusstäbchen, Gräsern oder Knochensplittern sehen sie geradezu martialisch aus. Etwa zweihundert dieser wilden Burschen säumen die Landebahn: eine Begegnung von Steinzeit und moderner Technik. Das Flugzeug des weißen Mannes vermag sie nicht zu erschrecken. Nackt bis auf den Kepewak – eine lange, dünne Kürbishülle, die den Penis schützt und sowohl Ausdruck der Männlichkeit als auch Statussymbol ist – ist ihnen eine gewisse Würde nicht abzusprechen. Ihre Frauen tragen ein dürftiges Bastgeflecht aus Orchideenfasern um die Hüften. Eine schmierige Schicht von Schweinefett und Ruß im Gesicht hat mehr rituelle Bedeutung, als daß es der Verschönerung dient. In der gesellschaftlichen Ordnung ihres Stammes spielen sie offensichtlich eine untergeordnete Rolle. Die Landung unseres zweimotorigen Flugzeugs stellt, wie immer, wenn ein solches Wunderwerk der Technik in die Abgeschiedenheit dieser Welt eindringt, eine Sensation dar. Die Zivilisation, für unsere Begriffe nah, liegt für die Ureinwohner Neuguineas über alle Maßen fern. Ein Flugzeug – das bedeutet für sie Lebensmittel und Medizin; manchmal bringt es auch einen Arzt.

Oben: Geradezu martialisch sehen die Danis aus: Gräser oder Knochensplitter durch die Nasenscheidewand gesteckt, das Gesicht mit Farbe beschmiert. Die Danis sind Vertreter einer negriden, kraushaarigen Rasse.

Mitte: Ein Kopfband oder Haarnetz mit Federn und ein mächtiger Kepewak, die lange dünne Kürbishülle, sind die einzige Bekleidung der Danis. Sie sind von einer offenen kindlichen Freundlichkeit und begegnen uns unbefangen herzlich.

Rechts: Mit lustigem Geschrei geht es den Berghang hinauf. Die barfüßigen Danis laufen trotz der drückenden Last – jeder trägt 20 Kilo und Kartoffeln zusätzlich – schnell und sicher über alle Hindernisse. Der weiße Mann mit seinen gummibesohlten Schuhen hat es hier sehr viel schwerer.

In unserem Fall bringt es vier »Tuans« (weiße Männer), die von den Danis gebührlich bestaunt werden. Das Staunen beschränkt sich aber nicht allein auf die Eingeborenen; auch wir sind von deren Anblick überwältigt. Filmkamera, Tonband und Photoapparate halten diese ersten Eindrücke fest. Das Entladen unseres Expeditionsgepäcks ist für den Augenblick zur Nebensache geworden.

Die erste Nacht verbringen wir in der Missionsstation, wo die Danis inzwischen unsere Fracht abgeladen haben. Reverend Larson, der uns gastfreundlich zum Nachtmahl eingeladen hat, unterhält sich dabei mit uns über Land und Bewohner, Informationen, die sich für unseren Marsch ins Landesinnere als sehr wertvoll erweisen sollen.

Der nächste Tag steht ganz im Zeichen der umfangreichen Vorbereitungen für den Aufbruch. Reverend Larson schickt Boten zu den Danis, um Träger für unsere Expedition anzuwerben; eine recht schwierige Aufgabe, wie sich zeigt. Die Danis können sich nämlich nicht vorstellen, warum Tuans zum »Ngundugu« (Sammelbegriff für Gebirge, Schnee, Kälte, Eis) wollen. Außerdem herrscht bei den Danis noch eine sehr verschwommene Vorstellung über Entlohnung und deren Kaufkraft. Nach unserer Berechnung benötigen wir bis zum vorgesehenen Basislager am Fuße der Carstensz-Spitzen 27 Träger. Am Spätnachmittag endlich ist diese Zahl in der Mission beisammen.

Der frühe Morgen, es ist der 10. Januar 1974, der Tag des Aufbruches, beschert uns die erste Überraschung: Mehr als 40 Träger sind vor der Mission versammelt. Mit Reverend Larsons und des eingeborenen Dolmetschers Hilfe, der uns notgedrungen während der ganzen Expedition begleiten muß, verhandeln wir mit den Danis über das offensichtliche Mißverständnis. Nach langem Palaver stellt sich heraus, daß es sich bei den überzähligen Trägern um »Unterträger« handelt. Sie schleppen große Mengen an Süßkartoffeln mit, die Hauptnahrung der Danis, denn unterwegs können keine Kartoffeln erworben werden. Die Helfer beanspruchen, so macht man uns verständlich, keine zusätzliche Entlohnung. Zu diesem Zeitpunkt sind wir uns noch nicht klar darüber, daß mit der größeren Teilnehmerzahl unsere eigenen Lebensmittelvorräte schrumpfen werden.

Endlich, gegen 9 Uhr, scheinen alle Schwierigkeiten beseitigt: Wir nehmen Abschied von Ilaga. Unsere Stimmung ist ausgezeichnet. Die Danis eilen – trotz der drückenden Lasten – mit fröhlichem Geschrei auf dem Bergpfad dem fernen Ziel entgegen. Nach zwei Wegstunden lassen wir die letzten Spuren menschlicher Ansiedlung hinter uns und befinden uns nun mitten in der ungebändigten Widerwärtigkeit des Regenwaldes. Das Fortkommen wird immer beschwerlicher. Auf glitschig-nassen Baumstämmen überqueren wir zahllose Wasserläufe und Sturzbäche, ein nicht ungefährliches Wagnis, weil wir, mit Gummisohlen an den Schuhen, nur schlechten Halt finden.

Von der Tierwelt sehen wir nur wenig. Wir wissen, daß es Baumkänguruhs und Paradiesvögel gibt, aber der Lärm unserer Träger verscheucht die Tiere in die Tiefe des Urwaldes, lange bevor wir sie sehen können. Auf Kleingetier wie

Fledermäuse und Vögel machen die Danis mit Pfeil und Bogen Jagd. In solchen Augenblicken vergessen sie ihre Pflichten als Träger und werfen die Last einfach zu Boden.

In 2800 Meter Höhe beziehen wir das erste Camp. Pünktlich um 14 Uhr setzt der tägliche Regen ein. Die Danis scharen sich um das mühsam entfachte, beizig rauchende Lagerfeuer, mit einem schnell gefertigten Rindendach notdürftig gegen den Regen abgeschirmt. In der Glut braten sie die länglichen Süßkartoffeln, die sie in schier unglaublichen Mengen vertilgen. Wir »Tuans« sitzen im Zelt, für das wir umständlich ein paar Quadratmeter Urwald »gerodet« haben, und bereiten auf dem Benzinkocher ein schlichtes Mahl. Nässe umgibt uns auf allen Seiten. Das Regenwasser dringt durch die Zeltwände, steigt aus dem sumpfigen Untergrund hoch und durchnäßt uns bis auf die Haut – ein Zustand, mit dem wir uns bald abfinden. Selbst beim Durchwaten von Bächen ist es gleichgültig, ob man die Stiefel auszieht oder nicht. Wir sind Tag für Tag mit schöner Regelmäßigkeit naß, naß, naß...

Im Verlauf der zweiten Tagesetappe erreichen wir nach steilem Aufstieg über schmale sumpfige Pfade das Ende der Hochwaldzone. Vor unseren Augen breitet sich in endlosen Wellen das Kemabu-Hochplateau aus. Trotz zunehmender Kälte – wir befinden uns jetzt immerhin auf einer Höhe zwischen 3300 und 3600 Meter – empfinden wir nach der Enge des Urwaldes so etwas wie ein befreiendes Gefühl, und wir verspüren die Gewißheit, dem Ziel näher zu sein. Der Regen weicht in dieser Höhenregion Hagel- und Graupelschauern. Die Temperatur schwankt zwischen fünf und acht Grad. Die Widerstandsfähigkeit der Danis, die immer noch nackt gehen, ist schier unglaublich. Gegen das kantige Gestein freilich, das wir nun auf den Pfaden vorfinden, sind auch sie nicht gefeit. Lange blutige Risse an den Fußsohlen behandeln wir, so gut es geht, mit unserem Verbandszeug. Schonung gibt es in diesem menschenleeren Gebiet nicht; die Parole lautet für alle: weitermarschieren! Weitermarschieren bedeutet bei einer Expedition wie der unseren auch, gleichzeitig an den Rückmarsch denken und entsprechende Vorkehrungen treffen.

Je länger wir unterwegs sind, desto mehr verringert sich der Proviant und damit die zu befördernde Last. So werden Träger frei, die wir entlohnen und zurückschicken. Wir legen Proviantdepots an, die wir sorgfältig kennzeichnen, und sichern so die Verpflegung für die Rückreise. Gleichzeitig errichten wir Wegemarkierungen. Orientierungspunkte gibt es sonst kaum, sieht man von einem Totenschädel ab, der bleich in der Weite des Hochlandes liegt.

Höher und höher steigt das Gelände an. Hagel und noch tiefer sinkende Temperaturen treiben unsere Träger bis an die Grenze menschlichen Leistungsvermögens. Schließlich werfen sie die Lasten einfach ab und suchen unter einem überhängenden Felsen Schutz. Wer will es ihnen verdenken!

Wir geben an einige Träger Plastikanoraks aus; die anderen gehen nackt weiter. Das Feuer allein entscheidet in dieser Situation über Leben und Tod.

Oben: Schluß der Tagesetappe: Um 14 Uhr setzt der tägliche Regen ein und wir beziehen das erste Urwaldcamp.

Mitte: Rasch haben die Träger mit Zunder und Reibholz ein Feuer entfacht, um sich aufzuwärmen. In der Glut braten sie Süßkartoffeln.

Unten: Die Danis machen es sich unter einem Rindendach gemütlich. Sie bauen es aus Farnbäumen, deren Holz leicht zu spalten ist.

Großes Bild: Die »Nordwandmauer«. Der Neuseelandpaß, ein eisfreier Übergang, ist erreicht. Von hier aus können die Eisgipfel der Nordwandmauer in einer langen Querung überschritten werden.

Das mitgebrachte Holz ist zwar naß, die Danis entfachen daraus jedoch mit viel Geschick ein Feuer. Sie benützen dazu ein primitives Reibholz und Zunder, der aus einer Mischung von Bastfasern, trockenen Blättern und feinen Tierhaaren besteht. Der einzig sichere Platz, diesen Zunder trocken aufzubewahren, ist die lange, oft bis an die Brust reichende Penishülle. Wir verteilen die in Biak eingekauften Fischkonserven an unsere Träger und essen auch selbst davon. Das hätte, wie sich später herausstellen sollte, unsere Expedition beinahe scheitern lassen.

Zunächst ist es ein Fehler unsererseits, daß wir die Konservendosen den Danis ungeöffnet überlassen. Sie zerschlagen die ungewohnte Verpackung mit ihren Steinbeilen und zerschneiden sich an den scharfen Kanten der aufgebrochenen Dosen Gesicht und Finger. Der fünfte Tag, es ist der 14. Januar, beschert uns nach einer langen und äußerst beschwerlichen Etappe eine schützende Felsnische; Zuflucht vor Wind, Hagel- und Graupelschauern. Dann steigen wir noch annähernd drei Stunden über einen schlammigen Steilhang weiter bergauf und erreichen bei Einbruch der Dunkelheit völlig erschöpft »Lake Larson«, eine Seenplatte, von Heinrich Harrer nach unserem Missionar in Ilaga benannt. Dahinter liegt die »Nordwandmauer«, der Eisgipfel. Der höchste Punkt, die Carstensz-Pyramide, entzieht sich aber noch immer unserem Auge.

Die »Nordwandmauer« kann über den »Neuseeland-Paß«, einem eisfreien Übergang, in einer langen Querung mit Abstieg und Gegenaufstieg ohne bergsteigerische Schwierigkeiten überschritten werden, für die barfußgehenden Träger jedoch ist er recht mühsam. Vom großen Biwakfelsen am »Lake Larson« in einer Höhe von knapp 4000 Meter brechen wir am 15. Januar auf. Vorher haben wir wieder einen Trupp Träger entlohnt, der sich unverzüglich auf den Rückweg nach Ilaga macht. Nichts hält die Männer länger an diesem Ort. Berücksichtigt man die Umstände, haben sie ihre Pflichten bravourös erfüllt.

Für uns selbst legen wir im Biwakfelsen ein weiteres Lebensmitteldepot an. Es scheint uns jetzt unerläßlich, die elf verbliebenen Träger mit den in Biak gekauften Militärsachen einzukleiden. Die warmen Hosen anzuziehen, weigern sich die Danis allerdings; die zivilisierte Kleidung ist nicht für Wilde mit ellenlangen Penishüllen geschneidert. Sie bleiben also nackt. Ihnen steht eine letzte schwere Aufgabe bevor: Das Material, das für die Ersteigung der Carstensz-Pyramide und der umliegenden Hauptgipfel benötigt wird, sowie die dafür erforderliche Verpflegung müssen über den etwa 4400 Meter hohen Paß ins »Merental« gebracht werden. Hier schlagen wir unser Hauptlager auf. Ein Zelt, das eine australische Gletscherexpedition dort zurückgelassen hat, kommt uns dabei sehr zustatten.

Auf der Paßhöhe sehen wir, von der Nordseite her, erstmals die steil aufragende Carstensz-Pyramide.

Von den ursprünglich 40 Trägern verbleiben uns jetzt noch drei. Sie gehen bis zum »Lake Larson« zurück und warten dort auf uns.

Am Ziel – auf dem Gipfel der 5030 m hohen Carstensz-Pyramide, dem höchsten Punkt Neuguineas. Von links die Münchner Bergsteiger G. Kirner, H. Huber und H. Karasek.

Links: Vom Carstensz-Gletscher aus steigt eine schön geschwungene, gewaltige Firnschneide auf. Tief unten, über dem Urwald draußen, liegt Hochnebel. Alle Fotos G. Kirner

Der Verzehr der Fischkonserven, ein chinesisches Erzeugnis, rächt sich jetzt bitter. Schlechte Konservierungsstoffe lösen bei uns vier Bayern Brechdurchfall aus und lassen die Augenlider anschwellen. Die alpinen Unternehmungen, die wir uns vorgenommen haben, sind in unserem geschwächten Zustand sehr in Frage gestellt. Ein geschwollenes Knie von Hermann Huber kommt als weiteres Handicap hinzu. Unter Anspannung aller Kräfte und wohl auch nur, um uns selbst keine Enttäuschung zu bereiten, beschließen wir, an unseren alpinen Plänen festzuhalten.

Am 17. Januar gehen wir das Hauptziel, die Carstensz-Pyramide, an. Bernd und ich brechen über den erst im November 1973 von dem amerikanischen Kletterer Bruce Carson gefundenen Weg, der über den westlichen Teil der Nordwand und den Westgrad führt, zum Hauptgipfel auf, Herbert und Hermann legen durch den östlichen Teil der Nordwand eine neue Route.

Der ganze Gebirgsstock besteht aus Kalk. Durch die vielen Niederschläge ist er außerordentlich stark erodiert und weist vielerorts kleine, nadelspitze Erhebungen auf.

Bei der Teilung in zwei Seilschaften und damit in zwei Routen sind wir von der Überlegung ausgegangen, daß sich dadurch unsere Erfolgsaussichten erhöhen und im Fall des Gelingens die Seilschaften ihre Erfahrungen über beide Routen für spätere Besteigungen weitergeben können. Bei Tagesanbruch, um 4.30 Uhr des 17. Januars, steigen wir zusammen auf bis zum Einstieg am Fuß der Pyramide. Dort trennen wir uns, wie vereinbart. Bernd und ich gehen zunächst frei, das heißt ohne Seil. Ein nicht ungefährlicher Entschluß, aber das Wetter diktiert uns die Zeit, die uns zur Verfügung steht, um den Gipfel zu erreichen. Bis 11 Uhr müssen wir es geschafft haben, ebenso unsere Kameraden auf der anderen Route.

Es gilt immerhin, eine rund 800 Meter hohe und fast senkrechte Wand zu bezwingen. Wir alle wissen, daß jetzt nicht das geringste passieren darf, denn Hilfe können wir in diesem Winkel der Welt von niemandem erwarten. Schon ein einfacher Beinbruch wäre das sichere Ende. Und dieses Ende hätte mich auch fast ereilt, als sich später, am eigentlichen Gipfelaufschwung, ein Haken aus dem brüchigen Fels löst. Ohne Sicherung Bernds wäre ich etwa 80 Meter tief aus der fast senkrechten Wand gestürzt. Es wäre einer jener Vorfälle im Gebirge gewesen, die sich nie gänzlich ausschließen lassen. Gegen 11 Uhr erreichen wir den Gipfel. Unsere Kameraden warten bereits auf uns. Ein Händedruck, ein kurzer Blick hinunter ins »Merental«, den die bereits bedrohlich aufwallenden Wolken freigeben. Wir bringen den bayerischen Rautenwimpel neben der Flagge des Erstbesteigers Harrer an, dann zwingt uns das Wetter unerbittlich zu rascher Umkehr.

Völlig durchnäßt und müde, über kantigen Moränenschutt stolpernd, kommen wir nach zwölf Stunden wieder am Basislager an. Hermanns Knie, eine Meniskusverletzung, sieht böse aus. Vom Lager aus wären noch viele Erstbesteigungen möglich. Sie erscheinen uns in Anbetracht der Umstände nicht zu verantworten. Wir lassen es bei einer Gletscher-Erstüberquerung bewenden, ein letztes alpines Erlebnis, das mit einem Hochgewitter von unvorstellbarer Urgewalt einen donnernden Schlußakkord setzt.

Mit unseren drei Danis treten wir am 23. Januar den Rückmarsch nach Ilaga an. Wertvolle, aber eben zu schwere Ausrüstung müssen wir zurücklassen. Andere Expeditionen werden sie nach unseren Angaben später einmal finden und vielleicht gebrauchen können. Der Rückweg ist so schwierig, wie wir es erwartet haben. Womit wir nicht gerechnet haben: Die vor uns zurückgekehrten Danis haben die Lebensmittel in den Depots aufgegessen und die Markierungsbänder als willkommenen Schmuck mitgenommen. Aber irgendwie meistern wir auch dieses Mißgeschick und finden den rechten Weg. Am Sonntag, den 3. Februar, sind wir wieder am Ausgangspunkt Ilaga.

Vielleicht hat schon eine Einsicht dabei alle Mühe gelohnt: Uns überzivilisierten Europäern würde es kaum schaden, wenn wir gelegentlich den kleinen Dingen des Lebens mehr Raum gäben, wie es die »Wilden« Neuguineas, wenn auch unbewußt, tun: die Weisheit des einfachen Lebens – die Zufriedenheit mit dem, was vorhanden ist.

Die Vorzeit zum Sprechen bringen

VON HANS P. ROSCHINSKI

Fröstelnd im Oktoberregen steht der Archäologe am Rand des Baggerabbisses. Der Riesenbagger läuft den Steilhang entlang und legt ihn zugleich weiter vor ins Ackerland. Tonne um Tonne Abraum hebt er längs seiner Bahn von der hier lagernden Braunkohle, der Energiequelle für die nahen Elektrizitätswerke. Drüben liegt das Dorf Niedermerz. Der Archäologe blickt hinüber. Auf den jungsteinzeitlichen Fundstellen im Gebiet dort arbeiten seine Kollegen, um auszugraben, aufzunehmen, zu vermessen und zu zeichnen, zu fotografieren und zu bergen, was an Zeugnissen der Vorzeit hier noch der Boden birgt. Und tiefer noch als die Hinterlassenschaft früher Menschen liegen die Reste von Wäldern aus einer vergangenen, warmen Zeit, tiefer noch liegen die Braunkohlen, wichtiger Rohstoff unserer energiehungrigen Epoche.

Der Archäologe blickt wieder den Hang entlang. Jede Fundstelle deutet sich schon in der Bodenbildung an. Für die Steinzeitplätze hier sind Grauerden bezeichnend, Ergebnis einer Entkalkung, und das geübte Auge wird an der frischen Steilwand jede Verfärbung erspähen.

Die letzten Regentropfen fallen, die graue Wolkendecke reißt auf, Sonnenfinger stoßen durch die Risse bis auf den Boden. Vom Wettermantel laufen noch dünne Tropfenspuren.

Jetzt zieht der Bagger wieder vorbei. Einen Augenblick bleibt der Archäologe stehen. Aus den nun breiteren Wolkenrissen setzen die Bündel von Sonnenstrahlen helle Flecken in die lehmfarbene Wand. Doch halt, da drüben: ein brauner Horizont! Und da, da ragt eine Lanzenspitze aus der Wand! Braun – also ist Eisen ausgefallen, die Lanzenspitze...

Der Archäologe grübelt nicht lange. Eine Fundstelle ist in Gefahr – zwar keine der Steinzeit, doch hier im fruchtbaren Land links des Rheins liegen Kulturen übereinander bis in die Römer-, bis in die Frankenzeit. Der Archäologe eilt, um Nachricht von dem Fund zu geben.

So rückt aus dem Rheinischen Landesmuseum in Bonn eine zweite Gruppe Archäologen an. Der Grabungsleiter besichtigt den Anschnitt: Ein merowingi-

Röntgenstrahlen – ein modernes Hilfsmittel der Archäologen. Noch ehe man den aus der Grabgrube geborgenen Erdklumpen präpariert, verrät die Röntgenaufnahme, was den Archäologen erwartet, was unsere Vorfahren den Toten mit ins Grab gegeben haben. Kamm und Schere in einem Männergrab bei Niedermerz.

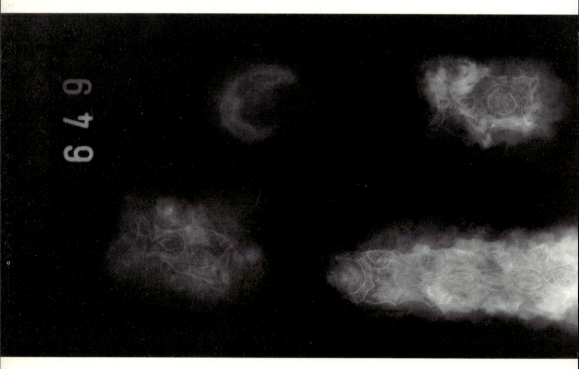

Deutlich sind auf diesem Röntgenbild Verzierungen der Beschläge von Riemenzungen sichtbar. Der Zeichner kann die Muster der Tauschierung – so nennt man das eingehämmerte Silber – schon an Hand der Röntgenaufnahme nachvollziehen.

sches Gräberfeld ist angerissen, die Grabung drängt. Was würde geschehen, wenn die Leitung des Bergwerks ihnen nicht entgegenkäme und den angeschnittenen Hang einer Zeit aussparte, damit der Fund sachkundig von den Archäologen geborgen werden kann?

Das Wetter selbst hat sich gebessert, es ist wieder der warme Oktober, Weinmonat, wie vor dem ersten Herbstregen. Die Grabgruben heben sich deutlich ab, als die erste Schicht abgeräumt ist. Der Boden ist hier verfärbt, und einmal an der warmen Luft, trocknen die Spuren aus und bleichen. »Geisterspuren« nennt sie der Archäologe. Sorgfältig werden die Umrisse der Grabgruben mit Bleischnüren umlegt. Diese Gruben zeigen sich locker gruppiert, die einen in Ost-West-, die anderen in Nord-Süd-Richtung, ein Wandel in der Grabsitte. Doch nie überschneiden sich die Grabgruben. Früher mußten sie auch über dem Boden kenntlich gewesen sein; dann fielen sie ins Vergessen, später zog der Pflug seine Furchen darüber, Saat und Ernte wechselten wieder und wieder, Jahr um Jahr, viele Generationen lang. Und darunter ruhten die Toten.

Sie ruhen immer noch dort. Gar nicht tief brauchen die Archäologen bis zu ihnen vorzustoßen, zwischen einem halben und anderthalb Meter lagern die Grundsohlen. Vorsichtig und genau müssen die Gruben ausgehoben werden, die einst, mit Bretterwänden umschalt, die Toten aufgenommen haben. Die eisernen Grabbeigaben sind allerdings zu unansehnlichen Klumpen zusammenoxydiert, Grünspan kennzeichnet die Bronzegegenstände. Mit Sorgfalt und Geduld freilegen, vermessen, fotografieren... Die Fundumstände sagen genausoviel aus wie die Fundstücke selbst, manchmal sind sie sogar beredter. Sorgfalt und Geduld braucht der Archäologe! Dabei drängt die Zeit, der Riesenbagger wartet. Sobald alles vermessen und abgeräumt ist, was von diesem kleinen Friedhof vielleicht eines großen Hofes übrigblieb, frißt er die Stätte hinweg, um an den braunen Rohstoff darunter zu kommen. Die Situation ist den Archäologen klar: Vom 6. Jahrhundert an bis in das folgende Jahrhundert hinein fanden hier etwa fünf Generationen die letzte Ruhestätte. Fünf bis sieben Gräber hat der Bagger schon unwiederbringlich fortgeräumt, ebensoviele sind bereits vor langer Zeit beraubt worden; die Mehrzahl aber ist unzerstört. So arbeiten die Wissenschaftler und arbeiten.

Und dann setzt der Regen wieder ein, der Grund weicht auf. Was nun?

Wenn die Arbeit im Feld nicht mehr möglich ist, muß sie ins Museum verlegt werden, sagt sich der Grabungsleiter. Noch nicht freigelegte Fundkomplexe werden gegen den Regen abgedeckt. Da ist zum Beispiel ein Doppelgrab mit zwei Frauen: Im Bereich von Kopf und Brustkorb wird alles im Lehmkloß abgetragen und mit Gipsbinden umwickelt, wie der Arzt sie für das Schienen gebrochener Beine braucht. Die Komplexe werden dann numeriert und in die Museumswerkstätten gebracht. So geht die Arbeit weiter. Immer neue Lehmbrocken, in denen noch die Funde stecken, werden eingegipst und fortgeschafft, Grab um Grab.

Und im Museum?

Ein Luftbild bringt es an den Tag: die quadratische Einfriedung einer Reihe von Gräbern, wie sie einheimische Baumeister vom letzten Abschnitt der Eisenzeit bis in die römische Besatzungszeit hinein beiderseits der Mosel anlegten. Ein typisches »Bodenmerkmal« bei Burgen, Kreis St. Goar. – Freigegeben Reg. Präs. Düsseldorf.

Moderne Technik hat den Archäologen viele Hilfsmittel an die Hand gegeben, damit sie genauer und besser mit den Zeugnissen der Vergangenheit arbeiten, sie lauter wieder zum Reden bringen können. Da sind die Röntgenstrahlen: Im Rheinischen Landesmuseum in Bonn kommen die weißbandagierten Pakete aus dem Gräberfeld beim Dorfe Niedermerz zunächst in das Röntgenlaboratorium, und ehe ein Auge wieder in der Wirklichkeit sieht, was einst einem Toten ins Grab gelegt worden ist, erblickt es das Abbild dieser Dinge auf der Röntgenaufnahme. Das Perlenkollier aus Glas-, Ton- und Bernsteinperlen, die Arm- und Fingerringe, die Tasche mit Bronzebeschlägen – alles wird da auf einmal deutlich, wie es in diesen noch gipsumschalten Klumpen ruht.

Lassen wir aber einen Augenblick die weißen, vergipsten Brocken in den Museumswerkstätten. Für uns soll eine kleine Weile die Technik wichtiger sein: die Röntgenaufnahme. So wie der Arzt ein gebrochenes Bein röntgt, um sich ein genaues Bild vom Schaden zu machen, wie er bei Krankheiten Körperpartien röntgt, weil verschiedene Körperteile und -organe die Röntgenstrahlen unterschiedlich »absorbieren«, verschlucken, so nutzen der Kunstwissenschaftler und

Solche Kreisgräber findet man in der Gegend von Cochem. Aus der Nähe kann man die Spuren, die die Tätigkeit jungsteinzeitlicher Menschen hinterlassen hat, oft nicht erkennen. Alle die Siedlungen und Wälle, die Wege und die Grabstätten – sie haben den Boden genarbt; erst aus der Luft fallen diese Merkmale auf.

der Archäologe (manchmal ist er beides in einem) die Röntgenaufnahme. Röntgenstrahlen werden ja um so mehr geschwächt, je höher das Atomgewicht der vorliegenden Elemente, je größer die Dichte der einzelnen Substanzen ist. Der Knochen im Bein zum Beispiel schwächt die Strahlung mehr als die ihn umkleidenden Muskeln, und so ergibt sich auf der Röntgenplatte ein vielsagender Wechsel von Dunkel und Hell. So auch in den Erdklumpen vom Gräberfeld: Metallteile und ihre Verwitterungsreste halten Röntgenstrahlen stärker zurück als die Reste organischer Stoffe und der Boden, in dem alles eingebettet ist. Das fertige Bild zeigt dem Archäologen, was in diesem Fundkomplex eingeschlossen ist.

Längst nämlich waren im Laufe der Jahrhunderte die Eisenteile der Grabbeigaben zu braunen Klümpchen verwittert. Wie schwer ist es für den Museumstechniker, der diese Brocken bearbeiten soll, die Dinge wieder zum Vorschein zu bringen, wie sie einmal, Jahrhunderte zuvor, gewesen waren, wie schnell ist da ein Verlust zu beklagen! Doch jetzt hat der Präparator und Restaurator das Röntgenbild zur Hand – und in allen Einzelheiten ist deutlich zu erkennen, was er im Klumpen finden wird. Allerdings, vieles muß er noch beachten. Vor allem weiß er nach dem Röntgenbild nicht, in welcher Höhe des Klumpens der Gegenstand liegt. Das könnte ihm nur die Aufnahme mit einer Röntgenstereoanlage verraten, aber solche Apparate sind für Museumswerkstätten noch zu teuer. Ferner muß er beim Auswerten des Röntgenbildes bedenken, daß die umhüllende Erde die Strahlung streut – und besonders der Löß von Niedermerz, in dem unsere Fundstücke eingeschlossen sind, streut stark.

Noch immer ziehen über die flache Landschaft links des Rheins dunkel und tief Regenwolken gegen das Bergland jenseits des Stroms. Noch immer räumt der Riesenbagger die Sande fort, Tonne um Tonne, schaut oben am Rand der Grube ein Archäologe die frisch aufgerissene Fläche entlang und sucht mit dem Auge nach Verfärbungen des Bodens, die Spuren der Vorzeit sein könnten.

Doch nicht nur so kommen solche Spuren wieder zutage, nicht das Begehen der Felder und Weiden, nicht das Absuchen von Baugruben und -flächen allein führt zu neuen Funden. Der Boden verrät manches davon auch dann, wenn der Forscher hoch aus der Luft nach gewissen Anzeichen Ausschau hält. Die Luftbild-Archäologie ist ein neuer Zweig der Wissenschaft, der Spuren zum Sprechen bringt! Ferner hat sich auch die Physik längst als nützliche Helferin erwiesen. Von diesen neuen Methoden soll nun die Rede sein.

Am frühen Morgen oder am späten Nachmittag, wenn also das Sonnenlicht schräg auf die Oberfläche des Bodens einfällt, fliegt der Archäologe über das Land, nicht sehr hoch. Aus der Vogelperspektive nun kann er jene Nuancen erkennen, die ihm unten auf dem Boden gar nicht aufgefallen waren. Sind die vorzeitlichen Reste noch nicht gänzlich eingeebnet, so ist im seitlich einfallenden Licht eine Schattenzeichnung auszumachen und zu fotografieren. Man spricht von einem »Schattenmerkmal«. Vielleicht ist es das Bild eines alten Wallsystems, sind es die verwitterten Reste einer Siedlungsstätte, die sich da dem Auge offenbaren. Allerdings, im Bereich der Ackerfelder, auf den alten, seit je kultivierten Bauernhalden in der Ebene, bleibt solche Suche nach Schattenmerkmalen meist vergeblich. Wo jedoch stets Weide war, auf Heiden und in Ödgebieten, da wird der geübte Beobachter noch Fundstellen entdecken. Jede menschliche Tätigkeit hat auf dem Boden Narben hinterlassen, hat die Struktur des Erdreichs gestört: Der Boden unter fruchtbarer Ackerkrume unterscheidet sich in Farbe, Zusammensetzung und Wasserführung meist sehr auffallend vom Obergrund. Wo der Mensch tief eingriff in das Land, beim Graben eines Ringwalls zum Beispiel, störte er die natürliche Schichtenfolge, indem er den Unterboden unter das Erdreich mischte. Wenn nun dieser Unterboden die Feuchtigkeit nach Regenfällen nicht so lange hält wie die Ackerkrume, so tritt für den Betrachter in solcher Schönwetterzeit der Ringwall hell im dunkleren Umland hervor. Es ergibt sich ein »Bodenmerkmal« und – weil hier der Wassergehalt eine Rolle spielt – ein »Feuchtigkeitsmerkmal«. Doch ein alter Graben kann auch mit Material des umliegenden Bodens zugefallen sein; der wasserhaltende Boden ist hier dann tiefer als in der Umgebung, und so hebt sich der Graben dunkel ab.

Ohne Ausgrabungen lassen sich etwaige Gebäudereste unter der Erde ausmachen. Auf dieser Luftaufnahme erkennt man links von der Bildmitte den Grundriß eines Doppeltempels und rechts einer römischen Villa. Störungen in der natürlichen Schichtenfolge des Erdreichs wirken sich auf dessen Wassergehalt aus und damit auch auf die Farbe. Aufnahme aus Nützlingen in der Eifel. – Freigeg. Reg. Präs. Düsseldorf

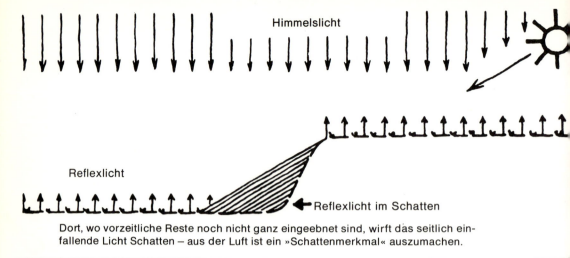

Dort, wo vorzeitliche Reste noch nicht ganz eingeebnet sind, wirft das seitlich einfallende Licht Schatten – aus der Luft ist ein »Schattenmerkmal« auszumachen.

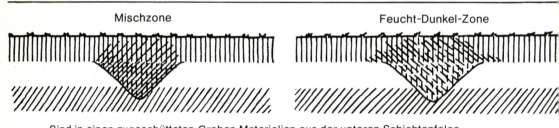

Sind in einen zugeschütteten Graben Materialien aus der unteren Schichtenfolge eingemischt, trocknet der Boden nach dem Regen schneller als die Umgebung: Der Graben tritt auf einem Luftbild hell hervor (links). Ist er mit oberen Bodenschichten aufgefüllt, hält er die Feuchtigkeit länger und erscheint dunkler (rechts).

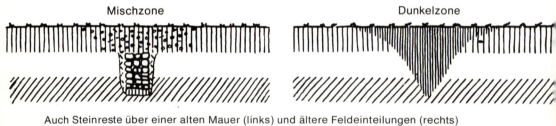

Auch Steinreste über einer alten Mauer (links) und ältere Feldeinteilungen (rechts) ändern das Feuchtigkeitsverhalten, was aus der Luft an der Farbe zu erkennen ist.

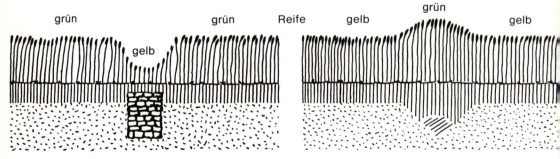

Selbst unter einer Pflanzendecke bleibt nichts verborgen. Der Feuchtigkeitsgrad wirkt sich auf das Wachstum aus: Das »Wachstumsmerkmal« gibt dem Archäologen Aufschluß über den Verlauf von Mauerresten im Boden, von ehemaligen Gräben u. a.

Auf dem Acker sprießen die Getreidehalme hoch. Ist nun der Grund bis in die Tiefe feucht, so können sich im Frühling nach Regenzeiten die Pflanzen länger entwickeln, sie können kräftiger und dunkler im Grün stehen. Liegen jedoch nicht allzu tief unter der Oberfläche noch Mauerreste aus Steinen oder harten Ziegeln, die das einsinkende Wasser nicht so festhalten wie die poröse Krume, dann wächst das Getreide darüber langsamer, es hebt sich gelblich von den Nachbarpflanzen ab – und dieses »Wachstumsmerkmal« verrät dem Archäologen den Verlauf der Mauerreste.

Mit der Luftbild-Archäologie hat man bereits nach dem ersten Weltkrieg begonnen, zunächst in England, nämlich die Flieger Crawford und Allen, sowie in Frankreich Poidebard. Nach dem letzten Krieg nahm sie einen neuen Aufschwung. Doch die Methode erfordert etwas Glück und viel Geduld, auch günstige Jahres- und Wetterumstände.

In Italien hat dieses Verfahren, kombiniert mit anderen, gute Erfolge bei der systematischen Suche nach Etruskergräbern gebracht. Über deren Steinwölbungen gedieh nämlich die Pflanzendecke schwächer, und das zeigte sich in den Luftaufnahmen. Unten bohrten sich dann die Forscher durch die Wölbung und senkten ein Periskop mit eingebauter Lichtquelle durch die Öffnung. Noch verschlossen, gab so das Grab schon Auskunft über seinen Inhalt. Selbst eine kleine Kamera ließ sich hinuntersenken, und die Bilder zeigten dann schwarz auf weiß den Zustand und die Beigaben solcher Gräber.

Die Luftbild-Archäologie ist also eine durchaus wertvolle Methode. Doch die Naturwissenschaft – genauer: die Geophysik – gab den Archäologen weitere Hilfsmittel in die Hand. Spuren der Vorzeit unter der Bodenoberfläche bedeuten immer Veränderungen der Bodenstruktur und damit der elektrischen Verhältnisse. Mit einer Widerstandsmeßbrücke, über Kabel mit Elektroden verbunden, läßt sich der Wechsel im elektrischen Widerstand der Erdoberfläche über einem bestimmten Gebiet messen: Ein mit porösem Oberflächenmaterial zugeschütteter Graben hält die Feuchtigkeit besser, und so ist hier auch die elektrische Leitfähigkeit des Bodens besser, der Widerstand geringer. Über einer Mauer, die noch verborgen im Grund liegt, ist er hingegen größer. Meßreihen solcher Anomalien können dem Archäologen Kenntnis geben von dem, was er sucht. Was auf dem Felde wächst, hat bei diesem Verfahren nicht so starken Einfluß wie beim Luftbild; das Wetter aber muß unbedingt in Rechnung gesetzt werden. Zeiten hoher, gleichmäßiger Bodenfeuchte sind hier ungünstig, ebenso Perioden anhaltender Trockenheit. Jedes Gebiet und jede Fundstelle darin haben eine besonders günstige Zeit. Leider liegt sie oft in der Spanne, in der die Feldfrüchte reifen.

Natürlich muß der Archäologe bei seiner Arbeit auch mit den Kosten rechnen. Die Etats der Museen und Bodendenkmalsämter sind nicht sehr reich ausgestattet! Die Methode der elektrischen Widerstandsmessung ist zwar technisch nicht sehr aufwendig, dafür aber langsam. 1000 Quadratmeter an einem Tag ist schon eine gute Vermessungsleistung. Andere Schwierigkeiten – Beschränkung durch Jahreszeit und Wetter – sind schon genannt.

Schritt für Schritt setzt der Archäologe die Magnetometersonde an (links). Mit dem hochempfindlichen Gerät lassen sich Unterschiede der magnetischen Eigenschaften im Boden messen. Im Meßwagen (oben) werden die Werte automatisch aufgezeichnet.

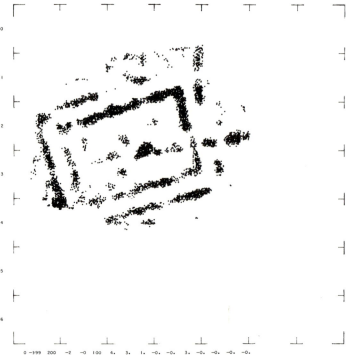

Links: Ein Computer setzt die Werte in Punkte um – deutlich treten die Umrisse des untersuchten Objektes hervor. Hier ein solches Punktebild – das »Computer-Plot« einer römischen Wachstation im Kreis Düren.

In diesen Punkten unabhängiger und zudem mit viermal größerer Tagesleistung bietet sich dem Archäologen eine vierte Methode an: die der magnetischen Vermessung. Hier allerdings ist die Ausrüstung teuer. Sie übersteigt manches Budget für archäologische Forschung, und sie hat auch, wie wir noch sehen werden, ihre Grenzen. Schauen wir uns diese Methode einmal an!

Lange Untersuchungsreihen in England, Frankreich und Deutschland haben gezeigt, daß die magnetischen Eigenschaften des Bodens nicht gleichmäßig sind. Bei den meisten Böden ist der obere Grund etwa bis Spatenstichtiefe stärker magnetisch als die tiefer liegenden Bodenschichten. (Es gibt allerdings auch umgekehrte Beispiele.) Freilich sind diese Unterschiede sehr, sehr gering; nur mit hochempfindlichen Geräten lassen sie sich messen. Heute gibt es schon eigens für den Archäologen entwickelte Geräte. Dr. Irwin Scollar, ein amerikanischer Gelehrter, der am Rheinischen Landesmuseum in Bonn arbeitet, entwickelte das Differential-Protonenresonanz-Magnetometer.

Diese Methode der magnetischen Messungen hat noch einen zusätzlichen Vorteil: Wenn der prospektierende Archäologe im Gelände Meter um Meter die Meßsonde ansetzt, fließen die Meßwerte gleich in den Meßwagen, wo sie automatisch aufgezeichnet werden können. Beim Vorwärtsschreiten plötzlich höher werdende Magnetfeldwerte deuten auf einen Graben, in dem das Oberflächenmaterial tiefer hineinreicht, örtlich niedrige Werte auf nichtmagnetisches Mauerwerk. Alle diese Meßdaten werden dann in einer elektronischen Rechenanlage ausgewertet. Sie zeichnet zunächst die unterschiedlichen Feldstärken mit verschiedenen Symbolen. Schon das verrät dem Archäologen einiges. Mehr noch ergibt sich, wenn er diese Meßdaten »filtert«. Dabei werden alle jene Einflüsse ausgeschaltet, die von tieferliegenden geologischen Gegebenheiten herrühren. Nunmehr kann der Computer automatisch ein Punktebild des untersuchten Objekts zeichnen. In vielen Einzelheiten treten deutlich die Umrisse hervor. Diese Methode ist so wichtig, weil sie schon im ersten Anlauf der Sucharbeit mehr Aufschlüsse über das Objekt bringt als die anderen Verfahren und dabei oft teure Grabungen erspart, wenn nämlich die Reste im Boden nicht sehr bedeutend sind, doch immerhin für das Erfassen einer Gesamtanlage Wert haben.

Nicht immer allerdings läßt sich diese Methode anwenden. Manche Böden sind zu stark magnetisch, in der Nähe größerer Siedlungen oder Industrieanlagen zum Beispiel, wo viele Eisenspuren den Boden verunreinigen. Auch ist mitunter die Differenz der Feldstärke zwischen den oberen und den unteren Bodenschichten zu gering. Ferner dürfen die archäologischen Reste nicht zu tief unter der Oberfläche liegen.

Röntgenstrahlen-Fotografie, Erkundung per Flugzeug, elektrische und magnetische Bodenvermessung – vier moderne Methoden der archäologischen Prospektion. Sie geben dem Vorzeitforscher die Möglichkeit, schneller zu erkunden, rascher zu entdecken. Und das ist wichtig. Denn auf unserer sich ständig wandelnden Erdoberfläche arbeitet der Archäologe heute oft im Wettlauf mit Baggern und Baumaschinen.

Abermillionen von Bisons ästen einst auf den Prärien Nordamerikas, Millionen Hirsche waren dort in den Wäldern zu Hause: Lebensgrundlage der Indianer, die sie mit Eiweiß versorgten. Ihr Bestand ist ebenso zurückgegangen wie der der Kaffernbüffel in Afrika.

Wild für den Kochtopf?

VON WILLI DOLDER

Etwa die Hälfte der Weltbevölkerung von 3,5 Milliarden Menschen ist chronisch unterernährt. In erster Linie fehlen ihr Proteine, das heißt tierisches Eiweiß, also Fleisch, Fisch, Eier und Milch. Ein Zuwenig dieser lebenswichtigen Aufbaustoffe führt zu schweren Erkrankungen und Mangelerscheinungen, wie sie sich etwa in den aufgedunsenen Bäuchen der Negerkinder zeigen. Solche Merkmale proteinarmer Ernährung finden sich in erster Linie bei Urwald- und Steppenvölkern, während die Bewohner fischreicher Küstenländer, die seßhaften Bauern und die Mehrzahl der viehtreibenden Nomaden davon weniger betroffen sind.

Versuchten Hilfsorganisationen aller Staaten und die Regierungen der Dritten Welt bisher, diesen Völkern mit eiweißangereicherten Lebensmitteln und mit Trockenmilchpulver zu helfen, erwägt man seit einigen Jahren das »Game Farming« oder »Game Cropping«. Man versteht darunter Haltung und Nutzung wilder Tiere (englisch: Game = Tier, Wild; to crop = ernten).

Der Gedanke ist nicht neu. Die Prärieindianer Nordamerikas haben jahrhundertelang zum großen Teil von Bisons gelebt, und als während des Ersten Weltkrieges der Kampf in Ostafrika tobte und die Nachschubwege der Deutschen Schutztruppen abgeschnitten waren, mußten sich deren Soldaten und ihre afrikanischen Askaris monatelang von einheimischem Wild ernähren. Damals bevölkerten aber noch Millionen und Abermillionen Tiere die Steppen und Savannen: Der Reiseschriftsteller Artur Heye beschreibt in einer seiner Schilderungen eine Gnuwanderung, die viele Stunden lang dauerte – und das bei einer Breite von mehreren Kilometern! Ähnliches gab es von anderen Antilopen-, Zebra- und Elefantenherden zu melden.

Heute sind die Verhältnisse grundlegend anders. Von den einstigen Wildherden riesigen Ausmaßes sind nur noch kümmerliche Reste übrig geblieben, und die menschliche Bevölkerung steigt in schreckenerregendem Maße an. Allein Indien hat einen jährlichen Geburtenüberschuß von 15 Millionen Menschen!

Ernährungswissenschaftler sind ständig auf der Suche nach neuen Wegen. Der bisher größte Triumph war die »grüne Revolution«, die Zucht superertragreicher Reis- und Weizensorten. Die Eiweißknappheit ist damit aber

Rund 150 Millionen Wasserbüffel leben heute noch auf dem indischen Subkontinent. Während der Trockenzeit geben sie lediglich 1 bis 2 Liter Milch, benötigen aber riesige Futtermengen. Für die Ernährung hungernder Völker sind sie von geringem Nutzen.

keineswegs behoben. Die Vorschläge vieler Agrarwissenschaftler, die Haustierbestände zu vergrößern und damit eine bedeutendere Fleischquelle zu schaffen, stoßen bei den Ökologen – den Fachleuten, die sich mit der Umwelt als Ganzes beschäftigten – auf wenig Gegenliebe. Rinder, Ziegen und Schafe sind schlechte Futterverwerter, das heißt, sie brauchen entweder sehr gute oder sehr viel Nahrung. Rinder haben zudem die verhängnisvolle Eigenart, Gräser mit der Zunge oder den Lippen zu umfassen und herauszureißen – Wildtiere dagegen beißen sie ab. Der Unterschied ist klar und der Fortgang leicht verständlich: Überall dort, wo eine dünne, wenig befestigte Grasnarbe liegt – und das ist in den meist trockenen Savannen, Prärien und Steppen Afrikas, Amerikas und Asiens der Fall –, werden die Halme mitsamt der den Boden festigenden Wurzel ausgerissen. Das hat in diesen Erdteilen gewaltige Bodenerosionen zur Folge, denen man nicht Herr zu werden vermag. Halbwüsten und Steppen, die nur wenig an Pflanzenwuchs hervorbringen, breiten sich unaufhaltsam aus und zerstören damit wertvolles Kulturland.

Bodenzerstörung aber bedeutet geringe Erträge und somit Hunger in aller Welt – ein wahrhaft Gordischer Knoten, den es mit vereinten Bemühungen zu zerschlagen gilt. Die Waffe dazu könnte das »Game Farming« sein.

In vielen Ländern laufen Versuche in dieser Richtung. Bis jedoch auf Gewinn bedachte Farmen dieser Art in Betrieb genommen werden können, ist es ein weiter, beschwerlicher Weg, gepflastert mit Mißerfolgen. Vielleicht die größte Erfahrung mit der »Teildomestikation« und dem Halten halbwilder Tierarten haben die sowjetischen Wissenschaftler in Askania Nova, einem von dem Deutschen Falz-Fein gegründetes Steppenparadies, das 400 Kilometer nördlich der Krim-Halbinsel liegt. Hier werden Zebras, Hirsche, Elche, Gnus, Elen-Antilopen, Bisons und zahlreiche andere Tierarten gezüchtet und auf ihre Eignung für die menschliche Ernährung untersucht.

Weißbartgnus, eine Unterart der Kuhantilopen – sie könnten dem Eiweißmangel der Menschen abhelfen, denn Antilopen sind Herdentiere und können in großer Zahl gehalten werden. Zudem sind sie schnellwüchsig und gute Futterverwerter.

Auch in Ost- und Südafrika wird viel Forschungsarbeit geleistet. Verschiedene wissenschaftliche Institute befassen sich mit dem Leben und dem Verhalten von Herdentieren, denn nur solche können in entsprechender Zahl gehalten werden und sind vielleicht einmal in der Lage, die benötigten Fleischmengen zu liefern. Auf dem ersten Platz unter den dafür ausgelesenen Wildtieren steht die Elen-Antilope, eine 600 bis 800 Kilogramm schwere, rinderartige Antilope, die sich hervorragend zur Herdenhaltung eignet. Außerdem ist sie schnellwüchsig und ein ausgesprochen guter Futterverwerter. Es hat sich nämlich gezeigt, daß die meisten Wildtiere die Äsung vier- bis fünfmal besser umsetzen als Hausrinder, also mit der gleichen Menge Futter vier- bis fünfmal mehr Fleisch liefern. Zudem belasten sie den Pflanzenwuchs bei weitem nicht so stark wie domestizierte Tiere. Der wirkliche Nutzen ist also noch um ein Vielfaches höher als der, der sich in Kilogramm Fleisch je Quadratkilometer ausdrücken läßt.

Leider sind die Schwierigkeiten der Haltung noch bei weitem nicht gelöst, denn nur mit gezielter Zucht und Auslese lassen sich die notwendigen Geldaufwendungen für Personal, Zäune, Schlachtung und Vertrieb durch den Verkauf des Fleisches decken. Immerhin gibt es in Südafrika schon einige Dutzend Farmen, die keine Rinder mehr halten, sondern Elen, Gnus, Impalas, Kudus und Springböcke. Aber das Fleisch dieser Tiere ist wegen seines Preises nur für eine wohlhabende Schicht erschwinglich und nicht für die notleidende Bevölkerung, die es dringend braucht.

Es gibt jedoch eine ganze Reihe von Beispielen, wo Wild in die Kochtöpfe der eiweißhungrigen Menschen wanderte. Das war der Fall, als vor Jahren in Uganda 4000 Flußpferde abgeschossen wurden. Diese Tiere hatten sich aus Mangel an natürlichen Feinden so stark vermehrt, daß im Umkreis von 15 bis 20 Kilometer um die Gewässer der Pflanzenwuchs schweren Schaden

Die Fleischlieferanten von morgen? Zebras und auch Elefanten wären für eine Teildomestikation in Afrika geeignet, in Europa käme dafür Dam- und Rotwild in Frage. Ob sich durch das »Game farming« das Hungerproblem in den Entwicklungsländern lösen läßt? Noch sieht es nicht danach aus – der Mensch mit seinen Lebensgewohnheiten und seinen Vorurteilen steht dem entgegen.
Alle Fotos Dolder

nahm. Nachdem Ökologen einen genauen Abschußplan aufgestellt hatten, wurde einige Jahre lang die Zahl der Hippos wohlüberlegt verringert, mit dem Ergebnis, daß mehrere hundert Tonnen Fleisch billig an die Eingeborenen verkauft werden konnten, und auch, daß sich die Savannengräser in kurzer Zeit wieder erholten.

Ähnlich ist es in Afrika mit dem Abschuß von Elefanten. In Gebieten, die für die Jagd gesperrt sind, hatten sich die sonst allgemein bedrohten Rüsseltiere so stark vermehrt, daß ihnen die Vegetation nicht mehr genug Futter bot. Nach sorgfältiger Auslese wurden – und werden – in regelmäßigen Abständen überzählige Herden abgeschossen und das Fleisch verwertet. Von den Tieren geht nichts, aber auch gar nichts verloren. Das Elfenbein, die Haut und selbst die Haare (für Armbänder und ähnliches) gelangen in den Handel, die Knochen werden zu Dünger verarbeitet, und das Fleisch erhalten die Eingeborenen, die es kochen oder daraus luftgetrockneten »Biltong« zubereiten, der sich monatelang hält.

Nordamerika war zu Zeiten der ersten Einwanderer ein lebendes Fleischlager. Auf den Prärien ästen 60 bis 70 Millionen Bisons, Lebensgrundlage der Indianer, und mehr als 40 Millionen Pronghorns oder Gabelantilopen. In den unendlichen Wäldern lebten schätzungsweise 25 Millionen Hirsche, in den Rocky Mountains eine nicht zu bestimmende Anzahl von Dickhornschafen und Schneeziegen. Und selbst im unwirtschaftlichen Norden wimmelte es von Karibus, wilden Rentieren und Moschusochsen.

Eine unbeschreibliche Vernichtungswelle zog über den Halbkontinent, und zurück blieben kümmerliche Populationen, für die eiligst ein paar Nationalparks errichtet wurden. Durch sorgsame Hege sind die Bisons inzwischen wieder auf 30 000 Tiere angewachsen, desgleichen die Pronghorns. Wapitis – eine Edelhirschart – kommen mancherorts und zu gewissen Zeiten in Herden von 8000 bis 12 000 Stück vor und können, wenigstens teilweise, für die Ernährung hungernder Völker genutzt werden. Das gleiche gilt für die halbwilden Renherden Nordeuropas und Rußlands.

Aber es ist schwierig, die eiweißbedürftigen Menschen auf solche Nahrungsmittel umzustellen, wie zwei Beispiele recht deutlich zeigen: Das eine ist Indien mit seinem Heer von Rindern. Rund 400 Millionen Zebus und 150 Millionen Wasserbüffel leben auf dem Subkontinent; sie sind für die Menschen dort ohne den geringsten Nutzen, denn deren Religion verbietet ihnen, die »heiligen Kühe« zu essen. Auch um die Milchleistung ist es schlecht bestellt. Eine Kuh gibt täglich einen halben bis anderthalb Liter – und das auch nur dann, wenn sie genügend Grünfutter findet, das heißt zwei bis drei Monate im Jahr!

Das andere Beispiel betrifft die Eskimos Nordamerikas. Viele Generationen hindurch hatten sie von den wilden »Barren Ground Karibus« gelebt. Weil übermäßig auf diese Tiere Jagd gemacht wurde und weil ihre natürlichen Lebensräume zerstört wurden, sank die Zahl von einigen Millionen auf wenige Zehntausend. Ganze Eskimofamilien und -sippen starben einen langsamen Hungertod. Also versuchte man, die Eskimos zu Rentierzüchtern zu machen, wie das die Lappen seit langem mit Erfolg sind. Aus Norwegen wurden in einer aufwendigen Unternehmung 3000 Rene in das besonders bedrohte Mackenziegebiet und nach Alaska gebracht. Aber kein Eskimo fand sich bereit, die Tiere zu halten, zu versorgen und zu nutzen. Ähnliches passierte, als ein Großversuch mit Moschusochsen unternommen wurde: Die Eskimos weigerten sich entschieden, die seltsamen Ochsen – die zoologisch zwischen Ziege und Schaf stehen – als Haustiere zu betrachten. Sie zogen ein unstetes Nomadenleben am Rande der Arktis den verbesserten Lebensbedingungen im Süden vor. Dabei hätten sich die Moschusochsen wahrscheinlich gut dazu geeignet, die Versorgungsnöte der Eskimos zu lösen: Sie sind besser als jedes andere Großwild den unwirtlichen Tundren und Eiswüsten angepaßt und können sich selbst dort noch behaupten, wo nicht einmal mehr eine Maus ihr Dasein fristet. Außerdem lassen sie sich, wie Professor Teal, ein Verhaltensforscher aus dem amerikanischen Bundesstaat Vermont, in jahrelangen Untersuchungen herausfand, recht leicht zähmen. Theoretisch besteht die Möglichkeit, den Moschusochsen durch Zucht in ein nützliches Haustier zu verwandeln, wie es die Tibetaner mit dem ebenfalls sehr genügsamen wilden Yak getan haben, der ihnen Milch, Fleisch, Leder und Wolle liefert und den sie zudem zum Tragen von Lasten verwenden.

Aber gerade in dem Wort »theoretisch« liegt die ganze Fragwürdigkeit des »Game Farming«. Aus biologischer und ökologischer Sicht wäre es heute bei Einsatz entsprechender Geldmittel ohne weiteres möglich, Wildtiere in a l l e r Welt in beträchtlicher Stückzahl zu halten, zu züchten und zu nutzen, mit all den genannten Vorteilen wie bessere Erträge, Schonung der Böden und dergleichen mehr.

Das betrifft in Amerika die Bisons, die Pronghorns und mit Einschränkung die Wapitis. In Europa kämen dafür Elch, Ren, Rot- und Damwild in Frage, in Asien Hirsche, Antilopen und teildomestizierte Wildrinder wie Gayal und Balirind. In Afrika aber steht eine ganze Palette von Huftieren zur Auswahl: Elefanten, Hippos, Zebras, Antilopen, Gazellen und selbst Kaffernbüffel. Außerdem könnte man, wie Versuche in Rußland und in Australien gezeigt haben, fremdländische Tierarten als Fleischlieferanten einbürgern und so brachliegendes Wild- und Weideland nutzen.

In der Praxis sieht es aber so aus, daß politische, religiöse, gefühlsmäßige, auf den Lebensgewohnheiten beruhende und wirtschaftliche Motive eine in großem Maßstab betriebene Wildtierhaltung behindern. Einmal mehr gehen durch menschliche Kurzsichtigkeit, Unduldsamkeit und mangelnde Zusammenarbeit zukunftsweisende Vorhaben, wertvolle Böden und – leider – damit unzählige Menschenleben zugrunde.

So wird denn wohl noch auf lange Zeit das Bild vom Hindu, der Axishirsche hütet, vom Massai, der Elen-Antilopen zusammentreibt, vom Zulu, der Flußpferde bewacht und vom Eskimo, der eine Herde Moschusochsen aufzieht, das bleiben, was es heute ist: ein Wunschtraum.

Die Schlacht der heißen Reifen

Männer, Motoren und Morast

VON OSSI BRUCKER

Wilde Fahrer beim Rostbomber-Derby

Fensterlos und ohne Windschutzscheiben, so rasen Dutzende von ausgedienten Personenwagen mit klappernden Schutzblechen und quietschenden Karosserien durch die Arena, überschlagen sich, fliegen durch die Luft! Dichte Staubwolken hüllen die Zuschauer ein, indessen hartgesottene Fahrer, angeschnallt, den Sturzhelm auf dem Kopf und in dick gepolsterten Anzügen hinter dem Lenkrad, ihr abgetakeltes Vehikel schonungslos über die Bahn hetzen. Das sind die in Amerika beliebten »Ringkämpfe der Autos« – Altwagen-Karambolage-Rennen, die nun auch in Europa Fuß fassen.

Ein gnadenloser Kampf über Stock und Stein – das ist Auto-Cross, ein Sport für alle, die sich einmal nach Herzenslust austoben wollen. Eine riesige Staubwolke ist alles, was zurückbleibt, wenn die Wagen wie böse Hornissen durchs Gelände brummen.

Die Catcher am Volant müssen einen ordentlichen Stoß vertragen können. Ohne Schrammen, Hautabschürfungen, Prellungen und einer Menge blauer Flecken geht es selten ab. Manchmal kommt auch noch eine kleine Gehirnerschütterung dazu oder sogar ein Knochenbruch. Weder der Sturzhelm noch der Sicherheitsgurt, noch die besonders weiche, dem Körper genau angepaßte Polsterung können alle Erschütterungen auffangen oder dämpfen. Tote gibt es bei diesen »Crash-driver-Rennen« nur selten.

Was wohl läßt die Männer immer wieder in ihre ramponierten Wagen klettern? Vielfach ist es der Nervenkitzel, vielleicht der Beifallsrausch des Publikums, dem die kalten Schauer über den Rücken laufen, vielleicht auch nur kindliche Freude am Kaputtmachen. Was auch der Grund sein mag, es gibt bei diesen Rennen, wenigstens in Amerika und England, eine nette Stange Geld zu verdienen. In England werden bei solchen Rostbomber-Derbys sogar »Kopfprämien« ausgesetz für den, der einen Gegner samt Vehikel durch einen ordentlichen Rammstoß seitab ins Gelände befördert. Mit dem Geldverdienen wird es bei uns allerdings noch etwas dauern, vorerst erhält in hiesigen Regionen der Sieger nur den Kuß einer hübschen Maid.

Wie bei anderen Automobil-Veranstaltungen sind die Auto-Veteranen mit Nummern bemalt und oft auf lustige Namen getauft. Wenn die Schlacht der Altwagenlenker beginnt, heulen die Motoren im Diskant auf, und dann geht es darum, mit dem mehr oder weniger schrottreifen Wagen den Gegner zu rammen, so daß dessen Fahrzeug möglichst schwer beschädigt wird, das eigene aber höchstens einige Beulen davon trägt. Der Gegner darf nicht am Ziel ankommen, das ist die Losung aller. Danach wird gefahren und mit den bejahrten Mühlen, die es oft zu spottbilligen Preisen zu kaufen gibt, geradezu halsbrecherisch überholt.

Meist steckt unter der klapprigen Motorhaube ein hochgezüchteter Motor. Das Dach der Karosserie ist ausgeschnitten, damit der Fahrer bei Unfällen eine Möglichkeit zum Aussteigen hat. Die rasenden Schrotthaufen gehen verbissen aufeinander los, Kotflügel werden eingedrückt und Achsen brechen, die Luft entweicht knallend aus platzenden Reifen, Lenkräder werden verbogen. »Rund« geht es in der Bedeutung des Wortes, wenn ein Fahrer voll auf die Bremse tritt. Dann dreht sich der Wagen wie ein Kreisel, erfaßt nachkommende Fahrzeuge, schleudert sie zur Seite. Räder fliegen durch die Luft, die Autos schlittern, schaukeln, überschlagen sich, und während die Zuschauer entsetzt aufschreien, grinst der Fahrer hinter seiner Schutzbrille – das ist ein besonderer Spaß. Freilich, das Lächeln hält nur so lange an, wie er selbst alles gut übersteht. Die Taktik der Crash driver lautet: keinen vorbei lassen! Sollte es ein Greenhorn doch einmal versuchen, so ist das meist das Ende, sein Ende; denn wer von hinten auf ein Fahrzeug prallt, überschlägt sich selbst und bringt sich so um den möglichen Sieg oder vielleicht sogar um sein Leben.

Man mag über diesen Auto-Zirkus, bei dem der fahrerischen Phantasie der rasenden Matadore keine Grenzen gesetzt sind, denken wie man will.

Hart zur Sache geht es beim Rostbomber-Derby: Der Gegner darf nicht ans Ziel kommen, das ist die Losung aller – ein Nervenkitzel ganz besonderer Art. Foto dpa

Doch zeigt sich dabei immer wieder, wieviel Mensch und Auto auszuhalten vermögen und wie wenig selbst bei den tollsten Karambolagen passiert – wenn der Fahrer richtig reagiert. Das ist aber auch das einzige, was man von den Auto-Catchern lernen kann. Trotz alledem ist das »Duell der Straßenkreuzer«, das mitunter einer Wildwestschau gleicht oder einem auf Rädern ausgetragenen Rodeo, recht beliebt.

Die verkehrsuntüchtig gewordenen Veteranen – ungefähr 25 an der Zahl – gehen bei diesem Demolierungs-Derby über einen langen Parcours, der mit Blechteilen, Federn, Stoßdämpfern, Chromteilen und Rückspiegeln gepflastert ist. Die »Cowboys« sind Leute, denen man alltags irgendwo in der Stadt begegnet: Kaufleute und Angestellte, Kraftfahrzeugmechaniker und Beamte, Tankstellen- und Werkstättenbesitzer. In ihnen allen lebt der geheime Wunsch, sich beim Autozertrümmern einmal richtig austoben zu können, also angestaute Aggressionen abzureagieren. Aber nicht nur sie haben Spaß an diesem Sport, sondern auch die Gebrauchtwagenhändler, die ein gutes Geschäft wittern und auf reißenden Absatz ihrer ganz alten Ladenhüter beim nächsten Mal hoffen. Indessen reiben sich die Schrotthändler schon die Hände und warten mit dem Abschleppwagen, um nach geschlagener Schlacht die Überreste einstiger Blechherrlichkeit abzutransportieren.

Je schwieriger die Geländeverhältnisse, desto spannender die Wettbewerbe. Beim Auto-Cross starten jeweils bis zu drei Fahrzeuge, die auf der mit Sprunghügeln, Schlammlöchern und Haarnadelkurven gespickten Strecke um die Führung kämpfen. Die Fahrzeuge sind ihrer Bauweise nach in verschiedene Gruppen eingeteilt. Für überfahrene Markierungen gibt es Strafpunkte.

Im Auto über Stock und Stein

Eine ganz andere Automobilsportart, für die man weder eine Rennstrecke noch eine Verkehrsstraße benötigt, kam bereits im Jahre 1968 von England und Amerika herüber nach Deutschland. Bekannt unter dem Namen »Auto-Cross«, wurde sie aber erst in den vergangenen Jahren volkstümlich. »Runter von der Straße, rein ins Gelände« lautet der Wahlspruch der Auto-Geländefahrer. Für Mensch und Maschine ist wohl kaum eine härtere Prüfung vorstellbar, als daß ein Fahrer sein Auto über Stock und Stein jagt, durch dick und dünn, bei jedem Wetter. Zu diesem Zweck wird in Mutter Natur ein flacher oder auch leicht hügeliger Rundkurs von mindestens acht Meter Breite abgesteckt. Er muß mehrmals durchfahren werden, so daß sich insgesamt eine Strecke von 3 bis 6 Kilometer ergibt. Damit ist auch der kleinsten Gemeinde die Möglichkeit geboten, eine solche Auto-Cross-Veranstaltung durchzuführen. Auf Wiesen, Feldern und Waldpartien lassen sich überall geeignete Pisten finden, und für die Streckenpräparierung braucht es wenig Aufwand. Im Gegenteil, je schwieriger die Geländeverhältnisse sind, desto spannender werden die Wettbewerbe.

Die Fahrer sollen beim Auto-Cross lernen, ihr Fahrzeug in jeder Lage zu beherrschen; denn wer sich hier im tückischen Gelände richtig fortzubewegen weiß, der wird auch auf der Straße sicher fahren. Der Zuschauer freilich, der zum ersten Mal einem solchen Rennen beiwohnt und sieht, wie die Wagen verschiedenster Bauart wie böse Hornissen über die Strecke brummen, wird wahrscheinlich die Hände über dem Kopf zusammenschlagen und eine solche Art von Sport als halsbrecherisch bezeichnen, erinnert die Fahrt der Autos im Renntempo doch oft an die Fortbewegung eines Kängurus. In Wirklichkeit aber ist dieser Auto-Geländesport, dessen kleiner Bruder Moto-Cross heißt und mit dem Motorrad betrieben wird, halb so gefährlich. Die Tatsache, daß er eine magische Anziehungskraft auf sehr viele Menschen ausübt und von Jahr zu Jahr immer mehr Anhänger gewinnt, mag darin begründet sein, daß sich junge Leute bei diesen ebenso spannenden wie attraktiven Rennen nach Herzenslust austoben können, was auf Landstraßen und Autobahnen wegen des dichten Verkehrs und der Geschwindigkeitsbeschränkungen nicht möglich ist. Man darf Auto-Cross-Rennen aber nicht mit den Altwagenrennen vergleichen. Um eine Schlacht schrottreifer Blechkisten handelt es sich dabei gewiß nicht; denn beim Auto-Cross gibt es weder einen Massenstart noch ein absichtliches Aufeinanderlosfahren. Es starten jeweils nur zwei Fahrzeuge, höchstens drei, sofern die Bahn breit genug ist.

Wenn sich die Startflagge senkt, beginnt aber auch hier ein gnadenloser Kampf über Stock und Stein um die Spitzenposition. Dem Zuschauer bietet sich dann ein fesselndes Schauspiel. Mit Geschwindigkeiten, bei denen normalen Autofahrern auf solcher Fahrbahn das Herz stehen bleiben würde, holpern, schleudern, driften die Blechkästen furios durch ein Inferno von Erdgewühl. Dabei sind harmlose Karambolagen an der Tagesordnung. Mancher Wagen bleibt im Sand oder Morast stecken, und verzweifelt versucht der Fahrer, seine Karre aus dem Dreck zu ziehen, derweil die anderen auf der Strecke um die Führung kämpfen. Sprunghügel, Schlammlöcher, Haarnadelkurven und mit Bodenwellen gespickte Geraden bieten die beste Voraussetzung für einen turbulenten Rennverlauf. Was den Reiz noch erhöht, ist der Umstand, daß die Strecke nach jedem Durchgang ramponierter wirkt. Was zurückbleibt, sind oft riesige Staubwolken, von denen die Zuschauer je nach Windrichtung mehr oder weniger abbekommen.

Die teilnehmenden Wagen unterliegen bei Auto-Cross-Rennen strengen Vorschriften. So müssen beispielsweise eine Feuerschutzwand und ein Überrollbügel vorhanden und die Kotflügel fest mit der Karosserie verbunden sein. Sollte ein Teilnehmer die luftige Fahrweise vorziehen, also mit offener Karosserie fahren, so ist für ihn ein Hosenträgergurt vorgeschrieben, sonst ein Dreipunkt-Sicherheitsgurt. Die zugelassenen Fahrzeuge sind, ähnlich wie bei vielen anderen Automobil-Wettbewerben, in verschiedene Gruppen eingeteilt. Es gibt Serien-Tourenwagen, Spezial-Tourenwagen, Serien- und Spezial-Grand-Tourisme-Wagen (diese Klassen jeweils bis 1300 ccm und über 1300 ccm), Spezial-Auto-Cross-Fahrzeuge mit verschiedenem Zylinderinhalt und die Buggys, jene Fahrzeuge, die aus besonderen Bausätzen montiert werden, bei denen aber Fahrwerk, Antriebsteile und Motor aus serienmäßig gefertigten Fahrzeugen stammen. Für den Fahrer sind Sturzhelm, Schutzbrille und flammabweisende Kleidung verbindlich. So geht es auf die Strecke, die beidseitig durch 45 Zentimeter hohe Pylonen oder aufeinandergeschichtete Reifen markiert wird. Streckenrichter wachen darüber, daß die Wagen innerhalb des abgesteckten Geländestreifens bleiben. Für umgeworfene oder verschobene Markierungen gibt es Strafpunkte. Für jeden Strafpunkt werden der gestoppten Zeit 10 Sekunden zugeschlagen, und für Überfahren der Markierungen bekommt der Fahrer sogar 20 Strafsekunden aufgebrummt. Da beim Auto-Cross ausschließlich die Zeit gewertet, die 70-Stundenkilometer-Geschwindigkeitsmarke aber selten überschritten wird, liegt es einzig und allein an der Geschicklichkeit des Fahrers, wie er ans Ziel kommt.

Wollen die Fahrer beim Auto-Cross Sensationen bieten? Sie verneinen das. Bei ihrem Sport soll nicht der Nervenkitzel im Vordergrund stehen, sondern das fahrerische Können. Gewiß haben Anfänger bei den sehr unterschiedlichen Geländeformen manchmal ihre Schwierigkeiten, aber sie sind bei einem Ausrutscher lange nicht so gefährdet wie die in der Nähe stehenden Zuschauer. Zum Glück sind unsere Auto-Cross-Veranstaltungen gut organisiert. Die Zuschauerränge müssen, falls keine Barriere vorhanden ist, mindestens 30 Meter von der Strecke entfernt sein, so will es die Vorschrift. Ist eine Absperrung da, dürfen sich die Zuschauer dem Nervenkitzel bis auf 20 Meter nähern!

Natürlich ist Auto-Cross spektakulär. Immer wieder mal überschlagen sich Autos. Aber meist verlaufen solche Zwischenfälle glimpflich, denn Überrollbügel und Sicherheitsgurte bewahren die Fahrer vor Verletzungen.

»Im Renntempo« durchs Gelände. Fahrgefühl, Kraft, sehr viel Mut und eine Portion Glück sind notwendig, um alle Hindernisse zu meistern. Bei Auto-Cross-Veranstaltungen kann jeder seinen Pferdestärken freien Lauf lassen, ohne andere zu gefährden. Die Fahrer tragen Sturzhelm, Brille und flammenfeste Kleidung. Für die Fahrzeuge sind Überrollbügel und Feuerschutzwand vorgeschrieben. Fotos AREPI

Links: Ein Vergnügen eigener Art sind die Schlammkarren-Rennen in den Sumpfgebieten Floridas. Auf geradezu abenteuerlich aussehenden Spezialfahrzeugen geht es im 100-km-Tempo durch Wasser- und Sumpflöcher – oft steht den Piloten das Wasser dabei buchstäblich bis zum Hals.

Rechts: Trocken, aber keinesfalls weniger wild geht es beim Autoball zu – einem neuen Sport in Brasilien. Mit kleinen, spurtstarken Autos gilt es, den Ball über die gegnerische Torlinie zu befördern. Wird der Gegner mutwillig gerammt und aufs Dach gelegt, pfeift der Schiedsrichter »foul«. Foto dpa

Nicht nur die Schlammschlachten faszinieren, sondern auch die Sprünge, die die Fahrer mit ihren Autos vollführen. Und eben diese Mischung zwischen Sport und Akrobatik verhilft Auto-Cross zu immer größerer Volkstümlichkeit. Wer all diese Klippen mit Fahrgefühl, Kraft, sehr viel Mut und einer guten Portion Glück übersteht, hat Aussicht auf den Sieg, den Siegerkranz und die Ehrenrunde – in gemäßigtem Tempo. Ob Sieger oder nicht, besonders zu empfehlen ist auch dieser neue Motorsport all den vielen »verhinderten Rennfahrern«. Auf den Geländekursen können sie ihren Pferdestärken freien Lauf lassen, ohne andere Verkehrsteilnehmer zu gefährden.

Schlammrennen zwischen Schlangen, Alligatoren und Krokodilen

Den Pferdestärken freien Lauf lassen kann man auch beim schmutzigsten Autorennen der Welt, dem »Swamp Buggy Derby«, ein alljährlich in den Sumpfgebieten Floridas ausgetragenes Gaudium, von dem der amerikanische Journalist W. L. Hamilton berichtet. Das Wort »Buggy« ist ein amerikanischer Slang-Ausdruck und heißt soviel wie »überhaupt kein Auto«. Nur mit Spezialkonstruktionen ist es möglich, mitzumischen und den metertiefen Parcours zu durchqueren: Hohe Traktorenreifen in Verbindung mit abgedichteten V-8-Motoren, die die notwendige Atemluft durch Schnorchel beziehen,

sorgen selbst dann noch für Vortrieb, wenn das Wasser den Piloten bis zum Hals steht. Wenn nicht alles wie vorgesehen klappt, holt sich der Schlamm sein Opfer schon wenige Meter nach dem Start. Geduldig warten die Fahrer dann auf den Bulldozer, der sie ins Trockene schleppt.

Die Männer, die diese Schlammkarren-Rennen bestreiten, kennen den Sumpf wie ihre Hosentasche, und jeder von ihnen vermag sein Auto innerhalb kürzester Zeit auseinanderzunehmen und instandzusetzen. Das ist Bedingung, wenn man überleben will. Die schnellsten der 3000-Dollar-Amphibiengefährte überwinden die Sumpflöcher mit einer Geschwindigkeit von annähernd 100 km/h. Den größten Teil der Strecke legen die Besatzungen dabei in »Blindfahrt« zurück, denn schon nach wenigen Metern sind Gesichter und Brillen so mit Schlamm bedeckt, daß sie kaum noch etwas sehen – und Zeit zum Wegwischen bleibt ihnen nicht. Solcher Einsatz wird dann auch belohnt: Der Sieger 1974, Leonard Chesser, der mit seinem »Dats Da One« getauften Schlamm-Mobil Bestzeit fuhr, erhielt 5000 Dollar. Dabei ist das Unternehmen nicht ganz ungefährlich: Zwar vertreiben Lärm und Benzingestank die meisten der zahlreichen Schlangen, Alligatoren und Krokodile, aber Steckenbleiben ist dennoch unangenehm. »Wer hier versinkt, verschwindet auf Nimmerwiedersehen«, verraten einheimische Sumpfkenner in Naples bei Florida, am Rande des Sumpfgebietes gelegen.

Außergewöhnlich sind darum auch die Sicherheitsvorkehrungen: Alkoholische Getränke sind strikt verboten, und nach jedem Rennen werden die Sieger zum Röhrchentest gebeten. Bei den Zuschauern dagegen ist es ganz anders. Für sie ist das »Swamp Buggy Derby« ein Volksfest, bei dem getanzt wird und der Alkohol in Strömen fließt. Wer sich vor Schlammrennen dennoch unerlaubten Mut verschafft hat, verliert seine Prämie. Schlammfahrer sind Fachleute für technische Feinheiten und Klamauk: Kein Schlammkarren gleicht dem anderen. Fahrzeuge mit großer Bodenfreiheit – das sei die richtige Bauweise, um die Füße trocken zu halten – schwören die einen. Die anderen ziehen einen hoch angebrachten Fahrersitz vor. Die Ausscheidungsrennen werden zwischen Buggys gleicher Bauart ausgetragen, wobei Motorstärke, Zylinderinhalt, Zahl der angetriebenen Räder und Bodenfreiheit ausschlaggebend sind. Der jeweilige Sieger darf unter dem Beifall der Zuschauer die »Schlammkönigin« ungalant in den Morast stoßen – aber nur an einer Stelle, an der weder Schlangen noch Alligatoren noch Krokodile ihr Unwesen treiben!

Autos und ein Ball aus Büffelleder

Keinen Morast zwar, dafür aber um so mehr Staub gibt es bei einer Motorsportart, die seit 1970 in Brasilien, genauer gesagt in Rio de Janeiro, immer mehr Anhänger findet: Autoball. Anfangs betrieb man dieses Spiel mit alten amerikanischen Limousinen, heute werden fast ausschließlich ältere Jahrgänge der Renault Dauphine Gordini verwendet. Diese kleinen französischen Wagen sind nicht nur niedrig im Preis, sie haben sich auch durch ihre Wendigkeit, ihre Spurtstärke und der dank des Heckmotors unempfindlichen Frontpartie bestens bewährt. Manchmal geht es bei diesem Autoballspiel recht rauh zu, zumal die Autos auf dem begrenzten Spielfeld Geschwindigkeiten bis zu 70 Stundenkilometer erreichen. Wenn sich bei diesem Tempo zwei Autos rammen, folgt unweigerlich ein Überschlag, und Überschläge sind hier an der Tagesordnung.

Beim Autoball besteht jede Mannschaft aus vier Autos, deren Fahrer durch Sicherheitsgurte, Überrollbügel und Sturzhelme geschützt sind. Einer der vier Fahrer fungiert mit seinem Vehikel als Torhüter, die drei übrigen haben die Aufgabe, den großen, mit Büffelleder überzogenen Hartgummiball ins gegnerische Tor zu befördern. Um ein Tor zu erzielen, ist fast alles erlaubt. Der Schiedsrichter greift erst dann ein, wenn einer der spielenden Autofahrer mutwillig aufs Dach gelegt wird; denn das zählt als »foul«.

Der bekannte brasilianische Autoballspieler Ivan Silva meint, daß man bei diesem Spiel bald noch stärkere Autos verwenden und auf riesigen Plätzen spielen werde, denn die dann erzielten Geschwindigkeiten werden das Spiel erst richtig aufregend machen. Bei uns fehlt es für Autoball wohl an dem notwendigen Raum.

›Wie eine Wand‹ oder ›Der Spuk der grünen Elektronen‹

Eine ganz unwahrscheinliche Geschichte, die so unwahrscheinlich gar nicht ist

VON HERMANN BUCHNER

Neulich sah ich einen Pantomimen. Er tanzte heran und plötzlich streckte er beide Hände aus. Da, sie schienen an eine gläserne Wand zu stoßen. Der Eindruck der Wand, hervorgerufen durch das Tasten des Mimen, war so stark, daß ich sie selbst zu erblicken glaubte. Er bemühte sich verzweifelt, diese Wand zu durchdringen. Es gelang ihm nicht. Da lächelte er, entspannte sich und durchschritt das Gebilde seiner Phantasie. Und auch bei mir war plötzlich die Wand verschwunden. – Ganz ähnlich wie bei der Entwicklung der Wissenschaft, dachte ich. Plötzlich durchschreitet ein Forscher die Wand der Vorurteile und eine Welt der Erkenntnisse tut sich auf. Ich hatte das Glück, durch puren Zufall – oder war es keiner? – einem solchen Wanddurchschreiter zu begegnen. Ob ich glücklich bin? Nein, eingekastelt zwischen den vielen Wänden hergebrachter Vorstellungen ist es viel gemütlicher und ich weiß nicht, ob ich mich nicht doch wieder sehne nach der guten alten, dumpfen, sicheren, vorurteilsvollen Zeit – aber es gibt leider keinen Weg mehr zurück.

»Eure Bosse, die großkopferten Wissenschaftler, verstehen vortrefflich, lange Sätze zu bauen, die die Genehmigungsbehörden einschläfern. Gott sei Dank zwar, aber eigentlich schade um das schöne Geld. Wie viele hübsche Schrebergärten hätte man für so eine Teilchenschleuder anlegen können!« Unser Mechaniker Günther war wieder einmal sauer, als ich ihm eine Zeichnung für die Änderung einer Sonde übergab und ihm sagte, daß das, wie immer, sehr eilig sei. »Was soll's, das Geld muß doch ausgegeben werden, damit die Konjunktur erhalten bleibt. Wenn wir dabei noch ein paar Erkenntnisse über das, was die Welt im Innersten zusammenhält, gewinnen, um so besser.« Damit wollte ich mich von Günther verabschieden, als er mich plötzlich durchdringend ansah und sagte: »Wollt Ihr Gelehrten das wirklich wissen? Ich glaube, Ihr seid doch recht glücklich bei Euren vorgefaßten Schulweisheiten.« Wie konnte nur ein einfacher Mechaniker so etwas denken? Irgendwie schien mir, während er das sagte, sein Gesicht weise zu wirken. Jahrtausende alt. Wer sprach eigentlich, als er das sagte? War das wirklich der Mechaniker Günther, der einen mäßig bezahlten Job durch seine Tüchtigkeit zu einem Platz für Präzisionsarbeit erhoben hatte, so daß er sich vor kniffligen Aufgaben gar nicht retten konnte? Leider mußte ich zu der allwöchentlichen Routinesitzung, in der die Abteilungsleiter, alles weltberühmte Kapazitäten auf ihrem Gebiet, sich gegenseitig über den Stand ihrer Forschungen unterrichteten.

»Ersparen Sie mir eine Antwort, Günther«, hörte ich mich sagen, »ich muß zur Abteilungsleitersitzung. Ein andermal.« Damit eilte ich aus der lärmenden Werkstatt über den gefliesten Gang in den ruhigen Trakt, in dem – wie in Mönchszellen – die Forscher ihre Arbeitszimmer haben. In dem gleichen Gebäudeteil war auch das Sitzungszimmer.

Die Sitzung war langweilig. Während sich ein Wissenschaftler nach dem anderen vor dem Plenum zu profilieren suchte, floß die Zeit dahin. Ich war einer der wenigen Ingenieure, die dazu verdammt waren, für die Experimente die Hardware, das heißt die Geräte selbst, zu entwerfen und sie dann auch zu bauen.

Insofern nahm ich wirklich eine Zwischenstellung ein – zwischen den abstrakt denkenden, theoretisierenden Wissenschaftlern und den ganz und gar praktischen Mechanikern und Werkstattmeistern unserer Versuchswerkstatt. Vielleicht hatte mich auch deshalb das Gespräch mit Günther so betroffen. Ich folgte den Darstellungen nur mit mäßiger Anteilnahme.

Manchmal, dachte ich, hat Günther recht, wenn man die Ausführungen, von Professor Baumann zum Beispiel, aus seinem Blickwinkel – aus dem Blickwinkel des Mechanikers – sah. In diesem Referat drehte es sich um die Erzeugung eines kleinen Teilchens, das nur den milliardsten Teil einer milliardstel Sekunde existieren kann. Sind diese Produkte nicht einfach Erzeugnisse unserer eigenen verrannten Vorstellungen? Wieviel besser wäre es, sich mit der Zucht von Rosen oder Bohnen zu beschäftigen. Da, mein Kopf war auf die Tischkante geschlagen!

Ich war tatsächlich eingeschlafen. Zum Glück war mein Stammplatz in einer der letzten Tischreihen, so daß eigentlich nur der jeweilige Dozent mich sehen konnte. Der war jedoch derart in sein Gedankengebilde Kappa-psi – so nannte er sein Teilchen – vernarrt und verstrickt, daß er nichts bemerkt hatte.

*

Im Nachhinein erscheint es mir, als hätte es gar keinen anderen Verlauf geben können. Ich traf Günther an einem ziemlich trüben Dezembersamstag, gerade als ich in das Café an der Binnenalster gehen wollte. Noch zuvor hatte ich mir die Bauarbeiten für den U-Bahnbau angesehen. Es war naßkalt und ich wollte mich aufwärmen. Da sah ich, wie mir Günther, mit einem leichten Sommeranzug bekleidet, entgegenkam. »Mann«, sagte ich, »muß Ihnen aber warm sein oder wollen Sie mit Gewalt den Frühling locken?« – »Sie mit Ihrer Gleichmacherei, Herr Dr. Botmer«, entgegnete er freundlich. »Mir ist eben warm. Für mich gelten andere Gesetze! Vielleicht lebe ich gar nicht in Ihrem Kosmos. Die Synchronizität ist ja sowieso nur eine Fiktion unserer unvollkommenen Mentalstruktur!« – »Günther!« schrie ich. Mich hatte Entsetzen gepackt, weil er mir auf einmal so durchsichtig erschien, wie Glas, aber das Grauen hatte mich auch erfaßt wegen Günthers Gesichtsausdruck und Sprache. Mit einer Selbstverständlichkeit äußerte er Ungeheuerlichkeiten, die er doch nie hatte denken können, ja, die seinem eigenen Wortschatz völlig fremd waren. Mentalstruktur!... Synchronizität!... Waren das die Gedanken eines

Mechanikers? Wie Hilfe suchend schweifte mein Blick aufs Wasser. Dort standen Stahlgerüste. Die Pfeiler, die von den Rammen in den Grund des Sees getrieben wurden, wirkten verläßlich. Die Krane schwankten mit ihren vorkragenden Armen in den Windböen. Aber auch sie strahlten Zuversicht und Festigkeit aus. Als ich mich wieder Günther zuwenden wollte, war er verschwunden; ob im Fußgängerstrom oder in dem Seiteneingang der Straßenunterführung, ich konnte es nicht sagen. Offen gestanden, ich war wie erlöst. Ich wagte mir gar nicht vorzustellen, wie unser Gespräch verlaufen wäre. So setzte ich mein Vorhaben in die Tat um und verzehrte in dem Café mit dem herrlichen Blick auf die Alster und die U-Bahnbaustelle zu einer Tasse Kaffee mit Genuß ein Stück Schwarzwälder Kirschtorte.

Als ich am folgenden Montagmorgen mit Günther die Wochenarbeit durchsprach und kurz unsere samstägliche Begegnung an der Binnenalster erwähnte, schaute er mich fragend an – so, als glaube er, ich sei nicht ganz richtig im Kopfe. Er sei an dem betreffenden Tag überhaupt nicht in der Innenstadt gewesen, ganz bestimmt nicht. Ach ja – dann lächelte er und tat sehr geheimnisvoll – er habe am Abend dieses Tages wohl den emeritierten Professor Wohlbruck besucht. Das mache er gelegentlich. Ihm fühlte er sich immer noch verbunden, und er bastele für ihn auch zuweilen noch kleinere Geräte und Apparaturen. Natürlich außerhalb der üblichen Arbeitszeit, fügte er schuldbewußt hinzu. Und der Materialverbrauch sei sehr gering. Er solle mir gelegentlich von diesen Arbeiten erzählen – oder nein, noch besser, dachte ich, ich würde in den nächsten Tagen einmal Professor Wohlbruck

einen Besuch machen. So könnte ich ganz zwanglos meine Dienstaufsichtspflicht mit einem sicher hochinteressanten Gespräch verbinden.

Ich verabschiedete Günther und wandte mich meiner Routinearbeit, dem Entwurf eines Reaktionsgefäßes zu, das gleichzeitig hundertprozentig geschlossen und mindestens hundertprozentig für Messungen zugänglich sein sollte. Natürlich war die Aufgabe nicht ganz so unmöglich, wie das klingen mag. Geschlossen sollte das Gefäß für bestimmte Schwingungen sein, geöffnet wiederum für andere. Immer wieder kam ich von den ersten Entwürfen ab. Ich ertappte mich, wie meine Gedanken beharrlich – verunsichert offenbar durch die lächerlich unbedeutenden Ereignisse – abgelenkt wurden. Ich kam zu dem Schluß: Günther führt mich unweigerlich, ob ich will oder nicht, auf Professor Wohlbruck zu. Seine Anspielungen auf die Forschungsförderung, seine Exkurse in das Gebiet der Psychologie und die letzte Halluzination... Ich beschloß, dieser Sache auf den Grund zu gehen.

*

»Ich freue mich, Herr Ingenieur, daß Sie zu mir gekommen sind.« Professor Wohlbruck war Österreicher, und von dem Charme seiner Landsleute war seine Begrüßung, als er mich in seine Bibliothek begleitete. Bei einem Glas Sherry begannen wir unsere erste, abtastende Unterhaltung. Ich erwähnte natürlich nicht, daß ich von Günther auf ihn aufmerksam gemacht worden war und daß der wahre Grund meines Besuches war – neben einem Gespräch mit einem so geschätzten, wenngleich auch sehr umstrittenen Mann der Wissenschaft –, mir eine grobe Übersicht über das Ausmaß der Arbeit unserer mechanischen Werkstatt für diesen emeritierten Professor zu verschaffen. Diese Doppelgründigkeit des Besuches klang in dem Gespräch mit, obwohl Wohlbruck es glänzend verstand, diesen seinen Eindruck zu verbergen. Gewiß arbeite er noch, gelegentlich auch experimentell – versteht sich –, doch nur in einem bescheidenen Rahmen, wie es seine privaten Mittel und die eines kleinen Industriestiftungsfonds es eben zuließen. Gelegentlich lasse er einige Geräte von einem Mechaniker, mit dem er während seiner aktiven Zeit im Großforschungsinstitut zusammengearbeitet habe, herrichten. Er setze voraus – so sagte er mit gewinnendem Lächeln –, daß mir das alles bekannt sei und mit meiner Billigung geschehe. Damit zeigte er mir, daß er den Grund meines Besuches durchschaut hatte. Wohlbruck war als Festredner auf großen wissenschaftlichen Tagungen gern gesehen. Aber nur so lange, wie er über Entwicklungslinien und historische Zusammenhänge sprach. Gefürchtet waren seine Stellungnahmen zur Forschungspolitik – aha, daher die Kritik Günthers – und zu der Richtung der Forschungsförderung. Im Laufe seiner 42jährigen Forschungstätigkeit hatte er sich von einem leidenschaftlichen Vertreter der Großforschung auf dem Gebiet der Kernphysik zu einem der eifrigsten Bekämpfer dieser Wissenschaft entwickelt. In seinem Kollegenkreis und bei den Leitern aller Institute der Welt hatte er sich dadurch Todfeinde geschaffen. Durch Verleumdungskampagnen hatten sie – mit Erfolg – die Verleihung des Nobelpreises hintertrieben, den er für seine »Grünen Elektronen« bekommen sollte. Lediglich eine konfessionell gebundene Industriegruppe blieb ihm gewogen und zweigte eine kleine Summe ihres Forschungsstiftungsgeldes für Wohlbruck ab.

»Also, es ist alles in Ordnung. Lassen wir es geschehen«, so dachte ich, als ich die bescheidene Ausrüstung des Laboratoriums sah. »Sie haben auch gar keine andere Wahl.« Hatte Wohlbruck das gesagt oder hatte ich das gedacht, als ich mich schon verabschieden wollte, nachdem er mich aus dem Laboratorium führte? Ich war im Nu wieder auf der Straße. Als ich meinen Wagen anließ, hatte ich eine merkwürdige Empfindung. Nein, nein, keine Bombe war mit meinem Starter gekoppelt. Ich mußte noch einmal mit aller Eindringlichkeit diese alte Villa ansehen. Da – es schien mir, als ob aus dem Fenster der Souterrain-Wohnung mich ein gespannt schauendes Gesicht verfolge. Es war sehr bleich, mit – nach meinem Gefühl – blauschwarzen Haaren. Zwei große dunkle Augen sahen mich an. Es war an sich nicht möglich, daß sie mich durch die regenbetropfte Scheibe beobachten konnten, aber es schien mir so.

»Warum hat Wohlbruck eigentlich für seine ›Grünen Elektronen‹ keinen Nobelpreis bekommen?« Ich stellte diese Frage unserem Institutsleiter nach einer Abteilungsleitersitzung. »Ja«, Professor Meyer begann offensichtlich zu stottern, »wissen Sie, lieber Herr Botmer, die meisten Kollegen bestritten, daß es möglich ist, diese besondere Spezies von Elektronen abzusondern. Ehem, tatsächlich ist es ja auch nur Wohlbruck einmal gelungen, eine nennenswerte Anzahl aus unserem Reaktionsgefäß zu trennen.« – »Merkwürdig«, entgegnete ich, »an die theoretischen Kappa-psi-Teilchen glauben alle,

obwohl sie doch nur so kurze Zeit existieren. Aber die grünen Elektronen werden allgemein abgelehnt. Wo liegt der Unterschied?«

»Man glaubte an Kappa-psi«, dachte ich, »weil man nur an die theoretische Physik zu glauben brauchte. Um grüne Elektronen zu erzeugen, mußte man jedoch an grüne Elektronen glauben. Sie waren in der theoretischen Physik nicht vorgesehen. Aha, das ist der Unterschied. Würde man sie erzeugen, wäre die gesamte Physik neu zu ordnen, weil man es nicht mehr mit einer Sorte von Elektronen zu tun hätte, sondern mit sehr, sehr vielen – eine Ungeheuerlichkeit.«

»Aber er hat sie doch rein dargestellt und mit ihnen experimentiert. Ich erinnere nur an die seltsamen Figurationen, die die Elektronen im Vakuum einnahmen. Wie sie feinfühlig auf die Anwesenden reagierten und wie sie bei den Skeptikern einfach zu leuchten aufhörten.«

»Das war es eben, ein Phänomen, das nur bei gläubigen Physikern sich darstellt, ist nicht nobelpreiswürdig.« Professor Meyer zog sich damit auf die offizielle Begründung des Preiskomitees zurück, mit der der Vorschlag Wohlbruck abgelehnt worden war. Ich hatte den Eindruck, als hätte ich ihn sehr in Verlegenheit gebracht. Auf jeden Fall versuchte er eilig, in sein Zimmer zu kommen.

»Wo liegt der Unterschied?« dachte ich. »Wenn er nicht glaubt, daß das sein Zimmer sei, würde er es nie betreten.«

Seit der unbewußten Hinführung von Günther auf Professor Wohlbruck begann ich alle seine Abhandlungen systematisch zu lesen. Kern seiner These war danach, daß die Natur auf jede Frage, und sei sie zunächst noch so unsinnig, antwortet. Aus purem Übermut habe er einmal grüne Elektronen postuliert und sie dann auch nachgewiesen. Leider glaubten seine Kollegen nicht daran, und er wurde angefeindet, ja, zum Teil verfolgt, als er nicht davon abließ. In den letzten Jahren war es deshalb still um ihn geworden. Aber sicher deshalb, weil er selbst sich zurückhielt.

Meinen zweiten Besuch kündigte ich erst gar nicht an. »Ich hatte Sie erwartet, Herr Ingenieur«, sagte Wohlbruck. Er hatte die Tür geöffnet, bevor ich auf die Klingel drücken konnte. »Bei Ihrem letzten Besuch hatte ich es versäumt, Ihnen Frau Alma, meine Haushälterin und wissenschaftliche Assistentin, vorzustellen.« Da war das Gesicht mit den dunklen, ausdrucksvollen Augen, das mich bei der Abfahrt das letzte Mal so eindringlich verfolgt hatte. Alma war jedoch weder abweisend noch aufdringlich freundlich. Als sie den Tee in die Bibliothek brachte, setzte sie sich wie selbstverständlich zu uns. »Günther berichtete mir von dem Interesse, daß Sie gelegentlich für meine Arbeiten gezeigt haben. Wissen Sie, daß man versucht hat, meine Geräte zu zerstören?« Dann unterbreitete mir Wohlbruck einen Plan, wie man noch einmal die Großschleuder einsetzen könnte, um die entsprechende Spezies der Elektronen auszusondern. Waren es die stechenden Augen Almas, die mich hypnotisierten, war es Neugier oder war es die gewaltige Ausstrahlung von Wohlbruck, die mich bewog, dem Plan zuzustimmen, bei dem sicher einige hunderttausend Mark Forschungsgelder in eine nicht von irgendeiner gelehrten Planungskommission bewilligte Forschung hineingesteckt würden? Ich willigte ein unter der Bedingung, daß größte Verschwiegenheit gewahrt, Günther mithelfen und ich in die weitere Erforschung dieser merkwürdigen Elementarteilchen mit einbezogen würde.

Ich möchte nicht von den vielen vergeblichen Versuchen berichten. Ich möchte nicht aufzählen, wie viele Ausreden mir einfallen mußten, um bei Professor Meyer mein Interesse an der Teilchenschleuder und die notwendigen Reparaturen zu erklären. Aber es gelang mir. Dabei machte ich die Entdeckung, daß noch, bevor es glückte, diese merkwürdigen Teilchen rein

darzustellen, ihre Wirkung spürbar wurde, in dem sie uns, das heißt Günther, Alma, Wohlbruck und mich, zu einer merkwürdigen Gemeinschaft verschweißten. Ja, manchmal, nach Nächten größter Anspannung, schien es mir sogar, als seien wir Werkzeuge in der Gewalt der grünen Elektronen, dazu bestimmt, sie hier auf der Erde zum »Leben zu erwecken«. Wohlbruck, den wir nur den Professor nannten, vermutete, daß die Elektronenwolke beim Überschreiten einer kritischen Masse stabil sein würde. Da, und das hatte sich bei seinen damaligen Versuchen immer wieder gezeigt, die Teilchen sehr stark auf die Empfindungen der Anwesenden reagierten, konnte man auf einige Überraschungen gefaßt sein.

Wir nutzten die Sommerferien aus zum großen, endgültigen Experiment. Überall hatten wir Verbotschilder aufgestellt. Der Versuch lief seit einigen Tagen. Ich hatte das als Probelauf der Anlage erklärt. Es schien ein ganz normaler Versuch zu sein. Von der Teilchenschleuder wurde ein großer Elektronenstrom erzeugt, der durch ein Gitter fiel, das sensibel war für grüne Elektronen. In dem anschließenden Gefäß sammelten sich, zunächst nicht ohne weiteres sichtbar, die von Wohlbruck postulierten Elektronen. Das Gitter mußte von Zeit zu Zeit durch ein neues ersetzt werden. Es war so, als wollte die Natur verhindern, daß sich solche Teilchen uns Menschen rein darstellten. Eigentlich gilt das für jeden Stoff, hier jedoch galt es in noch höherem Maße.

Mittlerweile war die Nacht hereingebrochen, und in ihrem Schutze waren Wohlbruck und seine Assistentin ebenfalls in das Laboratorium gekommen. Sie wollten die Phase, in dem die Elektronenmasse kritisch wurde, nicht versäumen. Es war gegen vier Uhr, als plötzlich Bewegung im Reaktionsgefäß eintrat. Es formte sich eine Art von Zylinder, der merkwürdig grün schimmerte und starr schien. »Es ist kritisch geworden!« Wohlbruck rief es laut, obwohl wir neben ihm standen, umarmte Alma und dann mich. »Daß ich das erleben durfte. Schaltet die Schleuder ab.« Er nahm das Gefäß sehr vorsichtig in die Hände, hob es gegen das Licht. Der Zylinder blieb stabil. Damit war die moderne Physik umgestürzt. Man mußte sie neu überdenken: Es gab nicht einfach gleiche Elektronen – die gab es eigentlich nur deshalb, weil die Physiker sich nicht vorstellen konnten, daß jedes Elementarteilchen individuell war. So wie es »grüne« Elektronen gab, so gab es sicher auch blaue oder gelbe, schwere oder leichte, lustige oder ernste.

Eine Wand war durchbrochen. Eine Wand der vorgefaßten Meinungen, die seit Jahrtausenden den Blick der Menschen getrübt oder versperrt hatte. Aber was war dahinter sichtbar geworden! Die gesamte Physik und damit die gesamte Naturwissenschaft mußte neu durchdacht werden. »Mein lieber Botmer, lassen Sie diese erdrückenden Gedanken. Wir haben erst einmal die kritische Menge. Die weiteren Experimente können wir bei mir im Laboratorium durchführen.«

Ich hatte noch allerhand zu tun, die Anlage abzuschalten und die Spuren zu beseitigen. Bis auf den Energieverbrauch – und den hatte ich mit den notwendigen Reparaturläufen begründet – konnte niemand mehr etwas feststellen. Oder doch? Hier beim letzten Kontrollgang schaute ich noch einmal in den Experimentierraum hinein. Gerade wollte ich das Licht ausschalten, als mein Blick auf die Stelle fiel, wo das Reaktionsgefäß mit den grünen Elektronen gestanden hatte. Dort war jetzt ein schwarzer Zylinder zu sehen. Es sah so aus, als schwebte dort ein stumpfschwarzes Etwas über der Tischplatte. Ich rieb mir die Augen. Es war mittlerweile gegen 6.30 Uhr, und ich war überarbeitet. Aber der Zylinder blieb da.

»Um Himmelswillen nicht berühren«, sagte Professor Wohlbruck, den ich sofort angerufen und gefragt hatte, was zu tun sei. Und tatsächlich, als er einen Schraubenzieher in das Gebilde schob, verschwand das Werkzeug, je weiter man es hineinschob. Der Schraubenzieher war rund 25 Zentimeter lang. Der äußere Durchmesser des Zylinders betrug höchstens 15 Zentimeter. Aber das andere Ende des Schraubenziehers erschien nicht, soweit wir ihn auch hineinschoben. Da, schlupp, der Professor hatte ihn ganz in den Zylinder hineingestoßen. Er war verschwunden. »Nein!« schrie ich, als ich sah, wie der Professor sich mit aller Gemütsruhe die Jacke auszog und den Ärmel aufkrempelte. »Sie wollen doch wohl nicht dort hineinlangen?«

»Doch, das will ich. Haben wir uns nicht immer auf unseren Tastsinn verlassen, als Kind zum Beispiel, als wir die ersten Erfahrungen in der Welt sammelten?« Damit griff er von oben hinein, wie wenn man in ein Faß langt, um etwas herauszuangeln. Er machte eine ernste Miene, als er darinnen herumwerkte. Obwohl das Gefäß so klein schien, machte es den Eindruck, als fische er in einem weiten, ja unendlich weiten Raum. Dann lachte er plötzlich. Ganz langsam zog er seinen Arm heraus. An seiner Hand hing – nein, mit ihr quoll empor nicht etwa der Schraubenzieher, sondern ein Kleid. Almas Kleid, das sie noch vor wenigen Stunden hier im Raum angehabt hatte. Professor Wohlbruck schmunzelte. »Kommen Sie, Botmer. Lassen Sie uns den Raum

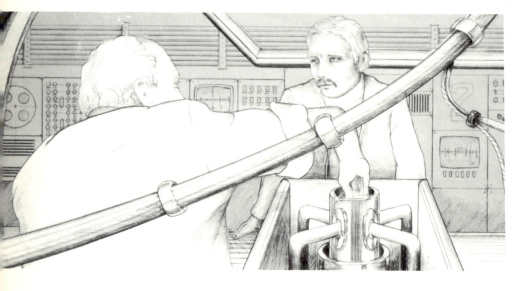

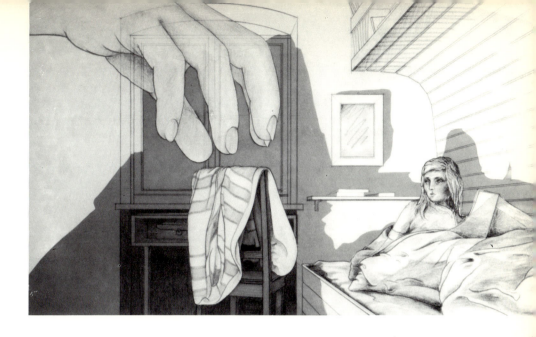

sorgfältig verschließen, damit hier kein Unfug getrieben wird. Und lassen Sie uns erst einmal ausschlafen.«

Alma war dem Professor schon seit Jahren Hausfrau und Assistentin. Sie stammte aus Niederösterreich. Bei einem Festvortrag in Linz hatten sie sich kennengelernt. Kurze Zeit später folgte sie seiner Aufforderung, unter seiner Leitung im Institut zu promovieren. In der Zeit, als er so stark angefeindet wurde, hielt sie zu ihm. So war nach seiner Emeritierung auch kein Platz mehr für sie im Institut. Sie folgte ihm in die alte Villa und wurde Faktotum für den Haushalt – Frau Wohlbruck war schon vor längerer Zeit verstorben – und für die wissenschaftlichen Studien, die Wohlbruck noch während seiner Pensionierung trieb.

Der heutige Tag – nein, die heutige Nacht war die Krönung der Forschungsarbeiten. So hatte sie es empfunden. Sie war glücklich zu sehen, wie der Professor mit seinem »grünen Zylinder« nach Hause zurückkehrte. Sie hatte ihm geholfen, das Gefäß sicher unterzubringen, und war dann schlafen gegangen. Sie war sofort eingeschlafen. Erst gegen sieben Uhr, so erzählte sie dem Professor und mir am darauffolgenden Tag, sei sie plötzlich aufgewacht, weil etwas metallenes, etwas das so aussah wie eine große polierte Metallstange, durch ihr Zimmer fuhr. Es durchstieß die Wand, ohne ein Geräusch zu verursachen. Sie hielt es zunächst für eine Halluzination. Dann fielen ihr die früheren Raum-Zeit-Experimente ein, die sie mit den wenigen unterkritischen grünen Elektronen gemacht hatten. Ich erinnere mich sicher noch an die Erscheinung Günthers an der Alster? Sie hatten damals den unerschrockenen Mechaniker zeitlich-räumlich versetzt – in meine Nähe, um mich auf die Experimente und die wissenschaftlichen Ideen von Wohlbruck aufmerksam zu machen. Weil die Elektronen nur in geringer Anzahl vorhanden waren, war der Raum-Zeitsprung nur für kurze Zeit gelungen. Vielleicht, so hatte sie gedacht, experimentiert der übernächtige Professor noch und schickt mir eine stählerne Stange als Gruß in mein Schlafzimmer. Mehrmals erschien die Stange. Ja, sie schien bald so vertraut und zum Zimmer gehörig, daß Alma beschloß, sie nicht weiter zu beachten. Als sie – und während sie uns dies erzählte, begann sie zu zittern – plötzlich eine große Hand von der Decke herabkommen sah. Die Hand strich über ihr Bett, über sie hinweg, so als würde sie sie erkennen. Dann ergriff sie ihr Kleid und verschwand, wie sie gekommen war, durch die Decke.

An dieser Stelle lachte Professor Wohlbruck hell auf, so wie am vergangenen Morgen, als er aus dem Zylinder das Kleid wie ein Varieté-Künstler herausgezaubert hatte. Und dann folgte eine lange Abhandlung über die Wirkungen der »Grünen Elektronen«. Er entschuldigte sich bei Alma, daß er sie so erschreckt habe. Aber nur in unserem kleinen Kreis konnte und durfte er diese Experimente durchführen. In den Händen einer autoritären Macht könnten diese Eigenschaften des Raumes verheerende Folgen haben für jeden freien Bürger.

Mit diesem Zylinder, der eigentlich einen stabilen Antiraum darstelle, könnte man zu jeder Zeit an jeden Ort gelangen. Der Raum sei sensibel für den unbewußten Wunsch, den man in dem Augenblick des Eintauchens habe. Er habe sich offenbar das Schlafzimmer Almas vorgestellt, als er in den Zylinder hineingriff. Almas Augen begannen in diesem Augenblick noch stärker zu glühen. Aber von den Beziehungen der beiden zueinander wollte ich ja eigentlich nicht berichten.

»Es ist nun die Frage«, so beendete der Professor seine Ausführungen, »was wir mit dem Antiraum machen sollen. Er läßt sich leider nicht transportieren. Er entsteht dort, wo die ›Grünen Elektronen‹ kritisch geworden sind. Ich vermute, wenn ich ihn wieder mit der Elektronenwolke fülle – dieser besonderen Art von Materie, die absichtslos ist und keine guten oder auch bösen Gedanken hat –, daß er dann wieder aufgelöst wird.«

Wir diskutierten eine Woche, zwei, drei Wochen. Das Feinkostgeschäft in der Hauptstraße des Villenviertels wunderte sich über den enormen Verbrauch an altem Sherry und Wein; der Professor schenkte ihn zu unseren Sitzungen aus.

Fieberhaft machten wir eine Menge Untersuchungen. Wir bemühten uns, die Struktur des Antiraums zu erforschen und den sympathischen »Grünen Elektronen« näherzukommen. Da sie sozusagen wie ein Spiegel oder wie ein Verstärker auf unsere Wünsche und Vorstellungen reagierten, gab es dabei viele Überraschungen. Jedoch stand der Entschluß fest: In der Nacht, bevor die Institutsferien aufhörten, trugen der Professor, Alma und ich schweren Herzens den grünen Zylinder in das Institut zurück. Wir plazierten ihn mit Günthers Hilfe genau an der gleichen Stelle, an der er sich zu Beginn des Experiments gebildet hatte. Der Antiraum verschwand und mit ihm die aus einer Laune heraus postulierten »Grünen Elektronen«. Mit ihm verschwand die Hoffnung auf Weltruhm. Mit ihm verschwand aber auch die Furcht, daß

diese Entdeckung einmal die Welt terrorisieren könnte. Mit der Auflösung des Antiraums war es unmöglich geworden, gewissermaßen dem Nachbarn ungesehen in die Tasche zu greifen. Es wäre uns ein Leichtes gewesen, die Goldvorräte der Vereinigten Staaten von Amerika, die in Fort Knox lagern, aus dem schwarzen Zylinder zu fischen. Oder die vorbereitete Rede unseres verehrten Bundeskanzlers einen Tag vorher von seinem Schreibtisch zu nehmen. Mit der Vernichtung der »Grünen Elektronen« war der ursprüngliche Zustand wieder hergestellt – wenigstens für die klassische Naturwissenschaft. Wir fürchteten nicht, daß man unsere Experimente nachvollziehen würde. Denn – zur Erzeugung dieser Teilchen und des Raumes benötigt man die Überzeugung, daß es sie gibt.

*

»Na, wie geht es denn dem alten Wohlbruck«, sprach mich nach den Institutsferien Professor Meyer an, dem ich von unserer Begegnung erzählt hatte. »Glaubt er immer noch an die Existenz seiner grünen Elektronen, mit denen er die halbe Welt verrückt gemacht hat?« Ich wußte, daß der zweite Teil der Frage nur rhetorisch gemeint war und wich aus. »Es geht ihm, wie mir scheint, recht gut. Besonders, da er so spät in seiner Assistentin doch noch sein Glück gefunden hat.«

»Seit wann sind sie denn verheiratet?« – »Ich glaube seit Ende der Sommerferien.«

»So, so«, brummelte Meyer, »bei den Sommerferien fällt mir noch ein: Ich habe den Energieverbrauch der Großanlage bei den Reparaturarbeiten gesehen! Danach müssen Sie ja besonders fleißig gewesen sein. Meine Anerkennung, Botmer!«

Damit verließ er mich und tappte in das nach seiner Erfahrung vorgesehene Dienstzimmer.

Das Rätsel des Santorin-Vulkans

Archäologen suchen nach der verlorenen Zeit

VON HARALD STEINERT

Europa ist ein Land der Vulkane. Vom hohen Norden bis zum Süden findet man Überreste häufiger und oft sehr starker Vulkanausbrüche – wenn auch meist unter jüngeren Gesteinen verborgen. Mitten in Deutschland liegt als großartigste Vulkanruine Mitteleuropas der Vogelberg. Als er vor ein paar Dutzend Jahrmillionen voll tätig war, übertrafen seine Ausbrüche an Ausmaß und Heftigkeit weit die des Ätna. Das Sauerland ist angefüllt mit Laven, die vor ein paar hundert Jahrmillionen aus untermeerischen Vulkanen hervorbrachen, etwas jünger sind die Vulkane in den Alpen und Karpaten. In Südfrankreich, der Eifel, Italien und Ungarn stiegen vor einigen Jahrmillionen gasige, flüssige und feste Stoffe aus dem Erdinnern hoch. Selbst mitten in der Nordsee gab es in geologischer Vergangenheit riesige Ausbrüche, deren Spuren erst in den letzten Jahren bei der Suche nach Erdöl aufgefunden wurden. Die heute noch lebendigen Vulkane Italiens und Griechenlands sowie die auf dem Mittelmeerboden sind nur bescheidene Reste einstiger Rührigkeit. Noch in geschichtlicher Zeit erschütterte ein wahrhaft ungeheuerlicher Ausbruch unseren Kontinent – die Explosion eines Kraters von 80 Quadratkilometer Ausdehnung, die die des Krakatau im vorigen Jahrhundert weit übertraf: Die Explosion des Santorin im Ägäischen Meer.

»Der« Santorin ist in Wirklichkeit eine Inselgruppe von fünf Inseln in den

Von einer mächtigen Bimssteinschicht bedeckt war dieses zweistöckige Haus, das Forscher auf der Hauptinsel Thera ausgruben. Sie spüren den rätselhaften Ereignissen nach, die in frühgeschichtlicher Zeit die Inselgruppe heimgesucht haben.

Zykladen; die Hauptinsel Thera mit zwei kleinen Inseln umschließt dort das heute vom Meer gefüllte, riesige Kraterloch des Santorin-Vulkans, dessen Explosion um 1500 v. Chr. alle vulkanischen Ereignisse, die Europa in geschichtlicher und vorgeschichtlicher Zeit heimgesucht haben, weit in den Schatten stellt. Der Vesuvausbruch, der Pompeji zerstörte, ist dagegen nur ein bescheidenes Lokalereignis gewesen und nur bemerkenswert, weil er in recht glücklicher Weise archäologische Konservierungsarbeit leistete. Der Meeresboden um den Santorin hat sich nach dieser gewaltigen Eruption nicht völlig beruhigt. Noch immer erschüttern schwere Erdbeben die Umgebung – zuletzt im Jahre 1956, und aus dem ehemaligen Kraterloch sind mehrere Vulkaninseln, heute zum Teil wieder miteinander verschmolzen, aufgestiegen: Paläa Kaimeni, Mikra Kaimeni und im Jahre 1707 Nea Kaimeni.

Den Vulkanforschern ist der Santorin-Vulkan schon seit langem als bemerkenswerter Vulkan der Ägäis bekannt. Unter seinen Bimssteinmassen, die Dutzende von Metern hoch sind (Bimsstein ist ein Auswurfprodukt von Vulkanen: gasreiche flüssige Lava, aus der, während sie erkaltet, die Gase entweichen und sie zu einer lockeren, schaumigen Masse aufblähen), liegen prähistorische Siedlungen begraben. Doch sie beschäftigen sich mehr mit dem gegenwartsnahen Vulkanismus des Santorin, der im Jahre 1870 letztmals nennenswerte Mengen feuriger Lava und Asche ausstieß.

Santorin und die Inseln des Binnenmeeres – von der Hauptinsel in Richtung Westen – sind Reste eines bei einem gewaltigen Ausbruch gesprengten Vulkankegels. In den Kraterkessel brach das Meerwasser ein. Im Vordergrund die weißen Häuser von Thera – ein beliebtes Ziel für Touristen (großes Bild).

Links: Der Steilabfall des Kraterrandes setzt sich unter dem Meeresspiegel fort und reicht bis in eine Tiefe von 390 m. Die Explosion des Santorin übertraf alle in geschichtlicher Zeit bekannten Vulkanausbrüche. Foto Bühler

Rechts: Auf der Suche nach der verlorenen Zeit. In mühevoller Arbeit legen der griechische Archäologe Dr. Christos Doumas und seine Frau (im Hintergrund) die Mauern des Stadtkerns der ehemaligen Hauptstadt Akrotiri frei. Alle Anzeichen deuten darauf hin, daß die Stadt bereits von ihren Bewohnern verlassen war, als der Bimsstein- und Ascheregen des Hauptausbruches Straßen und Häuser unter sich begrub. Sind der endgültigen Katastrophe Warnzeichen vorausgegangen? Das könnte die Zeitlücke und ein großes Geheimnis der Frühgeschichte des Abendlandes erklären.
Fotos Patellani/Collignon

Allgemein ins Blickfeld rückte der Santorin im Jahre 1932: Damals grub der griechische Archäologe Professor Spyridon Marinatos auf Kreta in dem Hafenort Kandia eine Villa aus der Zeit der großen Palastkultur der Minoer aus. Überraschenderweise fand er in deren Keller Bimssteinhaufen, offensichtlich vom Meer eingeschwemmt. Nun gibt es aber auf ganz Kreta und in dessen Nähe nirgends Vulkane, die Bimsstein liefern konnten – außer dem mehr als 100 Kilometer entfernten Santorin.

In diesem Augenblick entstand der Gedanke, daß der Vulkanausbruch des Santorin möglicherweise nicht nur für diese Insel bedeutsam gewesen war, sondern weiterreichendere Folgen gehabt haben muß. Denn bei einer Großeruption fliegt – wie man am Beispiel des Krakatau studieren kann – nicht nur der Bergkegel in die Luft: Eine solche Explosion geht mit schwersten Erdbeben, einem über Hunderte von Kilometern reichenden Aschenregen und gewaltigen Flutwellen einher. Ein solches Ereignis muß das ganze Ostmittelmeer in Aufruhr gebracht haben. Die Explosion des Krakatau (sie fand ebenfalls auf einer Vulkaninsel mitten im Meer statt) löste eine Flutwelle aus, die an den Nachbarinseln der Sudanstraße 35 Meter hoch stieg und durch den ganzen Pazifik bis in den Atlantik rollte. Die Fläche, die der auf dem Santorin explodierte Vulkan einnahm, war fast dreimal so groß wie die des Krakatau. Dementsprechend furchtbar muß die Flutwelle gewesen sein, die sich über das Mittelmeer ergoß. Und diese Flutwelle war es wohl, die den Bimsstein – der auf der Meeresoberfläche schwamm – in den Keller der Villa von Kandia spülte.

Nun fällt aber die Zerstörung der Kandia-Villa, fällt die Santorin-Eruption in etwa zeitlich zusammen mit einem welthistorischen Ereignis.

Um 1500 v. Chr., in der Bronzezeit also, beherrschen die Kreter das Mittelmeer – damals Drehscheibe der europäisch-vorderasiatischen Hochkultur. Die kretischen Minoer mit ihrer eigentümlichen Kultur und Zivilisation trieben »weltweiten« Handel, bauten großartige Paläste, schufen Höhlentempel und eine hochstehende Kunst. Sie waren gerade in voller Ausdehnung begriffen und auf dem Weg, die umliegenden Festlandsküsten und Großinseln zu erobern, als sie eine rätselvolle Katastrophe heimsuchte. Die großen Paläste brechen auf einmal zusammen, die Kulthöhlen stürzen ein, in allen minoischen Siedlungen kommt es zu Zerstörungen. Als das Leben dann weiter geht, hat das minoische Kreta seine politische Vormachtrolle ausgespielt, seine Kultur bricht ab, es werden keine grandiosen Prachtbauten mehr errichtet, die Kunst verflacht. Die eigentümliche kretische Schrift – bis heute kaum gedeutet – wird aufgegeben und durch eine Schrift ersetzt, die von den festländischen Mykenern beeinflußt scheint. Diese Mykener haben vermutlich nach der Katastrophe Macht über Kreta gewonnen: Das Reich der Minoer ist am Ende.

Nach den Funden in der Kandia-Villa tauchte die Frage auf, ob diese geheimnisvolle Katastrophe nicht die Santorin-Explosion gewesen sein könnte, deren Erdbeben die kretischen Paläste, Kulthöhlen und Städte einstürzen ließ, deren Flutwelle die kretischen Häfen, die mächtigen Flotten und die

Schatzhäuser der Minoer ertränkte. Diese Idee – von Professor Marinatos ebenso wie von dem Athener Seismologen Professor Galanopoulos vertreten – wirkte sich erst in den Nachkriegsjahren aus: Etwa von 1960 ab begann man damit, dem Santorin-Ereignis mit allen Mitteln der modernen Wissenschaft nachzuspüren. Die Forschungsarbeiten gipfelten in einer großen Ausgrabung auf der Hauptinsel Thera der Santoringruppe, wo die »Hauptstadt« aus der Zeit vor dem Vulkanausbruch – Akrotiri – unter einer mächtigen Bimssteindecke begraben liegt.

Diese Forschungsarbeiten – an denen neben griechischen auch amerikanische, englische und deutsche Forscher beteiligt sind – haben das Bild von den Vorgängen auf Santorin verdichtet und den Verdacht weitgehend bestätigt, daß dieser größte europäische Vulkanausbruch der jüngsten Zeit die minoische Kultur vernichtet und dadurch vielleicht die Entwicklung der Kultur und das politische Bild des Abendlandes entscheidend beeinflußt hat: Möglicherweise wäre die klassisch-griechische Hochkultur nie entstanden, auf deren Geistesgut Europa und Deutschland bis vor wenigen Jahren aufzubauen glaubten, und statt dessen eine halbasiatische Kreter-Kultur zum Ausgangspunkt der heutigen europäischen Welt geworden...

Die Zeit, zu der die Santorin-Eruption stattfand, wurde radiometrisch (mit der Kohlenstoff-14-Methode) an Hand des Alters von Balkenresten bestimmt, die von durch Bimsstein verschütteten Häusern stammen: Das Datum der Katastrophe aus Santorin stimmt in etwa mit dem Zusammenbruch der minoischen Kultur überein – um 1500 v. Chr. Tiefseebohrungen der »Glomar Challenger«, des berühmten Tiefseebohrschiffes, das in den USA gebaut wurde, im Ostmittelmeer wiesen im Umkreis von 150 Kilometer auf dem Meeresboden die Vulkanasche der Santorin-Explosion nach. Auch auf dem griechischen Festland wurden in Nichoria Reste von Bimsstein und vulkanischer Asche ausgegraben, die sich auf den Santorin-Ausbruch zurückführen lassen. Der deutsche Vulkanologe Professor Pichler untersuchte das Ausbruchsmaterial näher und wies nach, daß die Vulkaninsel – vor dem Ausbruch der mit Wäldern bewachsene Kegel eines erloschen scheinenden Kraters – von einem Eruptionstyp betroffen worden war, bei dem durch Gas halbverflüssigte – »fluidisierte« – Ausbruchsmassen mit rasender Geschwindigkeit die Dörfer und Städte überfluteten.

Die Ausgrabung selbst, tief unter der Erdoberfläche im Bimsstein bergmännisch vorgetrieben, förderte in Akrotiri eine ausgeprägte minoische Zivilisation zu Tage: Straßen einer reichen Stadt mit mehrgeschossigen Häusern, deren Bewohner luxuriös in kostbar ausgemalten Räumen lebten. Die Wandfresken zeugen von dem – nach damaligen Begriffen – Welthandel, der die Santoriner wie die benachbarten Kreter, zu denen sie politisch wohl gehörten, mit Afrika und Vorderasien verband. Hochbefähigte Künstler malten für die Überseekaufleute Neger, Gazellen und Affen neben Schlachtenbildern und Darstellungen aus dem Alltagsleben. Alles in allem das erwartete Bild: eine minoische Hochkultur, die unmittelbar mit dem benachbarten

Dr. Christos Doumas und ein junger Assistent arbeiten an der Wiederherstellung eines irdenen Gefäßes, Zeugnis der minoischen Hochkultur auf Santorin, die eine Naturkatastrophe zerstörte.

Luxuriös und kostbar ausgemalte Räume künden vom Leben einer reichen Stadt. Diese Wandfresken stellen boxende Götterkinder dar und Antilopen, was auf Verbindungen bis nach Afrika hindeutet.

Rechte Seite: Warenlager mit Wein-, Öl- und Getreidekrügen. Mehr als zwanzig dieser Gefäße wurden hier gefunden. Es legt den Schluß nahe, daß es sich um eine königliche Vorratskammer handelt.

Stilentwicklung der Keramik. Dieser Opfertisch, der vor kurzem entdeckt wurde, ist die einzige mit Meeresmotiven verzierte Terrakotte aus den unterirdischen Ruinen von Akrotiri. Der »Meeres-Stil« löste auf Kreta den »Flora-Stil« ab. Fotos Patellani/Collignon

Kreta zusammenhängt und auf ihrem Höhepunkt zu etwa der gleichen Zeit durch das Santorin-Ereignis zerstört wird.

Sind wir damit bei der Lösung des Rätsels angelangt? Auf den ersten Blick ja – auf den zweiten jedoch nicht. Während Vulkanologen, Geographen und Historiker zufrieden gestellt sein mögen, trifft das auf die Archäologen nicht zu. Sie arbeiten mit – für diese Aufgabe – feineren Methoden, um die Vorgänge zu rekonstruieren. Und diese Methoden lassen erkennen, daß zwischen den Zerstörungen auf der Santorin-Gruppe und der Katastrophe auf Kreta eine zeitliche Lücke besteht.

Die Archäologen verwenden als »Werkzeug« zur Altersbestimmung vor allem die Stilentwicklung der Keramik. Diese liefert in einem sich schnell entwickelnden, kraftgespannten Kulturbereich, wie es der der Minoer in diesem Jahrhundert war, sehr feine Datierungen. Nach dieser archäologischen Uhr muß die Zerstörung der Siedlungen auf Santorin einige Jahrzehnte – vielleicht 50 Jahre – früher erfolgt sein als die Vernichtung der minoischen Kultur auf Kreta. Während die Vasen, Tafeln und Schalen aus den unterirdischen Ruinen von Akrotiri noch in dem sogenannten Flora-Stil verziert sind, das heißt mit stilisierten Blumen – vorwiegend Lilien –, hat sich dieser Flora-Stil auf Kreta zum »Meeres-Stil« weiterentwickelt, mit dekorativ ausgearbeiteten Tintenfischen, Korallen und Delphinen.

Es ist unvorstellbar, daß die Minoer auf Santorin in unmittelbarer Nähe Kretas um ein halbes Jahrhundert in ihrer Stilentwicklung hinter der zeitlichen Mode herhinkten – daß also der Zeitunterschied nur scheinbar ist. An dieser Tatsache der verlorenen Zeit – Zerstörung Santorins um 1500 v. Chr., Zerstörung Kretas um 1450 v. Chr. – ist nicht zu rütteln.

Nach dieser verlorenen Zeit suchen die Archäologen seit bald fünf Jahren. Wird sie nicht gefunden, müssen sie alle schönen Vorstellungen über die Ursachen des Endes der Minoer begraben. Dann schrumpft der Vulkanausbruch, der Santorin vernichtete, zu einem grandiosen vulkanologischen Ereignis, das sicherlich ein Spektakel für das ganze Ostmittelmeer war, jedoch den Gang der Weltgeschichte nicht beeinflußt hat. Dann muß man erneut anfangen, nach den Ursachen des Zusammenbruchs der minoischen Herrschaft und Kultur zu suchen.

Die letzten Grabungsergebnisse deuten an, daß man diese verlorenen 50 Jahre auf Santorin wiederfinden könnte. Die Ausgräber in den Bimssteingängen von Akrotiri wunderten sich schon immer darüber, daß ihnen weder Tote noch kostbare Fluchtgüter wie Gold, Schmucksteine, Siegelrollringe und dergleichen in die Hände fielen. Nur Hausrat – vor allem Keramik – ist zu finden, und zwar offenbar gegen Zerstörung dadurch gesichert, daß er unter Türbogen und in Kämmerchen mit festem Dach untergestellt worden war. Die Menschen selbst scheinen Zeit gehabt zu haben, sich, ihre wertvollste Habe und ihre Haustiere in Sicherheit zu bringen, bevor der große Bimssteinregen begann und die Straßen der Stadt zudeckte, die Häuser überflutete und die Wohnstätten der 25 000 oder 30 000 Santoriner begrub.

Das ist – vulkanologisch gesehen – nicht undenkbar: Möglicherweise gingen der Katastrophe schon Jahrzehnte vorher Warnzeichen voraus – leichte Erdbeben, inneres Grollen des Kraters, kleine andauernde Eruptionen, Rißbildung im Erdboden, das Gestein des Vulkankegels, auf dem die Santoriner lebten, erwärmte sich. Und die jüngsten Grabungen haben, wie der griechische Archäologe Dr. Christos Doumas berichtete, Anhaltspunkte dafür geliefert, daß zwischen Flucht der Santoriner und Endkatastrophe eine längere Zeit verstrich: In den freigelegten Straßen von Akrotiri deuten Spuren an, daß nach dem Verlassen der Stadt Aufräumtrupps zurückkehrten. Häusertrümmer, die möglicherweise durch Erdbeben mittlerer Stärke beschädigt worden waren, wurden in den Straßen aufgehäuft, zwischen den Trümmern Wege freigelegt. Überall liegen riesige Steinhämmer umher – bis zu 14 Kilogramm schwer! An Seilen hängend, hat man sie offenbar gegen die Mauern von abzubrechenden Häusern geschleudert, auf gleiche Weise, wie heute Bagger mit schwingenden Stahlkugeln Hausmauern niederreißen. Besser erhaltene Häuser wurden dagegen verschont. Und man begann mit dem Wiederaufbau: Die Ausgräber finden Tongefäße, mit einer Art Mörtel gefüllt. Mit diesem Kalkmörtel wurden Risse in Fußböden ausgeflickt.

Doch diese Wiederaufbauarbeit wurde mit einem Schlag beendet. Die Räum- und Aufbautrupps ließen Arbeit, Geräte und Mörtelgefäße stehen und verschwanden spurlos. Fingerabdrücke der »Terrazzoleger«, die die Fußböden wiederherstellten, blieben in den Mörtelgefäßen zurück als letzte Spuren der minoischen Bewohner Santorins. Man kann nur vermuten, daß neue Eruptionsanzeichen die Arbeitskolonnen zum Hafen und auf ihre Schiffe trieben, mit denen sie Santorin endgültig verließen.

Bewiesen ist damit, daß der Abbruch der Santorin-Kultur und die Santorin-Explosion zwei Ereignisse waren, die zeitlich mit erheblichem Abstand aufeinander folgten. Tatsächlich sind die Hinterlassenschaften der Aufräumtrupps mit einer dünnen Bimssteinschicht bedeckt, die Anzeichen von Verwitterung erkennen läßt – einer Verwitterung, die eine Zeitlang »gearbeitet« haben muß, bevor die Endkatastrophe alles zuschüttete.

Die Archäologen suchen weiter nach noch besserem Beweismaterial dafür, daß in dieser Lücke die verlorene Zeit steckt, die eines der großen Geheimnisse der Frühentwicklung des Abendlandes löst. Manche von ihnen hoffen, mit der Enträtselung der Vorgänge um den Santorin aber auch einer der faszinierendsten Mythen des Altertums auf die Spur zu kommen: der Atlantis-Sage Platos. Wenn sie überhaupt historischen Hintergrund hat, so könnte – auch wenn zahllose Einzelheiten nicht stimmen – die völlige Vernichtung der »atlantischen« Hochkultur durch eine Naturkatastrophe am ehesten auf Überlieferungen der Santorin-Ereignisse zurückgeführt werden. Andere Annahmen verlagern die Vorgänge um die Insel der Atlanter weit nach außerhalb des griechischen Kulturbereichs. Die Santorin-Katastrophe ist als einzige im antiken Kulturkreis von einem Ausmaß, wie es Plato schildert. Letzte Beweise wird es freilich auch dafür nie geben.

Was die Welt im Innersten zusammenhält

VON KLAUS BRUNS

Dieses Spurenlabyrinth einer typischen Blasenkammeraufnahme liefert dem Fachmann den Beweis für die Wechselwirkungen kleinster Teilchen der Materie. An Hand eines solchen Bildes bestätigten Physiker des Deutschen Elektronen Synchrotrons die Entdeckung des Psi-Teilchens.

Neutrale Ströme und Psi-Teilchen überraschen die Physiker

Die faustische Frage nach der Kraft, die die Welt im Innersten zusammenhält, ist noch immer unbeantwortet. Zwar müssen wir mit Goethe nicht bekennen »Da steh' ich nun, ich armer Thor! Und bin so klug, als wie zuvor«, wir wissen, daß es vier Kräfte sind, die das mikro- und makrokosmische Geschehen lenken; von einer – wie es sich die Physiker wünschen – umfassenden Weltformel, die gewissermaßen alle »kräftigen« Erscheinungen in ein geschlossenes Bild fügt, sind wir indes noch weit entfernt. Es hat Ansätze einer »einheitlichen Feldtheorie« gegeben, doch bis auf den heutigen Tag führte kein Versuch zum Ziel.

Wie bei einem riesigen Puzzlespiel haben wir zuerst die vier markanten Ecken herausgesucht, dann uns bemüht, sie zu Kanten eines Bildes zusammenwachsen zu lassen. Trotz klaffender Lücken im Rahmen ist es gelungen, entlang besonders auffälliger Strukturen Stücke des Puzzleinnern glatt miteinander zu verzahnen. Jetzt kommt es darauf an, die Fläche des Legespiels lückenlos zu füllen. Aber noch scheint es so, als hätten wir nicht einmal alle Stücke des Puzzles gefunden, geschweige denn ins Bild geordnet. Doch je weiter sich das Muster verdichtet, desto gezielter können wir nach den fehlenden Mosaiksteinchen suchen. Die Löcher des sich abzeichnenden Musters umreißen immer genauer die Form und die Farbe der fehlenden Füllstücke.

Zwei aufsehenerregende Entdeckungen, von denen dieser Aufsatz berichten will, scheinen unser Legespiel der Kräfte im vergangenen Jahr ganz entscheidend vorangebracht zu haben. Um im Bild zu bleiben: mit der Entdeckung der »neutralen Ströme« scheint es zum erstenmal gelungen zu sein, zwei Ecken des Puzzles durch eine gemeinsame Kante miteinander zu verbinden. Mit der noch jüngeren Entdeckung der »J-« oder »Psi-Teilchen« könnte es glücken, eine bislang nur mager ausgelegte Ecke des Legespiels in ähnlicher Weise auszubauen, wie es in der Vergangenheit für die zwei am besten erforschten Ecken möglich war.

Die Orientierungspunkte des physikalischen Weltbildes, die vier Kräfte, von denen wir glauben, daß sie zusammen alles Geschehen in Zeit und Raum bedingen, sind von sehr unterschiedlicher Beschaffenheit. Die stärkste Kraft, auch schlicht »Kernkraft« genannt, wirkt zwischen den Bausteinen der Atomkerne. Sie verklammert Protonen und Neutronen zu unvorstellbar dichten Kugeln, die die Kerne der 92 natürlichen Elemente bilden. Die starke, aber nur wenige billionstel Millimeter weit reichende Kernkraft muß überwunden werden, wenn wir in Reaktoren Uran spalten und daraus ungeheure Energie gewinnen. Von den Physikern wird die Kernkraft oder – wie sie von ihnen auch genannt wird – die »starke Wechselwirkung« verhältnismäßig gut verstanden.

Noch viel gründlicher freilich ist unser Wissen über die etwa hundertmal schwächere »elektromagnetische Wechselwirkung«, der alle elektrisch geladenen Teilchen unterliegen. Die jedermann von ihrer Wirkung her geläufige Kraft reicht, wenn auch mit stetig abnehmender Stärke, beliebig weit. Auf ihr beruhen alle »groben« elektrischen und magnetischen Erscheinungen. Sie liegt der elektromagnetischen Strahlung, den Funk-, Licht- und Röntgenwellen zugrunde. Aber auch die Vielfalt der chemischen Umwandlungen und Verbindungen, alle Vorgänge des Lebens lassen sich auf die elektromagnetische Wechselwirkung zurückführen.

Die dritte Kraft, die »schwache Wechselwirkung«, ist anschaulich am schwierigsten zu fassen. Sie verursacht den radioaktiven Zerfall von Neutronen und Protonen in den Atomen und erklärt die Unbeständigkeit – Instabilität – der vielen künstlichen Elementarteilchen, die in den großen Beschleuniger-Laboratorien zum Studium der subatomaren Welt – also dessen, was sich innerhalb der Atome abspielt – massenweise erzeugt werden. Diese schwache Kraft ist eine Milliarde mal schwächer als die Kernkraft und hat zudem ihr gegenüber eine kürzere, heute noch nicht bekannte Reichweite.

Die wiederum eine Quintilliarde mal schwächere »Gravitationskraft« schließlich, die im Großen die Materie der Weltkörper und deren gegenseitige Anziehung bedingt, vervollständigt das Geviert unseres Puzzles. Daß wir diese äußerst schwache Kraft überhaupt spüren, liegt allein an der ungeheuer großen Masse unseres Planeten. Frei im Weltraum schwebend, hätten wir kaum eine Möglichkeit, das Vorhandensein der Gravitation so offenkundig nachzuweisen, wie es der vom Baum fallende Apfel tut. Nur mit außerordentlich empfindlichen Geräten läßt sich die »gravische Wechselwirkung« messen, die beispielsweise zwei Astronauten aufeinander ausüben. Im Bereich der Atome spielt die Gravitation nach allem, was wir heute wissen, keine Rolle, wenngleich es Hypothesen gibt, die ihr auch hier einen Platz zuweisen.

Lassen wir es zunächst mit der flüchtigen Vorstellung der vier grundlegenden Kräfte genug sein; kehren wir zurück zu den jüngsten subatomaren Entdeckungen, die die Herzen der Elementarteilchen-Physiker im vergangenen Jahr haben höher schlagen lassen.

Bis zum Jahr 1973 galt es als vollkommen sicher, daß bei allen Vorgängen der schwachen Wechselwirkung elektrische Ladungsänderungen an den beteiligten Partikeln auftreten. Konkret: treffen beispielsweise ein elektrisch negativ geladenes und ein elektrisch neutrales Teilchen zusammen und treten sie miteinander über nichts als die schwache Wechselwirkung in Verbindung, so übernimmt das neutrale Teilchen die elektrische Ladung, und das geladene wird neutral.

Dieser Ladungsaustausch, auch als »geladener Strom« bezeichnet, war bislang ein zuverlässiges Merkmal der schwachen Kraft. Die Entdeckung der »neutralen Ströme« am europäischen Teilchenbeschleuniger CERN bei Genf schlug daher in der Fachwelt wie eine Bombe ein. Zum erstenmal hatte man hier beobachtet, daß schwach wechselwirkende Partikel aus subatomaren

Das Europäische Kernforschungszentrum CERN bei Genf, wo man in einem Doppelspeicherring Elektronen oder Protonen mit sehr hohen Geschwindigkeiten aufeinanderprallen läßt. Unten: Die beiden Speicherringe mit der Kreuzungsstelle in Bildmitte. Hier treffen die beschleunigten Teilchen aufeinander.

Links: Die elektronischen Geräte, mit denen die Zusammenstöße nachgewiesen werden.

Oben: Der Hauptkontrollraum des Doppelspeicherrings. Auf den beiden Fernsehmonitoren (in der Mitte oben) sind die umlaufenden Elektronen-Positronenstrahlen durch ihr Synchronlicht zu erkennen. Fotos CERN, DESY

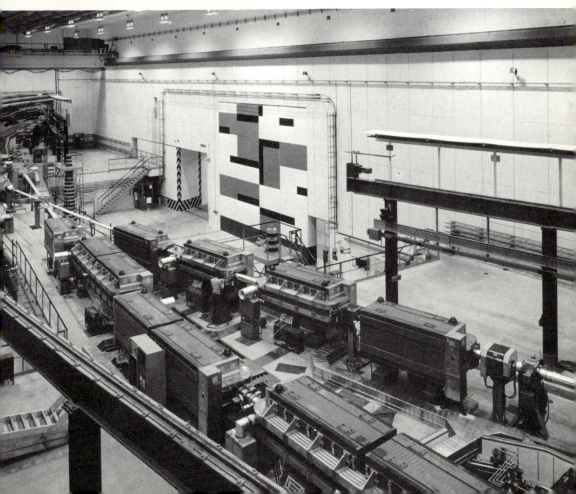

Reaktionen gleichsam unversehrt mit unveränderter Ladung hervorgingen. Das war ein aus dem damaligen Verständnis heraus ungeheurer Vorgang, der – wie wir noch sehen werden – einen sehr kräftigen Denkanstoß auf die Elementarteilchenforschung ausübte.

Daß es erst jetzt gelang, schwache Wechselwirkungen ohne Ladungsaustausch, also neutrale Ströme, zu beobachten, hat einen sehr einleuchtenden Grund. Die einzigen Elementarteilchen, die ausschließlich über die schwache Kraft mit ihrer stofflichen Umwelt in Verbindung treten und daher für das Studium der schwachen Wechselwirkung geradezu ideale Testobjekte darstellen, sind die Neutrinos. Das sind lichtschnelle, ladungs- und masselose »Partikel«, die bei vielen radioaktiven Vorgängen frei werden.

Bereits im Jahre 1931 hatte der Schweizer Physiker Wolfgang Pauli das Vorhandensein dieser Teilchen zur Bedingung gemacht, um die Gültigkeit des grundlegenden Satzes von der Energieerhaltung auch für den subatomaren Bereich zu retten. Pauli hatte sein Postulat seinerzeit mit der Überzeugung verknüpft, daß es niemals gelingen werde, Neutrinos unmittelbar oder mittelbar nachzuweisen. Tatsächlich zeigen die Neutrinos, die sich theoretisch in vier Gruppen einteilen lassen, an ihrer Umwelt so wenig Interesse, daß sie gewaltige Massen, beispielsweise den gesamten Erdkörper, durchdringen können, ohne »anzuecken« oder eingefangen zu werden.

Es grenzt fast an ein Wunder, daß es 1956 – 25 Jahre nach Paulis Postulat – mit erheblichem technisch-physikalischen Aufwand gelang, einige Neutrinos aufgrund ihrer Wechselwirkung mit Protonen unmittelbar nachzuweisen. Auch zehn Jahre später noch schätzten sich die Physiker glücklich, mit Hilfe starker Neutrinoquellen wenigstens eine Wechselwirkung je Tag feststellen zu können. Heute werden in den großen Teilchen-Labors der Welt einige »Ereignisse« je Minute erzielt.

Erst wenn man dies weiß und eine ungefähre Vorstellung von der »Unfaßbarkeit« dieser flüchtigen Gesellen hat, kann man verstehen, warum die schwache Kraft bis heute so verhältnismäßig schlecht erforscht ist. Und auch jetzt erst versteht man, warum die Entdeckung der neutralen Ströme, die wiederum eine Größenordnung seltener sind, für helle Aufregung unter den Fachleuten sorgte.

Noch aufregender freilich ist die Folgerung, die aus dem Vorkommen der neutralen Ströme zu ziehen ist. Der neutrale Strom stellt das bisher einzige Bindeglied zwischen zwei der vier verschiedenen Urkräfte dar. Als man die als sensationell empfundene Entdeckung in den theoretischen Überbau einbezog, brachte dies das überraschende Ergebnis, daß sich schwache und

Mit dieser größten Kamera der Welt wollen die Wissenschaftler der CERN, Genf, das Geheimnis um die kleinsten Teilchen unserer Materie lüften. Montage der großen Europäischen Flüssigwasserstoff-Blasenkammer. Der Kammerkörper, der oben zu erblicken ist, hat einen Durchmesser von 3,7 m und nimmt 35 000 Liter flüssigen Wasserstoff auf, in dem die Teilchenbahnen sichtbar werden. Hier wurden die ersten Anzeichen für die Existenz der »neutralen Ströme« gefunden. Foto CERN

elektromagnetische Wechselwirkung nach einem gemeinsamen Schema behandeln lassen. Um im Bild unseres Puzzles zu bleiben: es sieht alles danach aus, als könnten zum erstenmal zwei Ecken des Legespiels durch eine ununterbrochene Kante verbunden werden.

Mehr Aufregung noch als die neutralen Ströme hat indes die Entdeckung des J- oder Psi-Teilchens in die Reihen der Wissenschaftler getragen. Dieses Partikel, das zuerst am Linearbeschleuniger der Stanford-Universität in Palo Alto (Kalifornien) aufgespürt wurde, fällt mit seinem Verhalten so sehr aus dem Rahmen des bisher bekannten Teilchen-Zoos, daß man ihm eine völlig neuartige, »charm« genannte Eigenschaft zusprechen mußte. Vielleicht weil es sie mit einem Schlag von der vermeintlich schon chronischen Trübsal befreit hat, haben die Physiker diese liebenswürdige Bezeichnung für das sonderbare Verhalten des Psi-Teilchens gewählt.

Das bislang einfach übersehene, wohl auch als Fehlmessung ausgelegte und schließlich gewissermaßen mit der Lupe gefundene Elementarteilchen hat die gut dreifache Masse des gewöhnlichen Wasserstoffkerns und eine – verglichen mit Partikeln ähnlicher Masse – außerordentlich große Lebensdauer. Entscheidend für seine späte Entdeckung sind die sehr eigenartigen Bedingungen, unter denen es überhaupt erst entsteht.

Dazu ein kurzer Blick in die Experimentierpraxis der Elementarteilchen-Physiker. In den großen linearen oder kreisförmigen Hochenergiebeschleunigern werden Elektronen oder Protonen mit Hilfe elektrischer Felder auf so hohe Geschwindigkeit gebracht, daß aus ihrer Energie beim Zusammenprall mit Materie neue Teilchen geschaffen werden. Energie wird zu Masse – nach einem grundlegenden Gesetz, das zuerst Albert Einstein formuliert hat. Mehrere hundert Teilchen sind auf diese Weise künstlich erzeugt worden, und die Theoretiker haben ihre liebe Mühe, dieser Teilchen-Inflation dadurch Rechnung zu tragen, daß sie ein umfassendes Ordnungsschema entwickeln.

Das Aufsehenerregende an dem neu entdeckten Psi-Teilchen ist nun, daß seine Erzeugung nur an einer winzig schmalen Energiestelle der Beschleunigerenergie beobachtet werden kann. Vermutlich hat man diese Stelle lange Zeit einfach übersehen. Da die Vermessung jedes einzelnen Energiepunktes trotz moderner elektronischer Rechenanlagen viele Tage dauert, mußte man zwangsläufig in verhältnismäßig groben Energiesprüngen vorgehen. Und so, wie man bei einem Radiogerät ohne »Kurzwellenlupe« leicht einmal über einen Sender hinwegdreht, hat man offensichtlich auch in den Hochenergielaboratorien über teilchenschwangere Energiestellen hinweggedreht.

Natürlich waren sich die Physiker der Unzulänglichkeit des sprungweisen Vorgehens bewußt, nur glaubten sie sich diese Praxis leisten zu können, weil alle bisher entdeckten Teilchen innerhalb verhältnismäßig breiter Energiebereiche erzeugt werden konnten. Dennoch war es nur eine Frage der Zeit, bis sich ein Wissenschaftlerteam dazu entschloß, einen größeren Energiebereich einmal gleichsam mit der Kurzwellenlupe abzufahren.

Die Arbeit lohnte sich. Zuerst waren die Forscher in Stanford fündig. Fast gleichzeitig und unabhängig davon entdeckten Wissenschaftler am Brookhaven-Laboratorium (New York) das neue Teilchen. Und – um alle Zweifel auszuräumen – bestätigten Physiker am Deutschen Elektronen Synchrotron (Hamburg) wenige Tage später die verblüffende Entdeckung.

Was die Wissenschaftler nun am meisten elektrisierte, war die zunächst noch spekulative Aussicht, mit Hilfe des Psi-Teilchens die schwache Wechselwirkung in ähnlicher Weise als Folge eines ständigen Teilchenaustauschs erklären zu können, wie die starke und elektromagnetische Wechselwirkung.

Dazu ein anschauliches, aber natürlich unzulängliches Beispiel: Wie der Ball beim Tennis zwei Spieler aneinander bindet, wie er die Hinwendung der Partner zueinander bestimmt, wie er aber auch gleichzeitig für den gegenseitigen Abstand der Spieler sorgt, so verbindet, lenkt und trennt ein subatomarer »Ball« die Elementarteilchen.

Vom Spiel der elektromagnetischen Wechselwirkung wissen wir, daß lichtschnelle, ladungs- und masselose Teilchen, sogenannte Photonen, als Ball wirksam sind. Die Photonen sind die Vermittler der elektromagnetischen Kraft, sie bestimmen das Verhalten elektrisch geladener Partikel zueinander. Die Regeln dieses Spiels sind heute gut bekannt.

Nicht ganz so gut erforscht ist das Reglement des »starken« Kräftespiels. Doch kennen wir auch hier den »Ball«, das sogenannte Meson, das in unterschiedlichen Erscheinungsformen auftritt.

Offen ist indes, ob sich dieses Schema auch auf die schwache Wechselwirkung anwenden läßt. Seit langem fordern manche Theoretiker das »intermediäre Boson«, das im Spiel der »schwachen« Kräfte die Rolle des Balls übernehmen soll. Das noch taufrische Psi-Teilchen könnte nach Ansicht zuversichtlicher Wissenschaftler dieser Rolle gewachsen sein. Sollte sich diese Hoffnung im Verlauf weiterer Experimente bestätigen, würde die »schwache« Ecke unseres Kräftepuzzles gehörig Gestalt annehmen.

Um das Bild vollständig zu machen, fahnden die Physiker auch für die vierte Kraft, die Schwerkraft, nach einem Spielball, der die gravische Wechselwirkung zwischen Massen darstellt: Die Suche nach den »Gravitonen«, so heißen diese noch hypothetischen Teilchen, ist seit langem im Gang. In unterirdischen Stollen will man mit erschütterungsfrei aufgehängten, schwingungsfähigen Detektoren die Schwerkraft-Teilchen nachweisen. Nach der Theorie müßten sie von in sich zusammenstürzenden Sternsystemen ausgesandt werden, die Erde durchdringen und die zylindrischen Detektoren zu leichtem Zittern verführen. Nach zunächst ermutigenden Messungen, die sich kürzlich jedoch als Fehldeutungen herausstellten, haben jetzt mehrere Laboratorien die nachdrückliche Fahndung nach Gravitonen aufgenommen.

Die Fachleute sind zuversichtlich. Sie wissen, daß sie eine Spur aufgenommen haben, die zu verfolgen große Geduld erfordert, an deren Ende aber möglicherweise die Aufklärung eines der größten Geheimnisse dieser Welt liegt. Niemand kann hoffen, dieses Geheimnis im Handstreich zu lüften.

Warum Beat und

Wege zum Verständnis klassischer Musik

VON OTTO KNÖDLER

Mathematik in der Schule kann zur Qual werden, Musiklehre zur Hölle. Das fängt schon bei den Abc-Schützen mit dem im Lehrplan geforderten Vorsingen an, bei dem jenen Prüflingen, denen es nicht gelingt, die richtigen Töne aus der Kehle zu zaubern, der kalte Schweiß ausbricht. Der Widerwille gegen dieses Unterrichtsfach steigert sich in der Oberstufe durch das sinnlose Auswendiglernen von Dur- und Moll-Tonreihen mit ihren verflixten fis und cis, des und as, das Zerlegen unverstandener Kompositionen in ihre einzelnen Elemente, das Aufspüren von »übermäßigen Quarten« und »verminderten Quinten«, die richtige Auflösung von Septakkorden – das sind aus drei Terzen zusammengesetzte viertönige Akkorde; denn wie die Mathematik hat auch die Musik ihre strengen Gesetze, nach denen ein Dreiklang mit dem nachfolgenden verbunden werden kann oder nicht (Harmonielehre). Wen wundert es nach diesen wenigen, simplen Beispielen, wenn so mancher Schüler den »Teufel in der Musik« entdeckt, wie übrigens schon lange vor ihm viele Musikwissenschaftler. Bereits in der Antike hat nämlich die Musik zum Verständnis des Universums in gleicher Weise beigetragen wie die Mathematik. Bei beiden handelt es sich um »exakte Wissenschaften«, und sowohl Musikern als auch Mathematikern, die mit Spitzenleistungen aufwarten, räumt man eine besondere Begabung ein, ja man sagt sogar, sie seien begnadet. Dazwischen aber liegen unendlich viele Abstufungen. Wer nicht gut singen kann und auch nie gelernt hat, Noten zu lesen, ist deshalb noch lange nicht unmusikalisch. Das ist eigentlich nur der, der zwei grundverschiedene Melodien nicht voneinander zu unterscheiden vermag. Solche Fälle sind aber äußerst selten.

Um eine Sinfonie zu »verstehen«, sie »erleben« zu können, bedarf es keines Musikstudiums. Die meisten Menschen haben nur deshalb kein Verhältnis zur klassischen Musik, weil diese vor etwa einhundert Jahren als »schwere« Musik in die allgemeine Begriffswelt eingegangen ist und sie dieses Wort abschreckt. Vor allem Menschen, denen die höhere Schulbildung fehlt, glauben, sie seien nicht in der Lage, mit solcher Musik etwas anzufangen. Geradezu grotesk ist es aber, daß selbst Absolventen höherer Schulen eine ausgesprochene Abneigung gegen klassische Musik hegen, und zwar gerade deshalb, weil ihnen akademisches Musikwissen einseitig aufgedrängt wurde. Durch unsinnige Lehrmethoden haben sie nie gelernt, ein musikalisches Kunstwerk als Ganzes zu betrachten und zu erleben. Die unausbleib-

nicht Bach?

Leonard Bernstein, Chef der New Yorker Philharmoniker, widerlegt auf der Schallplatte »Spaß mit Musik« das Vorurteil, es sei unmöglich, beim Anhören klassischer Musik Vergnügen zu empfinden. Musik erhält ihr künstlerisches Gewicht nicht dadurch, daß man sich ernsthaft gebärdet, sondern daß man sie ernst nimmt. Foto Philips

Um das Klangbild vergangener Epochen wieder lebendig zu machen, gründete Nicolaus Harnoncourt 1953 in Wien den Concentus musicus. Dieses international gefeierte Ensemble verwendet nicht nur historische Instrumente, sondern berücksichtigt auch die damalige Aufführungspraxis, Besetzungsstärke und Tempi. Foto Teldec

liche Folge ist die Flucht in explosive und heiße Rhythmen, in Rock'n'Roll, Boogie-Woogie, Pop und Beat. Stark pulsierende Schlagabläufe (Beat – engl. = Schlag) gehen mit außerordentlich großer Lautstärke unmittelbar ins Blut und in die Beine, zu ihrem »Verständnis« benötigt man keine Schulkenntnisse, diese Musik ist einfach »in«, »unheimlich echt«, modern und packend. Sicherlich, die Musik war schon immer Ausdruck ihrer Zeit, und bevor die Urmenschen zur Sprache fanden, verständigten sie sich durch Gebärden, durch Tanz und damit in der Urform der Musik, der Trommelsprache, dem Rhythmus. Denn Tanz ist Rhythmus, von der Urzeit bis heute, ob in geradem oder ungeradem Takt, im Vierviertel(Marsch)- oder Dreiviertel(Walzer)-Takt. Und wenn in der modernen Musik noch ganz andere »Schläge« zu finden sind, Siebensechzehntel oder Elfachtel, und dies in völlig unregelmäßiger Folge – oberster Grundsatz ist immer der Rhythmus. Nichts also gegen Beat! Aber soll deshalb der über viele Jahrhunderte hinweg angewachsene, unermeßliche Reichtum einer Tonkunst zugeschüttet werden, nur weil viele von ihrer Existenz entweder nichts ahnen oder nie den Versuch unternommen haben, sie zu entdecken?

Wer Musik nicht als Wissenschaft betreibt, weder Klavier, Violine noch sonst ein Instrument spielt, auch keinem Gesangsverein oder Kirchenchor angehört, sich also gegenüber der Musik ausschließlich passiv verhält, kann dennoch ein begeisterter Musikfreund sein oder werden. Der Wunsch und der Wille dazu dürfen natürlich nicht fehlen, denn auch hier gilt das Wort Goethes: »Man sieht – hört – nur, was man weiß!« Um diesen Wissensstand zu erreichen, gibt es zunächst eine Unmenge von Büchern, die sehr hilfreich sein können, musikalische Grundbegriffe, Formen und Ausdrucksweisen kennenzulernen. Es bieten sich Konzertführer an für Orchester- und Kammermusik, für Opern und Operetten. Sie reichen oft schon aus, solche Werke mit mehr Genuß und innerer Aufnahmebereitschaft zu hören. Um das Verständnis weiter zu vertiefen, kann der Musikfreund Biographien von Komponisten heranziehen, Lebenserinnerungen, Briefe und Gedanken großer Dirigenten und nicht zuletzt solche Bücher, in denen die bedeutendsten Zeiträume der Musik von den Anfängen bis zu elektronischen Kompositionen aufgezeigt und erläutert werden.

Auch im Rundfunk und Fernsehen gibt es zahlreiche Sendungen, die geeignet sind, unser Wissen um musikalische Dinge zu bereichern. Hier muß man allerdings gezielt auswählen, was nicht immer leicht ist. Denn die Angaben in Programm-Zeitschriften sind stark gekürzt, so daß sich der informelle Charakter einer Sendung nicht erkennen läßt. Was sagt zum Beispiel die Angabe »Schallplatten-Prisma«? Das könnte genausogut eine Schlagersendung sein, jedoch verbirgt sich dahinter eine regelmäßige Sendung des Süddeutschen Rundfunks, in der namhafte Musikkritiker jeden Samstagnachmittag mit umfassender Sachkenntnis und sorgfältig ausgewählten Beispielen kritisch und leicht verständlich ihre Hörer über klassische Musik informieren. Klarer umrissen ist dagegen der Titel »Der Interpretationsvergleich«, eine andere Sendereihe des SDR, in der Professor Jürgen Uhde verschiedene Aufführungen des gleichen Werkes einander gegenüberstellt, auf die Unterschiede hinweist, sie untersucht und dazu Stellung nimmt. Ein Vorhaben, das viel zum Musikverständnis beiträgt, ebenso wie die Sendereihe »Musik von A bis Z – ein Lexikon nach Hörerfragen«.

Auch im Fernsehen lassen sich, sieht man von Opern-, Operetten- und Musical-Aufführungen ab, derartige Ansätze erkennen. Die Sendungen eifern dem Beispiel des amerikanischen Komponisten, Dirigenten, Pianisten und Pädagogen Leonard Bernstein nach, der mit seinem New Yorker Philharmonikern »Fernsehunterricht in Musik« mit Notenbeispielen, graphischen Darstellungen und leichtverständlichen Aussagen so packend demonstriert, daß Freude an der Musik zur Selbstverständlichkeit wird. Ein deutscher Versuch hierzu ist die Fernsehreihe »TV-Musik«. Interpreten, Dirigenten und Komponisten bemühen sich dort, so schwierige Themen wie Werktreue und Interpretation, Rhythmus und Metrik, Tonalität und Atonalität durch Wort, Bild und Musikbeispiel aufzuhellen, damit Musik zum Erlebnis werden kann.

Alle diese Schlüssel, die den Zugang zum Reich der Musik öffnen, bleiben jedoch mehr oder weniger dem Zufall überlassen und bieten keine Gewähr dafür, planmäßig durch »Musik-Verstehen« zum »Musik-Genießen« zu kommen. Eine solche Aufgabe erfüllen am besten eigens dafür zusammengestellte Schallplattenwerke. Sie unterscheiden sich nach Art, Umfang und Methodik. So entstand unter der Leitung namhafter Musikwissenschaftler »Cottas Musikseminar«, das vier Serien mit je zwölf 17-cm-Mono-Platten umfaßt. Das Besondere dieser Sammlung ist, daß auf den 48 Platten typische Musikbeispiele und der erklärende Kommentar dazu in raschem Wechsel aufeinander folgen, sich somit zu einer Einheit verbinden. Ein weiterer Vorteil dieser Methode liegt darin, daß sich einzelne Passagen beliebig wiederholen lassen bis zum vollständigen Verständnis. Musikdirektoren, Professoren an staatlichen Musikhochschulen, Chefdirigenten und ausübende Musiker haben dieses Musikseminar getestet, und es hat die Prüfung glänzend bestanden. Sie haben bestätigt, was niemand für möglich gehalten hatte, daß nämlich auf einer kleinen Langspielplatte alles Wesentliche über »Klang und Rhythmus«, »Partitur und Orchester«, »Harmonie und Kontrapunkt«, »Präludium und Fuge«, »Epoche und Stil«, »Entwicklungsstufen des Orchesters«, »Die sinfonische Dichtung«, »Stilarten des Jazz« und »Negro Spirituals« erklärt werden kann. Hinzu kommen noch Studienplatten, die einzelne Werke zergliedern, sei es eine Beethoven-Sinfonie, das Forellen-Quintett von Schubert, eine Tokkata und Fuge von Bach oder ein Concerto grosso von Händel. Es können hier nicht alle 48 behandelten Themen aufgeführt werden, und das ist auch nicht erforderlich, denn wer nicht das ganze Seminar erwerben will, wird sich ohnehin die Platten auswählen, die ihn ganz besonders ansprechen.

Auf einer anderen Lehrmethode baut das Kassettenwerk »Musik für den Anfang« auf. Hier wird auf fünf 30-cm-Langspielplatten in Stereo folgerichtig

Die Oper, ständig einem stilistischen Wandel unterworfen, stellt durch ihre Verbindung mit den mimischen und bildenden Künsten die Glanzform weltlicher Vokalmusik dar. Unser Bild zeigt die Sopranistin Anneliese Rothenberger als Madame Butterfly. – ZDF

ein weiter Bereich der Musik einmal durch den Klang selbst und ein andermal durch ein Lehrerbegleitbuch mit zahlreichen Abbildungen sowie wohldurchdachten musikkundlichen Hinweisen erarbeitet. Die gebotene Musik-Auswahl ist ungewöhnlich reichhaltig, sie geht vom einfachen Strophenlied bis zum Oratorium, zur Messe und zur Oper, vom Charakterstück bis zur sinfonischen Dichtung, bringt Beispiele für »Ausdrucksmusik«, für »Spielmusik«, für »Musik mit Stimmen«, für Einzelinstrumente und für große Ensembles. Hier wird man das Lehrhafte gar nicht gewahr, es gedeiht zum großen Musikgenuß.

Auch das eindrucksvolle Aufgebot an Interpreten, das die besten Sänger, Instrumentalsolisten, Orchester, Chöre und Dirigenten der Gegenwart vereinigt, trägt sehr dazu bei, daß dieses Plattenwerk an sich schon zu einem Erlebnis wird. Nach dem Grundlehrgang (»Cottas Musikseminar«), dem vertiefenden Weg zum richtigen Hören (»Musik für den Anfang«) bieten sich dem Musikfreund zur Vervollkommnung sogenannte Editionen an, das sind klingende Gesamtausgaben aller Werke eines Komponisten. Sie umfassen in der Regel mehrere Kassetten, die nicht nur durch vorbildliche Interpretation hohen künstlerischen Wert erhalten, sondern darüber hinaus durch Begleithefte mit ausführlichen Einführungen in das Werk, mit historischen Betrachtungen zur Entstehung der Komposition, mit dokumentarischen Aufzeichnungen und Abbildungen und teilweise sogar mit vollständigen Partituren, Orgeldispositionen und Übersetzungen liturgischer Texte eine Sonderstellung einnehmen. Die Kassetten sind auch einzeln erhältlich.

Wie sehr solche »klingende Enzyklopädien« in der internationalen Musikwelt Anerkennung finden, geht daraus hervor, daß die Bach-Edition von Telefunken-Decca mit dem höchsten Kritiker-Preis für Schallplatten, dem »Grand Prix du Disque«, ausgezeichnet wurde, ebenso die Haydn-Edition, in der bisher in sieben Kassettenausgaben alle 104 Sinfonien und in der Edition VIII »Die sechs späten Messen« erschienen sind. Heute, wo die kirchenmusikalischen Werke von Monteverdi bis Bruckner in öffentlichen Aufführungen immer seltener zu hören sind, fällt der Schallplatte mit ihrer Verbreitung eine weitere Aufgabe zu: In vielen Fällen ist überhaupt nur sie in der Lage, die hohen Anforderungen, die sakrale Musik an Orchester, Chor und Solisten stellt, uneingeschränkt zu erfüllen, wie etwa in den Haydn-Messen mit dem Kings's College Choir, dem Cambridge Academy of St. Martin, dem London Symphony Orchestra unter den Dirigenten George Guest und David Willcocks.

Damit genug der Worte über Musik, denn Hector Berlioz, der große französische Komponist, meinte: »Über Musik reden, das ist wie ein erzähltes Mittagessen!« Das Letzte und Wichtigste, durch Musik-Verstehen zu einem Musik-Genießen zu kommen, bleibt eine Aufgabe, die jeder selbst lösen muß – und kann. Musikverständnis und damit Musikbegeisterung aber bereichern das Leben des einzelnen und lassen der Menschheit Hoffnung auf eine geistige und kulturelle Zukunft.

Ihre höchste Kunstform erreicht die Vokalmusik im Oratorium und in der Messe, wo Chor, Solisten und Orchester zusammenwirken. Bach, Beethoven, Mozart, Haydn und Schubert, sie alle schufen »Geistliche Werke« von vollendeter Schönheit und Eindringlichkeit. Unser Bild entstand bei der Aufnahme der Matthäuspassion mit dem Münchener Bach-Chor und Bach-Orchester unter Karl Richter. Fotos DGG

Rechts: Manche Komponisten haben die tonalen, rhythmischen und klanglichen Bahnen abendländischer Musik verlassen, sogar »Geräusche« und elektronische Klänge eingeführt. Sie verwenden keine Noten mehr, sondern Diagramme. Einer der bekanntesten Vertreter der deutschen Musikavantgarde: Karlheinz Stockhausen.

Sand und Opal

Im roten Herzen Australiens

VON GÖTZ WEIHMANN

Soeben hat sich die Morgensonne über die Horizontallinie geschoben, und schon erglüht der Sandboden der australischen Trockensteppe in einem leuchtenden Braunrot. Noch sind die Schatten lang, noch ist es kühl, und sogar Wolken beleben die Szenerie. Doch von Minute zu Minute werden die Schatten kürzer, wird sich der blaue Himmel entfärben, bis zur Mittagszeit die Sonne senkrecht aus einem glastenden Weiß herunterbrennt.

»Montag, den 27. Mai. Gleich hinter Port Augusta vollzieht sich auf weniger als einer Meile Distanz ein dramatischer Wechsel der Landschaft: nichts Liebliches mehr, nichts Frisch-Grünes, keine Felder, keine Wälder – links und rechts der Straße nur noch dürres, stumpfgrünes Buschwerk und einzelnstehende schirmförmige Bäume. Der Boden nun rostrot statt erdbraun. Ja, rot! Und das horizontweit. Die Straße hat keinen Asphalt mehr, wir fahren auf einer Sandpiste, auch sie rostrot. Und derart wird es, das wissen wir ja, ein paar Tausend Kilometer so weitergehen. Die Outbacks haben uns eingefangen, das Abenteuer beginnt!«

Ausschnitt aus meinem Tagebuch, Notizen von einer skurrilen Reise: der Durchquerung des Erdteils Australien von Süd nach Nord, von der Tasman Sea geradewegs durch das »Red Center of the Continent« bis hinauf zur Timor Sea; oder, anders gesagt, aus den lieblichen Gefilden des Barossa Valley, wo Wein und Getreide und Orangenbäume wachsen, durch Steppe und Wüste und endlose Gleichförmigkeit schließlich in die tropische Üppigkeit des Nordens mit ihren Palmenhainen und dem Monsunregenwald samt Wasserbüffeln und Krokodilen. Oder, noch anders, aus kompletter Zivilisation mit Neonleuchtreklame und First-Class-Hotels, air conditioned, tage- und wochenlang durch eine Welt im Urzustand, wo allein die Natur und ihre Gesetze regieren.

Zur Erläuterung: Von Adelaide an der Südküste nach der am Weihnachtsfeiertag 1974 durch einen Wirbelsturm völlig zerstörten Hafenstadt Darwin an der Nordküste gibt es eine durchgehende Straße. Sie ist, Abstecher und Umwege nicht mitgerechnet, 3 240 Kilometer lang. Der ganze südliche Teil ist reine Sandpiste, ein einsames Straßenband durch endlose rotfarbene Trokkensteppe, in der das Auge bis zum Horizont hin kaum je eine Blickbegrenzung findet. Hier hat der liebe Gott sein irdisches Werk mit der ganz großen Elle gemessen, hier ist er mit den Quadratmeilen auf das verschwenderischste umgegangen. Um so sparsamer die Werke des Menschen: auf 1400 Kilometer Entfernung eine einzige Ortschaft, nämlich die Opalsucher-Siedlung Coober Pedy, wo die Verrückten und auch ganz und gar nicht Verrückten im glutheißen Sandboden ihrem Glück nachjagen und es manchmal wirklich finden, ferner genau vier Tankstellen, und nur an zweien davon ein motelartiger Anbau. Sonst nichts. Absolut nichts. Keine einzige weitere Ortschaft, keine Siedlung, nicht einmal das kleinste Dorf. Was in den Landkarten als dicke Punkte mit klangvollen Namen lockt, das ist allemal nur eine »Cattle Station« weit abseits der Straße, eine einsame Viehfarm mit vielleicht sechs Menschen in zwei Häusern, jedoch einem Weideland von Tausenden von Quadratmeilen, oder eben eine einsame Tankstelle plus Lebensmitteldepot und Notwerkstatt ohne weiteres Drum und Dran. Nichts mehr! Und was auf der Karte als blaue Linie einen Fluß und als blaue Fläche gar einen See vorgaukelt, entpuppt sich in der Wirklichkeit als vollständig ausgedörrte Sandrinne beziehungsweise als grauweiß schimmernde Salzfläche bar jeder Feuchtigkeit.

Diese australische Trockensteppe... Trocken, das heißt: ein viertel, ein halbes Jahr lang kein Tropfen Regen, vielleicht auch ein ganzes Jahr oder drei Jahre. Dann plötzlich ein Guß, katastrophenartig. Dann wieder ein Jahr lang nichts mehr. Doch das Grün, das der Guß aus dem wie festgestampften, braunroten Sandboden wundersam hervorzaubert, all diese Pflänzchen und Pflanzen, Gräser und Niedrigbüsche und heidekrautartigen Gewächse – diese plötzlich hochgeschossene Vegetation hält sich dann viele Monate lang in der glühendheißen Sonne. Nur sehr allmählich verdorrt sie, hinterläßt aber schon wieder den Samen für den nächstjährigen Guß. Und so wird die australische Steppe nie »Wüste« im Sinne von Sahara oder Gobi. Ja, zu den Kleinpflanzen kommen punktweise gar richtige Bäume, Eukalypten vor allem, aber auch Blood Woods, schirmförmige Mulgas, Wattles, Parakelias und andere skurrile Baumarten – weiß der Himmel, wie sie alle heißen. Punktweise, wie gesagt, nie so etwas wie einen Wald oder auch bloß einen Hain bildend. Doch um so eindrucksvoller wirkt solch ein allein stehender Baum in horizontweiter Ebene auf das Halt und Orientierung suchende Auge.

Das ist »The Red Heart«, das rote Herz Australiens! Auf der Sandpiste aber, die hier hindurchführt, auf dieser »North-South Road«, begegnet man am Tag (am Tag, nicht in der Stunde!) vielleicht vier, vielleicht zwei, möglicherweise aber doch sieben Autos.

Tagebuchauszug: »2. Juni. Die Vegetation ist heute etwas üppiger. Das kommt von dem Jahrhundertregen, der im letzten Januar hier gefallen ist, wo sonst doch jahrelang kein Tropfen fällt. Man erzählt mir von zwölfjährigen Kindern in abgelegenen Cattle Stations, die zum erstenmal in ihrem Dasein Regen erlebt haben, damals im Januar. Die Steppe hat stellenweise Farbe, noch immer seitdem: rote Pflänzchen, kleine gelbe Teppiche. Das Spinifexgras steht hoch, die Eukalypten – immer einzeln stehend und so desto bizarrer wirkend – sind gut beblättert. Jenseits eines ausgetrockneten Creek erscheinen die ersten Desert Oaks. (Kann ich's mit ›Wüsteneiche‹ übersetzen? Botaniker müßte man sein!) Zwei Falken fliegen auf, später sogar ein Adler. Ein Schwarm nervöser rot-grauer Kleinvögel schwirrt ab. Ich halte sie für eine Art Sittiche, bin mir aber sehr unsicher. (Zoologe müßte man sein!) Endlich auch Emus, vier Stück. Und natürlich Känguruhs, doch nicht so zahlreich wie erwartet. Einmal sehen wir einen Dingo, den so reißgierigen Wildhund Australiens. Neugierig hockt er am Straßenrand, läßt sich ungeniert fotografieren und trollt sich dann. Um sechs Uhr schlagen wir drei unsere Zelte auf, wie immer irgendwo inmitten der Steppe. Und wie immer geht die Sonne blutrot unter. Der Himmel brennt im Westen, der Gegenhorizont schimmert zart in allen Farben des Prismas. Und der Mann im Mond steht auf dem Kopf.«

Am nächsten Tag erreichten wir mit unserem Landrover Coober Pedy, die Siedlung im Nichts, die extremste Wohnlage, die sich denken läßt. Coober Pedy, die Opalsucher-Siedlung, war mir seit Jahren ein Traumziel gewesen, einer der Gründe für diese Fahrt durch Zentralaustralien.

Oben: Was die konzessionierten Opalsucher als Abraum beiseitegeschüttet haben, ist zur Nachlese für jedermann freigegeben. Hier ist es ein älteres Ehepaar, das als Hobby für einige Ferienwochen im Abraum nach kleinen Opalstücken sucht.
Unten: Zwei Steinbrocken mit eingelagerten großen Opalplatten. Diese Stücke werden eine ganze Menge schöner Opale abgeben.
Mitte oben: Unter den Opalsuchern gibt es Klein-, Mittel- und Großunternehmer. Wer zu den Großen zählen möchte, muß im Team mit dem Bulldozer arbeiten. Das Bild zeigt das »Werk« einer Vierergruppe; einer führt den Bulldozer, drei arbeiten mit Spitzhacke und Schaufel.

Oben: Wenigstens einen benzinmotorgetriebenen Aufzug muß man sich bauen, mit dem der Abraum aus der Tiefe herausgefördert werden kann, den der Partner unten mit Sprengstoff und Spitzhacke losgelöst hat.
Unten Mitte: »Rough opals« nennt der Fachmann solche noch rohen, unbearbeiteten Opalstücke. Diese hier sind von der Größenklasse I, zählen also zu den hochbewerteten Exemplaren.
Rechts daneben: Vier fertige Opale, und zwar besonders schöne Stücke. Je nach Lichteinfall wechseln die Partikel ständig ihre Farbe – sie »opalisieren«. Das macht die Schönheit und den Reiz dieses Schmucksteins aus.

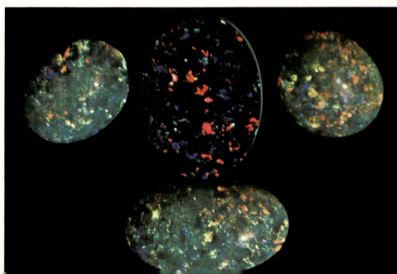

Die Wirklichkeit dieses »Traumes« ist kein Dorf, erst recht keine Stadt, kein optisch geordnetes Gemeinwesen; es ist ein Konglomerat von niedrigen Häusern und Hütten und Buden, von ein paar Ladengeschäften, Restaurants und Bars, Tankstellen und Werkstattbaracken – und das alles weiträumig hingestreut über die offene Landschaft der Trockensteppe, denn das einzige, was es hier wirklich im Überfluß gibt, ist: Platz.

Dieses Coober Pedy soll 4 000 Menschen beherbergen? Zählt man die sichtbaren Gebäude und macht man eine Überschlagsrechnung, so will die Rechnung nicht aufgehen.

Und doch geht sie auf. Die Lösung heißt: Dug-outs, zu deutsch Aushöhlungen. Weit mehr als die Hälfte der Bewohnerschaft lebt unterirdisch! Ein paar Hügel und Kegel und Höcker, die hier bei Coober Pedy etwas Bewegung in die sonst völlig platte Landschaft bringen, erleichtern das Herausarbeiten solcher Höhlenwohnungen. Ja, früher hat man dort ausschließlich in Dug-outs gehaust; erst die Erfindung der Klimaanlage machte dann das Wohnen in oberirdischen Bauten möglich. Im Sommer – der in Australien stattfindet, wenn bei uns Winter ist – klettert hier das Thermometer im Schatten tagsüber bis auf 50 Grad, und auch die Nächte sind dann heiß; zur Winterszeit liegen die Durchschnittswerte tagsüber noch immer bei 20 bis 25 Grad Celsius, doch wird es dann nachts recht kalt. So sind tatsächlich die Höhlenwohnungen – in höchst mühsamer, oft jahrelanger Arbeit herausgehauen – das Gemütlichste, was Coober Pedy zu bieten hat. Sogar der Pfarrer ist unter die Erde gegangen: seine Kirche ist ein Dug-out.

Das Wort aber, das Coober Pedy beherrscht, das die 4000 Menschen dort, ihr ganzes Tun und Trachten und Denken regiert, heißt »Opal«. Denn ausschließlich des Opals wegen sind sie hier. Sie suchen und schürfen unter der Gluthitze der Tropensonne nach jenem Edelstein, den die Natur ausgerechnet in dieser trostlosen Einsamkeit in Tiefen von 8 bis 25 Meter hat entstehen lassen, und erhoffen sich den großen Fund, das große Glück.

Opal, so sagt das Lexikon nüchtern, ist ein wasserhaltiges amorphes Kieselsäuremineral mit der chemischen Formel $SiO_2 \cdot nH_2O$. Nun ja, Diamanten sind chemisch noch viel simpler, nämlich reiner Kohlenstoff, wenn auch von besonderer Kristallstruktur. Nicht die Chemie macht es eben bei den Edelsteinen, sondern der molekulare Aufbau und die Schönheit.

95 Prozent aller Opale der Welt kommen aus Australien, und mehr als die Hälfte davon aus Coober Pedy. Doch wiederum kann man sagen: Die ganze Welt schürft hier nach Opalen. Denn die Diggers, die Miners kommen aus aller Herren Länder: Ich traf Franzosen und Ungarn, Inder und Brasilianer, Schweizer und Südafrikaner, Schweden und Peruaner, Deutsche und Kanadier und sogar einen Eskimo.

Tagebuchauszug: »5. Juni. Heute die Opalfelder durchstreift. Sid Smart, der ›Warden‹, der Oberaufseher über das gesamte Areal, begleitet mich. Patenter Kerl, von den Diggers hoch geachtet, von ein paar Strolchen gefürchtet. Wir fahren mehrere Meilen aus der Ortschaft hinaus, into the open country. Das Land ringsum rötlichbraun, trocken, staubig. Dann kommt das erste Opalfeld: Greek Gully. Sandkegel neben Sandkegel: das Herausgehauene und -gesprengte und -geschaufelte. Ziemliches Durcheinander. Doch nur wenige Menschen hier, das Feld hat sich als nicht sehr ergiebig erwiesen. Also weiter! Über das Feld Dora Gully zum Fourteen Mile Field (so genannt wegen der Entfernung vom Ort). Hier ist mehr los! Höhere Abraumhügel, mehr Menschen, mehr Maschinen. Die einen sind noch am Drillen, sie machen mit einer mächtigen Drillbohrmaschine eine armdicke Versuchsbohrung. Andere arbeiten schon unterirdisch in der Tiefe. Nahezu alle bilden Teams zu drei oder fünf oder acht, selten mehr. Allein kann man hier nichts erreichen. Einer muß oben den Aufzug (Benzinmotor) bedienen, einer muß den Abraum wegfahren (praktischer Motorkarren), zwei oder drei arbeiten unten mit der Haue oder mit dem Preßluftmeißel (Druckluft von oben durch Schlauch nach unten geleitet). Sid organisiert für mich eine Einfahrt in so eine Mine. Auf einem einfachen Querholz geht es in die Tiefe. Der Schacht ist so eng, daß ich die Ellbogen dicht anlegen muß. Kurz vor dem Erreichen der Sohle in 26 Meter Tiefe ein Signal mit einer Zugschnur. Alles ist hier primitiv und doch zweckgerecht. Unten drei Diggers: zwei Jugoslawen und ein Australier. Zwei 60 Meter lange Stollen haben sie schon herausgearbeitet und ausgebeutet; Erlös: mittelmäßig bis befriedigend. Jetzt schuften sie am dritten Stollen, der vielversprechend angefangen hat und 100 Meter lang werden soll. Die drei benutzen zum Abraumtransport von der Arbeitsstelle zum Aufzugschacht einen preßluftgetriebenen Karren. Fabelhafte Methode mit fabelhaftem Lärm! Das Gestein – mehr gebackener Sand – ist ziemlich weich. Opaleinschlüsse kündigen sich durch leichtes Schimmern an. Aber man muß ein Auge dafür haben. Ich klaube ein daumennagelgroßes Stück vom Boden auf, das milchglasern schimmert. Ein Opal? »Potch«, sagt einer der drei lachend, also wertlose Substanz, wenn auch immerhin aus der gleichen Grundmasse bestehend wie richtiger Opal. Schade, mit dieser Größe wäre es schon ein sehr feiner Stein gewesen. (Was über Daumennagelgröße geht, ist Klasse drei, wenn nicht Klasse zwei, bei insgesamt fünf Klassen.) Man erklärt mir: Der Opal liegt in bestimmten levels, in Streifenlagen, und zwar meist in 8, 12, 17 und 25 Meter Tiefe. Aber oft liegt er auch gar nicht. Dann war alle Mühe umsonst. Edward, der Australier, sagt: »Opale suchen ist kein Beruf, sondern ein Abenteuer.«

Wieder am Tageslicht (30 Grad im Schatten heute), erzählt mir der Warden weitere Einzelheiten: Jeder kann in Coober Pedy einen Claim, ein Stück zum Buddeln, pachten. Die Gebühr ist lächerlich gering: zehn Dollar pro Claim im Jahr. Ein Claim hat immer 50 mal 50 Meter. Alles ist geregelt, sogar die Dicke und die Einschlagtiefe der Markierungspflöcke und ihre Beschriftung. Und vor allem der Arbeitseinsatz: Jeder Miner muß sieben Stunden am Tag und vier Tage in der Woche arbeiten, sonst wird sein Claim wieder freigegeben. Auf diese Weise wird verhindert, daß jemand ganze Felder spekulativ pachtet und gar nicht ausbeutet, sondern auf günstigere

Der Neuling arbeitet beim Untertagebau mit Eimer und primitivem Aufzug, der Fortgeschrittene bedient sich rationellerer Methoden. Diese Gruppe benützt eine Art Riesenstaubsauger. Der Lärm des Motors, der Staub und der Gestank, das alles spielt keine Rolle. Nur eines zählt: der Effekt. Die Ausbeute muß den Aufwand lohnen!

Zeiten wartet. Nun, viermal sieben Stunden digging work in der Woche, das ist unter der Hitzeglocke Zentralaustraliens eine schöne Menge Arbeit! Doch was einer findet, gehört ganz ihm; er kann es verkaufen, an wen er will.

Manche schuften nicht unterirdisch, sondern über Tage, nämlich mit ungeheuren Bulldozern. Sie nehmen mehrere Claims und schürfen sich 50 Meter breit und 100 oder 150 Meter lang muldenförmig in die Tiefe – eine lärmige und unvorstellbar staubige Angelegenheit. Ich sprach mit einer Gruppe von fünf Italienern – sie kamen alle aus Treviso. Sid nannte sie »eine unserer besten Mannschaften – fleißig, grundehrlich und sehr erfolgreich«. Gemeinsam hatten sie schon so viel Erfolg gehabt, daß sie sich für 80 000 Dollar einen eigenen Bulldozer kaufen konnten, statt einen zu mieten (wobei 60 Prozent der Funde an den Vermieter gehen). Alle fünf waren mehrfache Millionäre. Aufhören? »Wir denken nicht daran. Wir sind hier, und wir bleiben hier!« Der Opal hatte sie gefangen.

Der Opal fängt viele. Sie kommen nicht mehr los davon. Und ich lernte das verstehen: Dieses Coober Pedy – häßlich, staubig, heiß, ohne jede Möglichkeit anspruchsvollerer Freizeitgestaltung – hat eine Faszination, die einen Menschen völlig in ihren Bann ziehen kann. Die Spannung des Suchens, das Glück des Findens, die nie erlahmende Hoffnung auch nach Monaten des Nichtfindens – das ist ein unerhörter, ein unüberwindbarer Motor.

Gar wenn man sich, wie etwa der Deutsche Reinhold Lingnau, vom Opal-Digger zum Opal-Cutter und Opal-Dealer entwickelt. Der Cutter schleift die ihm säckchenweise verkauften Roh-Opale, die rough opals, und schneidet sie dann, soweit sie nicht kompakt (»solid«) bleiben sollen, in möglichst dünne

Scheiben. Solche Scheibenstücke entfalten ungeachtet ihrer Dünnheit das volle Feuer des ursprünglichen solid opal: Sie leuchten im Widerschein und zugleich im Durchtritt des Lichts zwei-, drei- oder auch vielfarbig – in Tiefblau, Smaragdgrün, Leuchtendrot, in brennendem Orange, in zartem Lila; und das mit dem Einfallswinkel des Lichtes ständig wechselnd, eben »opalisierend«. Um die dünnen Plättchen haltbarer und bruchfest zu machen, bekommen sie meist eine reflektierende Unterlage aus Potch oder aus Kunststoff und heißen dann »Doublets«. Und neuerdings bringt man gern noch eine gewölbte Kunstglasauflage auf die Oberseite und spricht dann von einem »Triplet«. Reinhold (die Menschen in Australien reden sich nach dem ersten Kennenlernen grundsätzlich mit dem Vornamen an) zeigte mir die Kunst des Schneidens und der Anfertigung von Doublets und Triplets – er hat es in wenigen Monaten gelernt und ist nun, zugleich auch als Dealer, also als Fertigwarenhändler, ein angesehener und wohlhabender Mann in Coober Pedy.

2 000 aktive Diggers arbeiten hier an diesem Ort in der Einsamkeit auf 68 Feldern mit jeweils zahllosen Claims je Feld. 50 Bohrmaschinen sind rund um Coober Pedy eingesetzt, und ebenso viele Bulldozer wühlen sich mit brüllendem Motor durch den Sandboden und lassen dicke Staubfahnen über die Steppe wehen. Das Ergebnis: Opalfunde im Rohverkaufswert von 120 bis 160 Millionen Mark im Jahr. So kommen im Schnitt auf einen Digger 70 000 Mark im Jahr – eine Summe, welche die Qual seiner Arbeit gewiß aufwiegt. Allerdings, er lebt in einer teuren Gegend. Denn alles, was er zum Existieren braucht, muß mit dem Flugzeug oder mit dem Lastzug über die North-South Road zu hohen Frachtraten herangebracht, jeder Liter mühsam erbohrten und gereinigten Grundwassers teuer bezahlt werden. Wer noch keine Wohnung hat, den kostet die Nacht 40 bis 50 Mark. Und im übrigen: Hat der eine durch Glück und Fleiß 150 000 Mark zusammengerafft, so hat es der andere trotz allen Mühens kaum auf 10 000 gebracht. Die Verdienste schwanken wie die Größen und die Qualitäten der Opale, von denen die dürftigsten, die kleinen und farbarmen, trüben, milchigen, doch schon fix und fertig geschliffenen nur wenige Mark kosten, ein feuriges Glanzstück aber leicht fünfzigtausend.

Das größte jemals gefundene Opalstück stammt aus Andamooka, dem zweiten Opalgebiet Australiens. Der Brocken – ungeschliffen, also »rough« geblieben, allerdings beim Heraushauen in zwei Teile zerschlagen – ist 28 Zentimeter lang, 24 Zentimeter breit und 13 Zentimeter dick und wiegt 6,843 Kilogramm. Man hat ihn »The Desert Flame of Andamooka« getauft, »Die Wüstenflamme von Andamooka«. Sein Wert liegt derzeit bei sechs Millionen Mark. Doch schon der zweitgrößte aller Opale, rund 4,4 Kilo schwer, stammt aus Coober Pedy. Auch er hat seinen Finder sozusagen auf einen Hieb zum reichen Mann gemacht.

Ich habe nicht erfahren können, wo der Glückliche jetzt lebt. Doch es wäre durchaus möglich, daß er weiterbuddelt...

Vom Chaos zum Kosmos

VON S. RÖSCH

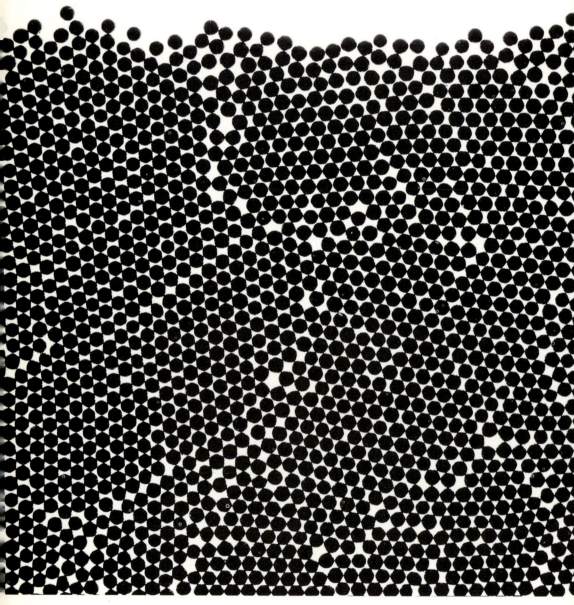

Vom Atomhaufwerk zum Kristallkorn. Gleichgroße Metallkügelchen auf einer geneigten Unterlage veranschaulichen, wie sich eine »dichteste Kugelpackung« bildet. Es kommt dabei zu »Versetzungen« und »Leerstellen«, in die genau ein Kügelchen paßt.

Aus Atomhaufen werden Kristalle

Unsere alte, treue Erde besteht aus etwa 128 Oktillionen Atomen (das sind $1{,}28 \times 10^{50}$, eine Zahl mit 50 Nullen!). Davon gehören weitaus die meisten zum festen Körper des Planeten, nur etwa der tausendste Teil entfällt auf das Wasser und reichlich ein Millionstel auf die Lufthülle. Diese Zahlen dürften sich auch durch die Weltraumfahrt nicht ändern, denn was inzwischen an »Fracht« auf den Mond gesandt worden ist und was an Sonden ins Weltall geblasen wird, ist teilweise durch eingesammeltes Mondgestein und teilweise durch von der Natur freiwillig gespendete Meteore wieder wettgemacht.

Sehr reizvoll sind die Mengenverhältnisse der elementaren Atome. So sind in der Erdkruste, von der wir annehmen, daß sie rund 60 Kilometer dick ist, und die wir verhältnismäßig gut kennen, etwa 60 von 100 Atomen solche des Sauerstoffes, etwa 20 Prozent sind Silicium, 6 Prozent Aluminium, 2,1 Prozent Eisen, 2,5 Prozent Wasserstoff und 0,2 Prozent Kohlenstoff. Die beiden letztgenannten sind zusammen mit dem Sauerstoff für das Leben auf der Erde entscheidend. Im Kern der Erdkugel vermuten wir Anreicherung von Eisen, Nickel und Kobalt sowie von Schwermetallen. Daraus erklären sich das hohe spezifische Gewicht der Gesamterde sowie die Erscheinungen des Erdmagnetismus.

Wie sind nun diese Atome von rund 100 verschiedenen chemischen Elementen in der Erde gelagert? Als die ganze Suppe noch glutflüssig war und sich die Einzelteilchen noch bewegen konnten, ist, wie soeben angedeutet, eine gewisse Tiefengliederung nach der Dichte eingetreten. Es wird ähnlich zugegangen sein wie im Reagenzglas des Chemikers, der mit Hilfe schwerer Flüssigkeiten fein gepulvertes Material in »Dichtefraktionen« aufgliedert. In der ruhigen, friedlichen Luft pflegen gemeinhin keine Eisen-, Wolfram- oder Bleiatome herumzuschwimmen, und im Erdkern werden Aluminium oder Edelgase rar sein. Daß die Dichte jedoch nicht das einzige Ordnungsprinzip ist, zeigt uns schon der Bergbau, wo in verhältnismäßig geringer Erdtiefe und sogar weit oberhalb des Meeresspiegels nach Gold, Blei und anderen Schwermetallen gegraben wird.

Innerhalb einer Tiefenschicht sollte man nach dem Abkühlungsvorgang des Ur-Breies aber ein kunterbuntes Durcheinander vieler Atomsorten vermuten, etwa so, wie die dunklen und hellen, die klaren und trüben Sandkörnchen am Meeresstrand vom Zufall nebeneinander gelagert sind. Da wir uns die Atome annähernd als kleine Kugeln vorstellen können (ihre Größe liegt im Bereich von etwa einem Tausendstel der Lichtwellenlängen), bildet ein anschauliches Beispiel dafür die Anordnung der Farbstoffteilchen innerhalb einer Ebene bei den ersten fotografischen Lumière- und Agfacolor-Platten (vgl. Abb. Seite 291).

Bei genauerem Überlegen zeigen sich aber doch erhebliche Unterschiede zwischen Farbfotoplatte wie Meeressand und dem, wozu wir beide

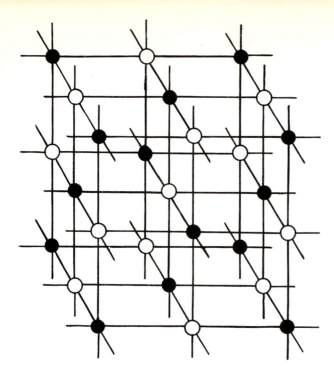

Zielstrebig und sicher wissen die kleinen Ionenpartikelchen ihren Partner zu finden: Elementarzelle eines NaCl-Kristalls, wobei die eine Ionenart (Na^+) hell, die andere (Cl^-) dunkel gezeichnet wurde. Die Linien dienen nur dazu, die Lage der Ionen im Raum klarzustellen. In Wirklichkeit berühren sich die kugelförmig gedachten Ionen; ihre Kleinheit im Bild dient ebenfalls nur der besseren Deutlichkeit.

Vergleichsbilder herangezogen haben. Die drei Sorten von Farbstoffkörnern unterscheiden sich nämlich untereinander nur durch ihr Aussehen, eben die Farbe, physikalisch bilden sie ein Haufwerk völlig gleichartiger Objekte. Ebenso mögen die Sandkörner zwar verschiedene chemische Zusammensetzung und damit unterschiedliche Dichte besitzen, auch sie sind aber nur durch die Meereswogen aneinander geworfen worden und als gleichartige »Fastkügelchen« zu einer homogenen Masse zusammengerollt. Unsere Atome jedoch sind trotz ihrer fast millionenfach geringeren Größe von so verzwickter Natur, daß man sie gern als Mikro-Sonnensysteme bezeichnet und zahllose Wissenschaftler und Forschungsinstitute sich ihnen widmen; eine Reihe von Nobelpreisen kommt auf ihr Konto. Für unser gesamtes Wissen und unser Weltbild kommt ihnen die gleiche grundlegende Bedeutung zu wie den »Genen« der Erblehre im Bereich des Lebens.

Wenn wir die Atome als kugelförmig betrachten, gilt dies sozusagen nur statistisch: als kleinster feststellbarer Abstand ihrer Mittelpunkte. In Wahrheit haben sie überhaupt keine feste »Form«. Wir wissen, daß sie gern eines oder mehrere ihrer Elektronen (das sind negativ elektrisch geladene Elementarteilchen, sozusagen die Planeten des Sonnensystems) abgeben oder solche von außerhalb aufnehmen, wodurch sich ihr ursprünglich neutraler elektrischer Zustand nach der positiven oder negativen Seite verschiebt: Sie werden zu sogenannten Ionen. Damit kommt nicht nur eine Unsymmetrie, eine »Polarität«, in ihren inneren Aufbau, sondern auch die elektrischen Anziehungs- und Abstoßkräfte gegenüber anderen Ionen hängen damit zusammen. Diese elektrischen Kräfte wirken so, als ob das Ion Fangarme besäße, die es ausstreckt, um damit andere Ionen anzuziehen oder auf Abstand zu halten.

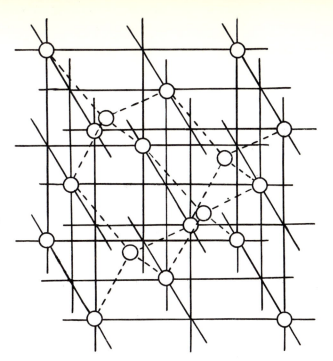

Der Diamant (rechts) besteht im Gegensatz zum Steinsalzkristall (linke Seite) nur aus gleichartigen Bausteinen, nämlich ausschließlich aus Kohlenstoffatomen (C). Man spricht deshalb von einer »Atombindung«. Auch in der Elementarzelle des Diamantkristalls herrscht eine erstaunlich regelmäßige Ordnung.

Die Kräfte dieser Arme, die wie bei der Gravitation – der Schwerkraft – mit dem Quadrat der Entfernung abnehmen, haben im Atom bestimmte Richtungen. Sie holen bevorzugt ganz bestimmte Ionen heran und bilden mit ihnen Körperchen in bestimmter figürlicher Anordnung: Wir nennen diese Körperchen »Moleküle«. So benutzt ein Chloratom (Cl), wenn in der Nähe ein Natriumatom (Na) erreichbar ist, gern die Gelegenheit, ihm ein Elektron zu entreißen, das ihm selbst mangelt. Es entstehen ein negatives Chlor- und ein positives Natriumion, die sich heftig anziehen und ein NaCl-Molekül bilden, wie es im Salzwasser der Kochsalzquellen oder im Meerwasser enthalten ist. Fehlt aber das einhüllende Wasser, sind also NaCl-Moleküle wie Cl- und Na-Ionen in großer Zahl allein beisammen (was beispielsweise beim Eintrocknen einer Salzlösung vorkommt), dann bleiben die »Ehepaare«, die NaCl-Moleküle, nicht einzeln liegen, sondern es beginnen neue Anziehungsgesetze unter den vielen dichtgedrängten Partnern zu wirken. Gleiches Recht gilt für alle, und »man arrangiert sich«. Jedes Ion umgibt sich allseitig möglichst nahe mit »Partnern des anderen Geschlechts« und hält sich gleichgeladene Artgenossen fern. Dies führt zwangsläufig zu einer erstaunlich regelmäßigen Ordnung. Bei gleichen Abständen wechseln in der Ebene Cl- und Na-Atomkerne schachbrettartig ab und, da sich das Ganze, frei in der Nährlösung wachsend, im Raum abspielt, entsteht eine Art »Raumschach« in Gestalt eines Würfels (Abb. linke Seite): Nach drei Richtungen, die aufeinander senkrecht stehen, bilden sich geradlinige Ketten von abwechselnd Cl- und Na-Ionen, bei denen man zusammengehörige NaCl-Moleküle nicht mehr erkennen kann. Jedes Cl-Ion ist gleichmäßig von 6 Na-Ionen, jedes Na-Ion ebenso von 6 Cl-Ionen umgeben. Insgesamt sind wie im

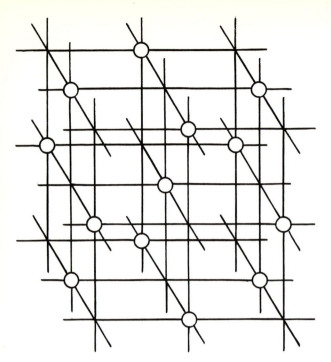

Jedes Teilchen ist räumlich von 12 gleichweit entfernten nächsten Nachbarn umgeben: die Elementarzelle eines Kupferkristalls. Die Nachbaratome eines Teilchens liegen auf den Kantenmitten eines um das Teilchen herumgedachten Würfels. Man spricht von einer Anordnung der »dichtesten Kugelpackung«.

Molekül von jeder Sorte gleichviele Partikelchen beteiligt, so daß auch hier die chemische Formel NaCl für die Verbindung Chlornatrium Gültigkeit hat. Dieses regelmäßige Bauwerk, das wir soeben haben entstehen sehen, ist nichts anderes als ein würfelförmiger Kristall von Steinsalz (Natriumchlorid). Da sich die zusammentretenden Teilchen frei bewegen müssen, können sich Kristalle gemeinhin nur im flüssigen Zustand der Materie, also in einer Lösung oder Schmelze bilden. Der alte Ausspruch »Corpora non agunt nisi fluida« ist noch immer gültig!

Die geschilderte Ionenbindung ist nur eine von mehreren Möglichkeiten der Kristallbildung. Eine andere Bindung, die man auch als »Atombindung« bezeichnet, kommt bei Stoffen mit nur gleichartigen Bausteinen vor, wie etwa dem Diamanten, der ausschließlich aus Kohlenstoffatomen (C) besteht, wieder eine andersartige Bindung tritt bei Metallen (Aluminium, Kupfer, Gold) auf und wieder eine andere, wenn ganze Moleküle sich am Kristallbau beteiligen. Da die etwa einhundert chemischen Elemente eine Fülle der verschiedensten gegenseitigen Zuneigungen (Affinitäten) zeigen, was sich in Art, Größe und Richtung der Ionen-Ärmchen auswirkt, kann man verstehen, daß es eine Fülle verschiedener Bautypen und Baugesetze für Kristalle gibt.

So läßt sich außer dem oben beschriebenen »Raumschachspiel« des Steinsalz-Kristallgitters leicht noch eine andere Art der regelmäßigen Lagerung von Kügelchen gleicher Größe ausführen, indem man neben einer linearen Kette versetzt eine zweite anbringt (»auf Lücke«, wie die Sitzreihen im Kino) und, die Ebene füllend, so fortfährt. Legt man dann eine zweite solche Schicht – wieder auf Lücke – darüber, entsteht das, was der Kristallograph »dichteste Kugelpackung« nennt: Eine Anordnung wie die der eisernen Kugeln, die die Kanoniere im Zeitalter Friedrichs des Großen neben ihren Kanonen zu Pyramiden aufschichteten. Einen solchen Aufbau zeigen die Kristalle des reinen Kupfermetalls (Cu): Jedes Teilchen ist räumlich von 12 gleichweit entfernten nächsten Nachbarn umgeben, die sozusagen auf den Kantenmitten eines um das Teilchen herumgedachten Würfels liegen (Abb. links). Natürlich setzt sich das Ornament nach allen Richtungen beliebig fort. Das Gefüge ist so fein, daß auf einen kubikmillimetergroßen Cu-Kristall etwa 20 Trillionen ($= 20 \times 10^{18}$) solche »Elementarzellen« kommen! Vorstellen freilich kann sich das wohl niemand.

In unserem abkühlenden irdischen Ur-Magma fanden sich nun die vielerlei Atome allmählich zu einer Fülle von Molekülen zusammen, die nach Maßgabe der örtlich herrschenden Temperaturen und Drücke, und auch stark durch jeweils anwesende »Lösungsgenossen« und Gase beeinflußt, auskristallisierten, wobei die Stoffe mit den höchsten Schmelzpunkten begannen. Natürlich bildeten sich die Kristalle an vielen Keimzentren gleichzeitig, wobei sich die wachsenden Kristalle, zunächst frei schwimmend, gegenseitig behinderten. So kommt es, daß die Erde nicht ein einheitlicher Riesenkristall ist, sondern aus einem Haufwerk kleiner Kristalle unterschiedlicher Art besteht, die meist in unregelmäßiger Form und Lagerung aneinandergrenzen. Der erfahrene, mit den Bildungsbedingungen vertraute Forscher (Petrograph) kann aus sogenannten Dünnschliffen, Proben von $\frac{1}{30}$ bis $\frac{1}{50}$ Millimeter Dicke, unter dem Mikroskop oft die ganze Entstehungsgeschichte eines Gesteins erschließen. (Die Abbildung auf der nächsten Seite unten zeigt ein solches Mikroskopbild.) Weit verbreitet und daher auch fast jedermann bekannt ist die Gesteinsgruppe der Granite, deren siliciumhaltige Mineralanteile ein alter Spruch kund gibt: »Feldspat, Quarz und Glimmer, die vergeß ich nimmer!«

Wie sich das Kristallkorn aus einem Atomhaufwerk bildet, veranschaulichen – als eindimensionales Modell – recht nett gleichgroße Metallkügelchen, die man durch Neigen ihrer ebenen Unterlage zu einer »Atomschicht« zusammenrollen läßt (Abb. Seite 284), wobei sie eine »dichteste Kugelpakkung« bilden. Infolge von »Gitterstörungen« (wie sie auch bei natürlichen Kristallen in ihrem Feinbau ganz ähnlich vorkommen, ja oft eine bedeutende Rolle spielen) formen sich unregelmäßig Grenzlinien zwischen »Kristallkörnern«, ferner »Versetzungen« – sie sehen den Laufmaschen in Geweben ähnlich – und »Leerstellen«, in die genau eine Kugel passen würde.

Ein Kristall ist dann »fertig gewachsen«, wenn das Baumaterial aufgebraucht ist oder sich die physikalischen Wachstumsbedingungen ändern, also Temperatur, Druck, Konzentration, Aggregatzustand der Mutterlauge und so weiter. Beim Aufbau eines Einzelkristalls läßt sich aus Energiegründen, wie man theoretisch beweisen kann, leichter eine Lücke am Rand schließen und eine begonnene Kette oder Schicht fertig bauen, als daß eine neue begonnen wird. Deshalb zeigt ein frei wachsender Kristall im Endzustand äußere Begrenzungsformen, die genau den Gitterebenen seines atomaren Aufbaus

inke Seite, oben: ist das Baumaterial knapp und der verfügbare Raum groß, bilden viele Stoffe sogenannte Skelettkristalle von oft sehr reizvollen und bizarren Formen wie beispielsweise die Pikrinsäure.

Unten: In wundervollem Farbenspiel zeigt sich der Dünnschliff eines Granits im polarisierten Licht. Er läßt deutlich die verschiedenen Mineralanteile erkennen, die sich bei der Ausbildung von Kristallen gegenseitig behinderten. Alle Fotos Kage

Rechte Seite, oben: Ein kunterbuntes Durcheinander – die zufällige Anordnung der Farbstoffteilchen innerhalb der Ebene einer Lumiere-Farbfotoplatte – scheinbar; denn die Körnchen unterscheiden sich nur durch ihr Aussehen, nämlich die Farbe, physikalisch jedoch bilden sie ein Haufwerk völlig gleicher Objekte.

Unten: Zwei Stoffe, in einer Lösung vereint, müssen sich beim Auskristallisieren miteinander »arrangieren«. Zunächst verfestigte sich der eine vom Zentrum aus in Form eines 6eckigen Sterns, dann begann der andere an diesen radiale Faserkristalle anzubauen.

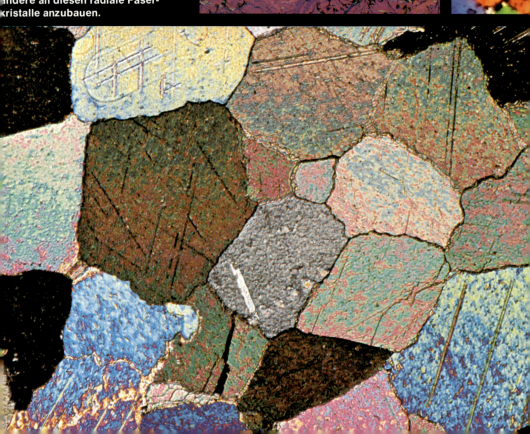

Auch in der uns immer wieder bezaubernden Form der bizarren Schneekristalle spiegelt sich deren atomarer Aufbau wider. Der große Astronom Kepler hat erstmals den Gedanken gehabt, die sechseckigen Schneesternchen könnten aus einer Vielzahl kleiner Kügelchen aufgebaut sein, und das in der nebenstehenden Skizze dargetan.

entsprechen. Und eben daher rühren die so charakteristischen ebenen Flächen, an denen man die Kristalle erkennen kann und die sie uns ästhetisch so besonders anziehend machen. An einem Schneekristall (H_2O) hat Johannes Kepler, der große Astronom, im Jahre 1611 erstmals seine bedeutsamen Gedanken ausgesponnen, die Kristalle könnten aus kleinsten kugeligen Bausteinchen aufgebaut sein und so die sechseckige Form der Schneesternchen bedingen. Tatsächlich erinnert seine links unten wiedergegebene Originalzeichnung ganz an unsere schon beschriebenen Kugelpackungen.

Ist beim Aufbau eines Kristalls das Baumaterial knapp, der verfügbare Raum aber groß, dann bilden viele Stoffe sogenannte Skelettkristalle. Dabei entstehen oft sehr reizvolle und bizarre Formen, die sich sichtlich bemühen, in sperriger Weise die Fläche oder den Raum zu füllen (vgl. Abbildung auf Seite 290 oben).

Erstaunlich ist, mit welcher Sicherheit und Zielstrebigkeit die kleinen Ionenpartikelchen ihre »zuständigen Partner« zu finden wissen. Wenn man bedenkt, welche reiche Auswahl an positiven Ionen sich dem negativen Cl-Ion im austrocknenden Salzmeer bietet und wie gern es außer dem Natrium sich beispielsweise auch mit Kalium – dessen Ionenradius ist ihm sogar ähnlicher als der von Na – zu Sylvin (KCl), mit Magnesium zu Bischofit ($MgCl_2 6\text{-}H_2O$) verbindet (gleiches gilt für Na-Ion, das sich auch mit Fluor, Jod und Brom liieren könnte), so finden sich erstaunlicherweise in Salzlagerstätten die einzelnen Verbindungen doch stets reinlich getrennt in gleichartigen Kristallen. Manche Stoffe allerdings, wie zum Beispiel die Feldspate, bilden vorwiegend »Mischkristalle«, in denen sich etwa K, Na, Ca in ungeradzahligen (aber stets wohlbestimmten) Verhältnissen im Kristallgitter ersetzen. So ist die Mannigfaltigkeit der Erscheinungen sehr groß. Ein letztes Bildbeispiel mag zeigen, wie zwei Stoffe, die in einer Lösung vereint waren, sich beim Auskristallisieren miteinander »arrangieren«: Zunächst verfestigte sich der eine vom Zentrum aus in Form eines sechseckigen Skelettsterns, und erst nach Verbrauch dieses Stoffes begann der andere, sich an diesen als radiale Faserkristalle eines großen »Sphäroliten« anzubauen. Beide sind also nicht als kompakte Einkristalle entstanden, sondern sozusagen mit Unwillensäußerung, sich durch den Partner »belästigt fühlend«. Man wird unwillkürlich an Ernst Häckels Wort von den Kristallseelen erinnert! Bei solchen Vermenschlichungen muß man sich jedoch stets bewußt bleiben: Kristalle sind zwar »schöne« Gebilde, gehören aber zu einer niedrigeren Stufe der Naturerscheinungen, die ausschließlich von physikalischen und chemischen Gesetzen beherrscht wird. Sie haben keinerlei »Organdifferenzierung«: Jede ihrer Elementarzellen ist jeder anderen gleichartig und gleichwertig, weshalb die Kristalle zwar größer, aber nicht erwachsen werden, nicht leben und auch nicht sterben können. Erst mit den »Makromolekülen mit Informationsgehalt« hat die Natur den großen Schritt zu Lebewesen mit Fortpflanzungsmöglichkeit, mit Funktionsteilung der Zellen, damit aber auch zur Vergänglichkeit, zum Tod, getan!

›Black Bird‹, der schnellste

Mit einer Rakete wurde der riesige rote Bremsfallschirm herausgeschossen, als die »Black Bird«, eine gewaltige Staubfahne hinter sich herziehend, auf dem englischen Flugplatz Farnborough aufsetzte. Genau 1 Stunde, 55 Minuten und 42 Sekunden war dieses schnellste und am höchsten fliegende Flugzeug der Welt in der Luft gewesen und hatte in Rekordzeit den Atlantik überquert.

VON PETER RAABE
Vogel der Welt

Breit und gedrungen wie ein vorwärts schnellender Rochen schießt die Wundermaschine durch die Luft. Die »Black Bird« ist das einzige Flugzeug, das über längere Zeit hinweg mit dreifacher Schallgeschwindigkeit fliegen kann.

Der plötzlich aus dem Heck herausschießende rote Bremsfallschirm ließ den »schwarzen Vogel«, der ohnedies an ein Fabelwesen erinnerte, noch unwirklicher erscheinen. Jaulend, von der im Fahrtwind hektisch hin- und herschlagenden Halbkugel des Schirmes mehr und mehr abgebremst, näherte sich die SR-71 »Black Bird« dem Ende der mehrere Kilometer langen, grauen Piste des englischen Flugplatzes Farnborough.

Das von den amerikanischen Lockheed Werken gebaute Flugzeug war die Sensation der Internationalen Luftfahrtschau, die Anfang September 1974 auf dem unweit Londons gelegenen Flugplatz Farnborough abgehalten wurde. Um den Nervenkitzel vollständig zu machen, wurde dem Publikum bekannt gegeben, daß die Piloten der SR-71, Major Sullivan und Major Widdifield, die in Europa erstmals gezeigte Maschine in neuer, phantastischer Rekordzeit über den Atlantik geflogen hätten. Sie waren auf der 5 618 Kilometer langen Strecke New York–London 1 Stunde, 55 Minuten und 42 Sekunden unterwegs gewesen. Und sie hatten damit den schon seit fünf Jahren bestehenden Rekord eines Phantom-Kampfflugzeugs der britischen Marineluftwaffe um über die Hälfte unterboten. Die Phantom hatte für den gleichen Kurs 4 Stunden und 46 Minuten benötigt.

Erwähnen wir am Rande, daß – wie das Schicksal oft spielt – fast zur gleichen Zeit, als die »Black Bird« in neuer Bestleistung das große Wasser überquerte, Charles A. Lindbergh starb. Der Amerikaner Lindbergh hatte im Jahre 1927 als erster mit seiner wackeligen einmotorigen »Spirit of St. Louis« den Nordatlantik von West nach Ost im Alleinflug bezwungen. Sein Flug dauerte über 33 Stunden ...

Zweifellos stellt die »Black Bird«, das schnellste und das am höchsten fliegende Flugzeug der Welt, einen weiteren Markstein im Buche der Fluggeschichte dar. Es mag im ersten Augenblick verblüffen, wenn man hört, daß der Entwurf dieses Wundervogels auf den Anfang der 60er Jahre zurückgeht. Damals hatte Clarence L. Johnson als Leiter der Advanced Development Project Group (Gruppe für fortschrittliche Projekte) der Lockheed Werke den Auftrag erhalten, sich über ein Flugzeug Gedanken zu machen, »wie es bis dahin noch nicht da war«. Zu den Hauptforderungen gehörte, daß dieser Vogel eine Dauergeschwindigkeit von Mach 3, also dreifache Schallgeschwindigkeit, haben und sich in einer Flughöhe von über 80 000 Fuß – dem entsprechen über 24 000 Meter – tummeln sollte. Als Antrieb sollten luftatmende Strahltriebwerke dienen. Mit der von der NASA – der amerikanischen Behörde für Weltraumforschung – getesteten North American X-15 war damals allerdings bereits ein Flugzeug vorhanden, das noch schneller und höher flog, als für die geplante YF-12 A, aus der die heutige SR-71 hervorging, vorgesehen war. Doch im Unterschied zu dem neuen Supervogel war die X-15 recht kurzatmig, das heißt, sie erreichte ihre Höchstleistungen nur innerhalb einer sehr begrenzten Zeit. Außerdem besaß sie Raketenantrieb und mußte, um zu starten, von einem Mutterflugzeug zunächst auf Ausgangshöhe gebracht werden. Ähnliches galt und gilt noch immer für die

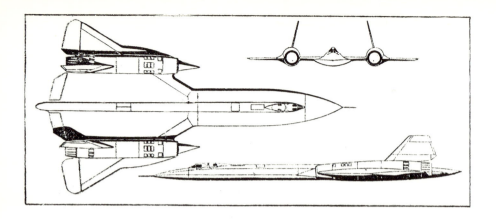

Auf-, Seiten- und Grundriß des schnellsten Flugzeuges der Welt. Die Seitensteuerflossen sitzen auf den beiden großen Triebwerksgondeln und sind als Ganzes drehbar, die Querruder sind an den Außenflügeln und die Höhenruder zwischen den Triebwerken angeordnet. Die SR-71 ist 32,70 m lang und hat 17 m Spannweite. Die zweisitzige Maschine ist damit ebenso lang wie die 100 Personen fassende Boeing 737.

Mach-2-Kampfflugzeuge, die inzwischen bei den Militärverbänden eingesetzt sind. Sie starten zwar aus eigener Kraft, doch die doppelte Schallgeschwindigkeit halten auch sie nur vorübergehend durch. Mister Johnson, zu dessen geflügelten Kindern unter anderem auch die Starfighter gehört, sah sich mit seinem Konstruktionsteam angesichts der für die »Black Bird« gestellten Forderungen vor einem wahren Gebirge von Schwierigkeiten. Er selbst drückte es gelegentlich so aus: »Ich glaube behaupten zu können, daß wir alles und jedes an diesem Flugzeug, von der Schraube über die hydraulischen und elektrischen Kreisläufe, vom Material bis zu den Triebwerken, aus dem Nichts erschaffen mußten...« Wir verweilen noch einen Augenblick in jener Entwicklungsphase der »Black Bird« und lassen gleich ein weiteres Zitat Mr. Johnsons folgen: »Von den etwa 600 Einzelteilen, die wir aus dem Titan Beta B-120 herstellten, das wir für die YF-12 A ausgewählt hatten, konnten wir 95 Prozent erst einmal als Ausschuß auf den Müll werfen!« Die Legierung hatte sich bei den verschiedenen Zerreißproben, denen die einzelnen Teile unterworfen wurden, als ungeeignet erwiesen. Man war im Umgang mit dem besonders festen und vor allem hitzebeständigen Werkstoff Titanium zu jener Zeit noch nicht besonders erfahren. Doch war bei der ungeheuren Geschwindigkeit, für die die YF-12 A ausgelegt worden war, zu erwarten, daß sich das Flugzeug durch die Luftreibung extrem aufheizen würde und sich mit Aluminium nichts mehr anfangen ließe. Dieser Werkstoff erreicht seine thermische Belastbarkeitsgrenze beim Flug mit doppelter Schallgeschwindigkeit, also bei den Mach-2-Flugzeugen, zu denen inzwischen auch die beiden Verkehrsmaschinen Concorde und Tupolew 144 gehören.

Die beim Dauerflug mit Mach 3 auftretende Hitze beträgt über 300 Grad Celsius. Das bedeutet, daß nicht nur die Flugzeugzelle, sondern auch das

Innere der »Black Bird« einer unvorstellbaren Wärmebelastung ausgesetzt ist. Eine Temperatur, bei der jede übliche Art von Drähten und Kabeln, aber auch die Fahrwerksreifen in den Einziehschächten glatt zu schmoren anfangen würden. Ein raffiniertes, auf sogenannten Wärmetauschern beruhendes Kühlsystem, das den Treibstoff mit als Kühlmittel einbezieht, vollbringt hier physikalische Wunder. Nicht zuletzt werden hierdurch auch die Piloten und die hochempfindliche Bordelektronik wirksam vor der Reibungsglut geschützt.

Das Gesicht der SR-71 – giftig wie ein böses Insekt. Die seitlichen Rumpfkiele sind bis zur Rumpfspitze vorgezogen. Die beiden Pratt & Whitney-Triebwerke leisten je 14 740 kp Schub. Sie sind mit verschiebbaren Turbinen-Einlaufkegeln ausgerüstet, die den Lufteinlauf der Luftdichte in großen Höhen anpassen.

Auch bei jener aufsehenerregenden Landung in Farnborough flimmerte nach dem Ausrollen die Hitze noch eine beträchtliche Weile um den langgestreckten Doppeldeltavogel. Die Bodenmechaniker, die sich mit dieser Maschine auskennen, hüten sich denn auch, sie allzubald nach der Landung zu berühren; sie könnten sich buchstäblich die Finger daran verbrennen. Scherzhaft behaupten die Mechaniker, daß sie immer erst abwarten, bis die Maschine, die vom Flug weit jenseits der Hitzebarriere erheblich größer geworden sei, wieder auf ihr normales Maß geschrumpft wäre.

Mit einer Länge von über 30 Meter ist die zweisitzige »Black Bird« etwa ebensolang wie die für über 100 Fluggäste eingerichtete Boeing 737. Die Doppeldeltaflügel bilden sich in einer Wulst zu beiden Seiten des Rumpfbugs und tragen die beiden gewaltigen Triebwerke, die vorn mit je einem spitzen Lufteinlaufkonus versehen sind. An ihrem Ende sind die Seitenleitwerke angebracht. Die Auftriebsverhältnisse, die von der Flügelform bestimmt werden, sind so gut, daß sich bei der Landung ein regelrechtes Luftpolster bildet – der sogenannte Bodeneffekt. Auf die üblichen Landeklappen konnte deshalb verzichtet werden.

Die Piloten der SR-71, die bei den US-Luftstreitkräften als Fernaufklärer Dienst tun, sind von ihrem ungewöhnlichen Flugzeug begeistert. Es stört sie nicht, daß sie im Grunde »auf einem mit Flügeln ausgerüsteten mächtigen Treibstofftank reiten«, wie sie selber unken. All zu mitteilsam sind sie ansonsten im Hinblick auf ihr Flugzeug nicht. Aber es hat sich inzwischen doch herumgesprochen, daß die »Black Bird« mit eingeschalteten Nachbrennern bis auf 4 000 km/h beschleunigt. Das sind über 50 Kilometer in der Minute! Schon bei ihrem Rekordflug über den Atlantik mit streckenweise 3 200 km/h Geschwindigkeit hätte sie jede Gewehrkugel hinter sich gelassen.

Die Vorstellung, in diesem »Stratosphärenrochen« in unendlicher Einsamkeit seines Weges zu ziehen, scheint das Fliegen fast noch einmal in die Nähe des Abenteuers zu rücken, das es einmal war. Und zweifellos ist es etwas Besonderes, dem von den SR-71-Piloten gegründeten exklusiven Mach-3-Club anzugehören. Aber auch das Fliegen mit der »Black Bird« hat kaum noch etwas mit jener Fliegerei zu tun, von der man hier und da einige übriggebliebene »alte Hasen« schwärmen hört.

Die Besatzung der SR-71 besteht aus dem Piloten und dem Navigator-Piloten. Beide stecken in einer Art Weltraumanzug und müssen auch die körperlich-seelische Verfassung eines Weltraumfahrers aufweisen. Selbst vielfach erprobte und flugmedizinisch regelmäßig überwachte Jetpiloten, die zum SR-71-Kommando wollen, müssen eine neuerliche, gründliche Tauglichkeitsuntersuchung durchstehen. Bis zu einer Woche lang werden sie auf Herz und Nieren examiniert. Und selbst wenn der »Black Bird«-Anwärter diese medizinischen und alle sonstigen Klippen umschifft hat, besteht für ihn immer die Gefahr, daß er den Anforderungen plötzlich nicht mehr genügt. Denn vor und nach jedem Flug in dem grandiosen Ungeheuer nimmt der Arzt die Piloten wiederum gründlich unter die Lupe.

Majestätisch zieht die schwarze SR-71 ihre Bahn. Mit ihrem glatten, langgestreckten Rumpf und den weit hinten angesetzten, messerdünnen Deltaflügeln erinnert sie an einen fliegenden Bleistift. In diesem Fernaufklärer der US Air Force sehen viele den Vorläufer eines amerikanischen Überschall-Verkehrsflugzeuges der zweiten Generation.

»Black Bird« wurde das Flugzeug wegen seines schwarzen Anstrichs getauft. Die Flugzeugzelle ist aus Titan gefertigt und wird besonders gekühlt. Sie erhitzt sich bis auf 300 °C – ein regelrechter Backofen also. Die SR-71 führt 36,3 t Treibstoff mit sich, das Abfluggewicht beträgt 77 t.

Auch erfahrene Jetpiloten mit zwei- bis dreitausend Flugstunden im Logbuch müssen vor dem ersten Alleinflug mit der »Black Bird« 135 Stunden Bodentraining im Simulator und auf der Schulbank ableisten. Entscheidend ist dabei das exakte Miteinander einer zukünftigen »Black Bird«-Besatzung. Der Navigator-Pilot hat den ersten Piloten vielfach zu entlasten. So ist er beispielsweise vor dem Start für das »Checken« – das Durchgehen der Prüfliste, die Dutzende von Kontrollen aufzählt – verantwortlich. Eine besondere Aufgabe fällt ihm bei der Treibstoffübernahme in der Luft zu, wo er das Tankflugzeug minutiös heranzuführen hat. »Moral und Geist der Besatzungsmitglieder einer SR-71 müssen den allerhöchsten Ansprüchen genügen!«, so die Meinung des Chefs des Ausbildungszentrums. Wie schon angedeutet, die Grenzen zur Weltraumfahrt verwischen sich im Cockpit der »Black Bird«. Hier wie dort sind die Besten gerade gut genug.

Schon im Simulator machen die zukünftigen Mach-3-Piloten eine merkwürdige Entdeckung. Sie stellen fest, daß es bei dreifacher Schallgeschwindigkeit sehr schwierig ist, genau nach den Instrumenten zu fliegen. Untersuchungen der NASA haben das bestätigt: Von einer Testgruppe erprobter Piloten war nur jeder Fünfte imstande, einwandfrei die Höhe zu halten. Hier spielen bestimmte, sehr verwickelte aerodynamische Zusammenhänge, die unter anderem durch die sogenannten Schockwellen und Verdichtungsstöße ausgelöst werden, eine gewisse Rolle. Andererseits ist es fast unmöglich, ein derart schweres und überzüchtetes Flugzeug wie die »Black Bird« ohne die ständige Überwachung durch Instrumente zu steuern. Der kleinste Steuerfehler kann bei Geschwindigkeiten, wie sie die SR-71 fliegt, übelste Folgen haben. Um von einer Machzahl zur anderen überzugehen, ist eine virtuose Technik erforderlich, die man sich nur durch zähes Simulatortraining und im praktischen Flugbetrieb aneignen kann.

Selbstverständlich wird die »Black Bird« während des Fluges weitgehend automatisch kontrolliert. So sorgt der vorher auf eine bestimmte Machzahl programmierte Autopilot nach dem Start dafür, daß das Flugzeug auf höhere Geschwindigkeiten beschleunigt. Ist die beabsichtigte Reisegeschwindigkeit erreicht, gehen die Leistungshebel wie von Geisterhand zurück: Die Triebwerke laufen dann mit der für diese Geschwindigkeit günstigsten Kraft.

Unerwartete Schwierigkeiten hatten sich während der Flugerprobung beim Übergang von der transonischen zur supersonischen, also von der schallnahen zur überschallschnellen Geschwindigkeit ergeben. Unerklärlicherweise traten erhebliche Abweichungen von den vorher im Windkanal gemessenen Ergebnissen auf. Kritische Augenblicke gab es anfänglich auch durch das nicht reibungslose Zusammenspiel der Strömungsverhältnisse von Flugzeugzelle und Triebwerken. Vor allem die Schockwellen, die sich von der weit vorgezogenen Rumpfspitze weg ausbreiten, führten zu mancherlei unliebsamen Störungen im Strömungsbereich der Triebwerke. Doch auch hier wurde eine wirksame Lösung gefunden: das Stability Augmention System, abgekürzt SAS. Hinter dieser Bezeichnung verbirgt sich eine elektronische

Die beiden Piloten des »Schwarzen Vogels« stecken in einer Art Weltraumanzug, und sie müssen auch fit sein wie ein Weltraumfahrer. – Die flache Rumpfunterseite der Maschine erhöht den Auftrieb, in den bis zur Spitze vorgezogenen Rumpfflanken ist elektronisches Gerät untergebracht.

Anlage, die bei einem drohenden »Black out«, das heißt bei einem Triebwerksversager, selbsttätig die jeweils günstigste Verstellung der Lufteinläufe vornimmt. Eine Angelegenheit für sich ist das Absteigen aus der dünnen Luft der Stratosphäre in die unteren, dichteren Luftschichten. Münchhausen auf seiner erheblich langsameren Kanonenkugel hatte beim Anflug weiter keine Probleme. Die Piloten des »geflügelten Geschosses« SR-71 müssen ihren Landeanflug dagegen mit äußerster Genauigkeit und weit vorausschauend einteilen. Eine mit Mach 3 geflogene Kurve hat einen Radius von 150 Kilometer. Sie zu früh oder zu spät einzuleiten, kann den Zielanflug, der auf die Minute geplant sein muß, unter Umständen in Frage stellen.

Am Drachen durch die Luft

Ein reizvoller, aber nicht ungefährlicher Sport

VON GEORG KLEEMANN

Ein Ballon steigt, weil das Gas in seiner Hülle leichter ist als die Luft, ein Segelflugzeug kann die Luftströmungen ausnützen, die seinen Flügeln Auftrieb geben, ein Drachen aber hängt immer an einer Schnur, er stemmt sich gegen den Wind und wird von ihm emporgetragen – wird die Schnur durchgeschnitten, dann flattert er wie ein Blatt zu Boden. Wie kann da ein Mensch mit einem Drachen fliegen?

Nun, die Drachen, die heute zum Drachenfliegen angeboten werden, sind gar keine Drachen, es sind Hanggleiter, die durchaus nach den aerodynamischen Gesetzen von Flugzeugen durch die Luft gleiten, auch wenn der Sog über den weichen und nachgiebigen Bespannungen längst nicht die Rolle spielt wie bei den starren Flächen eines Segelflugzeugs.

Große Flugkunststücke, wie ein Segelflieger oder gar ein Vogel, kann sich der Drachenflieger allerdings nicht erlauben. Denn sobald der Mensch als Zuggewicht nicht mehr genau im Schwerpunkt des Drachens hängt, stürzt das Fluggerät ab, das hat sich leider schon bei einigen tödlich verlaufenen Unfällen gezeigt. Meist waren die Flieger in eine Sturzfluglage gekommen, bei der sie keine tragende Drachenfläche mehr über sich hatten, sondern ein trudelndes Drachengestell. Ein stabiles Segelflugzeug kann in solchen Fällen mit dem Höhenruder abgefangen werden, der Drachen aber hat ja gar keine Steuerflächen, und sobald der Flieger die Drachenspitze nicht mehr mit den Armen steuern kann, fallen Mensch und Drachen senkrecht zur Erde.

Ein besonnener Drachenflieger kommt freilich gar nicht in die Lage, sich im Sturzflug zu versuchen; denn diese Situation tritt bei den normalen Flügen nicht auf – und »normal« sind Flüge, die unter Bedingungen gemacht werden, die für den Drachenflug günstig sind.

Um diese günstigen Bedingungen zu schildern, muß ich die kurze Geschichte des Drachenfliegens erzählen. Erst vor ungefähr 15 Jahren entdeckten junge, flugbegeisterte Amerikaner, daß sich die starke Luftströmung, die an der kalifornischen Küste unentwegt vom Meer her gegen die Dünen bläst, nicht nur zum Segelfliegen in richtigen Flugmaschinen ausnützen läßt, sondern auch zum Fliegen mit einfacheren und billigeren Geräten, eben mit Hanggleitern, die sie der NASA abgeguckt hatten.

Bald nahmen sich auch Ingenieure des Drachenbaues an, und so wurde aus den selbstgebastelten Flatterdrachen die ziemlich einheitliche Konstruktion des Delta-Drachens, der heute auch in der Bundesrepublik Deutschland hergestellt wird. Dieser Drachen besteht hauptsächlich aus zwei gekreuzten Aluminiumrohren und zwei Außenholmen. Die Rohre können zum Transport so gedreht werden, daß sie nebeneinander liegen. Drahtseile verspannen den ausgebreiteten Drachen, dessen meist bunte Drachenhaut aus einer festen Kunststoff-Folie besteht und so bemessen ist, daß sie sich beim Flug etwas aufwölbt zu zwei großen Luft-Tunnels. Der Drachenflieger selbst sitzt auf einem Brettchen, das er sich fest umschnallt. Dieses Brettchen hängt in einer Seilschlaufe, die oben genau im Drachen-Schwerpunkt angebunden ist. Die einzige Steuermöglichkeit ist ein dreieckiger Aluminiumbügel, der mit beiden

Ein kurzer Anlauf hangabwärts gegen den Wind: die Flughaut wölbt sich zu zwei großen Luft-Tunnels, das Fluggerät hebt ab und der Drachenflieger segelt zu Tal. Hier ein Delta-Drachen aus zwei gekreuzten Aluminiumrohren und zwei Außenholmen, die mit Drahtseilen verspannt sind. Das Sitzbrettchen hängt genau im Schwerpunkt, gesteuert wird mit dem dreieckigen Aluminiumbügel. Foto Erhard Hehl

Händen angefaßt wird und mit dem sich der Drachen vertikal und horizontal bewegen läßt. Wenn wir hier von »Drachen« reden, dann nur, weil sich dieser Name nun einmal eingebürgert hat. Die neuen aus Amerika kommenden Hanggleiter zeigen ja auch schon die Formen von Nur-Flügel-Seglern, und bei denen kommt nun niemand mehr auf den Gedanken, diese segelflugzeugartigen Fluggeräte »Drachen« zu nennen. Bei den modernen Hochleistungs-Gleitern hat es sich auch durchgesetzt, den Körper waagrecht zu halten. Doch solche aerodynamischen Feinheiten interessieren erst den ausgebildeten »Drachenflieger«, der an Wettbewerben teilnehmen will.

Und wie wird nun geflogen? Der Anfänger ist immer enttäuscht, wenn er erst einmal lernen muß, den zusammengelegten Drachen zu transportieren: Am Übungshang heißt das, die vier Meter lange Drachenwurst, die knapp 20 Kilo wiegt, irgendwo hinaufzuschleppen. Und dann kommt eine Lehrstunde im Ausbreiten und Montieren des Drachens. Die ist so wichtig wie das Fallschirmpacken, denn wenn der Drachen schlampig oder gar falsch verspannt ist, kann später beim Hochflug das Leben des Fliegers in Gefahr sein.

Dann endlich bekommt der Schüler ein Sitzbrettchen umgeschnallt und muß den Drachen über sich zum Startplatz tragen. Das geht im Sommer einfacher als im Winter, denn auf Skiern läßt sich der startklare Drachen nicht bergauf schleppen. Da muß man ihn am Startplatz montieren.

Am Startpunkt nun hängt alles vom Gegenwind ab. Zuviel Gegenwind kann den Start unmöglich machen, zuwenig aber auch, falls der Flieger nicht den Mut hat, sich mit einem Sprung ins Bodenlose hineinfallen zu lassen. Seitenwind ist nur ein bißchen erlaubt, Rückenwind dagegen ist lebensgefährlich. Am besten fliegt, wer an einer Bergkette steht, gegen die der Wind pfeift. Dort kann man sich mit ein paar Schritten oder einer ganz kurzen Skiabfahrt in den Wind werfen und absegeln; wenn aber kein Wind da ist, sind lange Anläufe nötig, bis der Drachen endlich abhebt.

Aus diesem Grund ist bei uns auch das Ski-Drachenfliegen im Hochgebirge so beliebt geworden: In Deutschland gibt es eben keine hundert Meter hohe Dünen oder gar Berge, gegen die beständig ein kräftiger Seewind bläst. Wir haben zwar Mittelgebirge mit Graskuppen und sanften Graten, die sehr oft in den Aufwinden liegen, die von den Ebenen gegen sie anströmen, doch diese Luftströmungen sind meistens unregelmäßig oder zu stark oder zu schwach für lange Flüge mit der günstigsten Drachenfluggeschwindigkeit von 30 bis 35 Kilometer in der Stunde. (Das technische Maximum sind 60–70 km/h, doch das wird nie erreicht.)

Selbst Mike Harker, der Amerikaner, der das Drachenfliegen in Europa eingeführt hat, ist in den deutschen Mittelgebirgen erst dreieinhalb Minuten lang in der Luft gewesen. Das war am Jusiberg bei Metzingen auf der Schwäbischen Alb, und Harker hatte alle nur denkbaren Segeltricks angewandt, um in der Luft zu bleiben – der Gegenwind reichte eben nicht aus zu einem längeren Flug. Bei uns in Mitteleuropa braucht man deshalb schon einen sehr hoch gelegenen Startplatz, um weite und elegante Drachenflüge wagen zu können. Dagegen sind über den Dünen von Hawaii im Jahre 1974 während weniger Tage Dauerflugrekorde von 17, 18 und dann 20 Stunden aufgestellt worden – theoretisch kann man dort tagelang in der Luft bleiben, weil eben die günstigen Wind-Wetterlagen so lange anhalten!

Solche Aussichten bewegen den Drachenflugschüler aber zunächst nur in seinen Träumen; denn er muß zuerst lernen, wie sich der Drachen über ihm benimmt, sobald der Gegenwind die Bespannung füllt. Dazu läuft man im Sommer gegen den Wind oder gleitet im Winter auf den Skiern sanft geneigte Hänge hinunter und probiert aus, wie sich das Drachengestell mit Hilfe des Bügels bewegen läßt. Bei solchen ersten Gleitfahrten auf dem Boden wackeln die 15 Quadratmeter großen, bunten Drachen der Anfänger noch wie betrunkene Schmetterlinge über den Boden. Und danach erst wird's ernst: Im Sommer muß sich der Schüler nun über einen etwas steileren Hang aufstellen, den er dann hinunterrennt; im Winter sucht man sofort einen Schneehang mit mindestens 30 Grad Neigung aus, denn auf Skiern kann man schneller anfahren, und das bringt den Drachen auch schneller in die Luft. (Auf jeden Fall muß ein Ski-Drachenflieger also ein guter Skiläufer sein, der auch ohne Stöcke im Tiefschnee fahren kann!)

Das erste, was man nach dem Start vom Fliegen merkt, ist, daß die Drachenflughaut laut zu flattern und zu knattern beginnt. Zugleich rutscht man selber nach unten auf das Sitzbrettchen, sobald der Drachen abhebt und der Mensch nun als Gegengewicht an ihm hängt. Der Anfänger starrt jetzt meistens fasziniert auf den Erdboden, der sich viel zu schnell entfernt oder aber viel zu schnell nähert, weil der Flugschüler genau wie der Fahrschüler viel zu stark steuert: Wird die Drachenspitze mit Hilfe des Bügels angehoben, dann bremst der Apparat, wird der Bügel angezogen, dann senkt sich die Spitze und der Drachen bekommt Geschwindigkeit.

Weil Anfänger aber lieber bremsen als beschleunigen, sind die ersten Lufthopser kurz und enden meist mit plötzlichem, viel zu hartem Aufsetzen: Der Schüler muß erst lernen, daß sein Drachen wie ein Fallschirm wirkt, wenn er gar nichts macht, wenn er am Bügel also weder drückt noch zieht. Und er muß lernen, daß eine sanfte Landung nur gegen den Wind möglich ist und nicht mit dem Wind, wie es bei den ersten Flügen oft passiert, wenn der Anfänger noch nicht steuern, nicht wenden und in der Luft sowieso noch nicht beurteilen kann, woher der Wind überhaupt weht. Der erfahrene Drachenflieger merkt das an den Gegenwirkungen seines Drachens. Das ist selbstverständlich eine Gefühlssache, die man in der Luft lernen muß, weil sie am Boden kaum zu erklären ist.

So gehört also sehr viel Flugerfahrung zu einem guten Drachenflieger, und deshalb kann man dem Schüler nur raten, nicht zu früh aufzugeben, auch wenn die ersten Landungen ein bißchen hart sind.

Zu Beginn des Jahres 1974, als auf den Schneehängen von Bad Scuol im Engadin die erste europäische Drachenflugschule eröffnet worden ist (heute gibt es schon Dutzende von Schulen), da meinten wir noch, man müsse zur

Den Vögeln gleich segelt der Drachenflieger hoch in den Lüften. Dieser Hochleistungs-Gleiter, ein »Drachen der zweiten Generation«, ähnelt in der Form schon einem Nur-Flügel-Segelflugzeug. Der Körper wird hier waagerecht gehalten (großes Bild). Foto Erhard Hehl

Unten: Ski-Drachenfliegen ist besonders reizvoll, denn auf Ski kann man schneller anfahren, und auch die Landung ist einfacher – freilich, man muß schon sicher auf den Bretteln stehen und auch Tiefschnee fahren können. Fotos Toni Hieberle

Links: Flüge im Hochgebirge sind der Traum eines jeden Drachenfliegers – doch sie sind gefährlich. Foto Hieberle

Oben: Der Amerikaner Mike Harker, der das Drachenfliegen bekannt gemacht hat. Foto Walt Nielsen

Sicherheit immer einen Sturzhelm aufhaben. Das Ergebnis war, daß der Steuerbügel dem Sturzhelm immer wieder einen Schubs von hinten gab, worauf der Helm auf die Nase rutschte und wir im Blindflug landeten. Das wäre nun nicht schlimm gewesen, wenn nur das Gelände einigermaßen eben gewesen wäre. Doch da lagen unzählige Moränenrippen, Rinnen und Felsen unter uns, und gerade wenn wir bei unseren nur wenige Meter hohen Gleithopsern mit Mühe ein ebenes Fleckchen angesteuert hatten, dann hatten wir das auch schon verfehlt und saßen in einem Schneeloch oder auf einem Gegenhang. Dazu kam, daß sich der Schnee in diesen Tagen fast von Stunde zu Stunde änderte. In der Luft konnten wir aber schon vor Aufregung nicht beurteilen, ob wir in ein Schneeloch oder auf eine Eisplatte plumpsen würden, und so glückte das richtige Auslaufen nach dem Aufsetzen fast nie – meistens sauste der Drachen über unseren Kopf weg mit der Spitze in den Schnee!

Aber auch das wäre nicht schlimm gewesen, wenn wir wenigstens die Windverhältnisse richtig hätten abschätzen können! Doch wie kann man auf solche Feinheiten achten, wenn man an hundert Dinge zugleich denken soll? Vor den ersten Flügen, die Spaß machten, waren wir tagelang mit Wühlarbeiten im Tiefschnee beschäftigt ...

Der Lohn für solche Mühen sind dann die Hochflüge, das heißt die Starts von Berggipfeln aus, die heute oft über 1500 bis 2000 Höhenmeter ins Tal führen. Solche Flüge stehen längst nicht mehr in der Zeitung wie jener erste risikoreiche Flug Mike Harkers von der Zugspitze herunter – dafür sind sie aber auch ungefährlicher geworden, denn die Drachenflieger haben gelernt: Von der Zugspitze wird sicher kein vernünftiger Drachenflieger mehr herunterfliegen, denn dort herrschen ständig so ungünstige Windverhältnisse, daß auch Mike Harker in großer Lebensgefahr war, als sein Drachen von den Turbulenzen zweier gegenläufiger Luftschichten (einer Inversion) fast umgekippt wurde. Seitdem ist es selbstverständlich geworden, daß ein Hochflieger in den Alpen jede Flugstrecke zuerst einmal mit den Ski abfährt, dabei die Windrichtungen prüft und die besten Landeplätze aussucht. Und auch das kann noch schiefgehen. So fand Harker in Frankreich einmal den am Morgen ausgesuchten Landeplatz am Mittag bei der Landung voller Autos – ihm blieb nur eine Wendeplatte übrig, auf der auch noch eine Abfalltonne stand!

In solchen Fällen muß man die Punktlandung beherrschen, das heißt, man muß sich auf den letzten Metern so genau gegen den Wind fallen lassen können, daß man keinerlei Fahrt mehr hat beim Aufsetzen. Das ist vor allem im Sommer nötig, wenn man die Fahrt mit den Beinen (oder dem Hosenboden) auffangen muß, und deshalb wird von einem deutschen Drachenflieger, der den Pilotenschein erwerben will, heute verlangt, daß er sogar bei leichtem Rückenwind eine Punktlandung fertig bringt!

Die im Jahre 1974 bei uns gegründeten Drachenfliegergruppen sind inzwischen alle im Deutschen Aeroclub, und so kann man nun einen Drachenflug-Pilotenschein genauso erwerben wie einen Ballonfahrerschein oder die Berechtigung, ein Sportflugzeug zu fliegen. Im Klub wird das Drachenfliegen auch billiger, denn ein Drachen kostet immerhin 1600 Mark und beim Fliegen braucht man immer Freunde, die vor allem beim Transport helfen. Zudem brauchen die Drachenflieger in unserer dicht besiedelten Landschaft genau wie die Segelflieger ein eigenes Fluggelände – wann können sie schon ganz ungebunden zum schönsten aller Drachenflüge starten, zum Flug vom Ballon aus?

Dabei hängt der Drachenflieger zuerst an einem Seil am Ballon, der sehr sachte abheben muß, damit sein lebendes Anhängsel keinen allzu harten Ruck bekommt. Am Ballon läßt sich der Flieger dann durch die Luft tragen, und wenn er abfliegen will, sagt er das über ein Sprechfunkgerät dem Ballonführer, der darauf den Ballon ganz leicht absinken läßt, bis sich der Drachenflieger selber ausgeklinkt hat und abgeschwebt ist. Lange Segelflüge sind aber auch bei solchen Starts in mehreren tausend Meter Höhe nicht möglich; ein Drachen sinkt immerhin einen Meter tiefer, wenn er vier Meter nach vorn gleitet, und damit ist er weit entfernt von den Leistungen eines Segelflugzeuges. Dafür hat der Mensch auf dem Sitzbrettchen aber auch das herrliche Gefühl, fast wie ein Vogel dahinzugleiten und keine Flugmaschine um sich herum zu haben!

Und außerdem ist das letzte Wort in der Entwicklung dieser Fluggeräte noch längst nicht gesprochen. Je segelflugzeugähnlicher die Hanggleiter werden, um so bessere Gleitwinkel bekommen sie auch und um so länger können sie in der Luft bleiben!

Im März 1975 fanden in Kössen, Österreich, die ersten Weltmeisterschaften im Alpinen Drachenflug statt, wobei Ziellandung und Flugzeit gewertet wurden.

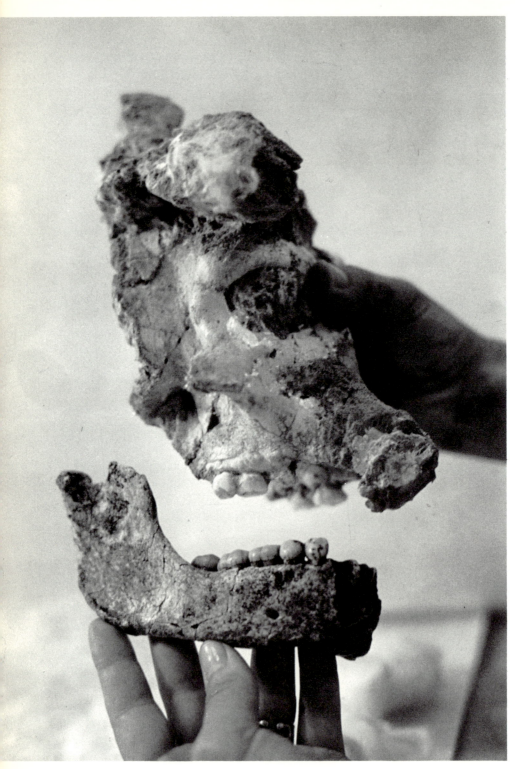

150 000 Jahre alt sind diese beiden Kieferknochen von Arago, Südfrankreich – die neuesten Funde aus der unmittelbaren Vorfahrenschaft des heutigen Menschen.

Woher kommen die Vormenschen?

VON H. PREUSCHOFT

Unsere Ahnen – »Urmenschen« und »Vormenschen« – haben Werkzeuge aus Stein angefertigt, die weit dauerhafter sind als Knochen. Die Fertigkeit, Steinwerkzeuge herzustellen, entwickelte sich nur allmählich. Deshalb können wir anhand der Werkzeugfunde den Werdegang der Menschheit in der letzten halben Million Jahren viel genauer verfolgen als anhand von Skelettresten. Diese Steinzeitwerkzeuge beweisen nun, daß Vormenschen in früheren Zeitspannen immer vorhanden waren, selbst wenn keine Überbleibsel ihrer Körper aufgefunden worden sind. Natürlich möchte man wissen, wie die Leute selbst ausgesehen, wie sie sich bewegt, welche Wirkung die Ereignisse um sie herum auf sie ausgeübt haben und wie sie den Herausforderungen ihrer Umwelt begegnet sind, und schließlich auch, von welcher Art Lebewesen die ältesten Werkzeughersteller abstammen. Wenn wir, sozusagen rückwärts gewendet, die Vorfahrenreihe der heutigen Menschen überblicken, so werden wir verschiedene Lücken in der Reihe der fossilen Dokumente – der versteinerten Knochenreste – gewahr.

Vor ungefähr 30 000 Jahren haben Menschen des heutigen Typs die urtümlich wirkenden Neandertaler abgelöst. Wo sie hergekommen sind, ist ein Rätsel, ebenso wie die Abkunft der Neandertaler selbst. Steinwerkzeuge helfen hier nicht weiter: Die für unsere unmittelbaren Vorfahren so kennzeichnenden »Klingen« – messerartige steinerne Schneidewerkzeuge – tauchen ebenso plötzlich auf wie die Menschen, die sie angefertigt haben. Funde bei Arago in Südfrankreich bestätigten in jüngster Zeit, daß es schon vor etwa 150 000 Jahren, also vor den Neandertalern, überraschend »modern«, »fortschrittlich« aussehende Menschen gab. Die Reste mehrerer Individuen lagen, zusammen mit Werkzeugen und Gesteinstrümmern, dicht gepackt unter einer Halbhöhle. Sind sie vielleicht von herabstürzenden Felsbrocken der Höhlendecke erschlagen und begraben worden? Wieso fehlen dann aber die Knochen der Gliedmaßen? Haben wir es hier mit den Resten einer Kannibalenmahlzeit zu tun, bei der nur schwer genießbare Teile (Schädel, Kiefer) übriggeblieben sind? Oder sind einfach von einer Überschwemmung des nahen Flusses ganz

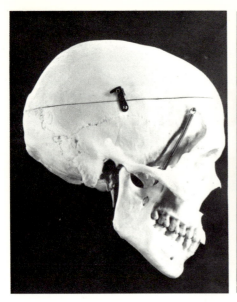 

Gegenüberstellung der Schädelform des heutigen Menschen und ganz rechts eines heutigen Menschenaffen (weiblicher Gorilla). In der Mitte zwischen beiden als Übergangsform der Schädel eines südafrikanischen Australopithecus. Der Unterkiefer dieses Individuums ist nicht gefunden worden, er ist auf der Abbildung ergänzt.

wahllos neben Steinen, darunter auch behauenen, Skelettstücke mit in die Höhle gespült worden?

Ungefähr gleich alt sind die schon länger bekannten Knochenfunde von Steinheim und Swanscombe (England).

Von diesen unmittelbaren Vorfahren bis zurück zu den bekannten Pekingmenschen und bis zum Homo erectus, dem sogenannten »Pithecanthropus« von Java oder dem »Chellean man« aus Olduvai (Ostafrika), ist kein Skelettfund bekannt. Unklar ist aber auch, wie die Vorläufer der zuletzt genannten Formen ausgesehen haben, deren Alter etwa eine halbe Million Jahre beträgt.

Während nun die Javamenschen den Neandertalern immer noch so ähnlich sind, daß an ihrer Verwandtschaft gar nicht zu zweifeln ist, besteht zu den nächsten bekannten Gliedern in der menschlichen Vorfahrenreihe doch ein recht erheblicher Unterschied. Die süd- und ostafrikanischen »Australopithecinen« weichen mit ihren viel kleineren Hirnkapseln und ihrem gewaltigen Kauapparat, der nicht weniger vorspringt als die Kiefer eines Schimpansen oder eines Orang-Utans, deutlich von dem Bild ab, das ein menschlicher Schädel bietet. Verblüffend sind die kleinen Schneide- und Eckzähne – sie sind kleiner als die der heutigen Menschen – gegenüber den mächtigen Mahlflächen der Backenzähne.

Wir wissen heute über diese Lebewesen sehr viel mehr als noch vor wenigen Jahren. Weitere Funde, die bis zu 2,6 Millionen Jahre alt sind, und neue Forschungsergebnisse runden die Vorstellung ab. Zumindest die ostafrikanischen Hominiden – unter diesem Namen fassen die Wissenschaftler die heutigen

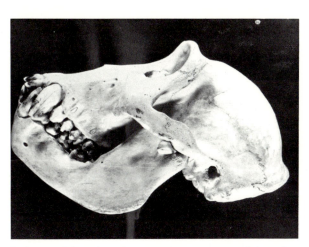

Rekonstruktion eines Australopithecus. Vergleichsweise zu den sehr kräftigen Armen sind die Beine kurz. Die Füße sind schon vollständig an das zweibeinige Gehen angepaßt und keine Greiffüße wie bei den Menschenaffen.

Menschenformen und ihre Vorläufer zusammen – weisen alle diejenigen Formeigentümlichkeiten auf, die notwendig sind, um die mechanischen Beanspruchungen, die beim aufrechten Gehen auftreten, mit einem Minimum an Knochenmaterial zu ertragen. Sie dürften in aufrechter Stellung eine Körperhöhe von etwa 145 bis 155 Zentimeter gehabt haben. Sie besaßen keinen Greiffuß wie die Tierprimaten und ihre Wirbelsäule hatte die gleiche »lordotische«, nach hinten konkave Krümmung wie unsere auch. Dadurch wird der Körperschwerpunkt nach rückwärts verlagert.

Bei Menschenaffen ist das anders. Deren Körperschwerpunkt liegt wegen der mächtigen, kraftvollen Arme, wegen des Fehlens der Wirbelsäulenkrümmung und auch wegen der gewaltigen Kiefer viel höher als beim Menschen und ist weiter nach vorn verschoben. Das führt in zweifüßiger Stellung zu einer vorgebeugten Körperhaltung mit eingeknickten Knien. Im Hüftgelenk treten dabei sehr hohe Kräfte auf, die eine mächtige Muskulatur erfordern, während das Kniegelenk mit ganz schwachen Oberschenkelstreckern im Gleichgewicht gehalten werden kann. Diese andere Verteilung der Muskulatur ist ein typischer Unterschied zwischen den Menschenaffen und den Menschen.

Die Australopithecinen konnten sicherlich ohne Anstrengung lange stehen und beachtliche Strecken auf zwei Beinen laufen. Ihre Arme waren damit von der Last der Fortbewegung befreit und konnten für andere Tätigkeiten eingesetzt werden.

Welche Tätigkeiten kommen dafür in Frage? Die heute lebenden Menschenaffen schleppen zuweilen Nahrungsmittel im Arm umher, Mütter tra-

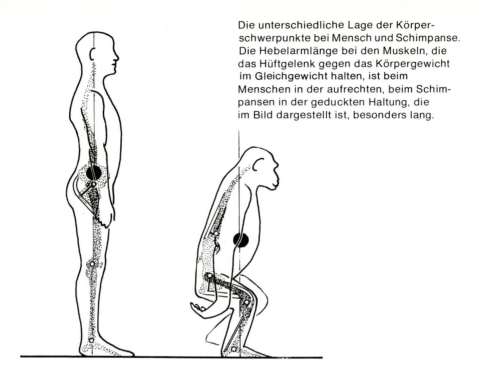

Die unterschiedliche Lage der Körperschwerpunkte bei Mensch und Schimpanse. Die Hebelarmlänge bei den Muskeln, die das Hüftgelenk gegen das Körpergewicht im Gleichgewicht halten, ist beim Menschen in der aufrechten, beim Schimpansen in der geduckten Haltung, die im Bild dargestellt ist, besonders lang.

gen ihre kleinen, unselbständigen Kinder auf den Armen, und die recht bekannt gewordenen Versuche des holländischen Zoologen Dr. Kortlandt zeigen, daß die Schimpansen sogar in der Lage sind, Knüppel wie Keulen zu verwenden. Ein einfacher Baumast ist in den kraftvollen Armen eines Schimpansen eine nicht zu unterschätzende Waffe. Stellt man sich die früheren Hominiden genauso muskulös vor wie die Schimpansen (wir haben allen Grund anzunehmen, daß sie recht robust und stämmig gebaut waren), dann wird sich wohl jedes Raubtier vor ihnen in acht genommen haben. Wahrscheinlich liefen sie auch nur selten allein herum, sondern traten normalerweise, ebenso wie die heutigen Affen, in Gruppen auf, in denen einer den anderen unterstützen konnte. Wir müssen uns wohl auch vorstellen, daß sie ihre Nahrung mit den Händen zum Munde führten – genauso wie das die heutigen Menschenaffen ja auch meistens tun. Sie übertrafen die Menschenaffen jedoch insofern, als sie bereits Steine als Werkzeuge herrichteten. Diese ganz frühen Steinwerkzeuge sind äußerst einfach. Es handelt sich meistens um Geröle, die an einer Seite behauen sind, so daß eine scharfe Schneide entsteht. Immerhin läßt das darauf schließen, daß diese Vormenschen eine sehr viel weitergehende Einsicht in die Dinge ihrer Umgebung besaßen als heutige Schimpansen. Man kann sich nur schwer vorstellen, wie sie das ohne eine Art von »Sprache« geschafft haben sollen.

Natürlich erhebt sich jetzt sofort die nächste Frage: Woher kommen nun aber die Australopithecinen, von wem stammen sie ab? An dieser Stelle klafft in unseren Kenntnissen die breiteste Lücke. Für mehrere Millionen Jahre fehlt uns jeglicher Beleg für einen höheren Primaten. Das liegt nun nicht etwa daran, daß keine geeigneten Ablagerungen aus jener Zeit bekannt wären. Es gibt sie durchaus, und an verschiedenen Stellen sind sie auch reich an Fossilien. Man nennt diese Zeit das »Pliozän«; es ist die letzte Epoche der erdgeschichtlichen Periode, die »Tertiär« heißt. Merkwürdigerweise steckt aber nur ganz selten ein Primatenrest in diesen Ablagerungen. Das gilt auch für die Epoche vor dem Pliozän, das sogenannte »Miozän«.

Miozäne Schichten sind noch weiter verbreitet als diejenigen aus dem Pliozän. Sie bedecken weite Gebiete der Voralpen, der Pyrenäen, Griechenlands, der Türkei, aber auch Afrikas. Besonders berühmt sind die Südhänge des Himalaja, die jetzt teils zu Pakistan, teils zur Indischen Union gehören und unter dem Namen »Siwaliks« schon seit beinahe 100 Jahren den Paläontologen – so heißen die Wissenschaftler, die sich mit ausgestorbenen Lebewesen beschäftigen – bekannt sind. Engländer haben dort während der Kolonialzeit in großem Umfang Fossilien aufgelesen. Das ist verhältnismäßig einfach, denn wie alle außereuropäischen Fundgebiete sind sie sehr trocken, deshalb kahl und nicht, wie bei uns, von einer dichten Pflanzendecke überzogen. Das von gelegentlichen schweren Regengüssen herausgewaschene Material ist in dem warmen

Beispiel für den Hand- und Waffengebrauch des Schimpansen. Immer wenn diese Tiere ihre Arme für irgendeinen Zweck brauchen, richten sie sich auf die Hinterbeine auf. Die meiste Zeit bewegen sie sich jedoch auf allen vieren. Foto Dr. A. Kortlandt

Klima auch nicht der zerstörenden Wirkung des Frostes ausgesetzt. Da es nach einem solchen Guß dann wieder Monate nicht mehr regnet, bleiben die Reste wohlbehalten an der Oberfläche liegen. Wegen der spärlichen Vegetation findet man die Fossilien hier auch viel leichter als in feuchteren Gegenden (wie in Europa). Leider läßt sich aber nur selten genau feststellen, wo das einzelne Stück eigentlich in der Schicht gelegen hat, bevor es herausgewaschen wurde. Eine sorgfältige Altersbestimmung ist deshalb außerordentlich schwierig.

Da Altersbestimmungen anhand der Schichtenfolge ohnehin fragwürdig sind, haben die Paläontologen in letzter Zeit, besonders in Afrika, das Alter zahlreicher Fundplätze »radiometrisch«, das heißt mit kernphysikalischen Verfahren, zu bestimmen versucht. Auf den dabei gewonnenen Daten beruhen die hier benutzten Zeitangaben. Man muß sich klarmachen, daß der in Frage kommende Zeitraum insgesamt 15 bis 20 Millionen Jahre überspannt. Was das heißt, ist aus der Zeitskala in der nebenstehenden Abbildung zu ersehen. Der Abschnitt, aus dem man wirklich verläßliche Informationen über Vormenschen hat, verschwindet beinahe gegenüber den Zeiträumen, von denen hier die Rede ist.

In den beschriebenen Ablagerungen findet man normalerweise nur recht dürftige Bruchstücke vom Skelett. Die Knochen sind fast durchweg vor ihrer endgültigen Einbettung noch einmal durch fließendes Wasser umgelagert worden. Dabei wurden sie natürlich ausgelaugt, zerbrochen, von dem gleichzeitig mitbewegten Gestein und Geröll zerrieben, bevor sie an einer Stelle endgültig zur Ruhe kamen.

Besonders widerstandsfähig sind Zähne und Unterkiefer. Aus diesem Grund kennen wir gerade das Gebiß und die Unterkiefer der fossilen Hominoiden (»Hominoidea« umfaßt, im Gegensatz zu »Hominidae« neben Menschen und Vormenschen auch noch die heutigen Menschenaffen und deren Ahnen) recht gut und genau. Einen vollständigen Schädel haben wir eigentlich nur von zwei Vertretern der ganzen Gruppe. Man hat den zuerst gefundenen seinerzeit nach einem im Zirkus auftretenden Schimpansen mit dem Namen »Proconsul« benannt. Die auf der rechten Seite abgebildete Rekonstruktion soll einen allgemeinen Eindruck von diesem Geschöpf vermitteln.

Was sagen uns nun diese Reste? Die weitaus meisten Kiefer und Zähne ähneln denjenigen von heutigen Menschenaffen, wenn sie auch von Gibbongröße bis zu der eines Gorillas variieren. Auch hiervon geben die Abbildungen einen Eindruck. Die Zahnbogen sind U-förmig, mit gerade gestreckten Seitenzahnreihen und vorragenden Eckzähnen. Die Funde sind mit nicht weniger als 52 Namen belegt worden, wobei sich hinter jedem Namen eine andere Ansicht über die stammesgeschichtliche Verwandtschaft zwischen den einzelnen Fundstücken verbirgt. In Amerika haben die Doktoren Simons und Pilbeam vor einigen Jahren das gesamte vorliegende Fossilmaterial einer eingehenden Durchsicht unterzogen und herausgefunden, daß es unter all diesen Einzelfundstücken eigentlich nur zwei wesentliche Varianten gibt. Neben der oben beschriebenen Form mit der mehr oder weniger gestreckten Zahnreihe und

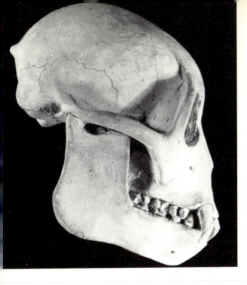

Links: Nachbildung des Schädels eines kleinen, miozänen Menschenaffen (»Proconsul« aus Ostafrika). Nach den Regeln der zoologischen Nomenklatur müßte dieses Tier »Dryopithecus« genannt werden.

Unten: Zeitschema für die Stammesentwicklung der höheren menschenähnlichen Primaten und der Vormenschen.

Zeit-maßstab	Beginn	Epoche	Periode	
	10 000	Holozän	Quartär	Heutige Menschenform
	800 000	Pleistozän		Urmenschen [Homo erectus] sog. Pithecanthropus sog. Chellean man
	5 000 000			Vormenschen Australopithecus
		Pliozän	Tertiär	
	10 000 000			Ramapithecus
		Miozän		verschiedene Arten von Dryopithecus
	26 000 000			
		Oligozän		Ägyptopithecus
	38 000 000			Parapithecus
		Eozän		fossile Halbaffen
	54 000 000			
		Paläozän		urtümliche Halbaffen
	65 000 000	Kreidezeit		

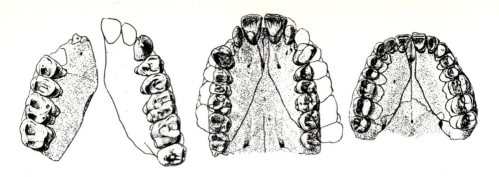

Links zwei zusammenkopierte Fragmente der Oberkieferbezahnung von Ramapithecus. In der Mitte ist die Kontur dieser Fragmente über das Gebiß eines jungen Menschenaffen, ganz rechts über das Gebiß eines Menschen gezeichnet. Man sieht deutlich die frappante Ähnlichkeit mit dem menschlichen Gebiß.

dem großen Eckzahn, dem sogenannten »Dryopithecus«, gab es noch einen weiteren Primaten, dessen Ober- und Unterkiefer deutlich kürzer waren. Infolge der Kürze der Zahnreihe waren auch die Backenzähne – im Vergleich zu ihrer Breite – kürzer. Der Eckzahn dieser kurzschnauzigen Hominoiden war zunächst nicht bekannt. Man konnte nur anhand seiner Alveole, dem Zahnfach im Kiefer, annehmen, daß er nicht allzu groß war. Ein weiteres Kennzeichen war die etwas gekrümmte, insgesamt wohl parabolische Zahnreihe.

Während Simons und Pilbeam noch mit ihrer Untersuchung beschäftigt waren, fand Dr. Leakey in Ostafrika das Bruchstück eines Oberkiefers, in dem auch der (kleine) Eckzahn erhalten ist und das die Richtigkeit ihrer Annahme weitgehend bestätigte. Auch in Afrika war demnach ein derart kurzschnauziger Hominoide vorhanden. Wenn er tatsächlich an diese Stelle in der Entwicklungslinie gehört, muß er nach den Regeln der zoologischen Nomenklatur den gleichen Namen, »Ramapithecus«, tragen wie der obengenannte Primate mit den kleinen Eckzähnen. Sein Alter ließ sich verhältnismäßig genau mit 14 Millionen Jahren bestimmen. Diese Befunde legen nun die Vermutung nahe, daß sich bereits im mittleren Miozän die zum Menschen führende Stammeslinie vom allgemeinen Menschenaffenstammbaum abgespalten hat. Weitere Knochenfunde und damit auch Beweismöglichkeiten fehlen.

Dem Gebiß eines besonders alten Dryopithecus aus Ostafrika gleicht dasjenige eines erheblich älteren Menschenaffen aus dem Fayum. Dieser Fundplatz liegt in Ägypten, rund hundert Kilometer südlich von Kairo. Die Fundstelle ist etwa seit Ende des letzten Jahrhunderts bekannt, als ein deutscher Fossiliensammler dort eine beachtliche Anzahl von Tierknochen auflas. Sie gehören in eine Epoche, die noch älter ist als das obengenannte Miozän. Es handelt sich um das »Oligozän«, dessen oberer Abschnitt, um den es hier geht, etwa 25 bis 30 Millionen Jahre zurückliegt. Der bemerkenswert gut erhaltene Fund ist wie viele andere den Bemühungen Dr. Simons' zu verdanken. Dr. Simons hat selbst einmal darauf hingewiesen, daß er wie verschiedene andere erfolgreiche Ausgräber »west of the Mississippi« aufgewachsen ist. Deshalb sei er von Hause aus

Der 1967 gefundene Schädel des bisher ältesten bekannten Menschenaffen, »Ägyptopithecus« aus den oligozänen Ablagerungen. Während der Unterkiefer menschenaffenähnlich wirkt, ähnelt der Schädel selbst mehr dem eines heutigen Halbaffen als einem Verwandten des Menschen.

mit den harten Lebens- und Arbeitsbedingungen vertraut, die Ausgrabungsarbeiten in heißen Trockengebieten nun einmal mit sich bringen.

Es ist ein großer Glücksfall, daß wir von diesem »Ägyptopithecus« genannten Lebewesen nicht nur die Zähne, sondern sogar den gesamten, nur wenig beschädigten Schädel kennen. Dieser Schädel wurde zwar für sich allein gefunden, jedoch stammen vom gleichen Fundort noch mehrere dem Alter nach dazu passende Unterkieferteile. Sie entsprechen in ihrer Form bemerkenswert gut dem Unterkiefer der späteren Menschenaffen. Der Schädel hingegen erinnert stark an heute noch lebende Halbaffen aus der Verwandtschaft der Lemuren. Die Hirnkapsel liegt bei ihm sozusagen »hinter« dem Gesichtsschädel, nicht darüber (wenn man die Zahnreihe waagerecht stellt). Der Nasenraum ist für einen Primaten verhältnismäßig groß; man darf also annehmen, daß der Geruchssinn wie bei allen ursprünglichen Säugetieren noch eine bedeutende Rolle spielte. Eine Stirn ist überhaupt nicht zu erkennen, und die Hirnkapsel ist im Vergleich zur Gesamtgröße des Kopfes nicht so umfangreich wie bei den heutigen Affen. Die Augenachsen stehen beinahe parallel. Das Tier konnte bereits raumbildlich sehen, ein sehr bezeichnendes Merkmal für heutige Affen. Dies hat möglicherweise mit der Lebensweise auf den Bäumen zu tun, wo das richtige Abschätzen der Entfernung von einem Ast zum andern unter Umständen entscheidend für das Weiterleben sein kann. Ägyptopithecus mag aber im Vergleich zu heutigen Affen doch recht »dumm« gewesen sein: Sein Gehirn ist sehr klein gewesen.

Die hier wiedergegebenen Abbildungen ergeben eine eindrucksvolle »morphologische Reihe«, die beweist, wie sich der primitive, gestreckte Säugetierkopf schrittweise in den typischen Hominoiden-Kopf umgeformt hat. Innerhalb der Vormenschen ist die Entwicklung dann dadurch gekennzeichnet, daß sich der Gesichtsschädel, genauer der Kauapparat, weiter rückgebildet, das Großhirn aber sich immer mehr entfaltet hat. Die Funde bestätigen damit vortrefflich, was die Abstammungslehre schon seit langem angenommen hat. Dieser Entwicklungsgang ist nicht mehr zu bezweifeln.

Die Wärme-konserve

VON GÜNTER SANDSCHEPER

Wärme schafft das Gefühl der Behaglichkeit, ob am winterlichen Kamin oder im sommerlichen Sonnenschein. Sie nützt uns in Natur und Technik. Was aber ist eigentlich Wärme?

Das Lexikon nennt sie »eine Energieform, die bestimmte wahrnehmbare Empfindungen auslöst«. Physikalisch bedeutet Wärme nichts anderes als die ungeordnete, regellose Bewegung von Atomen oder Molekülen. Je heftiger diese Bewegung, desto höher die Temperatur. Dabei können sich Stoffe, die fest und stabil scheinen, in ihrem Gefüge schließlich auflösen, nämlich schmelzen und bei noch höherer Temperatur gar verdampfen.

Wärme ist aber nicht eigentlich faßbar. Sie umgibt uns – dafür sorgt schon die Sonne als größter Wärmelieferant der Erde; doch will man sie festhalten und bewahren, gelingt das kaum. Flüssiger Stahl kühlt wieder ab und erstarrt; die Wärmflasche wird kalt; alles Erhitzte kühlt aus, wenn man nicht beständig Wärme nachschiebt. Leider! Denn ein Behälter, in dem man Wärme in beliebiger Menge über beliebig lange Zeit festhalten kann, so wie man Wasser in einem Topf festhalten kann, brächte ungeheure Vorteile. Man könnte die Sonnenwärme über Tag einfangen und nachts, wenn es kühler wird, damit heizen; Autos liefen im Stadtverkehr ohne Treibstoff, weil die Wärme als Antriebskraft für den Motor unmittelbar aus dem »Tank« käme. Die Reihe der Beispiele ließe sich unendlich fortsetzen. Welch riesige Bedeutung hätten solche Wärmekonserven auch im Hinblick auf den Energiemangel, der in jüngster Zeit so fühlbar, ja bedrohlich geworden ist!

Wie lieblos sind wir doch bisher mit dem Lebensspender »Wärme« umgegangen. Vor allem ist der Wirkungsgrad unserer Energiewandler wie Kraftwerk und Heizbrenner viel zu gering. Aus den brennbaren Stoffen – ob Öl, Kohle oder Holz – wird beim Verbrennen mehr Abwärme freigesetzt als Wärme für die eigentliche Aufgabe. Das hat allerdings einen recht einfachen physikalischen Grund: In der Technik braucht man Wärme immer auf einer bestimmten Temperaturebene. Zum Stahlschmelzen beispielsweise muß die Temperatur bei etwa 1500 Grad Celsius liegen, für die Wohnungsheizung hingegen reichen 60 Grad. Wegen ihrer Flüchtigkeit wendete man die Wärme deshalb immer nur für jeweils eine Aufgabe an und – verschwendete sie so.

Das könnte künftig anders werden! In Laboratorien gibt es nämlich neuerdings Behälter, in denen sich Wärme auf den unterschiedlichsten Temperaturniveaus über lange Zeit hin speichern läßt. Deshalb entfällt die bisher meist nötige, verlustreiche Umwandlung von Überschußwärme zum Beispiel in Elektrizität und deren Speicherung in schweren, teuren Akkumulatoren. »Latentspeicher« nennt man die neuen Wärmegefängnisse, mit denen sich Energie überallhin befördern und jederzeit wiedergewinnen läßt. Sie könnten wie eine Limonadenflasche benutzt werden. Das heißt, Ort und Zeitpunkt des Öffnens der »Flasche« sind frei wählbar, weitaus wählbarer jedenfalls als bei der nur begrenzt tauglichen Thermosflasche, die ja ebenfalls einen – wenn auch nur für Stunden wirksamen – Wärmespeicher darstellt.

Wie funktioniert das nun? Zur Erklärung ist ein kleiner Ausflug in die Physik erforderlich.

Es gibt molekular geordnete und ungeordnete Stoffe. Im Innern geordnete Substanzen sind zum Beispiel Kristalle. Soll die innere Ordnung eines kristallinen Stoffes gestört, soll er also geschmolzen werden, muß man eine bestimmte Energiemenge hineinstecken. Verdeutlichen läßt sich das am Wasser und seinem Kristallzustand, dem Eis: Will man 1 Kilogramm Eis von 0 Grad Celsius zum Schmelzen bringen, ist eine Wärmemenge von 79,5 Kilokalorien erforderlich. Diese Wärmeenergie führt also nicht zu einer Temperaturerhöhung, sondern nur zur Umwandlung aus dem festen in den flüssigen Zustand. Die Physiker sprechen von »Schmelzwärme« oder »Umwandlungswärme«. Ist am Ende das ganze 0-Grad-Eis zu 0-Grad-Wasser geschmolzen, so sind jene 79,5 Kilokalorien als nicht fühlbare, als »latente« Wärme in den Stoff hineingeschlüpft. Daher der Name »Latentwärmespeicher«! In ihm wird nämlich die eben erwähnte Tatsache ausgenutzt, daß die Temperatur eines Stoffes beim Übergang vom festen in den flüssigen Zustand gleich bleibt und trotzdem Wärme aufgenommen wird. Will man Wärme speichern, dann führt man sie der Speicherfüllung zu, die dadurch schmilzt. Zur Rückgewinnung der Wärme läßt man den Stoff wieder erstarren, wieder kristallisieren.

In der Praxis nimmt man aber natürlich nicht Wassereis, sondern einen kristallinen Stoff, der erst bei einer sehr viel höheren, und zwar einer für den betreffenden Arbeitsprozeß günstigen Temperatur schmilzt. Die beschriebene Gesetzmäßigkeit gilt nämlich für alle kristallinen Stoffe, soweit sie sich nicht zersetzen, ehe sie schmelzen. Kochsalz zum Beispiel, das bei 800 Grad Celsius schmilzt, gilt als hervorragender Wärmespeicher-Stoff, der allerdings den Nachteil hat, bei bestimmten Temperaturen chemisch äußerst aggressiv zu sein und somit seinen Behälter zu zerstören. Deshalb muß man ihm gewisse Schutzstoffe zumischen.

Die Wissenschaftler haben viele Stoffe – meist Metallsalze – gefunden, mit denen sich ein großer Temperaturbereich abdecken läßt. Er liegt zwischen – 30 und + 1000 Grad Celsius. Ein Wärmespeicher mit einem solchen Salz kann dreißigmal soviel Energie aufnehmen wie ein Bleiakkumulator gleichen Gewichts. Allerdings ist der Wirkungsgrad von Wärmemaschinen sehr viel geringer als der von elektrischen Maschinen. Deshalb vermindert sich bei solchen Arbeitsmaschinen der Effekt von jenem Dreißigfachen auf etwa das Neunfache.

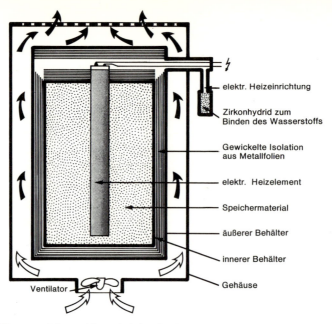

Modell eines Wärmespeichers. Hier wird das Speichermaterial elektrisch aufgeheizt, doch wäre auch jeder andere Wärmeträger dazu verwendbar. Den Wärmeverlust aus dem Innenbehälter verhindern zunächst ein Vakuum, dann eine Reihe wärmereflektierender Metallfolien. Die Situation ändert sich, wenn elektrischer Strom ein Metallgemisch, in dem Wasserstoff gebunden ist, aufheizt. Der Wasserstoff wird frei und füllt das Vakuum auf. Jetzt kann die Hitze, von Gas transportiert, an die Außenwand strömen. Hier heizt sie die von einem Ventilator durch den Außenschacht gedrückte Luft auf. Der Erfolg: ein erwärmter Raum.

Für reine Heizzwecke indes gilt diese Verschlechterung des Wirkungsgrades nicht. Deshalb scheint es sinnvoll, Latentwärmespeicher zunächst auf diesem Gebiet einzusetzen.

Ein solcher Speicher besteht aus einem Kunststoff- oder Keramikträger mit zahlreichen Hohlräumen, in die das Salzgemisch eingebettet ist. Das klingt recht einfach, doch die technische Verwirklichung war außerordentlich schwierig. Die Probleme lagen in der Wahl der günstigsten Salzmischung, in der Stabilisierung der Schmelze, die sich nicht entmischen darf, im Halten der Temperatur und, als Wichtigstem, der Möglichkeit, die hineingesteckte Wärme wieder herauszugewinnen.

Nachdem die Grundlagen geklärt sind, hat sich in jüngster Zeit viel getan. Im Aachener Philips-Laboratorium fanden Wissenschaftler ein Schlüsselelement für den Wärmespeicher: den »Wärmehahn«. Mit ihm läßt sich der Wärmestrom beliebig freigeben und sperren. Bei dem Speicher selbst handelt es sich um ein doppelwandiges Gefäß ähnlich einer Thermosflasche, in dessen innerem Teil sich das Salz befindet. Diesen inneren Behälter schirmen mehrere Kupfer- oder Aluminiumfolien gegen Wärmeverluste durch Strahlung ab. Zwischen den Folien und der Außenwand besteht zunächst ein hohes, jeglichen Wärmedurchgang verhinderndes Vakuum. Soll nun Wärme in den Speicher hinein-

oder herausgebracht werden, muß man das Vakuum abbauen und danach wieder herstellen. Das gelingt mit Hilfe eines Tricks, der erst seit wenigen Jahren bekannt ist. Es gibt metallische Legierungen mit der verblüffenden Eigenschaft, bei geringen Temperaturen Wasserstoffgas wie ein Schwamm aufzusaugen und bei höheren wieder freizugeben. Eine bestimmte Menge solchen Metalls, mit einer elektrischen Heizung versehen, macht den »Wärmehahn« aus. Bei eingeschalteter Heizung strömt der Wasserstoff aus dem Metall aus und füllt den Vakuumraum: Die Wärme kann jetzt ungehindert ein- bzw. ausströmen. Schaltet man die Heizung ab, sinkt die Temperatur des Wärmehahn-Metalls; es saugt den Wasserstoff wieder auf, und das Vakuum entsteht erneut – die Wärmeströmung ist unterbunden.

Diese einfache Arbeitsweise genügt ohne weiteres etwa für eine Wohraumheizung, wobei ein Thermostat den Wärmehahn steuern könnte. Für den Betrieb eines Verbrennungsmotors reicht ein bloßes Ausströmen der Wärme nicht aus. Hier muß die Hitze gezielt und sekundenschnell in den Zylinderraum eines speziellen Motors mit äußerer Verbrennung, also eines sogenannten Stirlingmotors, gebracht werden. Diesen Transport könnte das älteste der für einen Wärmespeicher nötigen Bauteile übernehmen: das »Wärmerohr«, das vor gut zehn Jahren erfunden wurde. Es besteht aus einem hochtemperaturfesten Metallrohr, in dem an einem Ende eine Flüssigkeit – häufig ein Metall – bei der Wärmeaufnahme verdampft und beim Kondensieren am anderen, kälteren Ende des Rohres die Wärme wieder abgibt. Die Flüssigkeit wird dann durch Kapillarwirkung in feinen Rillen an der Rohrinnenwand zur heißen Seite zurückgeführt und verdampft dort erneut. Durch diesen Kreislauf kommt ein sehr wirksamer Wärmetransport zustande.

Damit schließt sich der Arbeitskreis von Wärmespeicher, Wärmehahn, Wärmerohr und Wärmemotor. Ein solcher Motor könnte eines Tages unsere Autos in den Städten nahezu geräuschlos und abgasfrei fahren lassen. (Über Land würde der Latentwärmespeicher durch einen Verbrennungsvorgang wieder mit Wärme aufgefüllt werden.) Die Arbeiten an diesem Motor versprechen, auf lange Sicht, durchaus Erfolg. Ford zum Beispiel beschäftigt sich eingehend mit ihm.

Noch weitaus kühner aber ist ein Vorhaben des amerikanischen Sonnenforschers Aden D. Meinel vom Kitt Peak US National Observatory. Er will in sonnenreichen Wüsten riesige »Sonnenfarmen« errichten. Darunter versteht er Hunderte von Quadratkilometern große Sonnenstrahlenfänger. Darin soll die von einer Linse gebündelte Sonnenstrahlung Dampf erzeugen, der dann Turbinen treibt. Die Zeit der nächtlichen Dunkelheit sollen Latentwärmespeicher überbrücken, die tagsüber wieder »nachgeladen« werden. Eine derartige Anordnung könnte langfristig die Energiefrage sehr viel erleichtern. Denn immerhin bestrahlt die Sonne, auf den ganzen Tag umgerechnet, jeden Quadratmeter unserer Erde mit einer Wärmeenergie von 150 Watt. Darauf setzte der amerikanische Kongreß, als er für 4 Jahre je 200 Millionen Dollar für die Erforschung der Sonnenenergieumwandlung bewilligte.

Auf einem Markt in Taiwan. Hier wird alles und jedes angeboten, wird gehandelt und gefeilscht: ein buntes Bild in dem am dichtesten besiedelten Gebiet der Erde. Foto Anthony

Abseits vom Reich der Mitte

VON WALTER BAIER

Die Bemerkung im Gespräch fiel ganz beiläufig: »Von allen Europäern«, sagte der Chinese aus Taipei, »können sich vielleicht die Deutschen am ehesten in unsere Lage versetzen. Auch ihre Heimat ist geteilt.«

Die Formel erscheint im ersten Augenblick recht logisch und sicherlich einleuchtend. Leider hat sie einen Nachteil: Der Vergleich hinkt. Trotz mancher Ähnlichkeiten liegen die Dinge in Deutschland und in China grundverschieden. Der wichtigste Unterschied ist, daß kein Chinese jemals die Einheit seines Vaterlandes in Frage gestellt hat. Zu diesem Punkt waren sich der in diesem Jahr verstorbene Tschiang Kai-schek, der große alte Mann Nationalchinas, Mitbegründer der Vereinten Nationen, und sein Gegenspieler, der Vorsitzende Mao Tse-tung, völlig einig. Strittig ist jedoch, welche Regierung dieses menschenreichste Land der Erde rechtens vertritt: die der Republik China in Taipei oder die der Volksrepublik China in Peking. Mao Tse-tung hat die Macht der Fakten für sich. Er beherrscht den Kontinent, seit seine Truppen im Jahre 1949 die Regierung der Republik vertrieben haben. Das gelang freilich nicht vollständig, und darin liegt die Wurzel des heutigen Zustands. Die Regierung der Republik brauchte nicht ins Exil zu gehen. Sie residiert immer noch im Lande. Denn Taiwan ist eine der 35 chinesischen Provinzen und Taipei eine der 13 reichsfreien Städte des »Reiches der Mitte«.

Taiwan, im Westen oft Formosa genannt, ist eine verhältnismäßig kleine Insel ungefähr 180 Kilometer vor der Küste von Südostchina, mit 36 000 Quadratkilometer Fläche etwas kleiner als die Niederlande. Auf ihr drängen sich nahezu 16 Millionen Menschen: Rund 425 Menschen auf den Quadratkilometer machen die Insel zu einem der am dichtesten besiedelten Gebiete der Erde. Ihre Einwohner vergleichen sie gern mit einem Tabakblatt, dessen Spitze nach Süden weist. Klimatisch liegt sie an der Grenze zwischen Tropen und Subtropen: Der Wendekreis des Krebses teilt Taiwan ungefähr in der Mitte.

Formosa wird gelegentlich als die Schweiz des Fernen Ostens bezeichnet. Nicht völlig zu Unrecht: Nur ein Viertel des Landes ist landwirtschaftlich nutzbar, den Rest nehmen Gebirge ein. Es gibt hier sechzig Dreitausender, und der

Rechts: In einer Fabrik für Speicherelemente fertigen geschickte Frauenhände integrierte Schaltungen. Die Freiexportzone von Kaohsiung versorgt alle Welt mit Mikroelektronik.

Mitte: Noch völlig der Tradition verpflichtet, verströmt der Weihrauchkessel im Lungshan-Tempel den ganzen Tag seine Düfte.

Ganz rechts: Ein kleiner Konfuzius-Schrein. Fotos Anthony

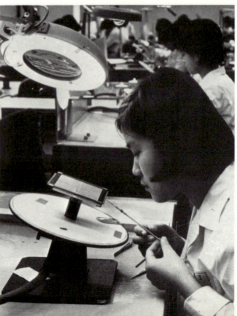

Links: Eingang zum Lungshan-Tempel in Taipei. Inmitten nüchterner Wohngebäude erfreut sich das 230 Jahre alte buddhistische Heiligtum steten Zuspruchs. Es beherbergt das Bild der vielverehrten Göttin der Gnade, Kuan-yin, und das der Meeresgöttin Matsu. Foto Anthony

Mitte: Diese neuzeitliche Wohnsiedlung am Rande von Taipei spiegelt das Streben der letzten Jahre nach mehr Komfort wider. In der Stadt selbst überwiegen freilich noch die kleinen Häuser und Behelfsbauten, die schnell und billig zu errichten waren; in manchem eine Parallele zur deutschen Nachkriegszeit. Foto Baier

Links: In der Porzellan-Manufaktur ist noch Handarbeit üblich. Vasen werden von geschickten Arbeitern bemalt, so daß sie Einzelstücke bleiben. Auch heute finden sich genügend Handwerker, die die überkommenen Kunstformen beherrschen.

Rechts: Die Elektronik ist ein aufblühender Wirtschaftszweig Taiwans. Montage von Bauelementen, eine Präzisionsarbeit, die unter dem Mikroskop ausgeführt werden muß.

höchste Gipfel der Insel erhebt sich 3 950 Meter über den Meeresspiegel. Mehr als die Hälfte Taiwans besteht aus Wald, der zum Teil 2000 Jahre alt ist. Dies ist freilich nahezu der einzige natürliche Reichtum der Insel. Im Norden findet sich etwas Erdgas, das aber für den heimischen Verbrauch nicht ausreicht, und ein bißchen Kohle, wenn auch zu wenig für den Bedarf, nach Süden ein kleines Jade-Vorkommen und vor allem Kalkstein, darunter auch Marmor. Zwar wird im Südwesten vor der Küste Öl vermutet, gefunden hat es bislang indessen keiner.

Die Chinesen kamen wahrscheinlich im 12. Jahrhundert hierher. Im 17. Jahrhundert war Taiwan zeitweise von Holländern und Spaniern besetzt. Den Namen Isla Formosa hat es freilich von portugiesischen Seefahrern. Er besagt »Schöne Insel«. Nicht zu Unrecht! Denn der Kalkstein, aus dem das Gebirge besteht, verwittert im Gegensatz zu Ur- oder Eruptivgesteinen verhältnismäßig leicht, und so entstanden zum Teil atemberaubende Landschaftsformen. Die lange Taroko-Schlucht, von einem kleinen Wasserlauf bis zu 60 Meter tief in Marmor geschnitten, am oberen Rande teilweise nur 9 Meter breit, ist ein bei Touristen sehr beliebtes Ziel.

Genau fünfzig Jahre lang, von 1895 bis 1945, war Taiwan von den Japanern besetzt. Für sie war die Insel eine strategische Basis, von der aus sie das Chinesische Meer beherrschen konnten. Um das Wohlergehen der Einwohner kümmerten sie sich wenig. Daß sie sich dennoch mit ihnen beschäftigen mußten, hatte einen anderen Grund: In den fünfzig Jahren japanischer Herrschaft verzeichnet die Geschichte Taiwans mehr als hundert Aufstände.

Japanische Herrschaft und die Folgen des Krieges erklären es, daß es in der Hauptstadt Taipei 1945 praktisch kein festes Haus mit mehr als zwei Stock-

werken gab. Es wäre sinnlos, die Stadt nach alter Architektur zu durchspüren. Es gibt sie nicht! Idylle mag die Landschaft bieten.

Hier taucht wieder eine Ähnlichkeit mit der deutschen Nachkriegsgeschichte auf. Wie im Deutschland der Jahre 1945 bis 1948, herrschten im China des Jahres 1949 vor allem Mangel und Armut. In beiden Staaten etablierten sich damals gegensätzliche gesellschaftliche Ordnungen, die miteinander in einen Wettstreit traten, nicht zuletzt, um jeweils ihre Überlegenheit zu beweisen. Die Republik China hat in dieser Konkurrenz bisher keine schlechte Figur gemacht.

Das Pro-Kopf-Einkommen auf Taiwan hielt im Jahr 1973 mit 1 330 Mark den zweiten Platz in Fernost hinter Japan, während in Kontinentalchina nur 250 bis 260 Mark erreicht wurden. Währungsumrechnungen können freilich wegen des unterschiedlichen Preisgefüges in den einzelnen Staaten täuschen. Vielleicht ist der Nahrungsmittelverbrauch deshalb ein besserer Anhalt: Mit 2 650 Kalorien je Tag und Person steht Taiwan in Asien an erster Stelle.

Taiwan ist heute die stärkste Wirtschaftsmacht zwischen Japan und Australien, bedeutender als Kontinentalchina mit seiner fünfzigmal größeren Menschenzahl. Zwischen 1952 und 1972 hat sich die Industrieproduktion versiebenfacht. Mittlerweile zeigt sich eine Erscheinung, die auch in anderen technisierten Staaten wirksam ist: Arbeitskräfte werden rar. Um ihre Leute bei der Stange zu halten, finanziert eine Reihe von Unternehmen ihren Stammarbeitern Eigenheime und bietet ihnen Aktienbeteiligungen.

Anderes dagegen mutet nach finsterem Frühkapitalismus an. Es gibt unzählige Ein-Raum-Fabriken, in denen ein halbes Dutzend Menschen bis zu 15 Stunden am Tag arbeiten. Daß man bis abends 22 Uhr und sogar sonntags offene Läden findet, gilt als völlig normal. Nicht einmal die Beschäftigten finden etwas dabei. Der Traum der meisten ist, sich selbständig zu machen und dann genauso weiterzuarbeiten. Der emsige, individualistische Geschäftssinn der Chinesen, ihre Arbeitswut und ihre an Geiz grenzende Sparsamkeit sind in ganz Asien legendär. Die über den gesamten pazifischen Raum verstreuten Auslandschinesen haben sich durch diese ihre Eigenschaften durchaus nicht immer nur Freunde gemacht.

Die Wirtschaftsexplosion, die der Regierung heute sogar Sorgen bereitet, ist von ihr selbst ausgelöst worden. In den fünfziger Jahren hatte sie eine ebenso radikale wie erfolgreiche Land- und Bodenreform durchgesetzt, in deren Folge die Einkünfte der Bauern um 265 Prozent stiegen. Die enteigneten Großgrundbesitzer hingegen steckten das Geld, das sie als Entschädigung erhalten hatten, weitgehend in die Industrie. In den sechziger Jahren wurde Taiwan dann auch für ausländische Firmen verlockend. Sie gründeten hier Zweigbetriebe mit Fertigungen, die im eigenen Land nicht mehr so recht rentabel waren. Zu den wichtigsten Investoren gehört Japan. Die Herkunft der Produkte bleibt aber meist anonym. Dafür ein Beispiel: Der wichtige amerikanische Fernsehgerätehersteller Philco Ford baut im eigenen Land keine Schwarzweiß- und keine tragbaren Empfänger mehr; was er in den Vereinigten Staaten anbietet, ist unweit

Oben: Die traditionelle chinesische Architektur lebt vor allem in religiösen Bauten weiter wie in diesem kleinen Konfuzius-Tempel (nebenstehend). Aber auch moderne Gebäude werden zuweilen in altüberliefertem Baustil errichtet: neues Grand-Hotel in Taipei (ganz rechts).

Mitte: Reisbauern bei der Mittagspause. Eine drastische Bodenreform in den 50er Jahren, die durchaus sozialistisch anmutet, hat den Großgrundbesitz beseitigt.

Unten: Sport in einer Grundschule. Das Gebäude wie der Unterricht sind gleichermaßen modern.

Unten rechts: Basarstraße in Wulai. In den kleinen Läden spiegelt sich der emsige Geschäftssinn der Chinesen. Jeder ist bestrebt, sich selbständig zu machen. Fotos: Baier, Anthony

Links: Eine der typischen kleinen Fabriken – hier werden Marmorvasen gedreht.

Rechts: Und hier eine Werft im Süden der Insel, wo Großtanker bis 350 000 t Tragfähigkeit vom Stapel laufen. Fotos Baier

von Taipei gefertigt. Selbst die Bildröhren in den Empfängern, die den Philips- oder Valvo-Stempel tragen, stammen aus Taiwan.

Im Süden der Insel, in der Hafenstadt Kaohsiung, befindet sich eines der weltweit wichtigen Zentren der Mikroelektronik. Hier werden »Chips«, die winzigen Halbleiterscheibchen integrierter Schaltungen, in ihre Fassungen montiert – eine Arbeit, die unter dem Mikroskop durchgeführt werden muß. Die meisten dieser Fabriken sind Zollausschlußgebiet. Sie arbeiten nur für den Export. Sehr oft kommen Halbfertigprodukte mit dem Schiff in Kaohsiung an, werden dort zu Fertigerzeugnissen weiterverarbeitet und gleich auf das nächste Schiff verladen.

In Kaohsiung werden Riesentanker bis 350 000 Tonnen gebaut. Eine zweite Werft befindet sich im Norden der Insel, am Hafen von Keelung. Sie ist allerdings für Schiffe bis »nur« 100 000 Tonnen eingerichtet. Knapp eine halbe Autostunde entfernt entstehen in einem engen Tal, das sich zur Küste öffnet, zwei große Kernkraftwerke, welche die Energiebilanz der Insel verbessern sollen. Das Tal ist nicht zuletzt aus Gründen des Umweltschutzes gewählt worden: Das Kühlwasser wird dem Meer entnommen und wieder dorthin zurückgeleitet, so daß keine Abwärmeprobleme entstehen. Von den besiedelten Gebieten im Süden ist die Anlage durch das Gebirge getrennt. Der Wind trägt Radioaktivität, die vielleicht einmal ins Freie gelangen könnte, auf die offene See hinaus.

Sorgen bereitet der Regierung das, was ein Europäer in Taipei so ausdrückt: »Formosa ist ein Land ohne Konstruktionsbüros.« Das ist zwar überspitzt formuliert, aber der Satz hat doch seine Berechtigung. In den Zweigwerken ausländischer Unternehmen mit der höchstentwickelten Technik wird nämlich nach Plänen gearbeitet, die von Forschungsabteilungen in einem anderen Kontinent zur Serienreife gebracht worden sind. Und im »Rat für wirtschaftliche Entwicklung« klagen die Verantwortlichen, daß von den Hochschulabsolventen der naturwissenschaftlichen und technischen Fächer manchmal ganze Jahr-

gänge geschlossen auswandern. Zu Hause gibt es eben nicht genug Arbeit, die ihrer Ausbildung entspräche.

Ein anderes Problem, das Nationalchina zu schaffen macht, ist, wie man ein Industriestaat werden kann, ohne seine alte Tradition aufzugeben. In Deutschland stellt sich diese Frage weit weniger deutlich, weil die moderne Technik nun einmal ein Produkt europäischen Geistes ist. In China ist es weit schwieriger als bei uns, überkommene Werte und Traditionen mit den Erfordernissen der Technisierung zu vereinen. Seit die Kulturrevolution auf dem Festland das Scheitern des Versuchs signalisierte, fühlt sich Nationalchina als der letzte Bewahrer chinesischer Eigenart und kultureller Eigenständigkeit.

Ob dieser Kampf um die Erhaltung des eigenen Lebensstils gewonnen werden kann, vermag ein Außenstehender kaum zu beurteilen. Geführt wird er jedoch auf vielen Gebieten, selbst innerhalb der Technik. Ingenieuren der Technischen Hochschule Chung Shan ist sogar das Kunststück gelungen, Computern Chinesisch zu lehren. Das ist freilich einfacher gesagt als getan, denn die chinesische Schrift besteht gegenüber den 25 Buchstaben unseres Alphabets aus rund 49 900 Zeichen. Die Leistung der Ingenieure liegt darin, daß sie die Grundbestandteile geordnet haben, aus denen die chinesischen Zeichen zusammengesetzt sind. So gelangten sie schließlich zu einer Fernschreiber-Tastatur mit nur 88 Tasten. Sie enthält neben den Grundbestandteilen noch einige Anweisungstasten, mit denen festgelegt wird, welche Größe und welchen Platz ein jeweiliger Bestandteil in einem Zeichen erhalten soll. Mit dieser Vereinfachung ist es möglich geworden, dem Computer über die Tastatur Anweisung zu geben, wie ein bestimmtes Zeichen aus Einzelelementen zusammenzufügen ist. Solche Anweisungen »versteht« die Maschine ebenso, wie sie ein deutsches Wort zu bilden vermag, das aus einer Folge von Buchstaben besteht.

Das Ganze mag uns Europäern als eine Art Spielerei erscheinen. Daß es das nicht ist, wird bei genauerem Überlegen deutlich: Chinesisch ist die Muttersprache von mehr als 800 Millionen Menschen und damit die verbreitetste Sprache der Erde überhaupt. Dem Chinesischen entlehnte Schriftzeichen werden auch von einigen anderen Völkern verwendet, darunter den Japanern. Die Entwicklung von Computern mit chinesischer Schrift kann also für fast eine Milliarde Menschen Bedeutung erhalten. »Spielerei« ist dafür wohl nicht ganz das richtige Wort.

Den 800 000 Touristen, die derzeit jährlich nach Taiwan kommen, mag von derlei Problemen wenig auffallen. Die meisten von ihnen landen auf dem Flughafen Taipei und ziehen sich, wenn sie genug Zeit haben, in die Gebirgslandschaft der Insel zurück, deren Schönheit noch weitgehend unberührt ist. Recht haben sie, denn niemand reist in den Urlaub, um sich um den Alltag zu kümmern. Für die Existenz Nationalchinas könnte aber gerade dieser Alltag entscheidend werden. »Wir müssen«, hatte jener Chinese auch gesagt, der den Vergleich mit Deutschland gezogen hatte, »unseren Landsleuten auf dem Festland zeigen, daß unsere Lebensform wirklich die bessere ist«. Vom Erfolg dieses Unterfangens könnte die Zukunft Formosas abhängen.

FRITZ-DIETER KEGEL

Mit 80 Stundenkilometer unter der Elbe

Hamburgs Elbtunnel
ist über zweieinhalb Kilometer lang

Hamburg, 10. Januar 1975, Punkt 15.00 Uhr: Die Polizei öffnet die Absperrungen und läßt die ersten »normalen« Kraftfahrer in den neuen Elbtunnel einfahren. Um 15.02 Uhr kommt am Tunnelportal Nord im Vorort Othmarschen ein Motorradfahrer als erster aus der Tunnelröhre geschossen: Ein 18jähriger Automechaniker aus dem Harz, der mit seiner Maschine eigens über 230 Kilometer angereist war, um die Elbe auf dem neuen Weg zu unterqueren. Schon 15 Minuten später ist 28 Meter unter dem Kiel des griechischen Frachters »Antonius C.« der Teufel los! In den Tunnelröhren gibt es ein Verkehrschaos, weil Tausende von Neugierigen den sechsspurigen Autobahnweg ausprobieren. 34 000 Autos kriechen Stoßstange an Stoßstange als endlose Blechschlangen im Schrittempo durch den Tunnel. Um 21.00 Uhr sind es bereits 50 000.

Um 11.00 Uhr am Vormittag des gleichen Tages hatte Bundeskanzler Schmidt, ein waschechter Hamburger, in Anwesenheit von über 1 300 Ehrengästen am Südportal das »Jahrhundertbauwerk« der Stadt Hamburg offiziell eingeweiht. Einen großen Hebel mit zwei roten Griffen drehend, stellte der Kanzler die Signalpfeile an den Zufahrten auf Grün, zur gleichen Zeit heulten im Hamburger Hafen die Sirenen sämtlicher Schiffe – der Tunnel war nach sechseinhalb Jahren Bauzeit frei.

Dieser Tag wird in der Geschichte der Hansestadt Hamburg für immer ein bedeutsames Datum bleiben. Die größte Unterwasserstraße unter der Elbe – ein 500-Millionen-Bauwerk, riesig in seinen Ausmaßen, umwälzend in seiner Herstellung und technisch vollkommen im Betrieb – verbindet den wirtschaftlich benachteiligten Hamburger Süden mit den nordwestlichen Vororten und schafft eine unmittelbare Autobahnverbindung nach Schleswig-Holstein und Dänemark, indem sie den Flaschenhals Hamburg umgeht. Der Tunnel ist Teil der Bundesautobahn 7, die wiederum Teil der Europastraße E 3 von Lissabon nach Stockholm ist. Die westliche Umgehung Hamburgs vom Horster Autobahndreieck, wo sich die Autobahnen von Hannover und Bremen treffen, bis nach Hamburg-Stellingen zur Autobahn nach Flensburg/Kiel wurde gleichzeitig mit dem neuen Elbtunnel eröffnet.

Das Autobahnband weist zwischen dem späteren Kreuz Hamburg-Süderelbe und dem Dreieck Hamburg-Nordwest sechs Fahrstreifen und zwei Standspuren auf und ist 37,5 Meter breit. Man hat aber schon für die Zukunft vorgebaut und vom Kreuz Hamburg-Süderelbe bis zur Anschlußstelle Hamburg-Stellingen eine Erweiterung auf acht Fahrstreifen – bei 44,5 Meter Breite der Autobahnkrone – vorgesehen.

Der Elbtunnel selbst besteht aus drei Tunnelröhren mit je zwei Fahrstreifen. Eine ausgeklügelte und bisher einmalige Signalanlage mit Leit- und Sperrschranken macht es möglich, verschiedene »Betriebszustände« einzuschalten. Im Hauptbetriebszustand 1, dem Normalfall, sind alle drei Röhren in Betrieb. Dabei wird die Mittelröhre bei Überholverbot im Gegenverkehr und ohne Lkws befahren. In den drei weiteren Hauptbetriebszuständen ist jeweils eine Röhre voll gesperrt; es sind dann in jeder Richtung aber immer noch zwei Fahrstreifen frei. Eine solche Regelung wird bei Reparatur- und Reinigungsarbeiten erforderlich, aber auch bei Störungen. Außerdem erlauben noch Sonderbetriebszustände, den Tunnelverkehr den jeweiligen Verhältnissen anzupassen. Die Fahrt von einer Seite der Elbe zur anderen Seite ist jetzt eine Sache von Minuten. Die wenigsten der 20 Millionen Reisenden, die allein im ersten Jahr in rascher Fahrt die Elbe unterqueren und dabei vielleicht gerade einen Ozeanriesen kreuzen, wissen wahrscheinlich, welchen Aufwandes es bedurfte, diese Meisterleistung des Verkehrswegebaus zustande zu bringen.

Die beiden Elbufer westlich von Hamburg im Zuge eines Autobahnrings zu verbinden, hatte man schon in den dreißiger Jahren vorgehabt. Damals dachte man an eine gigantische Hängebrücke mit 750 Meter Spannweite und 180 Meter hohen Pylonen. Ein Probepfeiler entstand am Altonaer Kühlhaus, aber infolge der Kriegswirren mußte das Vorhaben zu den Akten gelegt werden. Knapp 20 Jahre später nahm man dann die Vorarbeiten für die geplante Autobahnverbindung wieder auf. 1958 lag der erste Trassenvorschlag auf dem Tisch, und 1963 war man sich nach zähen Verhandlungen in groben Zügen über die Linienführung einig: Der Elbstrom sollte nicht rechtwinklig, sondern schräg, unter einem Winkel von 37 Grad, gekreuzt werden.

Zur technischen Lösung dieser Kreuzung konnte nur ein Tunnel in Frage kommen. Bei einer Brücke hätte man im Bereich der Elbfahrrinne eine Durchfahrtshöhe von 70 Meter einhalten müssen. Das hätte lange Brückenrampen erforderlich gemacht, die selbst auf dem hohen Nordufer die Baugebiete in unverantwortlicher Weise zerschnitten hätten. Mit einem Tunnel war es möglich, die Wohnviertel dort zu unterfahren und gleichzeitig, indem man den Tunnel im Bereich des Fahrwassers entsprechend tief legte, eine Beeinträchtigung des Schiffsverkehrs auf der Elbe auszuschalten.

Aufgrund der Geländebeschaffenheit zeichneten sich von vorneherein zwei Bauabschnitte ab: die Stromstrecke und die Hangstrecke. Nach dem Stand der Tunnelbautechnik kam dafür auch jeweils ein anderes Bauverfahren in Frage: bei der Stromstrecke das Einschwimm- und Absenkverfahren, bei der Hangstrecke das Schildvortriebverfahren.

Das Einschwimmen und Absenken ist eine verhältnismäßig neue Technik, die bei verschiedenen Unterwassertunnels in Europa mit Erfolg angewendet worden ist. Die Unterwasserstrecke ist in Einzelelemente unterteilt, die 60 bis 150 Meter lang sind und – meistens aus Stahlbeton – vorgefertigt werden. Die Elemente werden, indem man sie an den Stirnseiten verschließt und das Baudock flutet, schwimmfähig gemacht. Ein Schlepper bugsiert sie in die richtige Lage, wo sie in eine vorher ausgebaggerte Rinne versenkt und unter Wasser in einer Fuge miteinander verbunden werden.

Das Schildvortriebverfahren ist schon länger bekannt als das Einschwimmen und eignet sich besonders gut für Tieftunnels. Ein Stahlzylinder im

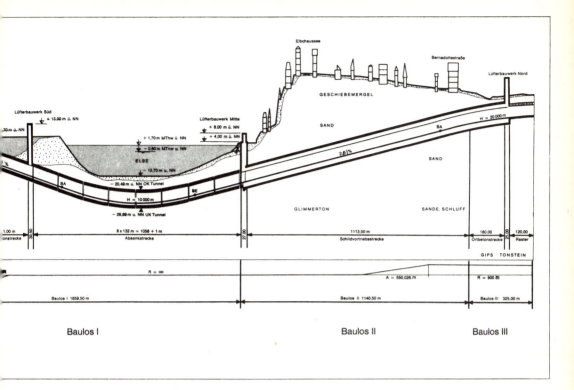

Eine Meisterleistung der Ingenieure: der neue Hamburger Elbtunnel. Der Tunnellängsschnitt (oben) zeigt die drei Bauabschnitte. Das Baulos I im Süden umfaßt die offene Rampenstrecke, die Rasterstrecke vor dem Tunnelmund, die geschlossene Ortbetonstrecke, das Lüfterbauwerk und schließlich die eigentliche Stromstrecke. Das Baulos II unterfährt die Wohnviertel auf dem hohen Nordufer. Ausgehend von dem Lüfterbauwerk Mitte verläuft die Schildvortriebsstrecke hangaufwärts bis zur offenen Baugrube des Bauloses III, zu dem die nördliche Tunnelstrecke, das Lüfterbauwerk Nord und die Rasterstrecke gehören. (Die Schnittzeichnung ist 10fach überhöht).

Unten: Der Elbtunnel besteht aus drei Tunnelröhren mit je 2 Fahrspuren (hier der Tunnelquerschnitt des Bauloses I). Auf der Stromstrecke liegen zwischen den Röhren noch gesonderte Kanäle für die Belüftung, bei den Hangstrecken befinden sie sich über und unter den Fahrbahnen.

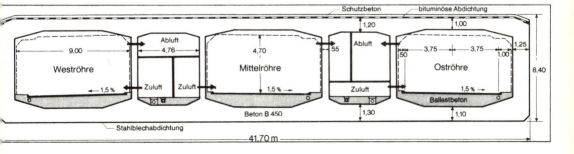

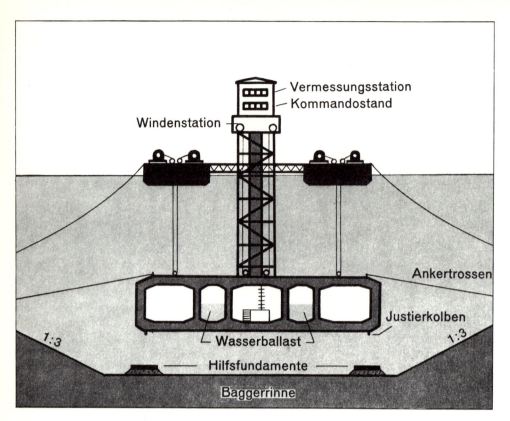

Das Einschwimmen und Absenken der acht Tunnelelemente auf der Stromstrecke im Querschnitt (oben) und im Längsschnitt (unten). Die wichtigsten Hilfsmittel für das Absenken waren neben den beiden fest mit der Decke des Elements verbundenen Richttürmen vier Absenkpontons, paarweise durch Fachwerksbrücken miteinander verbunden. Die Lüftungskanäle dienten während des Absenkvorgangs als Ballastwassertanks. Auf der Hilfsauflagerung gleitend, wurde das abgesenkte Element fest an das bereits verlegte herangezogen.

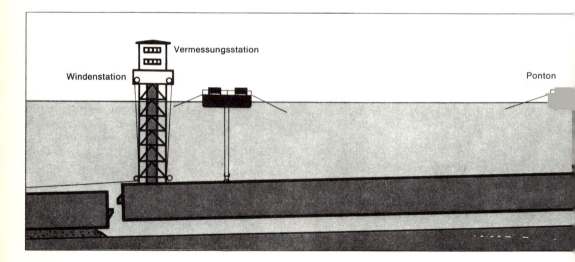

Durchmesser der Tunnelröhre dient als »Schild«. Vorn mit einer Schneide ausgerüstet, wird er von hydraulischen Pressen mit ungeheurer Kraft in das Erdreich hineingedrückt. An der »Ortsbrust« – das ist vorne im Zylinder – lösen Mineure den Boden von Hand, mit einem Bagger oder rotierenden Schneiderädern und transportieren ihn über Fördereinrichtungen zum Ausgang. Im Schutze des Zylinderendes, dem »Schildschwanz«, wird der Tunnel dann mit sogenannten Tübbings ausgekleidet. Diese Tübbings sind Einzelsegmente aus Stahlbeton, Gußeisen oder Stahl, die miteinander zu einem tragenden Ring verschraubt werden. Beim Tunnelbau im Grundwasser riegelt eine Druckwand, in die Personen- und Materialschleusen eingebaut sind, die Tunnelröhre an der Schildbrust ab. In den abgeriegelten Bereich wird Druckluft eingeblasen, die das Wasser verdrängt. In diesem unter Überdruck stehenden Raum können Menschen dann arbeiten.

Bevor man jedoch mit dem Bau des Elbtunnels beginnen konnte, mußten sich die Bauingenieure klar werden, wie sie den Tunnel belüften konnten. Die Lüftung muß so arbeiten, daß selbst bei dickstem Verkehr immer genügend Frischluft eingeblasen und verbrauchte Luft abgesogen wird. So befinden sich bei der Stromstrecke Luftkanäle zwischen den Röhren, bei der Hangstrecke unter oder über den Fahrbahnen. In den Lüftergebäuden am Süd- und Nordportal blasen gewaltige Ventilatoren Zuluft ein und saugen die Abluft heraus, am mittleren Lüftergebäude wird nur Zuluft eingeblasen.

Die Bauarbeiten wurden in drei Baulose unterteilt und am 19. Juni 1968 feierlich die erste Trägerbohle für das Lüfterbauwerk Mitte am nördlichen Elbufer und am südlichen Elbufer die erste Spundbohle für einen Fangedamm am Maakenwerder Hafen eingerammt. Sechseinhalb Jahre harte, oft gefährliche, ja abenteuerliche Arbeit lagen vor den Männern vom Bau.

Das Baulos I umfaßte die südliche Rampenstrecke, die daran anschließende Tunnelstrecke, das Lüfterbauwerk Süd und die eigentliche Stromstrecke, die aus acht Tunnelelementen besteht. Alles zusammen ist 1 859,5 Meter lang. Der Maakenwerder Hafen – neben einer Landzunge, auf der die Tunnelzufahrt liegt – wurde gegen die Elbe mit einem Fangedamm abgeschlossen, leergepumpt und in eine riesige Baugrube verwandelt. Dort betonierten die Stahlbetonbauer auf dem Hafenboden die acht je 132 Meter langen, 41,7 Meter breiten und 8,4 Meter hohen Tunnelelemente. 20 Monate dauerte das. Jedes Element war in zehn einzelne Betonierabschnitte unterteilt. Damit die Elemente schwimmen konnten, verschloß man sie an den Stirnseiten mit einer vorläufigen Stahlbetonwand. Da sie vollkommen wasserdicht sein mußten, wurden Sohle und Seitenwände mit einer Stahlblechhaut und die Decke mit einer Bitumenhaut versehen.

Noch im Baudock hatte man in jeden der acht Betonriesen zwölf Ballastwassertanks eingebaut und durch ein Rohrsystem miteinander verbunden. Damit war später das Ballastieren und Trimmen – also das Absenken und Ausrichten – der Elemente nach allen Richtungen möglich.

Am 28. Juli 1971, gleichzeitig mit dem Richtfest für das Lüfterbauwerk

343

Süd, flutete man das Baudock. Da sich auch die Ballasttanks füllten, blieben die Elemente zunächst noch auf Grund. Nachdem der Fangedamm entfernt worden war, baggerte der Cutter »Helgoland« eine Verbindungsrinne zum Mühlenwerder Ufer, wo sich die Ausrüstungsstelle befand. Gleichzeitig begann der Eimerkettenbagger »Friesland« mit dem Ausbaggern der Absenkrinne im Strom.

An der Ausrüstungsstelle bekam jedes Tunnelelement, nachdem es aufgeschwommen war, an seinen Enden einen Richtturm aufgesetzt und eine elektrische Energieversorgung eingebaut. Die Richttürme, in deren Fachwerk sich zugleich der Zugang ins Tunnelinnere befand, dienten beim Absenken als Visierpunkte. Auf Turm 1 (Südseite) befanden sich der Kommandostand, die Vermessungsstation und eine Windenstation, der Turm 2 (Nordseite) hatte nur eine Windenstation. Über die Windenstationen konnte das Element später beim Absenken genau ausgerichtet werden.

Zuvor hatte man beiderseits der ausgebaggerten Rinne noch schwere Rohranker in den Flußgrund getrieben, an denen die Tunnelelemente festgemacht werden sollten. Weiter wurden auf dem Grund der Rinne aus einem Kiesbett und vorgefertigten, 70 Tonnen schweren Betonblöcken vier Hilfsfundamente hergerichtet. Darauf sollten die Elemente zunächst abgesetzt werden.

Im Dezember ist es dann soweit: Sieben Schlepper bugsieren das Tunnelelement I an die Absenkstelle. Ein steifer Wind bläst über die Elbe, der in Böen Stärke acht erreicht. Die Tunnelbauer haben Sorgenfalten auf den Gesichtern. Nur knapp zehn Zentimeter ragt der Betonkoloß aus dem Wasser. Die Masse, die hier bewegt wird, entspricht dem legendären Schlachtschiff »Bismarck«. Mittags aber breitet sich Zufriedenheit auf den Gesichtern der Männer aus. Die Trossen sind an den Flußankern festgemacht, und der Koloß ist über der Absenkstelle verankert. Das Ende der Ankertrossen führt über Flaschenzüge und Umlenkrollen zu den Winden in den Richttürmen. Nachdem die Dynamometer deren Betriebsfähigkeit angezeigt haben, dürfen die Schlepper abdampfen. Noch einmal überprüfen Taucher die empfindliche Ankopplungsstelle am Lüfterbauwerk und die Hilfsfundamente, dann füllen sich langsam die Ballasttanks, und das Tunnelelement versinkt für immer in den Fluten der Elbe. Immer wieder wird sorgfältig gemessen und kontrolliert, bis das Element richtig liegt. Der ganze Vorgang dauert fast einen Tag. Sechs Stunden lang bleibt die Schiffahrt auf der Elbe gesperrt.

Zum Schluß bauen Taucher die Richttürme ab und schließen die Einstiegöffnungen. Danach spült ein großer Rüssel mit hohem Druck ein Wasser-Sand-Gemisch in den Hohlraum zwischen dem abgesenkten Element und der Sohle der Rinne. Auf dieser Bettung ruht das Tunnelstück nun sicher. Der Graben über dem Element wird später noch zugeschüttet.

Noch viermal wiederholte sich das spannende Einschwimmen und Absenken im Laufe des Jahres 1972 für die Elemente II bis V. Beim Element V gab

Oben: Im Trockendock des ehemaligen Maakenwerder Hafens wachsen die acht Tunnelelemente ihrer Fertigstellung entgegen. Für die Betonierarbeiten wurde der Hafen durch einen Damm abgeschlossen, leergepumpt und in eine riesige Baugrube verwandelt.

Unten: Riesenmaulwurf im Vormarsch. Die größte Schildvortriebsmaschine der Welt schaffte täglich etwas über vier Meter. Das Vorschieben des Schildes übernahmen 40 gleichmäßig über den Schildumfang verteilte Pressen von je 250 Mp Vorschubkraft.

Maßarbeit leisten die sieben Schlepper, die das 46 000-Tonnen-Tunnelelement an die Absenkstelle bugsieren. Strömungsverhältnisse und Wind erschwerten das Manöver (großes Bild).

Links: Im Trockendock – die Stirnseiten des Tunnelelements werden verschlossen.

Mitte und rechts: Auf den Zentimeter genau ist das Element in Position, das Absenken auf die vorbereiteten Fundamente kann beginnen. Nur die beiden Richttürme und die Absenkpontons ragen dann noch aus dem Wasser heraus. Alle Fotos Conti-Press

»Tunnel frei!« In der Betriebszentrale überwachen Polizeibeamte den Verkehr, der nun unter der Elbe hinwegführt. Fernsehkameras übertragen die Verkehrslage auf 47 Monitoren in der Zentrale. Mit der Inbetriebnahme dieses Jahrhundertbauwerks gehört der »Flaschenhals« Hamburg endgültig der Vergangenheit an.

es eine gefährliche Panne: Während der Verankerung brachen zwei Trossen, das Element wurde abgetrieben und mußte zur Ausrüstungsstelle zurückgebracht werden. In einem erneuten Anlauf ein paar Tage später konnte es versenkt werden. Die Elemente VI bis VIII folgten im Jahr 1973. Am 6. Juni war das letzte Tunnelstück auf Grund.

Das Baulos II umfaßte den Bau des Lüfterbauwerks Mitte und die Tunnelstrecke unter dem Elbhang, die im Schildvortrieb erstellt wurde – zusammen 1 140,5 Meter lang. Am Elbufer bei Neumühlen wurde als erstes die riesige, 45 mal 32 Meter große und 30 Meter tiefe Baugrube für das Lüfterbauwerk ausgehoben. Bevor mit dessen Bau begonnen wurde, diente die Grube zunächst als Startschacht für die drei mächtigen Vortriebsschilde. Jeder Vortriebsschild hatte 11,08 Meter Durchmesser und war 9 Meter lang. Eine senkrechte Mittelwand und eine Horizontalbühne auf halber Höhe unterteilte ihn in vier Sektoren. In diesen Sektoren waren Hydraulikbagger für den Bodenabbau untergebracht. Am Ende des Schildes waren 40 Pressen gleichmäßig über den Umfang verteilt. Mit einer Schubkraft von je 250 Megapond – zusammen konnte also eine Kraft von 10 000 Megapond mobilisiert werden – drückten sie den Schild vorwärts. Im Schild untergebracht oder an ihm angehängt waren die Druckluftschleuse, das Steuerpult, eine Art Kran zum Verlegen der Tübbings und weitere Einrichtungen, die für einen solch riesigen Maulwurf lebensnotwendig sind.

Die erste Schildfahrt dauerte fast zwei Jahre; am 20. Dezember 1971 war die Röhre durch. Für die beiden anderen Röhren brauchte man jeweils etwas mehr als ein Jahr. Der letzte der Riesenmaulwürfe durchbohrte Mitte 1973 den Elbhang. Die drei Maschinen, von den Tunnelbauern Otto, Willy und May genannt, waren die größten ihrer Art auf der ganzen Welt.

Nicht immer verlief alles reibungslos und nach Plan. Man hatte von vornherein mit Bodensenkungen im Bereich der Schildstrecke gerechnet. Aber schon beim Vortrieb der ersten Röhre zeigten sich größere Senkungen als erwartet, die an einigen Gebäuden zu leichten Schäden führten. Manche der Bewohner hörten nachts tief unten Geräusche von den Maulwürfen, vermutlich durch Bodenschwingungen hervorgerufen. Obwohl für die Häuser keine Einsturzgefahr bestand, brachte man die Bewohner – wohl mehr zur Beruhigung – eine Zeitlang anderweitig unter.

Das Baulos III, die 182 Meter lange Betontunnelstrecke, das 23 Meter lange Lüfterbauwerk Nord und die 120 Meter lange »Rasterstrecke«, die die Aufgabe hat, dem Autofahrer den Übergang vom Tageslicht auf das Tunnellicht zu erleichtern – zusammen 325 Meter –, war vergleichsweise einfacher als die Lose I und II. Die Arbeiten begannen im Jahre 1969 und dauerten bis 1972. Man baute alles in einer offenen Baugrube.

Als der gesamte Tunnel im Rohbau fertig war, brauchte es noch geraume Zeit, bis der Verkehr unter der Elbe rollen konnte. Die Fahrbahnen mußten gelegt, Wände und Decken verkleidet, die Lüftungseinrichtungen installiert und das Verkehrsleit- und Überwachungssystem eingebaut werden.

Der Hamburger Elbtunnel ist, vom Beginn der Lüfterbauwerke an gemessen – das ist die eigentliche Tunnelstrecke ohne die Rasterstrecken –, genau 2653 Meter lang. Damit steht er hinter dem Kanmon-Tunnel (3475 Meter, Japan) und dem Brooklyn-Battery-Tunnel (2800 Meter, USA) an dritter Stelle der Unterwassertunnel. Allerdings ist bei allen anderen Tunneln die reine Unterwasserstrecke kürzer, und auch keiner kann mit gleich sechs Fahrspuren aufwarten.

Die Sicherungstechnik des Elbtunnels aber – und das ahnen die wenigsten seiner Benutzer – ist wohl das Vollkommenste, das man sich denken kann! Jeder Meter der Tunnelröhre und das Vorfeld mit den Weichenstrecken werden von der Betriebszentrale überwacht. Detektorschleifen erfassen jedes Fahrzeug, und ein ganzes System von Fernsehkameras überträgt Bilder auf 47 Monitoren in der Zentrale. Vier von einander abhängige Computer steuern den gesamten Betriebs- und Verkehrsablauf. Aber ohne den Menschen geht es trotz grandioser Technik doch nicht: 39 Tunnelbedienstete und fünf Polizeibeamte, die natürlich in Schichten arbeiten, sind notwendig, um den, zwar nicht längsten, aber dennoch größten Unterwasserverkehrstunnel der Welt in Betrieb zu halten. Rund um die Uhr, 24 Stunden täglich, für 50000 Autos und mehr.

Von der Elbe bis zur Ruhr

VON HANS H. WERNER

Der Elbe-Seitenkanal – Schiffahrtsstraße für Europa

Langsam läuft das 1350-Tonnen-Motorschiff »Eleonore Ahrens« auf das Schiffshebewerk Scharnebeck zu. Mit höchster Aufmerksamkeit betätigt Schiffer Egon Ahrens den Motorenhebel.

Wenige Minuten später hat sich hinter dem Heck des großen Frachtmotorschiffes der Verlauf der Wasserstraße verändert. Unten bleibt ein silbernes Band zurück, das weit hinten in die Elbe führt. Die »Eleonore Ahrens« aber wird in einem 100 Meter langen Trog, wie in einer riesigen Badewanne schwimmend, hochgehoben. 38 Meter hoch genau. Dann öffnet sich vor dem »Europaschiff« – so wird dieser größte Frachtschiffstyp für Europas Binnenwasserstraßen genannt – wieder der in der Sonne glänzende Kanal.

Und kurz darauf schwimmt das Schiff schon weiter seinem Ziel zu, dem Ruhrgebiet. Währenddessen hat sich der Trog des Schiffshebewerkes Scharnebeck längst wieder gesenkt, um ein anderes Binnenschiff 38 Meter tiefer abzusetzen, das nach Hamburg will.

Auch dieses Schiff benutzt jenen künstlichen Wasserweg, der Norden und Westen miteinander verbindet und als eines der »Jahrhundert-Bauwerke« angesehen wird, die im letzten Drittel des 20. Jahrhunderts im Norden der Bundesrepublik Deutschland errichtet worden sind.

115 Kilometer lang zieht sich dieser neue Wasserweg durch den östlichen Teil Niedersachsens im Zonenrandgebiet, der Grenzlinie zwischen der Bundesrepublik Deutschland und der DDR: der Elbe-Seitenkanal. Und ab 1976 wird er für die Binnenschiffahrt zu benutzen sein.

Von Artlenburg an der Elbe – kurz vor Lauenburg – aus nimmt der Kanal, der bei Baubeginn übrigens noch Nord-Süd-Kanal genannt wurde, seinen Weg durch die Göhrde, die Ostheide. Er führt an Lüneburg vorbei und erreicht, nachdem Uelzen passiert ist, zwischen Gifhorn und Fallersleben bei Edesbüttel den Mittellandkanal.

So, wie die »Eleonore Ahrens« werden vom kommenden Jahr an unzählige Binnenschiffe den Weg auf dieser Wasserstraße nehmen. Von Norden nach Süden und von Süden nach Norden. Nun gibt es keine Landbarriere mehr zwischen den Flüssen und Kanälen in Nord und Süd und West, ist der Hamburger Hafen an das bundesdeutsche und darüber hinaus an einen großen Teil des europäischen Binnenwasserstraßennetzes »angebunden«: ein Plan, den der Lübecker Wasserbaudirektor Rehder schon im Jahr 1911 vorgelegt hatte. Auch er wollte die Elbe unmittelbar bei Hamburg mit dem damals noch in der Planung befindlichen Mittellandkanal verknüpfen.

Der Elbe-Seitenkanal schafft aber nicht nur eine Verbindung zwischen dem größten deutschen Seehafen und dem Industriegebiet Salzgitter–Braunschweig–Hannover mit Anschluß zum Ruhrgebiet und weiter zu den Rheinmündungshäfen, er ist auch für den Binnenschiffahrtsverkehr mit der DDR und der Tschechoslowakei von Bedeutung. So verkürzt sich durch ihn der Wasserweg von Hamburg nach Magdeburg um rund 40 Kilometer.

Der Elbe-Seitenkanal wächst seiner Fertigstellung entgegen – hier wird die Kanalböschung asphaltiert. Die im Bau befindliche Wasserstraße wird schon im nächsten Jahr den Seehafen Hamburg an das deutsche Binnenwasserstraßennetz und damit an das westdeutsche Industriegebiet anschließen. Foto Conti-Press

So groß die Bedeutung dieser künstlichen Wasserstraße mitten durch das Land auch für die Wirtschaft ist, so harte Nüsse waren Planung und Bau für die beteiligten Behörden und Firmen.

Besondere Schwierigkeiten bereitete der Höhenunterschied von 61 Meter zwischen dem Mittellandkanal und der Elbe oberhalb der Staustufe von Geesthacht. Die Landschwelle überwinden zwei Bauwerke, die in ihrer Größe in der Bundesrepublik Deutschland bisher unübertroffen sind:

- das Schiffshebewerk Lüneburg bei Scharnebeck mit einer Hubhöhe von 38 Meter und
- die Schleuse Uelzen bei Esterholz mit 23 Meter Hubhöhe.

Europas größter Fahrstuhl: das Schiffshebewerk Scharnebeck, das interessanteste Ingenieurbauwerk des Elbe-Seitenkanals. Mit seinen beiden Trögen von 100 m Länge und 12 m Breite kann es Schiffe bis 1350 t Tragfähigkeit aufnehmen, die so in drei Minuten einen Höhenunterschied von 38 m überwinden (Bild links und rechts). Fotos E. Hehl

Oben: Diese mächtigen Seilscheiben tragen das Gewicht des Troges und des Gegengewichtes: Das sind rund 11 600 t!

Das Schiffshebewerk, bei dessen Einfahrt wir die »Eleonore Ahrens« beobachtet haben, ist für Wasserbauer und Besucher aus nah und fern eine Attraktion. Innerhalb von nur drei Minuten werden die beiden 100 Meter langen und 12 Meter breiten Tröge 38 Meter hoch angehoben oder 38 Meter tief abgesenkt. Die dafür notwendige Kraft liefern vier Elektromotoren von je 190 PS (150 Kilowattstunden). Die geringe Motorenleistung ist durch ein 5 936 Tonnen schweres Gegengewicht möglich. Es wird mit Hilfe von 224 einzelnen Gewichtsscheiben von je 26,5 Tonnen erreicht.

Die beiden 5 700 Tonnen schweren Tröge können ein 85 Meter langes Europaschiff wie die »Eleonore Ahrens« aufnehmen oder einen Schub-

verband, der bis zu 9,5 Meter – in Ausnahmefällen sogar bis 11,4 Meter – breit ist. Die Wassertiefe in den Trögen beträgt 3,5 Meter. Ein Hub- oder Senkvorgang dauert drei Minuten, einschließlich Ein- und Ausfahrt des Schiffes oder des Schubverbandes durchschnittlich 15 Minuten. Bei 16stündigem Betrieb an 310 Tagen im Jahr werden den Vorausberechnungen zufolge in einer Richtung jährlich 10,1 Millionen Tonnen Schiffsraum gehoben oder abgesenkt werden können. Die Tagesleistung je Trog kann bei 16-Stunden-Betrieb bis zu 64 Einheiten erreichen.

Die charakteristischen vier Türme, die sich weithin sichtbar wie ein Wahrzeichen des 20. Jahrhunderts über die Landschaft erheben, dienen den Seilscheiben als Widerlager: Sie übertragen die Gesamtlast von Trog und Gegengewicht, also rund 11 600 Tonnen, in den Boden. Außerdem geben sie den Trögen die notwendige Führung.

Bei der Anlage des Kanalbettes galt es, eine Reihe von Besonderheiten zu berücksichtigen. So liegt der Außenwasserstand in einem Teil des Kanalverlaufes nicht fest, sondern wechselt im Laufe des Jahres. Hier mußte der Kanal sowohl gegen Wasserverlust als auch gegen eindringendes Grundwasser abgedichtet werden. Dazu wurde, um die empfindliche Wasserwirtschaft in diesem Gebiet nicht aus dem Gleichgewicht zu bringen, auf einer Länge von 1500 Meter und einer Breite von 70 Meter eine 0,5 Millimeter starke PVC-Folie in jeweils 35 Meter langen und 6 Meter breiten Bahnen verlegt und dann verklebt. Weitere sechs Millionen Quadratmeter des Kanalbettes wurden mit einem Asphaltgemisch abgedichtet. Diese Schwarzdeckenschicht befestigt gleichzeitig die Böschungen. In den nicht abgedichteten Streckenabschnitten hat man die Böschungen durch Steinschüttung gesichert und danach mit Asphalt vergossen.

Die starke Bindung an das bereits vorhandene Straßennetz im Osten der Lüneburger Heide führte dazu, daß viele Brücken errichtet werden mußten. Insgesamt wird es nach der Einweihung des Elbe-Seitenkanals in seinem Verlauf nicht weniger als 103 Kreuzungsbauwerke unterschiedlicher Art – Brücken und Durchlässe – geben. Acht davon sind Überschneidungen mit Eisenbahnen, sechs davon mit Bundesstraßen, zwölf mit Landstraßen und achtunddreißig mit Kreis- und Gemeindestraßen.

Groß ist die Zahl der Kreuzungen mit Wasserläufen, die im Verlauf der Kanalführung zu bauen waren. Die interessantesten sind zweifellos zwei Kanalbrücken, bei denen der Kanal praktisch in Stahltrögen über die Ilmenau bei Jastorf geführt wird. Bei 50 Meter Länge und 42 Meter Breite sind diese Tröge mit 4 Meter Wassertiefe gut durchfahrbar.

Rund acht Jahre lang dauerte der Bau dieser Wasserstraße, zu der der damalige Verkehrsminister der Bundesrepublik Deutschland am 6. Mai 1968 den ersten Spatenstich tat. Rechnete man zu Baubeginn noch mit Kosten von knapp 1 Milliarde Mark, so sind daraus bis zur Fertigstellung mehr als 1,2 Milliarden geworden. Doch das viele Geld ist gut angelegt, denn diese Schifffahrtsstraße wird ganz Europa von Nutzen sein.

* * *

Das kalkulierte Frühstücksei

Alfred verbringt seinen Urlaub auf dem Lande – kein Wunder, ist er doch ein ebenso großer Tierliebhaber, wie er eine kräftige Mahlzeit zu schätzen weiß. Eines schönen Morgens, als er genüßlich sein Frühstücksei verzehrt, verrät ihm sein Quartiergeber, ein erfolgreicher Landwirt: »Die weiße Henne legt jeden zweiten Tag ein Ei, eine braune jeden dritten Tag und eine gelbe jeden vierten Tag ein Ei.« – Jetzt zerbricht sich Alfred den Kopf, wie lange es dauert, bis er an einem Tag drei Eier auf den Frühstückstisch bekommt.

Abenteuer in der Zahlenebene

VON S. RÖSCH

Wenn wir uns veranschaulichen wollen, welche Beziehungen Zahlen untereinander haben, so pflegen wir die Zahlenreihe 0, 1, 2, 3 ... ∞ als eine lange Gerade darzustellen, die bis ins Unendliche führen kann, und jenseits von Null auch noch bis minus unendlich. Auf dieser Linie können wir Strecken addieren oder subtrahieren, können durch Abteilen einer Anzahl gleichlanger Strecken die Multiplikation und die Division anschaulich machen und dergleichen mehr. Der Unannehmlichkeit, daß große Zahlen rasch in weite Fernen führen, können wir etwas abhelfen, indem wir einen logarithmischen Maßstab einführen, verlieren aber damit die Gleichartigkeit aller Zahlen. Einer solchen Zahlenreihe haftet etwas Unbefriedigendes an, wohl weil sie nicht in voller Harmonie mit dem Sehfeld unseres Auges ist, das eine Fläche darstellt.

Wie aber kann man die Zahlenreihe sinnvoll in der Fläche ausbreiten? Sie in gleichlange Zeilen wie auf einer Buchseite zerlegen, befriedigt nicht ganz. Zwar können unendlich viele Zeilen einander folgen, die Querdimension aber, die Zeilenbreite, ist begrenzt und zudem willkürlich. Ein Hin- und Hergehen innerhalb eines Winkelbereichs füllt ebenfalls nur einen Teil der Gesamtfläche aus. Eine brauchbare Lösung ist dagegen, den Ursprungs- oder Nullpunkt spiralartig zu umkreisen in der Art von Bild 1a. Wie wir sehen, läßt sich dabei erreichen, daß in die Ecken der Spiralwindungen auf der einen Seite alle Quadrate der ungeraden Zahlen (1; $3^2 = 9$; $5^2 = 25$; $7^2 = 49$ usw.) fallen, in die gegenüberliegenden Ecken die der geraden Zahlen ($2^2 = 4$; $4^2 = 16$; $6^2 = 36$; $8^2 = 64$ usw.). Wir haben damit eine flächenhafte Darstellung der Zahlenreihe gefunden, die, von einem Mittelpunkt ausgehend, beliebig weit ausgedehnt werden kann, im Grenzfall bis ins Unendliche, und die dann die gesamte Fläche lückenlos ausfüllt. In dieser Fläche, die wir uns der Einfachheit wegen eben denken wollen, untersuchen wir die Anordnung der Zahlen nun etwas genauer. Wir können zwei Arten quadratförmiger Flächen darin erkennen, die geschlossene Folgen der ganzen Zahlen enthalten und

Rechts: Die Reihe der ganzen Zahlen als Spirale um den Nullpunkt ergibt eine flächenhafte Darstellung der Zahlenreihe, die sich beliebig weit ausdehnen läßt. Dabei fallen in die Ecken der Spiralwindungen auf der einen Seite alle Quadrate der ungeraden, in die gegenüberliegenden Ecken die der geraden Zahlen. Die Spirale birgt aber noch mehr Überraschungen. (Bild 1a) Und so verläuft die Spirale. Sie beginnt am Nullpunkt und windet sich um das Mittelfeld. (Bild 1b)

Oben links: Die durch 2 teilbaren Zahlen in der spiralförmigen Zahlenreihe bis 2916. Das Ergebnis ist ein Schachbrettmuster. (Bild 2)

Oben rechts: Faktorenspirale. Die durch 3 teilbaren Zahlen ordnen sich in vier Feldern wie Windmühlenflügel um den Bildmittelpunkt. (Bild 3)

1a

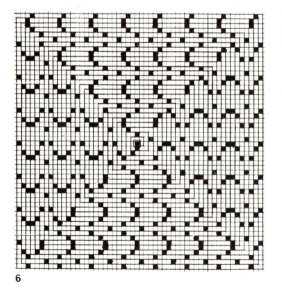

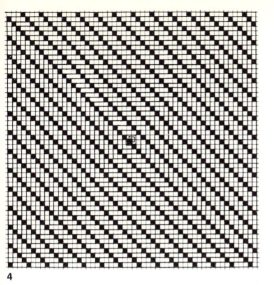

4 5

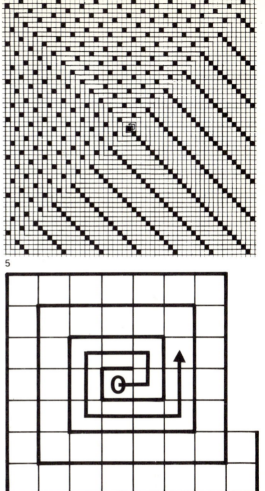

1b

Oben links: Die Verwandtschaft der Faktorenspirale 4 mit der Faktorenspirale 2 ist unverkennbar. Da je ein Feld ausfällt, bleiben lauter parallele Doppelketten stehen. (Bild 4)

Oben rechts: Eine Überraschung – bei der Faktorenspirale 8 ergeben sich zwei ganz verschiedene, diagonal getrennte Bildhälften. (Bild 5)

Untere Reihe: Immer wieder wechseln die Ornamente und Symmetrien – ganz links die parabelartig gekrümmte Punktreihe für den Faktor 7 (Bild 6); daneben weitere Beispiele, die Faktorenspirale 3 mit einem freien Feld als Mittelpunkt (Bild 7), sowie die Spiralen, die sich für die Faktoren 6 (Bild 8) und 5 (Bild 9) ergeben.

8

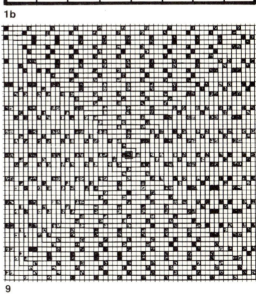

9

jeweils das Nullfeld einbeziehen. Die eine Quadratgruppe umfaßt die Zahlen 0, 0 ... 8, 0 ... 24, 0 ... 48, 0 ... 80 und so weiter. Sie sind konzentrisch und haben als Mittelpunkt das Zentrum des Nullfelds. Die jeweils nächstfolgende Zahl gibt die Menge der im Quadrat enthaltenen Zahlenfelder an: Es sind die uns schon bekannten Quadratzahlen 1, 9, 25, 49, 81 usw. in der unteren rechten Diagonale! Wir können aber auch die rechte obere Ecke des Nullfelds als Zentrum einer Schar von Quadratflächen betrachten, wobei diese aus den Zahlenfeldern 0 ... 3, 0 ... 15, 0 ... 35, 0 ... 63, 0 ... 99 usw. bestehen, untereinander ebenfalls konzentrisch sind und wieder so viele Zahlenfelder enthalten, wie die nächste Folgezahl anzeigt: 4, 16, 36, 64, 100 usw., also die Quadratzahlen der oberen linken Diagonale! Wir prägen uns die Lage dieser Quadratfelder, ihre wachsende Größe und ihre Eckdiagonalen ein. Beim Wachsenlassen ist bei beiden Scharen jede Windung um acht Zahleneinheiten größer als die vorangehende.

Was können wir weiter mit unserer Zahlenebene anfangen? Nun, gar vielerlei!

Zunächst wollen wir ein sehr einfaches Experiment unternehmen: Wir heben jede zweite Zahl, somit alle geraden Zahlen, durch Schraffieren oder Einfärben hervor. Das Ergebnis ist ein Schachbrettmuster (Bild 2). Es ist leicht zu überschauen, und der Erfolg konnte vorausgesehen werden. Auf unserer Abbildung sind die Zahlen selbst weggelassen (in der Verkleinerung sowieso nicht mehr erkennbar), damit ein größeres Feld der Spirale übersehbar wird und die ornamentale Symmetrie besser hervortritt.

Nicht mehr ganz so einfach ist vorauszusagen, wie sich die durch 3 teilbaren Zahlen bildlich anordnen. Bild 3 läßt eine Einteilung in vier Felder erkennen, die durch die Diagonalen voneinander getrennt und wie vier Windmühlenflügel um den Bildmittelpunkt gestellt sind. Innerhalb jedes der vier Sektoren läßt sich das Bild als Folge von unter sich parallelen Balken beschreiben, die senkrecht zur Laufrichtung der Zahlenreihe stehen und aus denen jedes dritte Glied um eine Einheit nach vorwärts herausgehoben ist.

Da die in Bild 2 und 3 markierten Felder immer zu den Zahlen gehören, die den Faktor 2 beziehungsweise 3 enthalten, liegt es nahe, die Bilder als »Faktorenspiralen« zu bezeichnen. Wir wollen die begonnene Folge fortsetzen. Gehen wir zum Faktor 4 über (Bild 4), so ist leicht zu verstehen, daß die Faktorenspirale 4 eine enge Beziehung zur Faktorenspirale 2 hat: Alle in ihr betonten Felder sind auch dort betont; ihre Anzahl muß aber halb so groß sein wie bei der Faktorenspirale 2. Diese Einschränkung erfolgt in der Form, daß lauter parallele Diagonalketten stehen bleiben. Wohl nicht jedermann hätte diese Bildform vorausgesagt. Es hat sich im Gegensatz zu den vier Windmühlenflügeln auf Bild 3 eine Symmetrie in der Art eines zweiblättrigen Flugzeugpropellers herausgebildet, wobei, wie die Kristallographen dies auszudrücken pflegen, immerhin noch zwei Spiegelebenen durch die beiden Bilddiagonalen gelegt werden können.

Nach dieser Erfahrung sind wir natürlich gespannt, wie es mit den

Potenzen von 2 weitergehen mag. Unsere Neugier führt uns also sofort zum Faktor 8. Die Überraschung ist groß (Bild 5): Wer hätte gedacht, daß die Einschränkung auf die halbe Anzahl von Punktfeldern innerhalb zweier diagonal getrennter Bildhälften in ganz verschiedener Weise erfolgt: Einmal lösen sich alle Punktketten in »Tropfenreihen« auf, das andere Mal fällt jede zweite Kette aus. Es bleibt hier im Gesamtbild keine Drehsymmetrieaxe mehr übrig und nur noch eine Spiegelebene!

Die Übergänge zu den Faktoren 16, 32 und so weiter kann jeder selbst erproben, wie überhaupt das eigene Experimentieren am besten in diese nicht nur wissenschaftlich reizvolle, sondern auch ästhetisch ansprechende Bilddarstellung einführt. Besonders schwierig ist eine solche Aufgabe nicht; sie fordert nur etwas Geduld und sorgfältiges, fehlerfreies Arbeiten. Es sei daher hier aus weiteren Beispielen nur noch eine häufig auftretende Ornamentart hervorgehoben: parabelartig gekrümmte Punktreihen, die in jedem der vier durch die Diagonalen getrennten Sektoren eine andere Richtung zeigen – hier für den Faktor 7 (Bild 6).

Zum Schluß wollen wir für »Bastler« noch eine Möglichkeit andeuten: Anstelle die Felder auszuzeichnen, kann man auch Löcher in Blätter aus undurchsichtigem Material (z. B. Astralon, das sich nicht verzieht) einstanzen. Legen wir dann zum Beispiel ein Blatt mit Faktorenspirale 2 und eines mit der Faktorenspirale 3 paßgerecht aufeinander, entsprechen die dann noch durchsichtigen Löcher genau der Verteilung der Faktorenspirale 6, nämlich 2×3! Auf solche Weise kann man die Faktorenspiralen zusammengesetzter Zahlen aus denen ihrer Faktoren »automatisch« gewinnen, zum Beispiel 30 = $2 \times 3 \times 5$. Dabei dürfen allerdings die Zahlen der Blätter nicht »teilerverwandt«, sondern müssen »teilerfremd« zueinander sein. Man kann also 36 nicht aus 2×18 oder aus 6×6 konstruieren, sondern nur aus 4×9.

* * *

Eine rätselhafte Uraufführung

Mein Freund, der Komponist, hatte mich eingeladen. Vor schlecht besetztem Hause brachte das Orchester eines seiner neuen Konzertstücke zu Gehör.

»Ich wette«, sagte ich zu ihm, »daß ein großer Teil der Anwesenden das Stück bereits kennt!«

»Wie kannst du so etwas behaupten«, entrüstete er sich, »das Werk wird heute uraufgeführt!«

»Trotzdem, denn...«

Ja, und da mußte mir mein Freund recht geben, wenn auch mit einer süßsauren Miene. – Wer nicht selbst darauf kommt, kann auf Seite 480 weiterlesen.

Die elektrischen

Bilder der Kirlians

VON HERBERT W. FRANKE

Bis heute ist mir eine Episode aus meiner Kindheit gut in Erinnerung geblieben. Mein Vater war Fachmann für Elektrotechnik, und eines Tages wurde er gebeten, gemeinsam mit einigen Kollegen eine seltsame Erscheinung zu begutachten. Es handelte sich um einen Mann, der behauptete, von geheimnisvollen Mächten bedroht zu sein. Als Beweis dafür gab er an, daß Glühlampen, die er anfaßte, zu leuchten begannen.

Die Probe aufs Exempel fand in unserer Wohnung statt, und ich konnte es mir nicht verkneifen, durch das Schlüsselloch hindurch zuzusehen. Die Fachleute waren schon versammelt – als letzter kam der geheimnisvolle Mann: Er war hager, sah kränklich aus und zeigte sich ausgesprochen nervös. Bevor er durch unsere Wohnungstür eintrat, blickte er sich nach allen Seiten um.

Was dann besprochen wurde, konnte ich nicht verstehen. Doch erinnere ich mich gut des großen Augenblicks: Mein Vater holte einige Glühbirnen aus einer Schachtel hervor, der Fremde nahm eine davon in die Hand – und tatsächlich, sie glühte hell auf. Es war keine Täuschung, und alle Anwesenden mußten es bestätigen: Durch irgendeine nicht näher geklärte Fähigkeit wurden die Lampen zum Leuchten gebracht.

Diese Erscheinung hat nun zweifellos nichts mit geheimnisvollen Mächten zu tun, die einen Menschen durch Strahlungen vernichten wollen, und in diesem Sinn versuchten die Fachleute den ängstlichen Herrn auch zu beruhigen. Ich weiß nicht, wie es ihm weiterhin ergangen ist. Und doch hinterließ dieses Erlebnis einen nachhaltigen Eindruck in mir – es bestätigte mir, daß in lebenden Organismen elektrische Ströme auftreten.

All das kam mir wieder in den Sinn, als ich vor einigen Monaten, bei einem Gang durch die Kölner Fotomesse, einige bemerkenswerte Aufnahmen entdeckte. Es waren Bilder von Pflanzenteilen und von menschlichen Händen, aber nicht in üblicher Weise fotografiert. Die Umrisse zeichneten sich nur verschwommen ab, dafür aber waren sie von einem Strahlenkranz gesäumt, an einigen saßen auch Schwärme von farbigen Funken: Es handelte sich um sogenannte Kirlian-Aufnahmen.

Näheres erfuhr ich erst einige Wochen später. Ein alter Freund von mir, Spezialist für alle Arten wissenschaftlicher Fotografie, hatte ebenfalls die Fotomesse und auch denselben Stand besucht. Spontan entschloß er sich damals, diese ungewöhnliche Art des Fotografierens selbst auszuprobieren. In seinem Labor baute er eine Anlage auf. Der wichtigste Teil dabei ist der Generator, der sogenannte Hochspannungs-Hochfrequenz-Entladungen hervorruft. Dabei handelt es sich um außerordentlich rasch hintereinander ausgesandte elektrische Stromstöße. Die Spannung liegt im Bereich zwischen 20 000 und 100 000 Volt. Rund ein tausendstel Sekunde lang werden kurze Salven solcher Impulse ausgesandt.

Da die elektrische Spannung in den Gegenständen, die ihr ausgesetzt werden, nur kürzeste Zeit wirkt, kommt es nicht zu einem Fließen von elektrischen Strömen. Vielmehr bewegen sich die elektrischen Ladungen, die ja in allen Stoffen enthalten sind, nur kurze Strecken hin und her. Das hat übri-

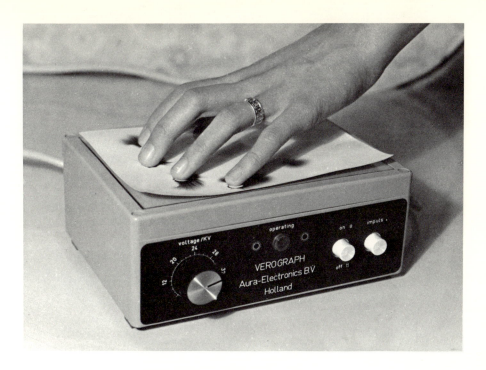

Eine faszinierende Spielerei für Foto-Tüftler: Kirlian-Aufnahmen. Auf die Glasplatte dieses Verograph genannten Gerätes wird ein Blatt Fotopapier gelegt und darauf beispielsweise die Hand mit gespreizten Fingern leicht angedrückt. Wird das Gerät jetzt eingeschaltet, sieht man um die Außenzone der Finger herum eine Entladung von 5 bis 10 mm langen blauen »Blitzen« ausstrahlen. Anstelle des Fotopapiers kann man auch Farbfilm verwenden. Foto Manfred Kage

gens auch praktische Bedeutung – trotz der hohen Spannungen müssen Hochfrequenzströme nicht zu Schäden führen, auch wenn der Mensch in ihren Einflußbereich gerät. Und das ist bei der Kirlian-Fotografie menschlicher Körperteile nötig. Es soll aber auch an dieser Stelle betont werden, daß elektrische Anlagen solcher Art keineswegs harmlos sind – man darf also nicht unsachgemäß damit experimentieren.

Entladungsaufnahmen, zu denen die Kirlian-Fotografien gehören, sind schon lange bekannt. Zum ersten Mal sichtbar gemacht hat sie ein interessanter Mann, der sowohl als Dichter als auch als Physiker bekannt wurde: Georg Christoph Lichtenberg. Er ließ elektrische Funken auf die Oberflächen elektrisch nichtleitender Stoffe – sogenannter Isolatoren – fallen, auf denen er vorher feinen Staub verteilt hatte. Nach der Funkenentladung fanden sich, in die Staubschichten eingezeichnet, moosartig verzweigte Figuren. Auf den Spuren Lichtenbergs wanderte später Nicola Tesla; in öffentlichen Veranstaltungen ließ er aus seinen Händen Funken sprühen, wozu er sich vorher unter Hochspannung gesetzt hatte. Und schließlich, im Jahre 1939, erhielt auch der russische Elektrotechniker Semjon Davidowitsch Kirlian den entscheidenden Anstoß, sich mit Experimenten dieser Art zu

Für die einen einfach eine elektrische Entladung, für die anderen die Aura oder der Ätherleib eines Blattes. Mit Okkultismus hat die Elektrografie sicher nichts zu tun, fest steht aber, daß die Entladungsmuster lebender Objekte selbst leben: pulsieren, sich verändern, die Farbe wechseln.

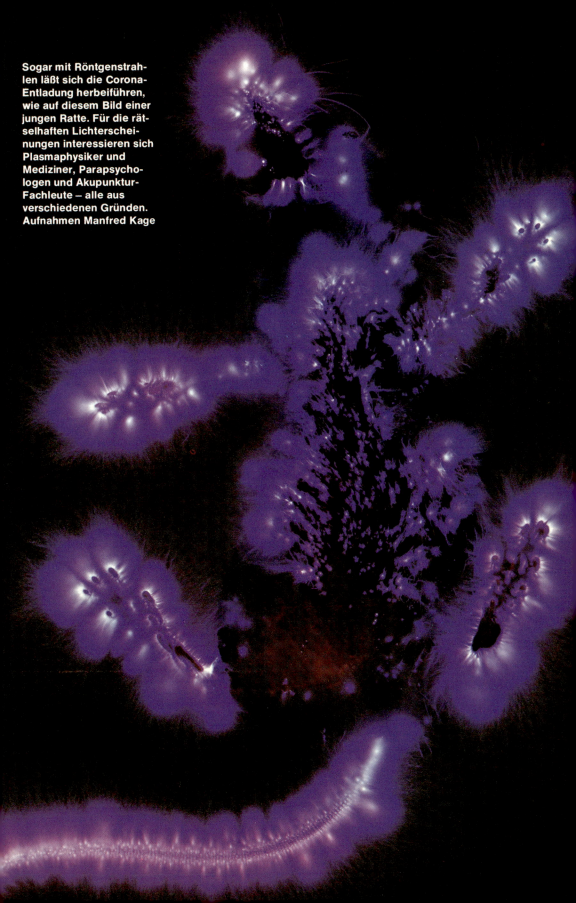

Sogar mit Röntgenstrahlen läßt sich die Corona-Entladung herbeiführen, wie auf diesem Bild einer jungen Ratte. Für die rätselhaften Lichterscheinungen interessieren sich Plasmaphysiker und Mediziner, Parapsychologen und Akupunktur-Fachleute — alle aus verschiedenen Gründen. Aufnahmen Manfred Kage

beschäftigen. Durch Zufall war er in ein medizinisches Institut geraten, in dem Patienten mit Elektrotherapie behandelt wurden. Zwischen den Elektroden der Hochfrequenzapparatur und der Haut des Kranken bemerkte Kirlian eine schwache Lichterscheinung. Und er fragte sich, ob sich diese Strahlung nicht fotografieren ließe.

Gemeinsam mit seiner Frau Walentina widmete er sich viele Jahre lang der Hochfrequenzfotografie und erwarb 14 Patente. Er baute eine Schwingungsapparatur, mit der er 75 000 bis 200 000 Einzelschwingungen in der Sekunde hervorrufen konnte. Diese elektrischen Impulse können auf verschiedene Art angewandt werden. Eine Möglichkeit ist es, den Gegenstand, den man untersuchen will, zwischen die unter der Hochfrequenzspannung liegenden Elektroden zu bringen. Auf diese Weise läßt sich die Lichterscheinung, die Kirlian entdeckt hat, beobachten und fotografieren. Einige seiner Versuchseinrichtungen gestatten es, sie von der Seite her unmittelbar zu betrachten. Bei anderen Ausführungen wird ein Fotopapier belichtet; es braucht dazu nur über eine der Elektroden gelegt zu werden.

Die Kirlians brachten alle möglichen Gegenstände in das Feld – Blätter, kleinere Tiere, die menschliche Hand – und jedesmal fanden sie auf dem Film bizarre Muster vor: farbige Säume, vor allem blau und braunrot, Wolken aus Punkten und zartgetönte Schleier. Was bedeuten diese Muster?

Seit einigen Jahren schon wird der Kirlian-Fotografie sowohl in Rußland als auch in Amerika Aufmerksamkeit entgegengebracht. Mehrere bekannte Wissenschaftler haben die Aufnahmeapparaturen nachgebaut und neue entwickelt. Und sie haben sich schon einige Male zu Konferenzen versammelt und ihre Erfahrungen ausgetauscht. Wenn man die Veröffentlichungen liest, so fällt auf, daß die Wissenschaftler offenbar von ganz verschiedenen Seiten an die Erscheinung herangehen. Auf der einen Seite – und es fragt sich, ob man hier noch von Wissenschaft sprechen darf – bringt man die Kirlian-Fotografien mit geheimnisvollen Psi-Kräften in Verbindung, also mit paraphysikalischen Erscheinungen, zu denen beispielsweise auch Hellsehen und Geisterbeschwörung gehören. Nach der Meinung dieser Personen sind die Entladungsfiguren nichts anderes als Abbilder eines Astralleibs oder einer Aura. Worum es sich dabei eigentlich handelt, kann niemand genau beschreiben, doch man hört, daß es sich um geheimnisvolle Energieformen handeln soll, die in allen lebenden Wesen, Tieren wie auch Pflanzen, auftreten. So haben beispielsweise russische Forscher berichtet, daß in der Kirlianfotografie ein Blatt, von dem sie einen Teil abgeschnitten hatten, als ein Ganzes abgebildet wurde. Sie nehmen das als Bestätigung dafür, daß die Energieverteilung der Aura erhalten geblieben ist. Diese Erscheinung konnte allerdings von westlichen Wissenschaftlern noch nicht nachvollzogen werden. Eine andere Beobachtung betrifft absterbende, beispielsweise verwelkende Blätter. In den Kirlianaufnahmen scheint sich zu zeigen, wie die Lebenskraft allmählich zum Verschwinden kommt – die farbigen Erscheinungen werden blasser und verlieren sich schließlich ganz.

Entzauberung des Geheimnisvollen. Auch in einem Plexiglaskörper, in dem mit Hilfe eines Betatrons Elektronen eingestrahlt werden, entstehen kleine feinfaserige Funkenschläge in Büschelform. Die sich zunächst bildende Elektronenwolke entlädt sich bei Nähern einer Metallspitze und hinterläßt die abgebildeten Blitzkanäle.
Foto Siemens

Rechts: Dieses Bild zeigt besonders hübsch die Entladungen an den Rändern eines mit Hochspannung beschickten Blattes.

Noch aufregender sind einige Angaben über Versuche mit Menschen. So zeigt sich beispielsweise, daß die Kirlian-Figuren anders aussehen, je nachdem, ob eine Person ruhig oder erregt ist. Auch zwischen gesunden und kranken Personen ergeben sich Unterschiede. Einige Fachleute behaupten sogar, daß sich die Anzeichen von Krankheiten in den Entladungsaufnahmen schon zeigen, bevor der Mensch etwas davon merkt. Es versteht sich von selbst, daß solche Möglichkeiten für Ärzte von Interesse sind. Könnten sie doch hier einer neuen Methode der Früherkennung von Krankheiten gegenüberstehen. Schließlich wird auch an Zusammenhänge zwischen der Kirlian-Methode und der sogenannten Akupunktur gedacht. Dabei handelt es sich um eine aus China stammende Methode der ärztlichen Behandlung: Sie besteht darin, daß man dem Patienten an ganz bestimmte Stellen der Körperoberfläche Nadeln einsticht. Über Heilerfolge, die mit diesem Verfahren erzielt worden sein sollen, ist in den letzten Jahren auch in unseren Zeitungen oft berichtet worden, und wie es scheint, besteht tatsächlich eine gewisse Möglichkeit, auf diese Weise Nerven anzuregen oder stillzusetzen.

Selbstverständlich gibt sich die Wissenschaft nicht mit geheimnisvollen Andeutungen zufrieden, sondern versucht, der Sache auf den Grund zu gehen. Dabei ist zuerst die Frage zu stellen, was überhaupt geschieht, wenn man den menschlichen Körper oder auch einen anderen Gegenstand hoher elektrischer Spannung aussetzt.

Bekanntlich enthält jeder Gegenstand negative oder positive elektrische Ladungen, die normalerweise fest an ihn gebunden sind. Wendet man aber genügend hohe elektrische Spannungen an, so gelingt es, diese Ladungen herauszuziehen. Zu überraschenden Ergebnissen kommt man, wenn man die untersuchten Gegenstände mit Isoliermaterial umgibt – also mit Stoffen, die keine natürliche elektrische Leitfähigkeit aufweisen. Zu solchen Stoffen gehört die Luft, aber auch die Filmschicht, die man zum Fotografieren verwendet. Um elektrische Ladungen durch diese Stoffe hindurchzuziehen, benötigt man recht hohe Spannungen. Und wenn es schließlich zu einer Entladung kommt, so ist das nur auf eine gewaltsame, mitunter sogar zerstörerische Art möglich. In Luft beispielsweise können die herausgezogenen Ladungen so stark beschleunigt werden, daß sie Luftteilchen zerschlagen und mit sich fortreißen. Das ist ein Weg, auf dem es zu Leuchterscheinungen kommen kann. Bei festen Materialien, durch die sich die Ladungen normalerweise nicht hindurchbewegen können, kommt es zur Bildung von feinen Kanälen mit moosartiger Struktur.

Alle diese Erscheinungen fallen höchst verschiedenartig aus, je nachdem welche Spannungen und Frequenzen man verwendet, welche Isoliermaterialien, welches Filmmaterial und natürlich auch welche Gegenstände. Selbst einfache Dinge wie Heftklammern oder Münzen ergeben immer wieder neuartige Bildwirkungen. Ist es da zu verwundern, daß so verwickelte Gebilde, wie es Teile von Pflanzen, Tieren oder gar Menschen sind, zu einer geradezu unübersehbaren Vielfalt der Erscheinungen führen? Darin mag die

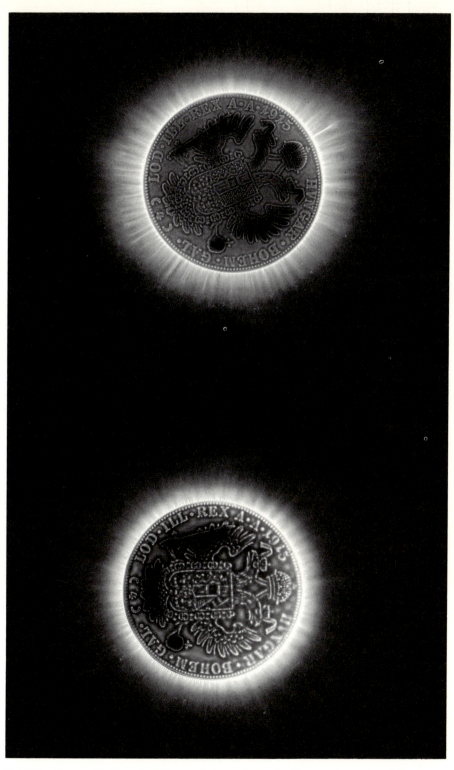
Bei toten Gegenständen, wie Münzen, bekommt man im Gegensatz zu den sich verändernden, lebenden Mustern organischer Objekte völlig gleichmäßige Entladungen.

Schon vor vielen Jahrzehnten haben Physiker »Blitze« aus Gegenständen und Lebewesen gezogen. Läßt man Funkenüberschläge unter hoher Spannung (hier bei 23 000 Volt) von einer Metallspitze auf eine Fotoplatte einwirken, so erhält man eine »Lichtenberg-Figur«, wie diese feinverästelten positiven oder negativen Gleitentladungen heißen.

Erklärung dessen liegen, was man gelegentlich mit paraphysikalischen und parapsychologischen Begriffen zu fassen versucht.

Das gilt beispielsweise für die Abhängigkeit der Bilder vom Gemütszustand der Untersuchungsperson. Gemütsregungen sind immer auch von körperlichen Veränderungen begleitet. So kommt man beispielsweise durch Angst zum Schwitzen. Das heißt aber nichts anderes, als daß der Feuchtigkeitsgehalt der Haut zunimmt, daß sich kleine Tröpfchen an der Oberfläche bilden, und somit muß sich natürlich auch eine andere Entladungserscheinung ergeben.

Auch die Behauptung, daß man mit Kirlian-Fotografien Krankheiten schon frühzeitig erkennen kann, braucht nicht aus der Luft gegriffen zu sein. Krankheiten können zu Veränderungen in der Haut führen – beispielsweise durch Spuren chemischer Ausscheidungen. Auch Vorgänge dieser Art würden die Entladungsbilder beeinflussen. Freilich sind die Erscheinungen noch längst nicht so gut geklärt, daß man einwandfreie Ergebnisse erwarten darf.

Ein aufschlußreiches Kapitel sind die Farbwirkungen. Viele davon sind mit dem freien Auge nicht zu erkennen. Das liegt darin, daß freie Ladungen auf die Fotoschicht wirken können, ohne daß dabei Lichterscheinungen auftreten. Die gebräuchlichen Farbfilme sind bekanntlich mit mehreren Schichten versehen, die das Licht oder eventuell darauf einwirkende elektrische Ladungen erst durchsetzen müssen. Nun zeigte sich aber, daß gerade Ladungen nicht allzu tief eindringen – es kommt also darauf an, ob der Film von der Vorder- oder von der Rückseite her belichtet wird. Und dabei ergeben sich bei der Kirlian-Fotografie die größten Unterschiede. Belichtet man von der Vorderseite des Films her, so wird zuerst die blauempfindliche Schicht getroffen – die Strahlenschleier und -kränze erscheinen dann blau. Belichtet man von der Rückseite her, so werden zuerst die rot- und gelbempfindlichen Schichten getroffen – und das Ergebnis zeigt sich demgemäß gelb und rot. Oft überlagern sich dabei verschiedene Einflüsse – beispielsweise positive und negative Ladungen. Da beide mit verschiedener Stärke auf die Fotoschicht wirken, kommt es manchmal zu Überbelichtungen, die als dicke weiße Säume auftreten. Sie sind es, die man als Eindrücke der geheimnisvollen Psi-Energie angesehen hat.

Es ist noch längst nicht gelungen, alle Erscheinungen, die sich bei der Kirlian-Fotografie zeigen, zufriedenstellend zu erklären. Wie es scheint, kommt man dabei aber durchaus mit den Mitteln der exakten Wissenschaft aus und kann auf geheimnisvolle »Energiekörper« oder »Bioplasmen« vorderhand verzichten. Das heißt aber nicht, daß man den ungeklärten Erscheinungen nicht nachgehen soll. Und wenn sich an irgendeiner Stelle erweisen sollte, daß bisher unbekannte Vorgänge dabei mitspielen, so wird man zweifellos darauf stoßen – und sie planvoll und gezielt erforschen.

Wir haben hier ein Mittel zur Hand, das es erlaubt, den elektrischen Zustand von Gegenständen und Organismen zu untersuchen und anschaulich zu machen. Abgesehen von aller Wissenschaft haben diese Bilder eine starke Aussagekraft – vielleicht, weil sie auch graphisch reizvoll sind. Was aber können wir uns für eine wissenschaftliche Demonstration lieber wünschen, als Bilder, die nicht nur eine Aussage machen, sondern sich durch ihre Schönheit auch fest in unserer Erinnerung verankern?

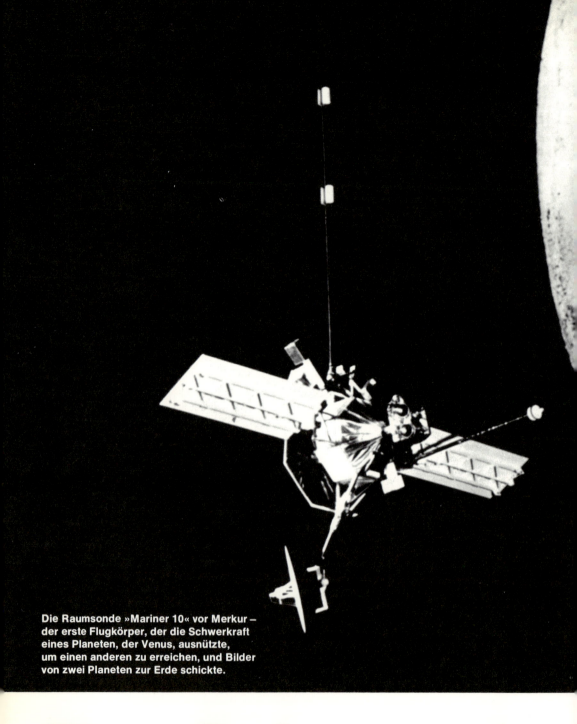

Die Raumsonde »Mariner 10« vor Merkur – der erste Flugkörper, der die Schwerkraft eines Planeten, der Venus, ausnützte, um einen anderen zu erreichen, und Bilder von zwei Planeten zur Erde schickte.

Eine Reise zu den

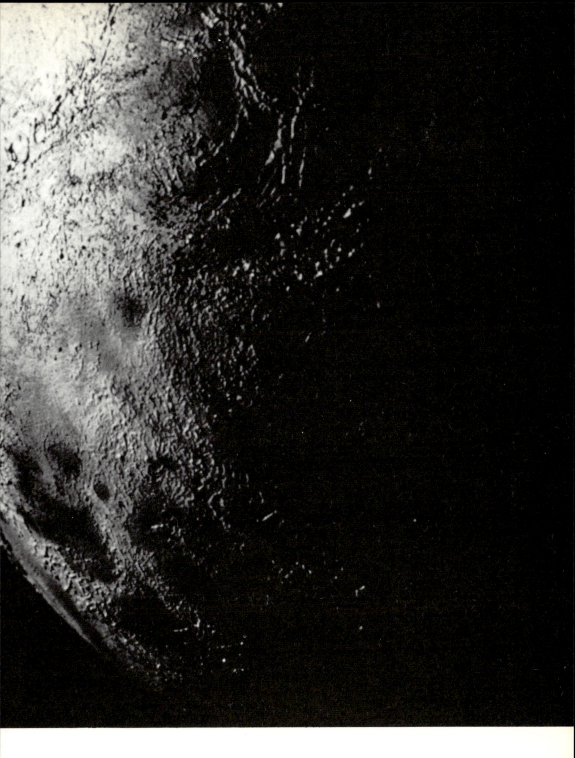

inneren Planeten

VON WERNER BÜDELER

»Mariner 10« erkundete Venus und Merkur

Noch auf seinem Totenbett – so eine Sage – soll der große Astronom Nikolaus Kopernikus bedauert haben, daß es ihm nie im Leben vergönnt gewesen sei, den sonnennächsten Planeten Merkur zu Gesicht zu bekommen.

Mit Kopernikus beklagten Generationen von Astronomen die schlechte Sichtbarkeit des Merkur. Sie hängt damit zusammen, daß er als der innerste Planet des Sonnensystems stets dicht bei dem Muttergestirn steht. Er kann deshalb von der Erde aus nur zu bestimmten Zeiten – kurz vor Sonnenaufgang oder kurz nach Sonnenuntergang – beobachtet werden. Die Luftunruhe bei der Beobachtung, durch die Stellung nahe der Sonne bedingt, und die verhältnismäßig kleinen Ausmaße des Planeten (4876 Kilometer oder knapp vier Zehntel des Erddurchmessers) bei recht großem Abstand von der Erde – zu Zeiten, da der Planet sichtbar ist, rund 130 Millionen Kilometer – lassen auch im besten Fernrohr auf der Oberfläche nur Andeutungen von Bodenformen erkennen.

Nicht viel anders ergeht es den Astronomen mit der Venus. Zwar hat sie einen der Erde vergleichbaren Durchmesser, steht günstiger als Merkur am Himmel und ist bestenfalls nur 70 bis 100 Millionen Kilometer von uns entfernt, aber dafür ist dieser Schwesterplanet der Erde in eine dichte, für das menschliche Auge undurchdringliche Wolkendecke gehüllt.

Einer 1,4 Meter großen und 503 Kilogramm schweren Raumsonde – achteckig, mit spinnenbeinartigen Auslegern und Sonnenzellenflächen für die Energieversorgung – verdanken wir es, daß wir in den letzten zwei Jahren über diese beiden inneren Planeten unseres Sonnensystems, unbeschadet ihrer schlechten Sichtbarkeit von der Erde aus, eine Fülle neuer Erkenntnisse gewonnen haben.

Die Sonde, »Mariner 10«, wurde am 3. November 1973 mit einer Atlas-Centaur-Rakete von Cape Canaveral in Florida aus auf die Reise ins Innere unseres Planetensystems geschickt. Es war das erste Mal, daß eine Raumsonde zwei Planeten ansteuerte. Am 5. Februar 1974 flog die Sonde in 5 760 Kilometer Abstand an der Venus vorbei und nützte das Schwerefeld dieses Planeten aus, um sich abbremsen und in Richtung zum Merkur umlenken zu lassen. Nur 703 Kilometer trennten »Mariner 10« von der Oberfläche des Planeten, als der Flugkörper am 29. März 1974 Merkur passierte. Danach zog die Sonde weiter ihre Bahn um die Sonne und näherte sich am 21. September 1974 noch einmal Merkur, dieses Mal bis auf rund 50 000 Kilometer Entfernung. Im Gegensatz zur ersten Passage, die größtenteils über der sonnenabgewandten, dunklen Seite des Planeten stattfand, spielte sich die zweite Begegnung über der von der Sonne beleuchteten Planetenhalbkugel ab. Dem Raumflugkörper waren während des Vorbeifluges an Venus und Merkur vielfältige Aufgaben gestellt. Er erfüllte sie mit bewundernswerter Präzision, trotz einer Reihe technischer Störungen, die bei der 215 Millionen Kilometer weiten, 94tägigen Reise zur Venus durch das lebens- und materialfeindliche Weltall

Venus, der Schwesterplanet der Erde, aus 720 000 km Abstand fotografiert. Dieses Bild gewann »Mariner 10« am 6. Februar 1974, einen Tag, nachdem die Sonde den Planeten auf ihrem Weg zum Merkur passiert hatte. Im unsichtbaren ultravioletten Licht aufgenommen, zeigt das Foto eindrucksvoll die Strukturen der Wolkenhülle von Venus.

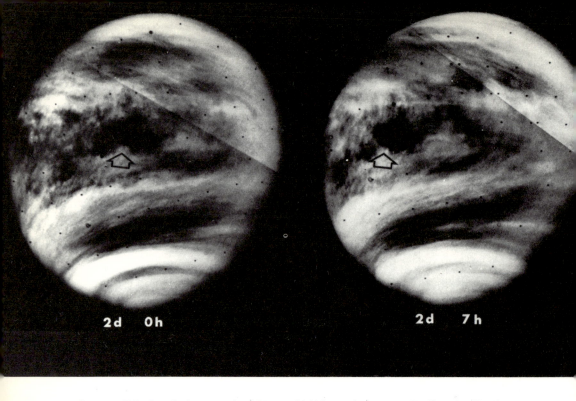

auftraten. Die Sonde hatte neben Fernsehbildern eine ganze Reihe physikalischer Daten über die Zielplaneten – Atmosphären- und Magnetfeldmessungen, Temperaturbestimmungen und anderes – und den sie umgebenden interplanetaren Raum zu übertragen. So untersuchte sie beispielsweise auch die Wechselwirkungen zwischen der Gashülle der Venus, also ihrer Atmosphäre, und dem Sonnenwind, einem Strom geladener Partikel – in erster Linie Protonen, also Atomkerne des Elements Wasserstoff, und Elektronen – der von der Sonne seinen Ausgang nimmt.

Schon kurz nach dem Abflug von der Erde hatten die Wissenschaftler und Techniker vom Kontrollzentrum, dem »Laboratorium für Düsenantriebe« in Pasadena, Kalifornien, »Mariner 10« über Funk den Befehl erteilt, versuchsweise Fernsehbilder der Erde, des Mondes und einiger Sterne zu senden. Diese Experimente fielen zur vollen Zufriedenheit aus.

Am 5. Februar, eine Viertelstunde vor der größten Annäherung an die Venus, wurden die beiden Fernsehkameras eingeschaltet, um die ersten Bilder unseres »Schwesterplaneten« zur Erde zu schicken. Die Kameras früher in Tätigkeit zu setzen, hätte keinen Sinn gehabt, da »Mariner 10« die Venus »von hinten« anflog und sich zunächst über der Nachtseite des Planeten befand. Gebannt starrten die Wissenschaftler auf die Bildschirme, als die ersten Bilder eintrafen. Binnen sechs Stunden wurden 1 740 Fernsehaufnahmen zur Erde übertragen. Zusammen mit den Bildern, die in den folgenden Tagen übermittelt wurden, erhielten die Wissenschaftler 3 712 Aufnahmen der Venus. Zwar hatte sich bei diesen letzten Fotos die Sonde wieder auf 700 000 bis 2,7 Millionen Kilometer Abstand von der Venus ent-

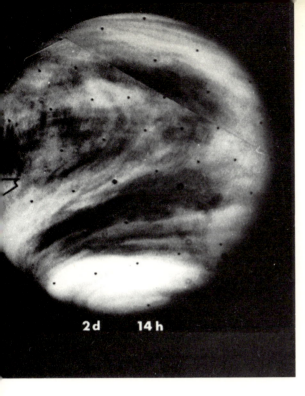

In jeweils siebenstündigem Abstand entstanden, lassen diese drei Ultraviolett-Aufnahmen Veränderungen in der Wolkenhülle der Venus erkennen: Helle und dunkle Flecken wandern rasch über die obere Schicht der dicken Wolkendecke. Das dunkle Gebilde, auf das der Pfeil hinweist, hat einen Durchmesser von rund 1000 Kilometer. Die Zeitmarken geben an, wieviel Tage (d) und Stunden (h) nach dem Vorbeiflug an der Venus vergangen sind.

fernt, während die ersten Aufnahmen aus nur 6000 Kilometer gewonnen wurden, aber dafür zeigen die Fotos, die zwei Tage nach der größten Annäherung der Sonde an die Venus aufgenommen worden sind, die nahezu vollbeleuchtete Seite dieses geheimnisvollen Planeten. Die im ultravioletten Strahlungsbereich aufgenommenen Bilder lassen Strukturen in den Wolken der Venus sichtbar werden, die für das menschliche Auge niemals zu erkennen wären.

Die Auswertung der Bilder erbrachte denn auch eine Fülle neuer Erkenntnisse, und viele zuvor andeutungsweise festgestellten oder nur vermuteten Erscheinungen bestätigten sich. So zeigte sich, daß die Hochatmosphäre der Venus, also der größte Teil ihrer Gashülle, sich gegenüber der Planetenoberfläche außergewöhnlich schnell bewegt: Während die Venus binnen 243 Tagen einmal von Ost nach West – entgegen der Drehrichtung der meisten Planeten – um die eigene Achse rotiert, bewegt sich die obere Schicht der Atmosphäre – etwa ab 48 Kilometer Höhe – bereits in vier Tagen einmal rund um den Planeten! Anders ausgedrückt, in Höhen über 50 Kilometer treten gleichgerichtete Winde mit Geschwindigkeiten von 360 Kilometer in der Stunde gegenüber der Venusoberfläche auf. Die Ultraviolett-Farbbilder, die »Mariner 10« übermittelt hat, zeigen an den Wolken der Venusatmosphäre Einzelheiten bis herunter zu nur 100 Meter Ausdehnung. Venus umhüllen drei Wolkenschichten in verschiedenen Höhen, und zwar zwischen 35 und 65 Kilometer. Tiefere, wärmere Wolkenschichten entstehen in der Nähe des Äquators und zirkulieren in Richtung der Pole. Durch diese Wolkenmassen wird Wärme vom Äquator zu den Polargebieten hin befördert. Die

Eine Dunstschicht von rund 6 km Höhe oberhalb der dichten, weißen Wolken wurde in dieser Aufnahme vom Rand der Venus im orangenen Licht festgehalten. Die Schicht umgibt offenbar den gesamten Planeten. Der schwarze Punkt ist ein Kontrollsignal der Fernsehkamera. Das Bild entstand 15 Minuten nach der größten Annäherung von »Mariner 10« an die Venus am 5. Februar 1974.

Temperaturen an der Wolkenobergrenze hat »Mariner 10« zu etwa minus 24 Grad Celsius bestimmt. (Auf der Venus selbst haben sowjetische Raumsonden eine Temperatur von 470 Grad Hitze ermittelt!)

Die obere Venusatmosphäre besteht überwiegend aus giftigem Kohlendioxyd. »Mariner 10« fand dort außerdem Wasserstoff, Helium, Kohlenstoff und Stickstoff. Der Wasserstoff dürfte zum großen Teil aus dem Sonnenwind stammen, der beständig auf den Planeten einströmt. Der Wasserstoff in der Wolkendecke der Venus ist wahrscheinlich vor allem in Form von Schwefelsäure-Tropfen und als Wasser vorhanden. Unter den Temperaturen und Drücken, die dort herrschen, sind beide Substanzen flüssig. Untersuchungen durch frühere Raumsonden lassen vermuten, daß in der Hochatmosphäre der Venus Chlorwasserstoff und Flußsäure vorkommen. Wenn sich diese Gase mit der ebenfalls gasförmigen Schwefelsäure in der tieferen Atmosphäre vermischen, so könnte ein äußerst ätzendes Gas entstehen – eine Vorstellung, die, zusammen mit den anderen Ergebnissen, den »Schwesterplaneten« der Erde als äußerst lebensfeindlich erscheinen läßt.

Nicht weniger unfreundlich gegenüber dem Leben stellt sich indessen auch der sonnennächste Planet Merkur dar. Daß er keine nennenswerte Atmosphäre besitzt, vom stetigen Wechsel zwischen hohen und niedrigen Temperaturen geplagt wird und seine Oberfläche mondartig aussehen dürfte, hatte man bereits vor dem Besuch von »Mariner 10« vermutet oder auf Grund früherer Befunde geahnt. Wie wild es dort wirklich aussieht, wurde aber erst durch die insgesamt 2800 Fotos und die Tausende von Meßdaten offenbar, die die Sonde bei ihren beiden Erkundungsreisen über Strecken von 150 Millionen Kilometer hinweg zur Erde übermittelte. Hunderte von Kratern aller Größen sind auf den Bildern von der Merkuroberfläche zu sehen;

dazwischen finden sich lavaüberflutete Gebiete, Verwerfungen, Hügel und Spalten, ähnlich – aber eben nur ähnlich! – wie wir das vom Mond her kennen. Einzelheiten bis herunter zu 150 Meter Ausmaß geben die Bilder wieder, die »Mariner 10« bei seinem ersten Vorbeiflug im März 1974 gewonnen hat. Insgesamt 2 300 Bilder wurden zur Erde übertragen; sie wurden bei der zweiten Begegnung im September 1974 um weitere rund 500 Aufnahmen vermehrt. Diesmal konnten auch Gebiete fotografiert werden, die im März im Dunkeln gelegen hatten und damals nicht erfaßt worden waren, so der Bereich um den Südpol. Im März 1975 schließlich folgte der dritte Vorbeiflug, diesmal über dem Nordpol in nur 210 km Höhe.

Mit der zweiten »Foto-Safari« von »Mariner 10« waren bereits 37 Prozent der Oberfläche des Merkur fotografisch belegt. Diese Bilder erzählen uns nicht nur etwas darüber, wie es heute auf dem Planeten aussieht, sondern sie lassen auch Rückschlüsse auf seine Vergangenheit zu.

Die Ähnlichkeit zwischen Merkuroberfläche und Mondoberfläche läßt vermuten, daß beide Himmelskörper auch eine vergleichbare Geschichte haben. Sofern, wie man unterstellen kann, das Oberflächenmaterial am Merkur mondartig und damit von geringer Dichte ist, würde dies bedeuten, daß auf dem Merkur schon sehr früh eine chemische Trennung der leichten von den schweren Elementen stattgefunden haben muß. Man kann annehmen, daß der Planet einen Eisenkern hat, der sich bis auf vier Fünftel des Planetendurchmessers erstreckt. Über ihm dürfte eine 500 bis 600 Kilometer starke Kruste aus Silikaten liegen.

Auffällig sind die Klippen und Böschungen, die sich auf den Fotos vom September 1974 finden. Diese wellenförmigen Bergzüge sind Hunderte von Kilometer lang, bis zu 3 Kilometer hoch und durchdringen auf ihrem Weg alle Krater und Kraterwälle. Ihre aufgeworfene Form läßt vermuten, daß es sich um Verwerfungen handelt, die in der Frühgeschichte des Merkur, als sich die Oberfläche abkühlte, durch Druck aus dem Planeteninneren entstanden sind. Dieser Verdichtungsdruck hat die Klippen regelrecht herausgepreßt und ist vielleicht durch ein Schrumpfen des abkühlenden Eisenkerns ausgelöst worden.

Ähnlich wie der Mond dürfte Merkur in seiner frühen Geschichte einem gewaltigen kosmischen Bombardement ausgesetzt gewesen sein, durch das auch die großen Mare-Bassins geformt wurden. Das in den Ebenen herumliegende Gesteinsmaterial spricht dafür, daß sich eine heftige Vulkantätigkeit angeschlossen hat.

Die Temperaturen auf Merkur schwanken zwischen rund 430 Grad Hitze zur Mittagszeit und 185 Grad Kälte zur Nachtzeit – ein Unterschied von über 600 Grad! Dieses riesige Temperaturgefälle entsteht, weil Merkur keine schützende, wärmeausgleichende Atmosphäre besitzt, wie beispielsweise die Erde und auch die Venus sie haben. Hinzu kommt, daß auf dem Merkur ein Tag 176 irdische Tage dauert. (Eine »Merkur-Stunde« entspricht also sieben Erdentagen.) Das Oberflächengestein wird somit über eine sehr lange Zeit

Der größte Krater auf diesem Bild des sonnennächsten Planeten Merkur hat 80 km Durchmesser. »Mariner 10« machte diese Aufnahme von der Merkuroberfläche aus 88 450 km Entfernung.

Nur 18 200 km Abstand hatte die Raumsonde, als sie diese kraterübersäte Landschaft am 29. März 1974 fotografierte. Die kleinsten erkennbaren Krater sind ein Kilometer groß.

Oben rechts: Der Südpol des Merkur aus 85 800 km Entfernung. Das Foto entstand beim zweiten Vorbeiflug von »Mariner 10« an dem kleinsten Planeten unseres Sonnensystems am 21. September 1974. Der Pol befindet sich im Inneren des dunklen großen Kraters am Merkurrand. Der Krater hat einen Durchmesser von 180 km. – Nach 1,5 Milliarden Flugkilometer folgte am 16. März 1975 der dritte Vorbeiflug in nur 210 km Höhe über dem Nordpol. – Alle Fotos NASA/Archiv Büdeler

hinweg durch Sonneneinstrahlung aufgeheizt und kühlt dann ebensolange aus. Doch nicht nur Temperaturdaten lieferte »Mariner 10«; die Sonde stellte auch fest, daß die Wärmeleitfähigkeit des Materials, mit dem die Merkuroberfläche bedeckt ist, in etwa der des Mondbodens gleichkommt. Es muß sich daher um staubkörniges, locker gepacktes Gestein handeln. Vermutlich wird es, wie die oberste Schicht des Mondes, durch das andauernde Bombardement von Mikrometeoriten seit Jahrmillionen beständig »umgepflügt«.

»Mariner 10« hat die ersten Striche eines neuen Bildes von den inneren Planeten gezeichnet, eines Bildes, das in den kommenden Jahren durch weitere Raumsondenflüge vervollständigt werden wird. Bereits jetzt aber läßt sich sagen, daß die Ergebnisse, die diese Sonde von Venus und Merkur erbracht hat (nur einige davon konnten hier erwähnt werden), unsere Vorstellungen über Aufbau und Entwicklungsgeschichte des Sonnensystems tief beeinflussen werden.

Eisblöcke, wie von Zyklopenhand aufeinandergetürmt. Wissenschaftler erkunden eine Eishöhle in der Schelfeisbarriere am Roßmeer – eine Landschaft von erhabener Großartigkeit.

Eiskeller der Erde

VON GERTRUD WEISS

Die Vorstellung, daß die Antarktis, der spät entdeckte »weiße Kontinent« am Südpol, aus subtropischen Breiten zugewandert sein sollte, erschien zunächst absurd. Wohl hatte man Kohle, Versteinerungen von vorzeitlichen Riesenfarnen, Gestein mit dem Abdruck von Blattwerk und Insekten gefunden und damit Anzeichen dafür, daß dort, wo seit Jahrmillionen Kälte, Stürme, Schnee und Eis ein strenges Regiment führen, einst warmes Klima herrschte. Doch erst nachdem in jüngster Zeit immer häufiger im Gebirgsmassiv der Zentralantarktis Fossilknochen von Urweltreptilien entdeckt wurden, erhielt eine vage Annahme über Nacht wissenschaftliches Gewicht: die Antarktis könne tatsächlich Teil des legendären Gondwanalandes gewesen sein, jenes Großkontinents also, der in grauer Vorzeit einmal die meisten Landmassen der Erde vereinigt haben soll.

Eine Schlüsselrolle bei diesen Forschungen, die Ordnung in ein Gewirr von erdgeschichtlichen Einzelerkenntnissen brachten, spielten neben vorzeitlichen Echsen und kleinen amphibischen Säugetieren Überreste von Landreptilien der Gattung Lystrosaurus. Sie sind unter anderem aus Indien bekannt und gelten besonders in Südafrika schon seit Jahrzehnten als Leitfossilien bei der geologischen Altersbestimmung früher Schichten aus der Triaszeit. Die Funde von Fossilien gleicher Art an schneefreien Stellen im Transantarktis-Gebirge, wenig mehr als 500 Kilometer vom Südpol entfernt, lassen sich kaum anders deuten, als daß vor mindestens 215 Millionen Jahren eine unmittelbare Landbrücke zwischen dem Osten des heutigen Südafrika und der Antarktis bestanden hat. Denn diese Tiere wären niemals fähig gewesen, dreitausend Kilometer Meer zu überwinden.

Heutzutage ist die Antarktis eine weiße Wüste, ohne Baum und Strauch, ganz und gar lebensfeindlich. Von Mai bis September wird selbst der kürzeste Tag zur Nacht. Die Sonne steigt nicht über den Horizont. Orkane toben über die unendliche Weite, der Aufenthalt im Freien ist eine Qual. Nur ein paar Wissenschaftler und Techniker überwintern in den Lagern. Sie führen die Forschungsvorhaben über den Erdmagnetismus, die Meteorologie, die Physik der Ionosphäre und die Erdvermessung mit Hilfe von Satelliten fort und leben auf engstem Raum zusammen. Monatelang sehen sie immer nur die gleichen Gesichter. Kein Schiff, kein Flugzeug bringt Abwechslung. Verbindung mit der übrigen Welt, die fern ist wie der Mond, gibt es nur über Funk.

Eine weiße Wüste – der Beardmore-Gletscher, mit 300 km der längste Gletscher der Erde. Auf ihm quälte sich Robert Falcon Scott mit seinen Begleitern 1911 zum Südpol (großes Bild).

Oben: Flaggen am Südpol. Hier sind die Flaggen von 16 Nationen, die in der Antarktis forschen, aufgestellt. – Mitte: Schlittenhunde der Neuseeländer. – Unten: Die Stange mit der Kugel bezeichnet den geographischen Südpol und damit den südlichsten Punkt der Erde. Von hier aus führen alle Wege nach Norden. Fotos Lazi

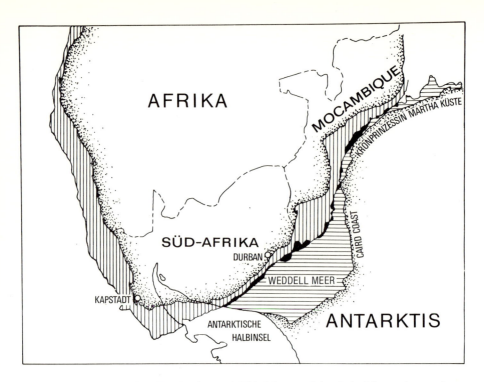

Bruchstelle zwischen dem Festlandsockel Südafrikas und der Antarktis nach amerikanischen Computerberechnungen. Die schwarzen Flächen zeigen an, wo Land in der »Nahtlinie« fehlt. Die Antarktische Halbinsel dürfte erst lange nach dem Abbrechen der Antarktis vom Mutterkontinent entstanden sein. Bild NOAA

Die Antarktis ist ein Erdteil der Extreme. Bei einer mittleren Jahrestemperatur von minus 31 Grad Celsius ist es kein Wunder, daß 98 vom Hundert des Festlandes ständig von Schnee und Eis bedeckt sind, teilweise in kilometerdicken Schichten. Das Schelfeis am Ross- und Weddell-Meer, am Südrand von Pazifik und Atlantik, erweitert den Kontinent selbst während des Sommers ins Meer hinaus. Mit zahlreichen, fünftausend Meter hohen Bergen und bei einer mittleren Seehöhe von 2300 Meter ist die Antarktis der höchste Erdteil. Und mit den Jahreszeiten ändert er sogar seine Form. Im Sommer, von November bis Februar, hat er etwa 14 Millionen Quadratkilometer Fläche, er ist dann ungefähr so groß wie Westeuropa und die USA zusammen. Im Winter aber, wenn die See Hunderte von Kilometern weit in den Atlantischen, Stillen und Indischen Ozean hinaus zufriert, wächst seine Ausdehnung auf das Doppelte.

Im Landinnern gibt es so gut wie kein Leben – um so mehr an den Küsten und in den Gewässern rundum, und das dank der Nährsalze im Wasser, das durch seine niedrige Temperatur Salze und Sauerstoff in Lösung hält. Plankton, das erste Glied der Nahrungskette, kann hier aufs beste gedeihen.

Ebenso wichtig ist jedoch die Anpassung aller Lebewesen, von den Säugetieren, Vögeln und Fischen bis zu den Insekten und Pflanzen, an die Härte des Daseins in dieser kalten Welt. Der Eisfisch zum Beispiel schwimmt bei minus 2 Grad Celsius Wassertemperatur am schnellsten. Er hat im Blut kein Hämoglobin, den sonst üblichen Sauerstoffträger, und doch werden über das Gefäßsystem die Gewebe mit Sauerstoff versorgt und Stoffwechselprodukte samt Kohlendioxyd abgeführt. Das Studium solcher Fischarten, die mit einem besonders langkettigen Glykoproteid offenbar ein Frostschutzmittel im Blut eingebaut haben, gewinnt sogar für die Medizin Bedeutung. Vielleicht eignet sich die Substanz dazu, das Verfahren der Tiefkühlung von Spenderblut weiter zu verbessern. Auch das Mucin im Eiweiß von Pinguineiern scheint zur Abwehr von Kälteschäden besondere Bedeutung zu haben. Dagegen vermochten die Wissenschaftler im Gehirnstoffwechsel der Pinguine noch nichts Außergewöhnliches festzustellen, obgleich die gute Reaktionsfähigkeit der Tiere selbst bei strengem Frost vermuten läßt, daß ihr Organismus auch hier über besondere Anpassungstricks verfügt.

Im Oktober wimmelt es am McMurdo-Sund, am Rande des Rossmeer-Schelfeises, von Adélie-Pinguinen, die sich vom Sommer bis zum Ende des Winters weit draußen auf dem Packeis und im Meer herumtreiben. Blitzschnell tauchen sie auf der Jagd nach Beute in große Tiefen. Ende September aber suchen und finden sie über weite Entfernung mit instinktiver Sicherheit den Weg zum angestammten Nistplatz, dem Ort ihrer Geburt. An einem der Brutplätze zählte man noch vor ein paar Jahren fast eine halbe Million. Jetzt kommt kaum mehr die Hälfte. Ihre Feinde, die Raubmöwen haben sie mit Salmonellen verseucht.

Pinguine verirren sich nicht, auch wenn sie in völlig fremder Umgebung, z. B. landeinwärts, ausgesetzt werden. Man band ihnen bei solchen Versuchen einen kleinen Sender um und verfolgte den Weg der flugunfähigen Vögel, die ihre Flügel nur als Ruderblätter zum schnellen Fortkommen unter Wasser benutzen, über Funk: In ihrem eigenartigen Hüpf- und Watschelgang marschierten sie schnurgerade zurück zum Nistplatz. Weist ihnen ein innerer Kompaß den Weg? Orientieren sie sich an der Sonne oder an Gestirnen?

Auch die vier Arten von Robben, die einzigen Säugetiere an den Küsten der Antarktis, werden gründlich studiert. Die Forscher möchten wissen, wie der Körper der Tiere die Auswirkungen der Kälte überspielt oder beim Tauchen einem Wasserdruck widersteht, der ein dafür nicht besonders ausgerüstetes U-Boot zermalmen würde. Im Gegensatz zum Menschen zeigen sich bei den Robben selbst dann, wenn sie aus großer Tiefe in kürzester Zeit an die Oberfläche gehen, niemals Anzeichen von »Taucherkrankheit«. Aus Unterwasserkammern vor der amerikanischen McMurdo-Station wurde beobachtet, wie Weddell-Robben, die mit Signalvorrichtungen gekennzeichnet waren, 43 Minuten lang unter Wasser blieben und in mehr als 650 Meter Tiefe tauchten. Zielsicher fanden sie zu den Löchern zurück, die sie in der meterdicken Eisdecke offenhalten. Man weiß noch nicht, wie das Gefäßsystem der Tiere beim schnellen Auftauchen die Druckunterschiede ausgleicht. Vielleicht geben darüber die Röntgenaufnahmen Aufschluß, die man in

»Lindblad Explorer«. Touristenschiff, 1200 BRT, bringt jährlich mehrere Male Touristen aus aller Welt in die Antarktis. Hier wird das Schiff von einem US-Hubschrauber der Station McMurdo begrüßt (großes Bild). – Links: Adélie-Pinguine, neben den Robben die einzigen Bewohner des Schelfeisgürtels. – Daneben: Zwei Wissenschaftler holen mit der Seilwinde Sedimentschichten aus dem Lake Bonney in den »Dry Valleys«. – Mitte: Mit Bohrungen wird das Alter der Vergletscherung festgestellt. Hier reichte die Permafrostzone bis in eine Tiefe von 90 m. – Rechts: Dr. de Vries auf McMurdo bei Fischversuchen. Alle Fotos Lazi

Druckkammern unter Verhältnissen, die 70 bis 100 Meter Wassertiefe entsprechen, von den Flossen eingefangener Tiere gemacht hat.

Die Weddell-Robben bringen ihre Jungen im Frühling, wenn Stürme und tiefe Temperaturen noch an der Tagesordnung sind, auf dem Packeis zur Welt. Nur ein feines, dünnes Wollhaarkleid schützt das Neugeborene gegen die Kälte. Die Mutter säugt es vier bis sechs Wochen und überläßt es kurz darauf seinem Schicksal. Das Jungtier hat nach dieser Zeit schon einen warmen Pelz, hat mehr als 60 Kilogramm an Gewicht zugenommen und gelernt, Futter zu finden und sich vor Feinden zu schützen. Verhaltensforscher haben festgestellt, daß Weddell-Robben nicht wandern, sondern wenige Kilometer im Umkreis ihren Standort halten. Die Männchen allerdings statten benachbarten Kolonien ganz gerne Besuche ab.

Der Pflanzenwuchs beschränkt sich im Innern des »weißen Kontinents« auf Moose, Flechten und Algen. Nur zwei Arten von Pflanzen sind bisher entdeckt worden, die Blüten hervorbringen. Sie wachsen an einigen Küstenplätzen und in den rätselhaften Trockentälern, die im Sommer eis- und schneefrei sind. Dort will man in den nächsten Jahren an einigen Stellen Bohrungen bis in rund 700 Meter Tiefe niederbringen, um den Untergrund zu untersuchen. Die oberste Bodenschicht ist auch im Hochsommer dauernd gefroren und weist am Tage Temperaturen von 4 bis 18 Grad unter Null auf. Dennoch erwärmt sich bei Sonneneinstrahlung die Oberfläche unter einer Art Luftglocke stellenweise auf 10 bis 20 Grad über Null. Die amerikanische Raumfahrtbehörde NASA benutzt die Trockentäler als Prüfstand für die Viking-Sonden, die im Jahr 1976 auf dem Mars landen sollen. Es wird angenommen, daß die Bedingungen in der Antarktis den Verhältnissen auf dem Mars in gewisser Weise ähnlich sind.

Bodenbakterien sind auch im südlichen Eiskeller der Erde am Werk, brechen an schneefreien Stellen den unter klirrendem Frost und Sonneneinwirkung gesprungenen Fels allmählich auf. Man findet sie sogar in nächster Nähe des Südpols, allerdings nur in geringer Dichte. Hier und dort trifft man auf kleine, flügellose Mücken, Gletscherflöhe und winzige Milben. Die Temperaturskala reicht im Sommer von 0 Grad an der Küste bis minus 35 Grad im Innern, im Winter von minus 20 Grad an der Küste bis minus 72 Grad im Landinnern. An der amerikanischen Amundsen-Scott-Station in unmittelbarer Nähe des Südpols wurden schon minus 80 Grad Celsius, in der sowjetischen Station Wostok gar minus 88,3 Grad gemessen.

Das Auf und Ab des antarktischen Eises ist auf der ganzen Erde zu verspüren. Klima, Wettergeschehen, Meeresströmungen, das pflanzliche und tierische Leben in den Weltmeeren werden davon beeinflußt. Umgekehrt machen sich aber auch die Zivilisationsschäden auf der Nordhalbkugel bereits im äußersten Süden bemerkbar. Wer hätte je gedacht, daß DDT, das in den Baumwollfeldern Nordamerikas versprüht wurde, seinen Weg in die Antarktis findet? Seine Rückstände wurden in Pinguinen, Robben und anderen Tieren aufgespürt. Ähnlich ist es mit dem Blei aus Autoabgasen.

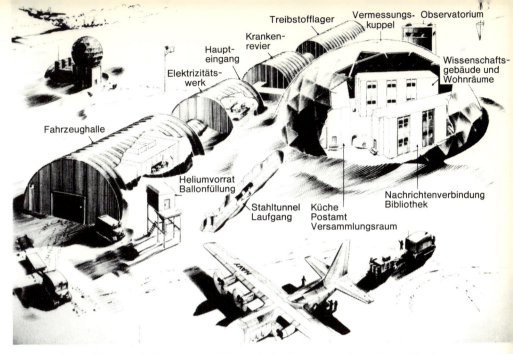

Die neue Amundsen-Scott-Station am Südpol, die in den Jahren 1971 bis 1974 erbaut wurde. Kernstück ist die große Aluminiumkuppel, die Unterkünfte, Kantine, Bibliothek und das Postamt überspannt. Die Bauten sind durch Tunnels miteinander verbunden.

Seit vielen Millionen Jahren liegt die Antarktis unter einem Eispanzer, der im Mittel 2100 Meter, stellenweise fast 5000 Meter dick ist. Kaum vorstellbar, wie lange die Natur am Aufbau dieser Eisschicht gearbeitet haben muß, wenn man bedenkt, daß auf dem Hochplateau um den Südpol nicht mehr als 5 Zentimeter Niederschlag im Jahr gemessen werden. Wesley E. LeMasurier von der Universität Colorado kam jetzt auf Grund seiner Untersuchungen an Bohrkernen vom Marie-Byrd-Land – man durchbohrte die dort fast 2200 Meter dicke Eisdecke bis zum harten Gestein – zu dem Schluß, daß der Erdteil diesen Eispanzer seit 50 bis 59 Millionen Jahren trägt.

Näher zu den Küsten hin macht die Niederschlagsmenge das 60- bis 100fache aus. Orkane wehen den Schnee weit über Land. Dieser Treibschnee macht den Wissenschaftlern viel zu schaffen. Zwar hat man die Forschungsstationen zum Schutz gegen Kälte und Sturm teilweise unter die Oberfläche verlegt: Schneefräsen schneiden Gräben ins Eis, in die aus vorfabrizierten Teilen Unterkünfte und Labors eingebaut werden. Über diesen Maulwurfsbau kommt eine Decke aus Eis und Schnee, Tunnels ersetzen die Verbindungswege zwischen den Behausungen und zu den Meßhütten an der Oberfläche. Aber selbst gut befestigte Stationen haben nur vier bis zehn Jahre Lebensdauer. Denn die Orkane türmen immer neue Schneemassen über dem Forschungslabor auf, und zum andern ist das Eis ständig in Bewegung, »fließt« vom Hochplateau im Innern zu den Meeren hinab. Die Station wandert mit – die Bunker werden eingedrückt und schließlich zerstört.

Aus diesem Grund halten die Amerikaner ihre vor zehn Jahren neu unterm Eis angelegte Byrd-Station jetzt nur noch im Sommer in Betrieb und probieren Meßroboter aus, die eines Tages das ganze Jahr hindurch Schwerkraft-, Magnetfeld-, Funk-, Erdbeben- und meteorologische Daten aufzeichnen und selbständig an zentrale Auswertungsstellen weitergeben sollen. Auch die amerikanische Südpolstation war erneuerungsbedürftig. Das bisherige Amundson-Scott-Forschungscamp war in den letzten paar Jahren durch die Wanderung mit dem Eis um 250 Meter verschoben worden, die Bauten lagen zum Teil 15 Meter tief unter dem Schnee. Inzwischen wurde die in der Saison 1971/72 in Angriff genommene neue Station voll ausgebaut. Das Kernstück sind drei zweigeschossige Bauten für Laboratorien und Bibliothek sowie eine riesige Fuller-Kuppel aus Aluminium, die Unterkünfte, Kantine, Unterhaltungsraum und Postamt überspannt. Unterirdische Stahltunnels führen zu großen Nissen-Hütten, in denen der Fahrzeugpark, der Treibstoff, das Kraftwerk und die Krankenstation untergebracht sind. Um die Bauten gruppieren sich einige Meßstationen samt Antennenfeld und Flugplatz. Der Kuppelbau, dessen Lebensdauer auf 10 bis 15 Jahre berechnet ist, wurde in 500 Meter Abstand vom Südpol errichtet. In etwa fünf Jahren dürfte er mit dem Eis so weit gewandert sein, daß er unmittelbar über dem Südpol liegt.

Die Masse des Antarktiseises, zum allergrößten Teil gefrorenes Süßwasser, wird auf 32,5 Millionen Kubikkilometer geschätzt. Das entspricht vier Fünfteln der Wassermenge der Flüsse auf allen anderen Erdteilen zusammen. Auf den gesamten Wasserhaushalt der Erde bezogen, macht das zwar nur zwei Prozent aus, doch spielen gerade diese Eismassen eine wichtige Rolle. Würde nämlich der Panzer nur um einen Meter dünner, stiege der Meeresspiegel überall auf der Erde merklich an. Und würde gar alles Eis der Antarktis schmelzen, bedeutete das nicht nur die Überflutung aller Häfen, sondern auch – soweit sie dem Meer zugänglich sind – der Gebiete, die weniger als 90 bis 100 Meter Seehöhe haben.

»Weiße Hölle« nannten die Antarktis zu Recht die Forscherpioniere, die im vorigen Jahrhundert und Anfang des 20. Jahrhunderts tiefer ins Innere vorstießen. Kaum vorstellbar, daß es auf diesem Kontinent einst blühendes Leben gegeben hat. Davon zeugen mächtige Kohleadern, Anthrazit und

Eine Kolonie von Adélie-Pinguinen, die sich weit draußen auf dem Packeis herumtreiben. Blitzschnell tauchen sie nach Beute.

Gewaltige Gletscherströme schaffen einen Abfluß für die Eismassen aus der Zentralarktis. Fotos USIS

Versteinerungen. Nach den Worten eines amerikanischen Geologen ist das Transantarktis-Gebirge »eines der größten Kohlefelder der Welt«. Zwar ragt mit seinen Vier- und Fünftausendern nur das obere Drittel dieser Gebirgszüge aus dem Eis heraus, aber an offenen Abbruchwänden erkennt man deutlich fast waagerecht liegende Schichten mit bester Kohle.

Ein 2250 Kilometer langer Streifen des antarktischen Festlandsockels am Atlantik entspricht in rund 1800 Meter Tiefe in seinem Verlauf auffallend gut einem Teil des östlichen Festlandsockels von Afrika in fast gleicher Tiefe. Vermutlich war die Antarktis eine der ersten Landmassen, die sich vor etwa 200 Millionen Jahren vom Urkontinent Gondwanaland trennte. Einer Eisscholle ähnlich brach der Mutterkontinent aus bisher unklarer Ursache auseinander. Die Bruchstücke – auch Australien, der indische Subkontinent und Südamerika gehören dazu – begannen sich vom Restteil, dem heutigen Afrika, immer weiter zu entfernen. Und der Vorgang dauert an. Nach Meinung der Wissenschaft treiben Kontinente, Inseln und Meere auf Schollen im Erdmantel, der Mittelzone zwischen dem geschmolzenen Kern und der Erdrinde. In aller Welt bemühen sich Geologen, Meeresforscher, Paläontologen und vor allem Seismologen darum, diese Theorie durch wissenschaftlich exakte Nachweise zu erhärten – die Arbeit in der Antarktis spielt dabei eine wichtige Rolle.

Die Schwierigkeiten sind allerdings nicht zu unterschätzen. Über riesige Entfernungen müssen die Ausrüstungen herangeschafft werden – von den Vereinigten Staaten beispielsweise über mehr als 20 000 Kilometer. Transportschiffe und Flugzeuge der US-Navy bilden das Rückgrat der Forschung auf dem »weißen Kontinent«. Sie bringen vorfabrizierte Teile für die Gebäude, Maschinen, Raupenfahrzeuge, Schlitten und Zelte, Dieselöl, Proviant, Kleidung und wissenschaftliche Instrumente. Angesichts der hohen Kosten unterhalten nur noch die Großmächte feste Stationen mit fortlaufenden Forschungsprogrammen. Um die Antarktis als ein Dorado der Forschung zu erhalten, haben die Politiker im Jahre 1959 den internationalen Antarktis-Vertrag geschlossen. Er verbietet allen Staaten, territoriale Ansprüche auf diesen Erdteil zu erheben oder militärische Handlungen zu unternehmen.

Verglichen mit den Bedingungen, unter denen die Pioniere der Antarktisforschung – Robert Scott und Roald Amundsen, zuvor Bellinghausen, Clarke Ross oder Erich von Drygalski, dann Wilhelm Filchner und Admiral Byrd – dieses Land entdeckten, hat sich im letzten Jahrzehnt hier alles geändert. Die größeren Lager an der Küste, zum Teil im Fels verankert, sind regelrechte Siedlungen. McMurdo verfügt sogar über ein kleines Atomkraftwerk, das Strom, Heizung und, durch Entsalzung von Meerwasser, Trinkwasser liefert. Im Sommer ist das Lager Ankunfts- und Ausgangsstation für etwa 2500 Besucher: Mitglieder der Spezialistenteams für die neue Forschungssaison, Regierungsbeamte, Journalisten. Sie schleppen für kurze Zeit Erkältungskrankheiten ein, die es in dem »aseptischen« Klima der Antarktis nicht gibt. Spätestens Ende März sind die Männer, die überwintern, wieder unter sich.

Zur Kunst gehört ein ganzer Kopf

VON KARL DIEMER

Zeichnen im Drogenrausch bringt wenig mehr als Katzenjammer

Im LSD-Rausch zeichnet Alfred Hrdlicka ein Gesicht. Es dreht sich vor seinen Augen auf dem Papier. Mit wirbelndem Querstrich sucht er der Bewegung nachzukommen.

»Es war grauslig. Ich möcht' es nicht wiederholen.« So sagt, rückblickend, der österreichische Maler Friedensreich Hundertwasser (mit bürgerlichem Namen: Fritz Stowasser). Er gehört heute zu den bekanntesten, in aller Welt gefragten bildenden Künstlern. Er ist ein buchstäblicher Traummaler, Traumgrafiker. Seine Bilder zeichnen sich durch die leuchtendsten Farben aus. Man meint, es mit Mosaiken aus funkelnden Edelsteinen zu tun zu haben. Hundertwasser hat, halb gegenständlich, halb abstrakt, die welligen, spiraligen, fließenden, strömenden Wachstumsformen des Jugendstils für die moderne Kunst erneuert. Es ist, als folgte seine Hand ganz unmittelbar dem Puls der Natur. Er eröffnet unserem staunenden Auge die prunkvollsten Paradiese. Es scheint, als male er »psychedelisch«, wie es so schön heißt, im Drogenrausch, und wenn überhaupt einer so malt, dann gewiß er. Nur bezieht sich gerade sein »Es war grauslig« auf ein Drogen-Experiment.

Es war im Jahr 1959 in Paris. Damals war die französische Hauptstadt noch Kunstmetropole der Welt. In Paris wollte Hundertwasser berühmt werden. Noch fragte kein Mensch nach ihm. Aber er hatte einen wichtigen Kritiker zum Freund gewonnen: Alain Restain. Der machte dem Österreicher eines Tages ein glänzendes Angebot: Hundertwasser solle an einem Experiment mit Psilocybin, einer dem Mescalin und LSD verwandten Droge, teilnehmen. Im Rausch und damit innerlich gänzlich frei, unter einer Springflut von Eingebungen, Inspirationen – oder modern ausgedrückt: mit einem kolossal erweiterten und veränderten Bewußtsein – solle er Bilder anfertigen, gewissermaßen an der Quelle sitzend. Berühmte Maler wie Michaux und Mathieu seien bereits für das Experiment gewonnen. Alle zusammen würden hinterher ausstellen. Und diese Ausstellung werde wie ein Blitz einschlagen. Alain Restain erwartete eine Sensation, und der ehrgeizige Hundertwasser ließ sich begreiflicherweise nicht lange bitten. Aus gleich zwei verführerischen Gründen, denen sich auch kaum ein anderer junger, aufstrebender Künstler verschlossen hätte: Zum einen versprach sich Hundertwasser Publicity, zum anderen hoffte er tatsächlich, mit dem Zaubermittel Droge alle seine Grenzen sprengen und gleichsam übermenschliche, überirdische Bilder malen zu können.

Mit solchen Erwartungen trat dann Hundertwasser ein ins Experiment. Er berichtet: »Er (Alain Restain, sein Kritiker und Freund) brachte mich in das Hospital St[e] Anne, und da suchten wir zuerst die Ärzte. Es war ziemlich grauslig dort in diesem Hospital. St[e] Anne ist eines der Irrenhäuser von Paris. Ich hatte Aquarellfarben und grundierte Papiere zum Malen mitgenommen. Die Ärztin führte mich in ein Zimmer, gab mir eine Handvoll weißer Pillen und sagte, ich solle das schlucken, mit Wasser. Ich tat das auch und fragte dann: Wo sind denn die anderen Maler? Ja, die seien nicht da. Ich sei der erste, der das ausprobiert.«

Als die Psilocybin-Pillen zu wirken begannen, dachte Hundertwasser allerdings fürs erste überhaupt nicht mehr daran, Bilder zu malen. Mit letzter Kraft schleppte er sich auf eine Couch, die im Zimmer stand: »Dann war mir so schlecht – das kann man sich gar nicht vorstellen, so schlecht war mir noch nie in meinem Leben... Ab und zu kam die Ärztin rein und fragte, ob ich Glocken höre oder ob ich irgendwelche Verzerrungen sehe. Ich sagte: Nein, ich sehe und höre nichts, mir ist nur furchtbar schlecht.«

Weil es, wie er meinte, um seine Karriere ging, zwang sich Hundertwasser schließlich doch gegen tausend Widerstände zum Arbeiten. Auf allen vieren kroch er zu seinem Maltisch. Er resümiert: »Die Bilder schauen komisch aus, aber nicht, weil ein Einfluß der Droge darin wäre, sondern weil ein Schwerkranker eben schwerer malen kann, tollpatschiger malt als einer, der im vollen Besitz seiner Kräfte ist.«

Die Zitate haben wir dem 1974 erschienenen Buch »Malerei aus Bereichen des Unbewußten – Künstler experimentieren unter LSD« von Richard P. Hartmann entnommen. Hartmann ist Arzt, Psychoanalytiker und Inhaber einer Kunstgalerie in München. Er führte ein großangelegtes und, wie er betont, exakt wissenschaftliches LSD-Experiment mit Künstlern durch – mit einigen fünfzig namhaften Malern und Grafikern. Er wollte ihnen mit der im Jahre 1943 von Albert Hofmann in Basel zufällig entdeckten Wunderdroge LSD (Lysergsäurediäthylamid), aus der von LSD-Aposteln wie dem Amerikaner Timothy Leary in den sechziger Jahren eine wahre Religion gemacht wurde, freilich nicht zu Wunderleistungen und einer großen Karriere verhelfen, sondern hatte ganz Nüchternes im Sinn. Seinen unter LSD – bei behutsamer Dosierung des Rauschgifts – zeichnenden und ihre Erlebnisse mündlich zu Protokoll gebenden Künstlern wollte er etwas über den Entstehungsvorgang von Kunstwerken ablauschen. Er wollte Gesetzmäßigkeiten aufdecken, nach denen ganz bestimmte Stilmerkmale entstehen – das, womit sich die Kunstgeschichte befaßt, indem sie Bilder von einzelnen Künstlern und ganzen Epochen miteinander vergleicht.

Hartmann ließ seine »Versuchskaninchen«, die sich ähnlich wie Hundertwasser natürlich auch einen persönlichen Gewinn versprachen oder zumindest sehr neugierig waren, was ihnen unter LSD passieren würde, bei den Sitzungen ausgehen von Themen und Fragen, mit denen sie sich ohnehin im Augenblick beschäftigten. Er untersuchte dann die Abweichungen zwischen Normalzustand und Rausch. Entsprechende Bilderreihen stellte er in seinem Buch nebeneinander. Er publizierte seine Ergebnisse überdies in einem Fernsehfilm mit dem verführerischen Titel »Die künstlichen Paradiese«, in dem auch Hundertwasser interviewt wurde. Seine Antworten geben im Buch das allerdings höchst ernüchternde Katzenjammer-Schlußkapitel her.

Freilich nahmen Hartmanns Versuche im allgemeinen einen glimpflicheren und ergiebigeren Ablauf als das Experiment Hundertwassers – weil er seine Leute eingehend aufklärte und vorbereitete und vor allem keine falschen Erwartungen weckte. Er verabreichte ihnen auch keinen Vollrausch, denn dieser lähmt jede Tätigkeit, und es sollte ja gezeichnet werden. Er ließ sie vorsichtig hineingleiten in den anderen Bewußtseinszustand und überwachte sie streng.

Nochmals ein Porträtversuch bei den Experimenten Dr. Hartmanns. Hier halluziniert der Zeichner Schwellformen. Der Kopf wird immer größer, bis er zerflattert. Formzerfall ist ein Hauptmerkmal beim Zeichnen unter LSD.

Was passiert nun eigentlich unter LSD? Es kommt, kurz gesagt, vorübergehend so etwas wie eine Geisteskrankheit, eine künstliche Schizophrenie zustande. Unser Wachbewußtsein, unser Ich mit seiner Kontrollaufgabe zerfällt. Wir haben keinen eigenen Willen mehr, der sich durchsetzt und unsere Umgebung in Ordnung hält. Dieses Ich stellt einen von der Vernunft bestimmten Damm dar, nach innen gegen unser Unbewußtes, unser Triebleben, wie nach außen. Im Zustand der Angst ängstigen wir uns vor einem Dammbruch, vor einem Überflutetwerden durch Unbestimmtes, Unbewußtes, Chaotisches – von innen her – oder vor dem Zerfall, dem Davonflattern unserer äußeren Umgebung. Innere Zustände, Traumvorstellungen gewissermaßen, werden nach außen projiziert und, von uns losgelöst, als Wirklichkeit erlebt. Das sind Halluzinationen. Sie gehören im LSD-Rausch zur Regel. Und den vielberühmten angstbesetzten »Höllentrip« macht vor allem der, der sich krampfhaft gegen die Wirkung des Rauschgifts stemmt, die Kontrolle, sein Ich, sein Selbstbewußtsein nicht aus der Hand geben möchte. Wer sich der Sache hingegen locker entspannt überläßt, dem mag tatsächlich ein vorübergehendes Glück mit »künstlichen Paradiesen« winken. Dieses Glück kann sich bis zur Euphorie, der ausgelassensten, verrücktesten Heiterkeit, steigern. Bloß: Kunstwerke entstehen dabei nicht. Für den nüchternen

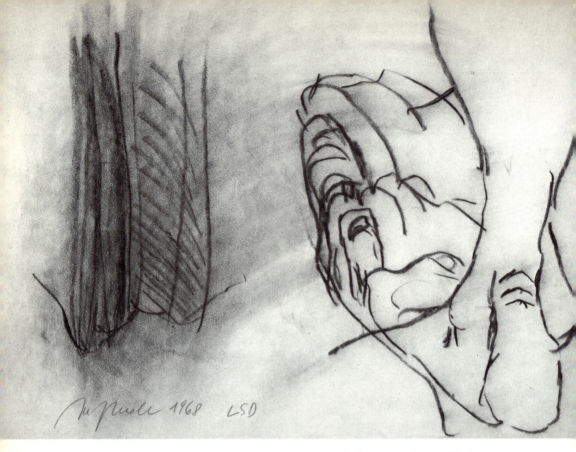

Als Sujets wählt der Wiener Bildhauer und Grafiker Alfred Hrdlicka Dinge, die ihm besonders geläufig sind, die er tausendmal gestaltet hat. Hier ist es ein Fuß. Kaum fixiert, läuft er ihm beim LSD-Zeichnen davon. Derlei »Bewegungsbilder« finden sich häufig im modernen Futurismus, der freilich ohne LSD entstanden ist.

Betrachter hält kaum eine einzige der bei Hartmann unter LSD entstandenen Zeichnungen einen Vergleich mit den »normalen« Zeichnungen aus. Die künstlerischen Paradiese sind erheblich eindrucksvoller als die künstlichen. Mit anderen Worten: Zur Kunst gehört ein ganzer Kopf, kein beeinträchtigter, durch Gift in seine Teile aufgelöster. Zur Kunst gehören Herz wie Verstand. In Wahrheit vermag nur derart bewußte Kunst Bewußtsein zu verändern und zu erweitern.

Für LSD-Zeichnungen ist der Formzerfall bezeichnend. Der Künstler büßt seine besonderen Stilmerkmale ein, also gerade das, was seine Originalität ausmacht. Er kommt zu verbeulten, verzerrten, verwaschenen, sich verflüchtigenden Formen, mag er es im Zustand des Rausches auch anders sehen und erleben. Vielfach waren Hartmanns Künstler über ihre Ergebnisse schon während des Experimentes über die Maßen enttäuscht.

Zum Beispiel kommt es vor, daß Gegenstände größer wahrgenommen werden, als sie in Wirklichkeit sind, daß sie sich richtiggehend aufblähen. Sie erscheinen dem, der sie so wahrnimmt, zur gleichen Zeit überbedeutend. Das passierte dem Münchner Maler und Grafiker Peter Collien, der gerade für seine Detailbesessenheit und für übertrieben kleine Bildformate und Figuren bekannt ist. Unter LSD verlangte er nach immer größeren Papierbögen. Der Wiener Bildhauer und Radierer Alfred Hrdlicka wollte einen Fuß zeichnen. Der Fuß lief ihm übers Papier davon. Vergeblich bemühte er sich, ihn mit immer neuen Konturen einzufangen. Solcherart Bewegtes, mit eiligem Duktus oder Pinselstrich Wiedergegebenes oder derartige Aufblähungen oder »Schwellformen« (wie die Schwellköpfe beim Karnevalsumzug) kennen wir aber weit besser und wirkungsvoller aus der »nüchternen« Kunst. Ganz flimmernd bewegtes Lichtfluidum sind die impressionistischen Malereien. Da gibt es nirgends eine feste Kontur. Für wahre Ballonmenschen, bei denen man Angst hat, daß sie jeden Augenblick platzen könnten mit zischend entweichender Luft, ist der zeitgenössische aus Kolumbien stammende Maler Fernando Botero zuständig. Es gibt ganze kunstgeschichtliche Perioden, zum Beispiel den zwischen Renaissance und Barock liegenden Manierismus, bei deren Absonderlichkeit man glauben könnte, die Künstler hätten unter Drogeneinwirkung gestanden.

»...wird immer kleiner, die Ratio. – Ich möchte gern zu einer zusammenfassenden Zeichnung kommen, aber ich schaffe es nicht...«, protokollierte Hartmann von dem Münchner Surrealisten Professor Mac Zimmermann, einem seiner ergiebigsten LSD-Fälle. Mac Zimmermann fuhr fort: »Zuvor hatte ich die Idee, ich könnte hieraus (aus dem, was er gerade zeichnete) eine Figur entwickeln. Das ist mir völlig versackt. Man müßte mit beiden Händen zeichnen...« Gebannt betrachtet Zimmermann einen Schrank, der im Zimmer steht. Es ist, »als wenn der Schrank atmet«. Das kommt noch hinzu zu den Schwellformen. Oder eine Farbfläche wird plastisch wie ein Relief gesehen. Der Wiener Kurt Regschek beginnt unter LSD ein Porträt des Experimentators Dr. Hartmann. Er gibt zu Protokoll: »Dein Gesicht ist mir völlig egal, meine Hand ist anders als sonst, macht nicht, was ich will. Nie im Leben habe ich so einen Strich. Alles rinnt davon, ich habe Schwierigkeiten mit der Proportion, das kenne ich sonst nicht. Alles ist wie Quarkspeise, fließt auseinander, ist sehr weich...« Und etwas später, noch tiefer im Rausch: »Was mich interessiert: daß hier einer den Hartmann zeichnet, und das bin nicht ich.«

Um noch einmal Friedensreich Hundertwasser sprechen zu lassen: »Alles, was im Zustand des Rausches gemacht wurde, verfliegt im nüchternen Zustand. Ich bin dafür, daß wichtige Dinge nüchtern gemacht werden; alles andere ist eine Flucht, ein Selbstbetrug, der wie eine Seifenblase zerplatzt. Ich bin dafür, daß im nüchternen Zustand Gebilde gemacht werden, die verrückt sind...

Nehmen wir zum Beispiel Venedig: Das ist eine Stadt, die so dasteht, als wäre sie ein Traum, ein Rauschgifttraum; aber hätten die damaligen Venezianer Rauschgift genommen, dann hätten sie wahrscheinlich Venedig nicht bauen können, und es wäre Morast geblieben. Sie hätten im Rausch eine tolle Stadt geträumt und wären auf dem Morast sitzen geblieben. Die Stadt

Zum Halluzinieren braucht man nicht unbedingt Drogen. Sinnestäuschungen oder Zerrspiegeleien lassen sich ganz nüchtern und bewußt mit bildnerischen Mitteln erzeugen. Das Steckenpferd des Kolumbianers Botero ist es, Gemälde alter Meister »aufzublasen«: »Rubens und seine Frau« heißt das Bild oben. Ebenso bewußt baut Friedensreich Hundertwasser auf seinem Siebdruck eine Traumstadt auf (rechts).

Venedig wäre nur im Rausch vorhanden gewesen. So aber haben sie die Stadt tatsächlich gebaut, und das ist doch besser so.«

Ob Hartmanns LSD-Versuche in kunstwissenschaftlicher Hinsicht ergiebiger sind als das Experiment von Hundertwasser, muß sich noch herausstellen. Daß ganz bestimmte seelische Zustände ganz ebenso bestimmte Stilmerkmale erzeugen, daß Freude zum Beispiel weit und offen macht, während Angst einengt, das ist auch ohne LSD bekannt.

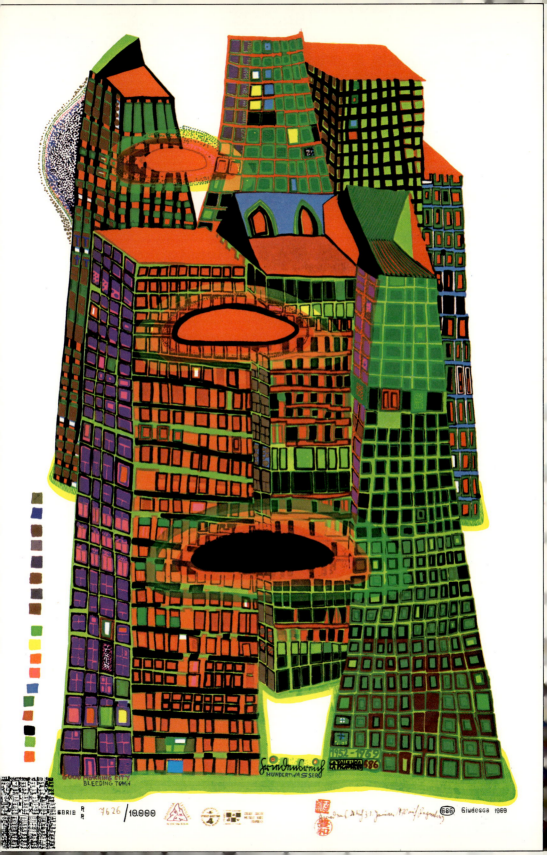

Recycling – was ist das eigentlich?

Von der Herstellungskette zum Rohstoffkreislauf

VON MANFRED DAHM

Dem ständigen Wachstum der modernen Industriegesellschaft, das bisher beinahe als selbstverständlich angesehen wurde, sind Grenzen gesetzt. Sie sind schon heute für jedermann sichtbar: Umweltverschmutzung, Müllschwemme, Probleme in der Beseitigung von Schad- und Abfallstoffen, der drohende Mangel an Erdöl und anderen wichtigen Rohstoffen wie Kupfer, Zink und Nickel.

Die Wahrscheinlichkeit, daß Rohstoffe innerhalb absehbarer Zeit knapper werden – der kritische Punkt kann bei einigen Grundstoffen schon innerhalb der nächsten fünfzig Jahre erreicht sein – bedeutet für die Naturwissenschaftler nicht nur einen Alptraum, sondern zugleich eine Herausforderung. Not macht bekanntlich erfinderisch. So denken heute zahllose Wissenschaftler und Techniker in Forschungsstätten und Entwicklungsabteilungen von Universitäten und Industrieunternehmen darüber nach, wie sich der steigende Rohstoffmangel beheben und sich zugleich unsere Umwelt vor drohender weiterer Verschmutzung schützen läßt.

Der Ausweg heißt »Recycling« (aus dem Englischen to recycle = in den Kreislauf zurückführen). Es geht darum, Grundstoffe, aber auch Energie aus Abfällen und verbrauchten Gütern aller Art zurückzugewinnen. Im Idealfall wird die bisher geradlinige Herstellungskette mit dem Anfangspunkt Rohstoff und Energie und dem Endpunkt Abfallhalde zu einem geschlossenen Kreislauf. Vorbild für diese Technik, die unsere Rohstoffvorräte schont und die Abfälle mit ihren schädlichen Folgen in Grenzen hält, ist die Natur selbst. Lebensgemeinschaften aus Erzeugern und Verbrauchern sorgen hier für einen Umlauf der Stoffe, wobei Bakterien und andere Kleinstlebewesen, Tier und Mensch mit der Pflanzenwelt sowie den chemischen Vorgängen in der Erde und in der Atmosphäre zusammenspielen. Übertragen auf die technische Welt, bietet sich hier ein Modell an, einerseits die Rohstofflücke zu schließen und andererseits durch Wiederverwendung oder Weiterverwertung von verbrauchten Gütern Umweltschäden zu vermeiden, deren Ausmaße zur Zeit nicht einmal annähernd geschätzt werden können. Wir wissen zwar, wie die einzelnen Abfallstoffe allein, in einer Reihe von Fällen jedoch nicht, wie sie in Verbindung miteinander wirken, wie sie sich im Boden, in Gewässern oder in der Luft verteilen oder wie sich Schadstoffe in Pflanzen, Mikroorganismen oder Tieren anreichern können.

Betrachten wir einmal den Weg der Rohstoffe genauer. Sie werden nach ihrer Gewinnung und oft komplexen Verarbeitungsverfahren in Verbrauchsgüter, zum Beispiel Autos, Bekleidung, Waschmaschinen verwandelt. Wenn sie ausgedient hatten, wurden sie bisher auf riesigen Halden, zum größten Teil ungenutzt, gesammelt oder verbrannt. Indem sie planvoll – in gewissem Umfang – wiederverwendet werden, läßt sich die Menge des Abfalls verringern. Bestimmte Güter müssen gar nicht erst auf dem Müllplatz landen. Ein Beispiel dafür sind leere Flaschen, die nach gründlicher Reinigung neu gefüllt werden können (Wiederverwendung). Eine zweite Möglichkeit besteht darin, Abfälle aufzuschließen und ihr Material für andere Zwecke zu verwenden (Weiterverwertung). Wenn wir bei unserem Beispiel bleiben, so heißt das, daß alte Flaschen eingeschmolzen und zu neuen Flaschen oder auch anderen Glaswaren, wie etwa Glasbausteinen, weiterverarbeitet werden können.

Die Erzeuger-Verbraucher-Kette ist allerdings nicht immer so geradlinig wie in unserem Flaschen-Beispiel. Bei der Herstellung vieler Waren fallen in den Veredelungsstufen Nebenprodukte an, die bisher oft als Abfall betrachtet wurden. Sie wieder in den Produktionsgang einzuschleusen, um

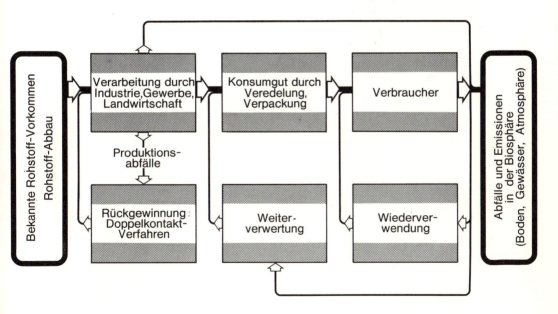

Die Schemazeichnung veranschaulicht den Weg der Stoffe im Wirtschaftsablauf. Aus bei der Verarbeitung entstehenden Abfällen können Rohstoffe zurückgewonnen, verbrauchte Güter der Wiederverwendung oder der Weiterverwertung zugeführt werden.

Links: Mit dem neu entwickelten Doppelkontakt-Verfahren gelang es der chemischen Industrie, bei der Herstellung von Schwefelsäure die Schwefeldioxyd-Mengen in den Abgasen stark zu verringern. Das ist nicht nur für den Umweltschutz wichtig, sondern bedeutet auch eine bessere Auswertung des Rohmaterials.

Oben: Abfälle bei der Kunststoffverarbeitung lassen sich, nachdem man sie sorgfältig nach Sorten getrennt hat, zerkleinern und zu hochwertigen Kunststoffartikeln weiterverarbeiten. Auf diese Weise läßt sich eine beträchtliche Menge der immer knapper und immer teurer werdenden Rohstoffe einsparen.

Unten: Für alles findet sich ein Verwendungszweck – man muß nur nachdenken. Aus den in Kopieranstalten anfallenden, ausgedienten Filmspulen werden, nachdem sie zerkleinert worden sind, durch Hitze und Druckbehandlung Zaunpfähle, Drainagerohre, Kabeltrommeln und Balken hergestellt. Werkfotos Bayer

Links: Die Platten dieses Versuchsweges bestehen aus Schnitzeln alter Autoreifen. Die Schnitzel wurden mit Klebstoff auf der Grundlage von Polyurethan verarbeitet.

Rechts: Aus einem Gemisch von Sand und Kunststoffabfällen werden in Japan Platten gefertigt, die, mit Eisenstangen zu Käfigen verbunden, in den Küstengewässern zum Aufbau von Fischfarmen dienen.

die Rohstoffe zurückzugewinnen oder um ihre vollständige Nutzung zu erreichen, ist eine zukunftsträchtige Aufgabe. In der Theorie lassen sich durch Recycling alle Umwelt- und Rohstoffprobleme weitgehend lösen. Die Naturgesetze und wirtschaftliche Erwägungen setzen dem jedoch Grenzen. Um Abfälle zu neuen Rohstoffen aufzubereiten, wird Energie benötigt. Eine solche Rückgewinnung ist bei zu großem Energieaufwand sinnlos, weil die Einsparung des einen Rohstoffes durch erhöhten Verbrauch eines anderen – Öl oder Kohle – zunichte gemacht wird.

Aber auch andere Gesichtspunkte engen die Möglichkeit des Recycling ein: Des Umweltschutzes wegen, aber auch um Rohstoffe zu sparen, wäre es sicherlich sinnvoll, das Blei, das tonnenweise den Millionen Auspuffrohren unserer Autos entströmt, wieder zurückzugewinnen. Leider setzt sich die gewaltige Gesamtmenge der Blei-Emission aus einer Summe kleinster Teilmengen zusammen, die sich in der Luft überaus stark verdünnen. Diese feinste Verteilung reicht zwar aus, um schädliche Wirkungen auszuüben, macht es aber praktisch unmöglich, das Blei wirtschaftlich zurückzugewinnen. Hier liegt auch einer der Hauptgründe, warum die Rohstoffe knapper werden. Bei der Verarbeitung gehen keine Rohstoffe verloren, sie werden lediglich umgesetzt und dabei so stark verdünnt, daß ihre Rückgewinnung unmöglich oder viel zu aufwendig ist. Wenn wir also von einer Rohstofferschöpfung auf unserer Erde sprechen, so meinen wir eigentlich nur, daß bestimmte Rohstoffe in ihrer bisherigen wirtschaftlichen Abbauform selten werden. Die Sache muß also nicht nur technisch möglich sein, sondern sich auch lohnen. Hochwertige Rohstoffe, wie etwa die Edelmetalle, wurden von jeher aus Abfällen zurückgewonnen; niedrigwertige in der Regel nur dann, wenn ihre Zweitnutzung billiger ist als die Beschaffung neuer Rohstoffe. Ein bekanntes Beispiel dafür ist das Erschmelzen von Eisen, Stahl und Kupfer aus Schrott.

Die Forderung, Abfall- und Nebenprodukte weiterzuverwerten oder wiederzuverwenden, ist allerdings leichter aufgestellt als verwirklicht, denn es

muß auch eine Verwertungsmöglichkeit für die Abfälle geben. In chemischen Großbetrieben werden sie anderen Abteilungen innerhalb der Firma angeboten.

Darüber hinaus wurden in Europa in den letzten Jahren regelrechte Abfallbörsen eingerichtet, die in Rundschreiben anfallende Abfälle anderen Unternehmen offerieren und auf dem gleichen Wege Nachfragen veröffentlichen. In der Bundesrepublik Deutschland unterhält der Verband der Chemischen Industrie eine solche überregionale Abfallbörse.

Die Chemie bietet nun durch ihre Arbeitsmethoden die Möglichkeit, auch komplizierte Gemische solcher Abfallstoffe zu trennen und aufzuarbeiten: Dies kann z. B. durch Destillation geschehen, wobei leichter siedende Substanzen aus einem Gemisch durch Verdampfen entfernt und anschließend durch Abkühlung wieder kondensiert und in einer Vorlage aufgefangen werden. In anderen Fällen können Rückstände durch Hitzeeinwirkung (Pyrolyse) zersetzt und in andere wiederverwertbare Stoffe umgewandelt werden. Hier gibt es eine große Anzahl der verschiedenartigsten Verfahren, von denen nur wenige Beispiele angeführt werden können.

Für die Chemie ist die Schwefelsäure die »Säure par excellence«. Sie hat an vielen anorganischen und organischen Umsetzungen unmittelbar Anteil, oft aber setzt sie die Reaktion auch nur in Gang, oder sie dient als wasserentziehendes Mittel. In diesen beiden Fällen geht die Schwefelsäure nicht in das Endprodukt ein. Ein großer Teil dieser gebrauchten Säuren – mit einer Konzentration von 60 bis 70 Prozent – wird der Kunstdüngerindustrie zugeführt, die sie beim Aufschluß von Phosphaterzen verwendet. Ein anderer Teil, der in starker Verdünnung anfällt, wird heute bei uns noch in die Nordsee transportiert und dort im Schraubenstrahl der Transportschiffe mit Meerwasser verdünnt und neutralisiert.

Angesichts einer ständig wachsenden Kritik an diesem unbedenklichen Verfahren bemühten sich die Chemiker, Methoden zu entwickeln, die eine Rückgewinnung dieser Dünnsäure erlauben. Heute gibt es drei Möglichkei-

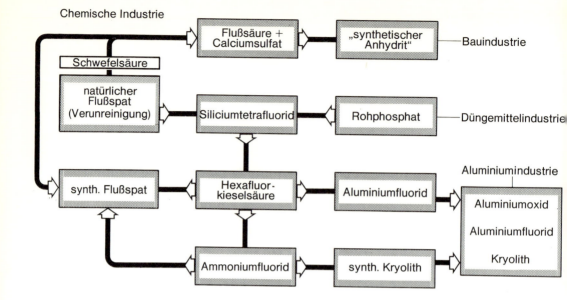

Der Kreislauf von Fluorverbindungen im Zusammenspiel verschiedener Industriezweige. Das Ausgangsmaterial ist Flußspat. Aus den Verunreinigungen entsteht Siliciumtetrafluorid. Es fällt auch in der Düngerindustrie an und läßt sich durch weitere chemische Umsetzungen in künstlichen Flußspat zurückverwandeln.

ten. Die erste besteht darin, daß die Dünnsäure zunächst auf etwa 70 Prozent Schwefelsäure angereichert und dann auf 96prozentige Schwefelsäure hochkonzentriert wird.

Die zweite Möglichkeit nutzt die Tatsache, daß Schwefelsäure bei Temperaturen zwischen 800 und 900 Grad Celsius in Schwefeldioxyd, Sauerstoff und Wasser zerfällt. Das freigesetzte Schwefeldioxyd wird hierbei meist mit Schwefeldioxydgasen angereichert und in Kontaktanlagen dann in frische, chemisch reine Schwefelsäure zurückverwandelt.

Das dritte Verfahren geht von Sulfaten, also den Salzen der Schwefelsäure, aus. Es wird besonders angewendet, um die gewaltigen Eisensulfatmengen aufzubereiten, die bei der Herstellung von Titandioxyd, dem brillantesten Weiß-Farbstoff, anfallen. Bei der Erzeugung von nur einer Tonne Titandioxyd, das man für weiße Anstrichmittel und zum Färben und Füllen von Kunststoffen braucht, müssen die Chemiker nicht weniger als acht Tonnen verdünnte Schwefelsäure und drei bis vier Tonnen Eisensulfat-Heptahydrat in Kauf nehmen. Durch Spaltung des Eisensulfates entsteht Schwefeldioxyd, aus dem neue Schwefelsäure gewonnen wird. Das zweite Spaltprodukt, Eisenoxyd, wandert zum Teil in die Hochöfen der Schwerindustrie.

Einen hochwichtigen Kreislauf von Fluorverbindungen im Zusammenspiel verschiedener Industriezweige zeigt unsere zweite Grafik. Um Flußsäure zu gewinnen, die als Ätz- und Poliermittel in der Glasindustrie und als Metallbehandlungs- und Entemaillierungsmittel benützt wird, geht die chemische

Industrie meist von Flußspat aus. Übrig bleibt Calciumsulfat, das in einen sogenannten synthetischen Anhydrit, ein wertvolles Baumaterial, weiterverarbeitet werden kann. Das aus Verunreinigungen des Flußspates entstehende Siliciumtetrafluorid verwandelt sich bei Berührung mit Wasser in die Hexafluorkieselsäure, die in der Phosphatdüngerindustrie in erheblichen Mengen anfällt und durch weitere chemische Umsetzung wieder in synthetischen Flußspat zurückverwandelt werden kann. Eine andere bemerkenswerte Weiterverwertung ist der Einsatz von Hexafluorkieselsäure zur Herstellung von Aluminiumfluorid und Kryolith nach speziellen Verfahren. Beides sind wichtige Ausgangsstoffe zur Aluminiumgewinnung. Es ist auch möglich, in der Retorte synthetischen Kryolith herzustellen, der ebenfalls in der Aluminiumindustrie benötigt wird. Fluorwasserstoff, beziehungsweise Flußsäure, ist in der chemischen Industrie Ausgangsstoff für die Herstellung von Fluorkohlenwasserstoffen, jedermann bekannt als Treibmittel in Sprühdosen und als Kältemittel im Kühlschrank.

Schwieriger war das Recycling bisher bei chemischen Umwandlungen, die Kohlenstoffverbindungen liefern, zu verwirklichen. Hier fallen Nebenprodukte an, die sich nicht mehr weiterverarbeiten lassen. Einziger Weg, sich von ihnen zu befreien, war bisher, sie zu verbrennen – im gewissen Sinne auch ein Recycling-Verfahren, da hierbei der Wärmeinhalt der Stoffe genutzt wird. Neuerdings bemüht man sich, andere Kreisläufe zu entwickeln. So werden verschiedene organische Abfall-Chlorverbindungen auf chemischem Wege in Tetrachlorkohlenstoff, ein wichtiges Reinigungs- und Lösemittel, das auch in Feuerlöschern verwendet wird, verwandelt.

Während Rückstände, die bei der Herstellung anfallen, verhältnismäßig rein sind und im Verarbeitungsbetrieb entstehen, sind bei den Abfällen von Verbrauchsgütern die verschiedenartigsten Stoffe bunt gemischt. Die Rückstände sind meist sehr verschmutzt und fallen örtlich weit gestreut an. Ein typisches Beispiel ist der Hausmüll, der Glas, Kunststoff, Textil- und Papierabfälle enthalten kann. Vor der eigentlichen Weiterverwertung oder Wiederverwendung müssen die verwertbaren Stoffe deshalb gesammelt, sortiert und zerkleinert werden – oft geschieht das noch von Hand.

Handarbeit ist teuer, und der Müll nimmt geradezu lawinenartig zu. Auf lange Sicht werden die anfallenden Mengen darum durch Handarbeit kaum zu bewältigen sein. Deshalb ist man dabei, mechanische Trennverfahren zu entwickeln. Sie nutzen die unterschiedliche Dichte der Abfallstoffe und blasen zum Beispiel Papier heraus. Andere Eigenschaften, die zur Trennung nutzbar gemacht werden, sind ungleiche Benetzbarkeit oder die von Chemikalien, die einen Teil des Abfalls ungeschoren lassen, einen anderen aber umwandeln oder auflösen.

Die Zerkleinerung läßt sich leichter mechanisieren. Sogenannte Shredder-Anlagen verwandeln ganze Autos im Handumdrehen in kleine Schrottpakete. Jährlich wandern bei uns bis zu 200 000 Altautos in die Mäuler dieser Zerkleinerer und von dort in die Schmelzöfen der Stahlindustrie. Neu ist die Zerkleinerung von Werkstoffen nach vorhergehender Tieftemperaturbehandlung. So werden alte Autoreifen durch den Einfluß von Flüssigstickstoff spröde und zerspringen wie Glas, wenn sie einem Schlag oder Stoß ausgesetzt werden.

Kunststoffabfälle lassen sich nur dann als hochwertige Rohmaterialien wiederverwenden, wenn sie sauber und unvermischt anfallen. Verzichtet man dagegen auf eine Sortentrennung, so kann man aus ihnen nur niederwertige Artikel wie Blumentöpfe, Zaunpfähle, Zäune, Drainagerohre, Kabeltrommeln oder Balken herstellen. Aus einer Mischung von Sand und Kunststoffabfällen werden in Japan Platten gefertigt, die, mit Eisenstangen zu Käfigen verbunden, in den Küstengewässern zum Aufbau von Fischfarmen eingesetzt werden. So konnte durch planvolle Nutzung von Abfällen der Fischreichtum in den Küstengewässern weiter gesteigert werden.

Andere Wege, Kunststoffabfälle aufzuarbeiten, benutzen großtechnisch Spaltverfahren wie bei der Erdölaufbereitung, um unter dem Einfluß von Hitze, Druck und Katalysatoren in Crack-Prozessen die Abfälle aufzuschließen. Dabei sollen die Ausgangsmaterialien zurückgewonnen und – bei uneinheitlichen Abfällen – Wachse und vor allem Öle für Heizzwecke gewonnen werden. Auch durch überhitzten Dampf können spaltbare Kunststoffe in ihre Ausgangsstoffe zerlegt werden. Diese Hydrolyse wird bei Automobil-Polsterteilen und Matratzen aus Polyurethan-Schaumstoffen untersucht.

Ein besonderes Problem sind heute noch alte Autoreifen, die jährlich in Millionenzahlen anfallen und eine große Umweltbelastung darstellen. Soweit sie sich nicht als runderneuerte Reifen wiederverwenden lassen, werden Altreifen bei der Herstellung von Bodenbelägen verarbeitet. Sie werden in mehr oder weniger große Stücke zerschnitzelt und mit besonderen, von der chemischen Industrie entwickelten Bindemitteln zu Belägen für Straßen, Wege, Sport- und Spielplätze oder zu schalldämmenden Wänden verarbeitet. Auch von den rund 800 000 Tonnen Altöl, die in der Bundesrepublik pro Jahr anfallen, werden seit Jahrzehnten etwa 40 Prozent durch Raffination so aufbereitet, daß sie wieder als hochwertiges Schmieröl gebraucht werden können.

Als Wegbereiter dieser neuen Techniken kommt der Chemie eine besonders wichtige Aufgabe zu, die auf drei Wegen zu lösen ist. Einmal wird sie neue Produktionsverfahren entwickeln müssen, bei denen die offene Herstellungskette zu einem Kreislauf geschlossen wird, um so die entstehende Abfallmenge möglichst gering zu halten. Die zweite wichtige Voraussetzung für ein umfassendes Recycling besteht darin, Abfälle jeder Art chemisch so abzubauen, daß wieder neue Produkte aus ihnen hergestellt werden können. Schließlich gilt es, Verfahren zu finden, um diese Grundstoffe chemisch wieder zu verbinden. Eine beharrliche Verfolgung dieser Ziele wird die industrielle Technik von Grund auf wandeln, so daß die Verwirklichung des Recycling einer technischen Revolution gleichkommt, die sowohl dem Raubbau an Rohstoffen als auch der Umweltverschmutzung Grenzen setzt.

Riesenzahlen – Zahlenriesen

VON ERWIN KRONBERGER

Die große Preisfrage: Was ist eine Sextillion? Natürlich eine große Zahl. Aber wie groß? Wir wollen es verraten: Eine Sextillion ist eine 1 mit 36 Nullen! So unglaublich es klingt, aber auch so große Zahlen werden manchmal benötigt. Über den praktischen Wert solcher Riesenzahlen kann man allerdings streiten.

Man würde zum Beispiel die Sextillion bereits notwendig brauchen, wollte man ausrechnen, wie groß das Kapital angewachsen ist, hätten unsere Vorfahren zu Beginn der Zeitrechnung nur einen einzigen Pfennig in die Sparkasse gelegt. Mit Zinsen und Zinseszinsen hätte sich der Pfennig bis heute auf mehr als sechstausend Sextillionen Mark vervielfacht. Kein Mensch kann sich von dieser Summe eine Vorstellung machen. Es würde sich um ein Kapital handeln, das alles Geld der Erde bei weitem überschreitet.

Wie wird nun so eine Riesenzahl ausgesprochen? Vorerst teilt man sie, von hinten beginnend, in Klassen zu je sechs Stellen ein. Zum Beispiel:

1/168 211/825 211/728 561/211 520/567 821/721 567

In der Reihe der Riesenzahlen sind die letzten sechs Ziffern Einer, dann kommen Millionen, Billionen, Trillionen, Quadrillionen, Quintillionen und Sextillionen.

Unsere Zahl heißt also wörtlich: eine Sextillion einhundertachtundsechzigtausendzweihundertelf Quintillionen achthundertfünfundzwanzigtausendzweihundertelf Quadrillionen siebenhundertachtundzwanzigtausendfünfhunderteinundsechzig Trillionen zweihundertelftausendfünfhundertzwanzig Billionen fünfhundertsiebenundsechzigtausendachthunderteinundzwanzig Millionen siebenhunderteinundzwanzigtausendfünfhundertsiebenundsechzig.

Dabei kennen wir heute im Atomzeitalter noch weit größere Zahlen, denen man auch einen entsprechenden Namen gegeben hat. Man benützt hierzu die lateinischen Zahlwörter. Nach der Sextillion kommt die Septillion, Oktillion, Nontillion, Dezillion, Undezillion, Duodezillion usw. Eine Zentesillion zum Beispiel ist eine Zahl, die durch eine 1 mit 600 Nullen dargestellt wird!

Die größte Zahl, die mit bloß drei Ziffern geschrieben wird, ist nicht 999, sondern 9^{9^9}. Drei Neuner gestaffelt nebeneinandergeschrieben. Die Arithmetik sagt ganz einfach »zur Potenz erhoben«. Diese Zahl hat – ausgeschrieben – eine Länge von mehr als 1200 Kilometer! Würde man sie in Büchern drucken, so wären dazu 33 Bände mit je 800 Seiten notwendig.

Wie gut ging es da dem alten Rechenmeister Adam Riese um die Mitte des 16. Jahrhunderts. Er kannte das Wort »Million« noch gar nicht, sondern umschrieb es mit »tausend mal tausend«. Das Wort »Milliarde«, für tausend Millionen, kam erst im 19. Jahrhundert in Gebrauch. Wer hat damals so große Zahlen nötig gehabt? Natürlich die Finanzminister, die es auch in jenen Zeiten schon gab.

Die nächste Größe ist die Billion, das Millionenfache einer Million. Wozu man so eine große Zahl braucht? Nun, der nächste Fixstern ist rund 40 Billionen Kilometer von der Erde entfernt. Ein reizvoller Vergleich: In etwas mehr als elf Tagen vergehen eine Million Sekunden. Für eine Billion Sekunden sind jedoch über 30 000 Jahre erforderlich!

Die Astronomen wollten noch höher hinaus. Sie haben sich daher auf ein eigenes Längenmaß geeinigt: das Lichtjahr. Dies ist der Weg, den das Licht in einem Jahr zurücklegt. Das Licht ist wahnsinnig schnell. Nach neuesten Messungen durchläuft es in einer Sekunde genau 299 796 Kilometer, das sind im Jahr rund 9,5 Billionen Kilometer. Dabei gibt es Sterne, die Milliarden Lichtjahre von uns entfernt sind!

Kein Mensch kann sich diese gewaltige Entfernung auch nur annähernd vorstellen. Ein Schnellzug mit 150 Stundenkilometer Geschwindigkeit würde zur Sonne, die 150 Millionen Kilometer entfernt ist, 114 Jahre unterwegs sein. Das Licht braucht, um diese Strecke zu überwinden, nur etwa acht Minuten!

Will man sich von Riesenzahlen eine Vorstellung machen, muß man halbwegs erfaßbare Vergleiche anstellen. Dann wird die Sache spannend und die Zahlen bekommen Leben.

So wiegt unsere Erde zum Beispiel rund sechs Quadrillionen Kilogramm. Eine 6 mit 24 Nullen. Unglaublich! Würde die Erde in jeder Sekunde eine Million Kilogramm – also 1000 Tonnen – an Gewicht verlieren, dann würde sie erst in 200 Milliarden Jahren verschwunden sein.

Eine Trillion ist das Millionenfache einer Billion. Das Ergebnis: eine 1 mit einem Schwanz von 18 Nullen. Wollte jemand mit einem Hammer täglich 12 Stunden lang in jeder Minute mindestens 100 Schläge ausführen, würde er mehr als 38 Milliarden Jahre klopfen.

Die Sage erzählt, daß sich der Erfinder des Schachspieles von dem indischen König Shehram als Belohnung nur Weizenkörner erbeten hatte. Allerdings eine bestimmte Anzahl von Körnern. Der König möge ihm für das erste Feld des Schachbrettes 1 Weizenkorn, für das zweite 2, für das dritte 4, für das vierte 8 und so weiter geben; für jedes Feld die doppelte Anzahl des vorhergehenden. Der König stimmte großzügig zu. Er war aber sehr überrascht, als er schließlich dahinterkam, daß der kluge Mann nicht weniger als 18 Trillionen Weizenkörner forderte – und das mit Recht.

18 Trillionen Weizenkörner entsprechen rund 1000 Weltweizenernten oder einer neun Millimeter hohen Weizenkörnerschicht auf dem festen Teil der Erdoberfläche. 50 Milliarden Eisenbahnwagen wären erforderlich, um diese Weizenmenge zu befördern. Sie hätten aneinandergereiht eine Länge von etwa 400 Millionen Kilometer. Das ist fast die dreifache Entfernung der Erde von der Sonne.

Zur Herstellung von einer Billion Streichhölzer sind etwa 40 000 Bäume notwendig. Nach dem Abholzen dieser Bäume könnte man auf der Fläche eine Stadt für 4000 Einwohner errichten. Wollte jemand diese Streichhölzer einzeln mit dem Finger berühren, hätte er mehr als 1000 Jahre zu tun, bis er beim letzten angelangt wäre.

Wenn der Wasserhahn in jeder Sekunde drei Wassertropfen fallen ließe, dann würde es fast 10 000 Jahre dauern, bis eine Billion Tropfen heruntergefallen sind.

Besäße jemand eine Billion Mark, würde er fast 3000 Jahre lang jeden Tag eine Million Mark ausgeben können, bis sein Vermögen erschöpft wäre.

Selbst unter einer Milliarde kann man sich nur schwer etwas vorstellen, obwohl diese Zahl täglich in den Zeitungen erscheint, wenn es sich um das Budget von Staaten oder um größere Finanzierungssummen handelt. Ja, es gibt sogar zahlreiche Milliardäre auf der Welt.

Käme so ein Milliardär auf den Gedanken, sein Vermögen in Einzelmarkstücken durch die Hand gleiten zu lassen, könnte er sich nahezu 40 Jahre mit diesem Spiel die Zeit vertreiben – Tag und Nacht, versteht sich. Natürlich hätte er schon nach einigen Stunden genug von so einem Unsinn.

Unser Herz ist da ausdauernder: Wenn es in der Minute 70 Schläge macht, hat dieses Organ bei einer Lebensdauer von 70 Jahren mehr als 2,5milliardenmal geschlagen.

Fast 8 Milliarden Streichhölzer wären notwendig, wollte man von der Erde bis zum Mond ein Streichholz der Länge nach an das andere legen.

Der Hamburger Mathematiker Schubert hat ausgerechnet, daß am 29. April 1902 genau um 10 Uhr 40 gerade eine Milliarde Minuten seit dem Beginn unserer Zeitrechnung verflossen waren. Er hat für diese Berechnung nur 15 Minuten benötigt.

Der Übergang von einer Milliarde zu einer Million ist auch beachtlich: Wer 40 Stunden in der Woche einkauft und in jeder Stunde 1000 Mark ausgibt, hat in 25 Wochen eine Million verbraucht. Für eine Milliarde benötigt man unter den gleichen Bedingungen 480 Jahre.

Vor einer Million haben wir schon weniger Respekt. Und doch wäre eine millionenfach vergrößerte Fliege 7000 Meter und ein Mensch gar 1700 Kilometer lang. Ein Buch mit einer Million Seiten wäre 50 Meter dick.

Auch für 100 000 gibt es einen schönen Vergleich: Ein Blatt Papier 40mal gefaltet ergibt eine Papierstärke von mehr als 100 000 Kilometer! Wer es nicht glaubt, kann es nachrechnen. Ein Blatt hat die Stärke von etwa ein Zehntel Millimeter. Ausprobieren kann man es leider nicht.

Vom Ufer aus schickt das Schilf seine Kriechsprossen über den Seegrund hin. Sie verfestigen den lockeren Schlamm und treiben Halme hinauf, sobald der Wasserstand es erlaubt. Die abgestorbenen Halme aber bilden ein dickes Polster. So hebt sich die Schilfzone immer höher über den Wasserspiegel. Foto Mauritius

Auch ein Teich kann auf dem Trockenen sitzen VON EVA MERZ

Vom Gletschersee zur Talwiese

Dem lieben Nächsten das Wasser abzugraben, galt vermutlich schon als unfein, als es diese Redensart noch gar nicht gab. Denn schließlich saß der dann auf dem Trockenen, und wer mag das schon? Inzwischen gräbt man in großen und kleinen Tälern das Wasser von Amts wegen ab, und nur langsam setzt sich die Einsicht durch, daß es sich mit einem behördlichen Gutachten in der Hand auch nicht besser auf dem Trockenen sitzt. Viele der Bachbegradigungen und Verrohrungen, die in den jüngst vergangenen Jahren Mode waren, haben zwar Frühjahrsüberschwemmungen behoben, dafür aber schwereren Schaden durch sinkenden Grundwasserspiegel, Änderungen des örtlichen Klimas oder der Bodenverhältnisse gebracht. Früher suchte sich ein Bach seinen Weg talab in vielen Schlingen, bildete Teiche und hatte so wenig Gefälle wie eine Gebirgsstraße voller Serpentinen. Im Vorfrühling lief er nach allen Seiten über, Wiesen, Wald und Weiden saugten sich voll, daß sie bis zum Herbst genug hatten. Die Begradigung machte den gewundenen Bach zum glatten Kanal, dessen Wasser im vertieften Bett so schnell wie möglich zu Tal schießt. Und die Verrohrung läßt nicht einmal Nebel aufsteigen, der den Uferwiesen Feuchtigkeit brächte.

In solch gründlichen Entwässerungen einen Vorteil zu sehen, fällt nicht leicht, es sei denn, man sucht ihn ganz woanders, etwa in der Gelegenheit, Teichen beim Verlanden zuzuschauen, einem Vorgang, der vor unseren Augen zwanzig Jahrtausende zusammenfaßt. Zwar gehen dabei, wie bei den meisten Zeitrafferaufnahmen, viele Feinheiten verloren, aber man bekommt doch eine Vorstellung davon, wie aus einem eiszeitlichen Gletschersee eine Talwiese von heute werden konnte. Alle Schritte an einem einzigen See oder Teich verfolgen zu wollen, würde immer noch zu lange dauern. Aber die

Schilf erobert sich das Seeufer Meter um Meter mit der Zielstrebigkeit der meisten Gräser. Nur dreierlei kann sein Vordringen ernstlich hindern: größere Wassertiefe, Wellengang und der Mensch. Foto Mauritius

Entwässerungsmaßnahmen haben ja nicht alle gleichzeitig begonnen, so daß sich die Verlandungsstufen doch von einem Teich zum anderen verfolgen lassen.

Die ersten Schritte, die auch die meisten Jahrtausende in Anspruch nahmen, wird man sich nur vorstellen können. Kaum jemand hat einen Gletscher oder einen Schmelzwassersee vor der Haustür, der vor lauter Kälte noch unbelebt ist, oder, nächstes Stadium, bewohnt ist von Bakterien und Algen, denen es als echten Pionierpflanzen vor gar nichts graust.

Unser Teich hat seine mageren Zeiten längst hinter sich. Jahrtausendelang haben immer andere, immer mehr Pflanzen und Tiere darin gewohnt und die Schlammschicht an seinem Grund wachsen lassen. Nun ernährt sie vielerlei Pflanzenarten, die sich, je nach Anspruch an Licht und Wassertiefe, ihren Standort gesucht haben. Aber gerade der reichliche, ausgeglichene Vorrat an Nährstoffen kann dem Teich jetzt gefährlich werden. Kommen plötzlich ungewohnte Nahrungsmengen hinzu, sei es durch hineingespülten Kunstdünger oder verwesende Fische, die unter einem Ölfilm, Hinterlassenschaft von Motorbooten oder Autowaschern, erstickt sind, so können die höheren Pflanzen sich nicht rasch genug vermehren, um den zusätzlichen Reichtum zu verwerten. Niedere Algen und Bakterien aber beginnen einen wilden Kreislauf des Wucherns und Absterbens, verbrauchen allen verfügbaren Sauerstoff, Fäulnis und Giftgase breiten sich aus, der Teich »kippt um« und wird zum leblosen, übelriechenden Morast.

Mit unserem Teich kommt es so weit nicht, ihm ist der Tod durch Verlanden, nicht durch Ersticken bestimmt. Irgendwo weiter unten am Bach hat man zu begradigen begonnen, irgendwo ein paar Gräben gezogen, das Wasser sinkt. Zuerst bekommen es die Bewohner der tiefsten Stellen zu spüren. Dort wachsen ganze Rasen aus feinzerteilten Blattbüscheln, die einander alle recht ähnlich sehen und die doch von einem Teich, ja von einem Teichwinkel zum anderen und sogar gleich nebeneinander den verschiedensten Arten angehören. Nur die feinen Blätter haben alle gemeinsam, denn die setzen dem Wasser geringen Widerstand entgegen. Zudem kann ihre große Oberfläche viel Nahrung aufnehmen, geradewegs durch die Haut, nicht durch Wurzeln und Leitungsbahnen allein wie die Landpflanzen. Der Anlaß, daß sehr unterschiedliche Pflanzen derartige Blätter ausbilden, liegt aber nicht in ihrer weisen Einsicht solcher Zweckmäßigkeit, sondern am hohen Anteil der Kohlensäure im Wasser. Kohlensäure regt, auch im botanischen Versuch, die Pflanzen dazu an, zerteilte Blätter zu bilden. Am besten sieht man das beim Wasserhahnenfuß, der zu Trockenzeiten auf dem Schlamm ganz manierliche Hahnenfußblätter treibt, im Teich aber aussieht, als seien ihm von dem ganzen Blattwerk nur die fadendünnen Rippen übrig geblieben. Eine Kusine der Hahnenfüße, das wurzellose, unter Wasser blühende Hornblatt, hat die Möglichkeit zur Teichflucht nicht. Es treibt nur Wasserblätter, die sich, so fein sie auch sind, alle noch etliche Male gabeln. Auf den ersten Blick ist es deshalb kaum von den Arten des Tausendblatts zu unterscheiden, die unseren Teichboden bevölkern. Deren Blättchen aber sind wie feine Federn, immer vier zusammen, am langen, dünnen Stiel aufgereiht. Kaum glaublich, daß die großlaubigen Nachtkerzen und der lederblättrige Efeu über ein so zartes, noch dazu unter Wasser blühendes Wesen miteinander verwandt sind. Nicht eben fadendünn, aber dafür von algenhafter Durchsichtigkeit sind die vielen Blättchen an den Stielen der Wasserpest, einer vor hundertdreißig Jahren zugereisten Amerikanerin. Damals wäre sie fast zur Land- oder besser Wasserplage geworden, heute aber ist ihr noch lange nicht jeder Teich recht, und nur wo es ihr sehr gut geht, läßt sie ihre weißen Blütchen auf dem Wasser schwimmen.

Irgendeine der vielen Laichkrautarten aber gibt es fast überall, grasartig feinblättrige und solche mit gröberen Blättern, die sich anfassen und benehmen, als wären sie aus Gummi – sicher kein Fehler für das Leben im Wasser. Aber die selteneren Nixkräuter und die großen Algenarten, wie Chara, tragen wieder die zerschlitzten Blätter, die hier unten Mode sind. Ihnen allen würde das sinkende Wasser nichts ausmachen. Aber ihr Vermögen, im tiefen Wasser zu leben, hat ihnen bisher die Konkurrenz vom Leibe gehalten, und die wird ihnen jetzt gefährlich. Was früher im ufernäheren Schwimmblattgürtel wuchs, dringt jetzt, da das Wasser sinkt, zur Teichmitte vor. Als erste kommt die gelbe Teichrose, die ihre dicken Wurzelstöcke noch in vier Meter Tiefe über den Schlamm schiebt. Ihre Blätter und Blüten sind mit schlaffen, seilartigen Stielen jeder Wasserhöhe angepaßt. Die derbere und kräftigere weiße Seerose kann nicht über drei Meter Tiefe hinaus, und das rettet der Teichrose das Leben. Sie würde sonst überwuchert und erstickt. Beide aber nehmen mit ihrem Blätterteppich allem, was darunter im Wasser lebt, das Licht weg. Und wo sie nicht hingekommen sind, da wuchert das Schwimmende Laichkraut. Das hat unter Wasser bandschmale Blätter, wie seine untergetaucht lebenden Verwandten, aber auf dem Wasserspiegel liegen sie so breit und anspruchsvoll da, daß nur noch die parallellaufenden Blattnerven den Einkeimblättler verraten.

Unter diesen großen, aufliegenden Blättern ist das Wasser ruhig genug für empfindlichere, freischwimmende Arten, die der Wind sonst an irgendeinem Ufer zusammentreiben würde. Wer Glück hat, findet den halbuntergetauchten Blatttrichter der Krebsschere. Sie ist auch ohne ihre weiße Blüte eine Sensation, denn die Bäume, unter denen ihresgleichen vor sechzig Millionen Jahren schwamm, graben wir heute als Braunkohle aus. Ihr naher Verwandter, der Froschbiß, bildet ganze Ketten kleiner, durch Ausläufer verbundener Blattrosetten, die sich mit weißen Blütchen wie Mini-Seerosen ausnehmen.

Was jetzt noch an Wasserfläche freibleibt, eignet sich allenfalls für Zwerge, und genau so einer schwimmt darin: die Wasserlinse, ein allbekannter Pflanzenzwerg mit kaum bekannten Eigenheiten. Keineswegs ist er immer mit ein paar Blattlücken zufrieden. Wo er kann, wuchert er zu Millionen einen ganzen Tümpel zu. Allein und persönlich besteht er aus

Weiße Seerosen findet man meist im Windschatten steiler Ufer oder höherer Pflanzenbestände, denn jeder Wellengang würde ihre großen weichen Blätter zerschlagen. Wo die weiße Seerose wächst, ist der Teich selten mehr als zwei Meter tief; sammelt sich erst Schlamm zwischen ihren Wurzelstöcken, dann ist er bald auch flach genug für mancherlei Sumpfpflanzen (großes Bild).

Oben: Der breitblättrige Rohrkolben, kenntlich an der unterteilten Ähre, die oben Staubblätter, darunter weibliche Blüten und später Samen trägt, gedeiht am besten in nährstoffreichem Wasser. Fotos Apel

Darunter: Die unscheinbare Sprosse des Tannenwedels sind am Rand des Schilfgürtels zu Hause. Sie sind seltener und, der Myrtenverwandtschaft wegen, eigentlich bemerkenswerter als die schönste Seerose. Foto Engel

einem Schwimmblatt von zwei Millimeter Länge, einer etwas längeren Wurzel und zeitweise einer Blüte, die man besser mit der Lupe anschaut. Zum Zwerg gehört der Drache: Wasserlinsenwurzeln sind ein beliebter Wohnplatz des grünen Süßwasserpolypen, der Hydra. Wer zu Hause einen Philodendron hat oder eine Monstera, der kann sich diese nächsten Wasserlinsenverwandten vergleichsweise einmal anschauen.

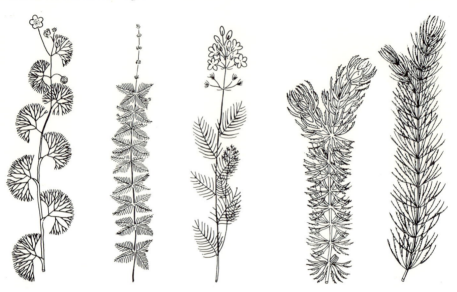

Tauchpflanzen wie der Hahnenfuß links entwickeln unter Wasser feinzerteilte Blattbüschel, zu Trockenzeiten aber ganz manierliche Blätter – daneben Tausendblatt und Wasserblatt. Das Hornblatt rechts treibt nur Wasserblätter.

Der Teich ist nun ganz mit Blättern bedeckt, und jeder Aquarianer weiß, wie schnell Wasserpest, Hornblatt und Tausendblatt an Lichtmangel sterben. Nun vermehren sie die Mulmschicht am Teichgrund, die von den Wurzelstöcken der Wasserrosen und Laichkräuter schon erhöht und befestigt ist. Dort aber, wo die Schwimmblattpflanzen vorher zu Hause waren, wird es den Zurückgebliebenen langsam ungemütlich. Die langen Stiele liegen im flachen Wasser wie unaufgeräumte Gartenschläuche, dem Licht und raschem Temperaturwechsel ausgesetzt, die zarten, nun viel zu dicht gedrängten Blätter welken und faulen. Die Wurzelstöcke könnten es im Uferschlamm noch aushalten, aber von der Landseite her kommen schon neue, lebenskräftigere Besiedler. Nasse Füße machen ihnen nichts aus, nur ihr Blattwerk wollen sie möglichst an der Luft wachsen lassen. Also erobern sie den See mit meterlangen Ausläufern. Seebinse, Rohrkolben, Igelkolben und das Schilf wandern in die ehemalige Schwimmblattzone ein, die Seebinse allen voran. Die hält es notfalls auch mit besonderen, bandartigen Blättern metertief unter Wasser aus. Zum Blühen muß sie trotzdem an die Luft: Dann streckt sie den obersten Stengelabschnitt bis zu vier Meter weit empor, ein Längenrekord für den Achsenabschnitt einer Pflanze. Meist aber stehen ihre breiten Horste im Flachwasser. Lachmöwen und andere Wasservögel nisten darauf, im Herbst sterben die oberirdischen Halmteile ab, und Nistmaterial und Vorjahrsblätter zusammen helfen rasch, die Binsenhorste immer breiter und höher werden und den Teichrand immer mehr verlanden zu lassen. Von der Landseite her beteiligt sich vor allem das Schilf. Der Rohrkolben mit seinem Sommerschmuck aus braunen Lampenputzern und der Igelkolben mit den gelben und grünen Pompons kommen selten in Mengen vor, die allein dem Teich gefährlich werden könnten.

Der Schilfgürtel aber wird immer breiter; denn Schilf kann zwei Meter tief im Wasser stehen, aber genauso gut auf einer Sauerwiese, auf der man sich kaum nasse Schuhe holt. Weil aber Schilfblätter das Untertauchen nicht vertragen und nach jedem Hochwasser abfallen, wird die Laubschicht langsam höher, die zu Füßen der Schilfhalme das Wasser verdrängt. Zwischen ihnen, die bis zu fünf Meter hoch werden, verbirgt sich alles mögliche, oft seltenes Getier, für andere Pflanzen aber ist wenig Licht und erst recht kein Platz. Glanzgras und Wasserschwaden, beide ohne Blüte schwer von Schilf zu unterscheiden, kommen noch am ehesten zurecht. Aber die gelben Schwertlilien, der rote Blutweiderich, rosa Schwanenblumen und Froschlöffelblüten leuchten nur am Rand des Schilfgürtels.

Bleibt das Ufer des Teiches, der nun ein nasses Röhricht geworden ist, ungestört, so kommen im nächsten Frühling die ersten Weiden- und Erlensamen geflogen, schießen in einem Jahr über Mannshöhe hinauf, und der erste Schritt zum Bruch- und Auwald ist getan. Künstliche Entwässerung aber betreibt keiner den Weidenbüschen zuliebe. So werden zuerst die Seggen, die Sauergräser, vom Rand her einwandern, wenn es dem Schilf nachgerade zu trocken oder die Abmäherei ihm zu bunt wird. Zusammen mit anderen Gräsern – Sumpfschachtelhalm, Sumpfdistel, Mädesüß, Storchschnabel und vielen anderen – werden sie eine bunte Sauerwiese bilden, der man mit Entwässerungsgräben und Spezialdüngung zuleibe gehen muß, ehe sie sich zur Süßgras- und Futterwiese wandelt. Es sei denn, sie soll ein Bauplatz werden. Zuerst einmal wird eine Senke bleiben, wo unser Teich verschwunden ist, die sich zu regnerischen Zeiten immer wieder füllt. Geht die Verlandung langsam genug und haben die Seebinsen Zeit, ihre Horste gründlich aufzupolstern, war auch der Teich nicht gar zu tief, so mag sich diese Senke wohl auffüllen. Aber zu unseren Lebzeiten ist nicht genug Zeit dazu, da muß schon von Menschenhand nachgeholfen werden.

Ganz sicher ist das auch vielerorts gut so, und nicht jede Entwässerung kommt einer Zerstörung gleich. Aber selbst dann kann man es nicht jedem recht machen, auch von Amts wegen nicht. Als eine kleinere deutsche Stadt, die mit ihrem landwirtschaftlichen Hinterland in einer Flußschlinge liegt und alljährlich unter dem Frühlingshochwasser sehr zu leiden hatte, endlich mit viel Mühe und Kosten trockengelegt war, kamen bittere Beschwerden von Seiten der Landwirtschaft: Wer sie denn für die nunmehr entfallende Hochwasserentschädigung entschädige?

Konstruieren wie Mutter Natur

»Evolutionsstrategie« hilft Ingenieuren, technische Bestformen zu finden

VON DIETER DIETRICH

Erstaunlich, welche Fülle von Formen, Fähigkeiten und Funktionen die Natur hervorgebracht hat: Die einen Tiere können hoch in den Lüften fliegen, die anderen tummeln sich behende als vollkommene Schwimmer in den Fluten der Gewässer. Da gibt es Pflanzen in Faltbauweise, damit die Gewächse in Regenstürmen nicht zerbrechen. Da kommen Blumen vor, die ihren Blütensamen vom Wind kilometerweit davontragen lassen. Und es ist als angebliche Krone der Schöpfung ein Lebewesen vorhanden, das logisch denken, sprechen, Werkzeuge gebrauchen und neue Gegenstände schaffen kann – der Mensch.

Das Wunderbare an dieser Formenfülle des Lebendigen ist: Alle Pflanzen und Tiere um uns herum sind aus einfachen Bausteinen hervorgegangen, aus Molekülen, die sich zu primitiven Zellen verbunden und Zellen, die sich zu Zellhaufen zusammengeschlossen haben. Die Entwicklung vom Einzeller zur heutigen Vielfalt von Lebewesen auf der Erde hat sich in drei bis höchstens vier Milliarden Jahren vollzogen; die Funde ältester versteinerter Lebensformen beweisen das. Vier Milliarden Jahre sind indes für so gegensätzliche Entwicklungen wie Sporenpilze und Riesenkiefern oder Bakterien und Elefanten eine überraschend kurze Zeitspanne.

Es kann nur ein Plan dahinterstecken, ein höchst sinnvolles Entwicklungsgesetz, dem die rasche Entfaltung von Lebensformen und verschiedenen Arten, Gattungen und Familien zu verdanken ist. Diesen Plan gibt es tatsächlich; Charles Darwin, der britische Naturforscher, hat in der Mitte des letzten Jahrhunderts begonnen, ihn zu entschlüsseln. Das System, das die Entwicklung der Pflanzen und Tiere auf dieser Erde vorantrieb, ist die »Strategie der Evolution«. Genau diesen Plan – die Evolutionsstrategie – machen sich neuerdings Ingenieure zunutze, um ganz gezielt und binnen kürzester Zeit für ein bestimmtes technisches Gebilde die beste Form zu finden. Die Evolutionsstrategie hilft ihnen beispielsweise, Düsen so zu verbessern, daß sie höchste Leistungen abgeben, Klimaanlagen zu bauen, die die Räume wirklich an allen Stellen gleichmäßig belüften und temperieren, oder für Flugzeuge Tragflächen zu entwerfen, die trotz hoher Tragkraft extrem leicht sind.

Kurzum, die Evolutionsstrategie, das Konstruieren nach dem Schema der Natur, läßt sich in der Technik in sehr vielen, wenn auch gewiß nicht allen Fällen anwenden – am erfolgreichsten dort, wo auch in der Technik Probieren noch immer über Studieren geht. Das ist vor allem dann der Fall, wenn sich ein Problem nicht durch Rechnen, Kombinieren oder logisches Denken lösen läßt. Ein Beispiel dafür bietet die Strömungstechnik: Die windschlüpfigste Form eines Autos läßt sich nicht vom grünen Tisch aus bestimmen, ebensowenig die für das Fliegen günstigste Form einer Flugzeugtragfläche. Stets gilt es hier, im Windkanal den Luftwiderstand der Form zu messen, ihn mit dem anderer, ähnlicher Formen zu vergleichen und schließlich die strömungsgünstigste für das zu bauende Flugzeug auszuwählen.

Doch hier beginnen schon die Schwierigkeiten. Von Flugzeugflügeln oder Autokarosserien kann sich unsere Phantasie Tausende und aber Tausende von Formen vorstellen und sie am Reißbrett entwerfen. Ein Blick auf den Straßenverkehr beweist, wie einfallsreich die Konstrukteure sind. Dennoch stimmt die Behauptung, daß es unter den vielen Autokarosserien nicht eine einzige gibt, die auch nur annähernd der – physikalisch – windschlüpfigsten Autoform entspricht. Wenn manche Hersteller damit werben, sie bauten das windschnittigste Auto der Welt, so mag im Vergleich mit anderen Wagen die Aussage stimmen, absolut gesehen, stimmt sie garantiert nicht.

Niemand nämlich hat die Zeit und auch nicht das Geld, von allen Formen jeweils ein Modell zu basteln, es in den Windkanal zu hängen, sein Strömungsverhalten zu prüfen und es mit dem der anderen Modelle zu vergleichen. Und selbst wenn einer so schlau sein wollte, nur jede zehnte mögliche Form aerodynamisch zu vermessen, in der Hoffnung, so der vorteilhaftesten Form wenigstens nahezukommen, beginge er einen schweren Denkfehler. Denn solange er nicht weiß, wie die Bestform beschaffen ist, kann er auch nicht herausfinden, welche andere Form ihr am nächsten kommt. Um das festzustellen, müßte er doch wieder die Formen allesamt durchprobieren – und scheiterte an besagtem Zeit- und Geldmangel.

Die Ingenieure, die mit solchen rechnerisch nicht faßbaren Aufgaben zu schaffen haben, gehen daher Kompromisse ein. Entweder pröbeln sie mit irgendwelchen schon bewährten Mustern, indem sie sie geringfügig abwandeln. Wird zum Beispiel für ein neues Passagierflugzeug ein Flügel gesucht, der höheren Reisegeschwindigkeiten gewachsen ist, verändert der Konstrukteur ein wenig die schon erprobten und erfolgreichen Tragflächenformen vorhandener Verkehrsflugzeuge. Oder aber die Ingenieure entwerfen aufgrund ihrer Erfahrungen oder eines plötzlichen, vielleicht genialen Einfalls eine neue Form, von der sie sich vom Verstand her gute Leistungen versprechen, testen und vergleichen diese Form mit Abwandlungen, um sich am

Ende mit Leistungssteigerungen von wenigen Prozent oder Promille zufriedenzugeben. Selbstredend sind sie sich dabei bewußt, daß sie weder auf die eine noch auf die andere Weise auf die technisch beste Lösung, das Optimum, wie sie sagen, gestoßen sind – es sei denn aus purem Zufall, und der ist hier noch seltener als »sechs Richtige« im Lotto.

Die Ingenieure befinden sich also in einer ziemlich unbefriedigenden Lage. Einer von ihnen fand sie so ärgerlich, daß er sich schon als Student nicht damit zufriedengeben wollte: der Strömungsforscher Ingo Rechenberg. Er war es leid, bei den Windkanalexperimenten sozusagen immer nach der berühmten Stecknadel im Heuhaufen zu suchen und sie letztlich doch nicht zu finden. »Es muß eine Optimierungsmethode auch für die Strömungstechnik geben«, sagte er sich. »Nur, welche?«

Da kam ihm ein günstiger Umstand zu Hilfe – der Zufall, wer es so sehen will, hatte seine Hand im Spiele. Der junge Forscher besuchte die Vorlesungen des Biologen und Anthropologen Professor Helmcke an der Technischen Universität Berlin, Förderer einer neuen Forschungsrichtung: der Bionik. Diese Bezeichnung enthält sprachlich Bestandteile der Wörter Biologie und Technik. Tatsächlich bezweckt die Bionik, biologische Erscheinungsformen und Baugrundsätze, Arbeitsabläufe und Zusammenspiele planmäßig darauf zu prüfen, ob sie sich auf die Technik und auf menschliche Erfindungen übertragen lassen. Der Professor behandelte im Hörsaal gerade die Stammesgeschichte der Arten, die Evolution. Da sprang der zündende Funke auf Rechenberg über: »Warum gehen wir nicht in der Technik bei der Suche nach den besten Formen den gleichen Weg, den schon vor Jahrmilliarden die Natur eingeschlagen hat, um zu Lebensformen zu gelangen, die an ihre jeweilige Umwelt unübertrefflich angepaßt sind? Warum übertragen wir nicht einfach die biologische Evolution auf die Technik?«

Das war ungefähr im Jahr 1964. Inzwischen haben sich Bionik und Evolutionstechnik zu einer völlig neuen wissenschaftlichen Methode entwickelt, die Rechenberg, heute selbst Professor an der Technischen Universität Berlin, ganz sachlich so beschreibt: »Wir versuchen, das Verfahren der biologischen Evolution technisch zu kopieren. Oder besser ausgedrückt: Wir versuchen, die Vererbungsabläufe, wie sie sich im Laufe der biologischen Evolution herausgebildet haben, in ein mathematisches Modell zu übersetzen und mit diesen nachgeahmten Vererbungsmechanismen technische Geräte bestmöglich zu gestalten – und das nennen wir Evolutionsstrategie.«

Aber was sind die Vererbungsmechanismen, deren sich biologische wie technische Evolution bedienen? Darwin hatte die wichtigsten schon richtig erfaßt, obwohl er von Gregor Mendels Vererbungsregeln noch keine Ahnung haben konnte: Mutation, Selektion und geschlechtliche Fortpflanzung.

Mutation bedeutet zunächst einmal nichts anderes als Veränderung. Gemeint sind damit zufällige, meist geringfügige Änderungen der Erbmerkmale. Wenn zum Beispiel von zwei eineiigen, also mit dem gleichen Erbmaterial ausgestatteten Zwillingen der eine auf der Wange einen Leberfleck hat, der dem anderen fehlt, dann liegt dem eine Erbveränderung zugrunde. Das ist auch der Fall – um eine nützliche Mutation zu nennen –, wenn bei einer Getreidesorte, die kälteempfindlich ist, plötzlich einige Halme Ähren tragen, die frostbeständig sind; in der Landwirtschaft können solche Pflanzen mit vorteilhaften Eigenschaften dann weitergezüchtet werden. Mutationen können spontan, ohne sichtbaren äußeren Anlaß, auftreten, sie können aber auch durch Umwelteinflüsse ausgelöst werden, wie die natürliche Radioaktivität oder die künstliche in Kernreaktoren, wie Röntgenstrahlung oder bestimmte Chemikalien oder Medikamente.

Selektion ist ein anderes Wort für Auslese. Sie betrifft in der Natur die Individuen, das heißt Einzelwesen, einer Art: Erbänderungen, also Mutationen, die für den Kampf ums Dasein von Vorteil sind, bleiben erhalten; die Pflanzen und Tiere, die solch positive Erbeigenschaften haben, leben länger, können sich länger und zahlreicher vermehren, und es besteht daher auch für die Art eine größere Aussicht, daß auch in den kommenden Generationen mehr Individuen mit diesen günstigen Erbanlagen entstehen. Dagegen werden bei einem solchen Ausleseverfahren weniger vorteilhafte oder ungünstige Erbänderungen ausgemerzt; die weniger geeigneten Einzelwesen leben kürzer, vermehren ihre schlechten Eigenschaften in geringerer Zahl und sterben nach und nach ganz aus. Tatsächlich hat sich auf diese Weise in der Natur das Aussterben ganzer Tier- und Pflanzenarten vollzogen, erinnert sei nur an die Saurier. Übrigens haben wir mit Mutation und Selektion dauernd im Alltag zu tun. Wer etwa dieses Buch liest, hat unter den vielen Millionen Büchern auf dem Markt eine gezielte Auswahl getroffen, die Selektion. Finden viele Käufer dieses Buch lesenswert, dann steigt die Auflage und der Verleger macht ein gutes Geschäft. Bleibt das Buch aber ein Ladenhüter, dann wissen Verlag und Redaktion, daß sie am Inhalt des Buches Veränderungen, Mutationen, vornehmen müssen, damit es künftig bei der Bücherauswahl der Käufer, bei der Selektion, stärker berücksichtigt wird. Mutation und Selektion sind also Triebkräfte der freien Marktwirtschaft ebenso wie der Natur.

Die geschlechtliche Fortpflanzung sorgt im Vergleich mit der ungeschlechtlichen Vermehrung dafür, daß das Tempo der Evolution ganz erheblich beschleunigt wird; sie trägt dazu bei, daß ein Entwicklungsvorgang rascher zum Abschluß kommt, zum Bestfall führt. Das leuchtet ein: Indem sich Eigenschaften, die teils nur der Vater besitzt, teils nur die Mutter hat, mischen, kann rascher eine an ihre Umwelt bestmöglich angepaßte Form entstehen, die mit allen vorteilhaften Merkmalen aufwartet, die Vater und Mutter noch jeweils für sich und nicht gemeinsam aufweisen. Johann Wolfgang von Goethe hat dem in den »Zahmen Xenien« literarischen Ausdruck gegeben: »Vom Vater hab' ich die Statur, des Lebens ernstes Führen, vom Müttterchen die Frohnatur und Lust zu fabulieren.«

Diese Vererbungsmechanismen sind es, die bei der Evolutionsstrategie angewendet werden, um technische Aufgaben bestmöglich zu lösen. Und wie

Bislang hielten Konstrukteure die einfache konische Form (rechtes Glasmodell) für die günstigste Düsengestaltung. Darum begegnen wir dieser Form auch noch bei den mächtigen Raketen, mit denen z. B. die Apollo-Kapseln und das Himmelslabor Skylab ins All geschossen wurden. Die Evolutionsstrategie lieferte hingegen ein in Form und Leistung überraschendes Ergebnis: Die bestmöglich gestaltete Düse weist mehrere vorverdichtende Verengungen und zudem Ausdehnungskammern auf. Der Wirkungsgrad steigt dadurch von 55 auf fast 80 Prozent – und das will bei solchen Düsen sehr viel heißen! Fotos Dieter Dietrich.

geschieht das? Angenommen, es gilt für einen bestimmten Zweck eine »optimale« Düse zu finden, deren Form aus zehn Abschnitten – Segmenten – mit unterschiedlichen Bohrungen gebildet werden kann. Dann verändert der Ingenieur zunächst die Bohrungen der Abschnitte um kleine, zufällige Werte. Das entspricht einer Mutation in der Natur. Die Werte entnimmt er dabei einer Zufallszahlentabelle. Sie enthält beispielsweise Zahlen zwischen $+5$ und -5, wobei Zahlen um 0 herum häufiger sind als solche um $+5$ oder -5. Auch dies gleicht dem biologischen Geschehen; dort sind ebenfalls geringfügige Mutationen häufiger als große.

Anschließend mißt der Ingenieur das Strömungsverhalten der so gewonnenen Düsenform. Ist es schlechter als bei der vorangegangenen Form, verwirft er die neue Form und versucht, indem er wieder von der vorausgegangenen ausgeht, mit anderen Zufallswerten für die Bohrungen sein Glück. War das Strömungsverhalten aber besser (oder wird es jetzt nach einigen Fehlschlägen besser), dann nimmt der Experimentator bei allen weiteren »Mutationen« diese günstige Düsenform als Grundlage, bis er abermals eine Einstellung mit vorteilhaftem Strömungsverhalten vor sich hat. Dies wären der natürlichen Auslese entsprechende Selektionsvorgänge. Das Spiel von Mutation und Selektion betreibt der Experimentator so lange, bis sich keine Verbesserungen mehr erzielen lassen – in diesem Augenblick hat er zwangsläufig die Bestform vor sich. Die Optimierung ist gelungen, optimaler geht es nicht.

Dieses Vorgehen – die sich wiederholenden Einzelschritte erleichtern heute vielfach Automaten – mag mühsam erscheinen. Aber das Erstaunliche, ja Unglaubliche an der Evolutionsstrategie ist: Sie führt, obwohl der blinde Zufall zu walten scheint, schnurstracks und binnen nur zwei- bis dreihundert Versuchen zum Optimum des jeweiligen technischen Systems, zur gewünschten Bestform. Überdies lohnt sich die Mühe schon deshalb, weil es bisher

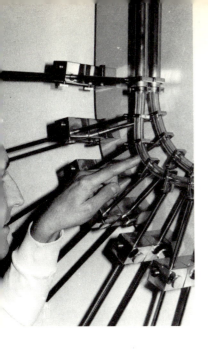
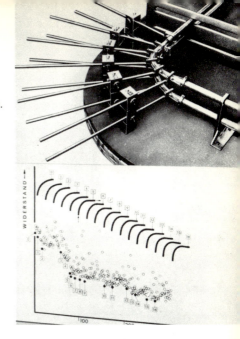

Der Finger zeigt darauf: So sieht die Bestform eines Rohrkrümmers aus. Statt des üblichen Viertelkreisbogens bei einer Rohrumlenkung von 90 Grad (hinteres Rohr) hat der optimierte Krümmer einen erst schwach (unten), dann immer stärker gebogenen Kurvenverlauf. Mit Hilfe der Stangen läßt sich die Rohrbiegung nach den Regeln der Evolutionsstrategie ändern. – Rechts: Auf diesem Schaubild ist der Werdegang der Optimierung festgehalten.

überhaupt nicht möglich war, gezielt zu Bestformen zu gelangen, man sich vielmehr mit Kompromissen zufrieden geben mußte.

Wem dennoch zwei- oder dreihundert Experimentierschritte als ziemlich viel vorkommen, der sei daran erinnert, daß die Bestform stets nur eine unter vielen Millionen oder sogar Abermilliarden möglichen Formen darstellt. So ist das Experiment mit der Düse tatsächlich unternommen worden, und zwar als Teil eines neuartigen Kraftwerks, das für die Stromversorgung an Bord eines Raumschiffes bestimmt war. Allerdings standen hier 330 Segmente zur Auswahl. Mit ihnen ließen sich mehr als 10^{60} verschiedene Düsenformen – Mutationen – zusammenstellen, von denen nur eine einzige die bestmögliche sein kann. Diese astronomisch hohe Zahl – eine Eins mit sechzig Nullen dahinter! – wird auch dann kaum anschaulicher, wenn wir uns vorstellen, daß alle Menschen, die je auf der Erde gelebt haben und noch leben, während ihres Daseins nichts anderes taten, als in jeder Sekunde eine dieser Düsenformen zu testen. Sie hätten bisher noch nicht einmal 10^{30} Formen ausprobiert. Mit der Evolutionsstrategie war die beste Düsenform in 284 Experimentierschritten ermittelt, und sie wies einen gegenüber vergleichbaren Düsen um 25 Prozent größeren Wirkungsgrad auf.

Zahlreiche weitere Beispiele zeugen in der Technik inzwischen schon von der Brauchbarkeit der Evolutionsstrategie: Rohrkrümmer mit kleineren Umlenkverlusten – ein Fortschritt, der sich, auch wenn es sich um nur wenige Prozent handelt, in Fabriken mit Hunderten gekrümmter Rohre zu einer erklecklichen Ersparnis vervielfachen kann; um ein Fünftel leichtere Stabtragwerke als bisher; chemische Reaktoren, deren Strahldüsen die Reaktionsausbeute verdoppeln; Kühlrippen mit erheblich gesteigerter Leistung. Kein Zweifel, die Evolutionsstrategie hat ihre Bewährungsprobe inzwischen bestanden. Der industrielle Durchbruch steht bevor...

Der Quacksalber

VON KHAMSING SRINAWK

**Eine Erzählung aus dem Thailändischen,
übersetzt von Domnern Garden und Hanns-Wolf Rackl**

Er erinnerte sich, daß er den jungen Mann vor vier oder fünf Monaten aus einiger Entfernung gesehen hatte. Die Kleidung war dieselbe gewesen, olivgrüne Hosen, ein blaßblau und rot gemustertes Hemd, ein Blau wie der Himmel in der Abenddämmerung, dunkle Brillengläser und eine kleine schwarze Ledertasche. Die Kinder hatten ihm gesagt, es sei ein Quacksalber. Aber die Welt war so voll von so vielen seltsamen neuen Dingen, und er konnte sich nicht recht vorstellen, welch seltsamer Doktor das war, ein Quacksalber. Den Monat vorher hatte das Dorfoberhaupt zwei Doktoren aus der Stadt mitgebracht, um einige Wasserbüffel behandeln zu lassen, die an einer Seuche zu sterben drohten. Daher wußte er, daß es heutzutage sogar Büffeldoktoren, Kuhdoktoren, Schweinedoktoren und Hundedoktoren gab. Er hatte gedacht, auch diese beiden Wasserbüffeldoktoren wären, wie die Leute das nannten, Quacksalber. Das nächste Mal, als er sie auf den Feldern gesehen hatte, hatte er sie frei heraus gefragt: »Jungs, ihr beiden seid doch Quacksalber, nicht?«

Anstatt ihm darauf zu antworten, hatten sie ihm Respektlosigkeit vorgeworfen und ihn gescholten, was ihm auch nicht weitergeholfen hatte zu erfahren, was ein Quacksalber nun genau ist. Er hatte zugesehen, wie die beiden beleidigt davongegangen waren, und als sein Schwiegersohn auf dem Weg zu seinem Reisfeld vorübergekommen war, hatte er ihn zögernd gefragt, was denn Quacksalber genau täten.

»Sie kurieren Leute wie uns, was sonst?« hatte der Schwiegersohn ungeduldig geantwortet. Aber als sein Schwiegervater ungläubig geschwiegen hatte, hatte er hinzugefügt, ihre Medizin sei verdammt gut. »Du kannst noch so im Malariafieber mit den Zähnen klappern, und doch richtet dich eine Dosis wieder auf. Sieh dir den Alten See an. Er hatte schon seinen Kindern und Enkelkindern gesagt, sie sollten anfangen, Bretter für seinen Sarg zu zimmern, als sie ihm eine Spritze gaben, und jetzt ißt er wieder wie ein Pferd.«

»Sie geben also Spritzen?« hatte der alte Mann gegrübelt. »Dann sind sie dasselbe wie die Wasserbüffeldoktoren, stimmt's?«

Der Schwiegersohn, der sich seiner Sache selbst nicht ganz sicher war, hatte weder zustimmen noch widersprechen wollen, sondern nur ein wenig gelacht.

Sein Schwiegervater, Großvater Sah, ein Bauer, der sein ganzes Leben mit Büffeln und Rindern zu tun gehabt hatte, hatte sich über die phantastischen Fähigkeiten dieser Doktoren gewundert und an seine arme verstorbene Frau denken müssen. »Was für ein Unglück für sie, daß sie das Kommen dieser Quacksalber nicht mehr erleben durfte«, hatte er geklagt. »Ein bißchen Fieber hat sie weggerafft, während der Alte See sich wieder erholt hat, obwohl er schon im Sterben lag, Gott weiß wie oft.«

Dieses Jahr war Sah siebzig geworden. Er war fast nur noch Haut und Knochen und doch stark genug, noch ein wenig in der Nachbarschaft herumzugehen. Er hatte viele Kinder und Enkelkinder, doch alle bis auf zwei waren weggegangen. Sein jüngster Sohn und seine jüngste Tochter, beide verheiratet, waren geblieben. Sie lebten in Häusern, die nahe beieinander standen. Beide waren sie nicht reich, arbeiteten auf kleinen Reisfeldern und teilten, was sie ernteten. Der alte Mann lebte abwechselnd in einem der beiden Häuser, half aus, wo er konnte, und tat dies und das, was gerade zu tun war. Er hütete die kleinen Kinder und bewachte die Häuser, wenn niemand außer ihm da war.

Das gab ihm ein wenig Selbstachtung und machte ihn manchmal sogar glücklich. Zuerst, als Fan, ihr einziger Hund, verschwunden und später am Rand eines Feldes tot gefunden worden war, vergiftet von Dieben, wie die Kinder sagten, war er bestürzt gewesen. Aber dann hatte er gedacht, daß dies ganz gut wäre, denn es gab ihm die Gelegenheit, seinen Kindern wirklich zu helfen, da er nun allein das Haus zu bewachen hatte. Als einen Tag nach dem Verschwinden Fans Diebe seinem Sohn beinahe alle Hühner aus dem Stall geholt hatten, hatte er erklärt: »Das tut nichts, Sohn, weg ist weg. Von jetzt an wird dein Vater Fans Arbeit tun.«

Sein Sohn und sein Schwiegersohn hatten ihm zusammen eine kleine Hütte am Gatter des Wasserbüffelstalles gebaut, und von da an hörten die Nachbarn die ganze Nacht über den alten Mann Betel stoßen und husten.

»Wenn wir den Hund nicht ersetzen können, dann kann ich das wenigstens ebensogut«, dachte er. »Wenn ein Hund etwas Verdächtiges hört, dann bellt er. Nun, mit dem Bellen ist es nichts. Aber ein wenig Hüsteln sollte es ebenso tun. Hmm, Hmm.«

Obwohl das Husten des alten Mannes im Lauf der Tage und Nächte heiserer und schwächer geworden war, hatte er das Gefühl, daß es sich durch Übung verbesserte. Manchmal löste schon das Sich-Wälzen eines Büffels sein »Hmm, Hmm« aus, und das rasche Reagieren seiner Zunge und seiner Kehle freute ihn außerordentlich. Aber allmählich fühlte sich Großvater Sah schwach auf den Beinen und immer häufiger döste er. Manchmal nachts schreckte er auf, wenn ein Pfropfen Betel, den er gekaut hatte, unerwartet in seinen Hals gerutscht war. Das Essen, das ihm früher so geschmeckt hatte, brachte er jetzt kaum mehr hinunter.

Der junge Mann näherte sich langsam der Veranda des Hauses und lächelte. Der alte Mann zögerte für eine Minute und wußte nicht recht, was er sagen sollte.

»Was bringt dich her, Junge?« grüßte er ihn.

»Ich habe eben nach meinen Patienten im Haus da drüben gesehen.« Er deutete auf das Haus, und seine Antwort zeigte dem alten Mann, daß er ein Doktor war.

»Willst du nicht auch etwas Medizin zur Hand haben, Onkel?« Ohne die Antwort abzuwarten, kletterte er auf die Leiter zum Haus hinauf, stellte die viereckige Tasche neben ihn, nahm die Sonnenbrille ab, klappte sie zusammen und steckte sie in seine Handtasche.

»Nun, Doktor, welche Medizin hast du denn? Hast du etwas, was mir meinen Appetit wiedergibt?«

»Ja, ich habe alles, was du willst, Onkel. Sag mir nur, was dir fehlt, und ich kann dir die richtige Medizin geben.«

»Ja nun, die Sache ist die«, begann er. »Vor drei Nächten hatte ich Schmerzen im Hals, verlor meine Stimme, und mitten in der Nacht flatterte mein Herz. Manchmal schlafe ich ein und ich kann weder essen noch trinken.«

»Hm«, murmelte der junge Mann. »Das heißt, daß du nicht viel Schlaf gefunden hast.«

»Nun, ich döse für einige Minuten ein.«

»Dreh dich mal um, Onkel«, wies er ihn an. Als ihm der alte Mann seinen Rücken zukehrte, kramte er in seiner Tasche.

»Wo sind nur meine Instrumente. Komm etwas näher.« Er klopfte das Rückgrat des alten Mannes ab und wandte sich dann den Rippen zu, als klopfte er einen hohlen Baum ab. Er klopfte und hörte den ganzen Rücken ab.

»Nun Onkel, dreh dich wieder um.« Der alte Mann folgte gehorsam. »Öffne deinen Mund.«

»Ahhh . . .« machte der alte Mann leise.

»Steck deine Zunge heraus. – Nun ziehe die Augenlider herunter.« Dann klopfte er mit der Handkante die Brust des alten Mannes ab. »Im Kopf fühle ich mich nicht ganz wohl«, sagte der alte Mann. »Du klopfst ihn besser auch ab. Vielleicht findest du heraus, daß da etwas nicht stimmt.«

Der Doktor schmunzelte und klopfte ihn vier- oder fünfmal gegen die Mitte seiner Stirn.

»Du machst es geradezu wie ein Bauer«, kicherte der alte Mann. »Wir klopfen ebenso ab, wenn wir herausfinden wollen, ob eine Wassermelone reif ist. Ist sie reif, dann macht es uk, uk, oder wenn wir nach Rüben suchen, dann stampfen wir auf den Boden, und wenn es chu, chu macht, dann gräbt man und findet eine. Was hast du gefunden, Doktor, was mir fehlt?«

»Mehr als eine Sache«, antwortete der ernst.

»Natürlich«, sagte der alte Mann. »Es macht bung, bung!« Er hielt einen Augenblick inne. »Ich habe kein Geld. Auch wenn mir eine Menge fehlt. Was du hier siehst, gehört alles den Kindern. Aber jetzt sind sie draußen auf dem Reisfeld.«

»Ist schon gut, Onkel. Ich gebe dir drei Pillen. Nimm eine vor dem Schlafengehen. Und sag es deinen Kindern, ich komme morgen wieder vorbei.«

Das diesige Wetter des Nachmittags ging in leichten Sprühregen über. Das Rauchfeuer, das angezündet worden war, um die Moskitos vom Büffelstall zu vertreiben, warf einen rötlichen Schein. Der Anblick des Albinobüffels, der seinen Kopf hochhob, während er genießerisch das Futter wiederkäute, machte den alten Mann plötzlich hungrig auf Kaubetel. Es regnete nun stärker, und die Tropfen trommelten auf das Grasdach. Die Herdfeuer in den Häusern seines Sohnes und seiner Tochter waren verlöscht. Er war in Dunkelheit eingehüllt. Als er nach einer Betelnuß und Kaublättern tastete, die er bereits vorbereitet hatte, erinnerte er sich an die Medizin. »Beinahe hätte ich sie vergessen«, hielt er sich selbst vor, während er eine Tablette in den Mund steckte. Der leicht süße Geschmack erregte ihn. Seit seiner Jugend hatte er sagen hören, daß eine Medizin, die dem Kranken schmeckt, die richtige gegen sein Leiden ist und die Krankheit bald vorübergehen läßt.

Als er sich ins Gedächtnis rief, daß sein Schwiegersohn gesagt hatte, ihre

Medizin wäre verdammt gut, wurde er sogar noch glücklicher und vergaß ganz die Anweisung des Doktors. Er nahm eine weitere Tablette, und es schien ihm, als sei die winzige Pille sogar noch süßer. »Ja, das muß das Richtige sein gegen das, was mir fehlt. Es ist angenehm und süß.« Er steckte die dritte in den Mund. »Weg mit dem Ärger. Nun werde ich wieder Appetit haben.«

»Hmm, hmm«, die Stimme des alten Mannes klang schläfrig durch die kühle Nachtluft.

Spät am nächsten Morgen riefen ihn sein Sohn, seine Tochter, sein Schwiegersohn, seine Schwiegertochter, alle zusammen, mit Tränen in den Augen. »Pa, die Büffel sind weg, Pa!«

Die Tochter war die erste gewesen, die mit dem Aufruhr begonnen hatte, als sie den Stall leer gefunden hatte. »Die ganze Einzäunung an der Ostseite ist heruntergebrochen. Diebe haben die Büffel geholt!« hatte sie gerufen. Sie waren alle zum Stall geeilt. »Wenn die Büffel weg sind, wie können wir da arbeiten!« hatten sie gewütet. »Die Reisfelder sind voll Wasser. Die jungen Reispflanzen sind bereit zum Setzen, und wie sollen wir pflügen?« Doch als sie hinübergesehen hatten zu der kleinen Hütte am Rande des Gatters, waren sie baff gewesen. Das weiche Licht des frühen Morgens beleuchtete das Gesicht des alten Mannes. Seine eingesunkenen Augen waren in tiefem Schlaf geschlossen. Als sie zu ihm hinübergingen, fanden sie ihn ruhig schnarchend.

»Vater! Vater!« Die Tochter schüttelte ihn. »Pa, Vater!« schrien sie ihn alle wütend an.

»Uh«, er drehte sich schläfrig um.

»Pa, Diebe haben unsere Büffel geholt«, schluchzte die Tochter.

»Uh«, machte der alte Mann schläfrig.

Die viereckige Ledertasche schwang mit seinen Schritten, während er daherschlenderte. Sein helles Hemd blähte sich im Nieselregen, der auch im sanften Sonnenlicht noch nicht aufgehört hatte. »Wie geht's?« rief er und lächelte freundlich. »Hat der Onkel etwas Schlaf gefunden?« Alle wandten sich um und sahen ihn stumm vor Staunen an. »Hast du etwas Schlaf gefunden, Onkel?« fragte er wieder, als er sich näherte. »Gestern habe ich dir drei Schlaftabletten gegeben.« Er grinste und sah sie alle geradewegs an.

»Was!« rief der Sohn. »Schlaftabletten, was? Er hat Pa etwas gegeben, um ihn einzuschläfern. Er ist einer der Diebe!«

Ein schwerer Holzprügel traf den jungen Mann im Genick. Er stöhnte auf und stürzte hin, seine viereckige Tasche flog weg.

Emil – der Meisterdetektiv

Immer, wenn ich von meinen Erlebnissen als Detektiv erzähle, bemerke ich ein vielsagendes Lächeln auf den Gesichtern der Zuhörer. Ich weiß, meine Detektivfigur ist auch nicht mehr das, was sie einmal war, aber ist das ein Grund zum Lächeln?

Da ist mir vor einiger Zeit doch eine äußerst unangenehme Geschichte passiert: Haken-Ede hatte mir eine auf den Schädel geknallt. In einem ratternden Güterzug fand ich mich wieder, und ich wußte nicht, wie lange ich Urlaub vom Leben gemacht hatte. Ich war noch ziemlich benommen, aber dank meiner überragenden Fähigkeiten schloß ich messerscharf, daß ich in Fahrtrichtung lag und es Nacht war – durch einen Spalt in der Seitenwand links sah ich nämlich die schmale Sichel des Mondes am Horizont und Lichter vorbeijagen. So lag ich noch eine ganze Weile da und bedauerte meinen armen Kopf, der durch das Krähen eines Hahnes noch mehr in Mitleidenschaft gezogen wurde, als mir plötzlich klar wurde, in welche Richtung ich fuhr. In welche wohl? (1)

Nach dieser üblen Sache habe ich mir einen Posten in einem Hotel gesucht – ein ehrenwerter und ruhiger Job, dachte ich mir. So kann sich selbst ein Detektiv ab und zu irren.

Kam da eines schönen Tages atemlos ein Gast angerannt und behauptete, ihm sei über Nacht ein Tausender gestohlen worden. Sein Geld lege er immer in ein Konversationslexikon. Hier, er habe es sich sogar aufgeschrieben – zwischen die Seiten 1109 und 1110. Und dann fing er auch noch an, Verdächtigungen auszusprechen. Hab' ich dem aber Beine gemacht! Warum? (2)

Einige Zeit später kamen im selben Hotel wirklich einige Diebstähle vor. Ich streute also das Gerücht aus, daß sich in Zimmer 18 eine Gräfin X eingemietet habe und versteckte mich dort. Und richtig, ich brauchte nicht lange zu warten, als es auch schon an meine Zimmertür klopfte, einmal, zweimal. Ich verhielt mich ganz ruhig. Da kam er auch schon hereingeschlichen, der Herr mit dem Tausender. – »Oh, verzeihen Sie vielmals, ich muß mich in der Zimmertür geirrt haben«, flötete er. Aber trotz dieser Ausrede habe ich ihn der Polizei abgeliefert. Er hat zwar mörderisch gezetert, aber es half ihm alles nichts. Wieso? (3)

Auch dem Liliputaner im 43. Stockwerk bin ich schnell auf die Schliche gekommen. Unmittelbar neben seiner Hotelzimmertür hält der Lift, trotzdem kraxelte er jeden Tag zu Fuß vom 16. bis zum 43. Stockwerk – höchst verdächtig! Was wohl mochte dahinterstecken? (4)

So, und wer die Antwort auf die vier Fragen gefunden hat – aber nur der –, darf auf Seite 479 nachlesen, wie genial ich die Fälle gelöst habe.

›Ramzan-schieß!‹

Ein Jagdabenteuer in den Schluchten Kaschmirs

VON GERHARD E. SCHEIBLE

Bevor die Sonne an der Westgrenze Kaschmirs hinter dem mächtigen Nanga Parbat verschwindet, taucht sie den Dal-See in ein purpurfarbenes Rot. Die Shikarah, eine buntbemalte, flache Gondel mit Baldachin, gleitet lautlos über das Wasser. Kamal, der Kaschmiri, rudert sie und bringt mich samt Expeditionsgepäck zu meinem schwimmenden Hotel. Man wohnt hier auf geräumigen Hausbooten nahe der Hauptstadt Srinagar.

Dieses zauberhaft schöne Kaschmirtal im Norden Indiens, in 1600 Meter Höhe eingebettet zwischen den sich auftürmenden Eisriesen des Himalaja, ist ein ewiger Zankapfel zwischen Indien und Pakistan. Ein Blick auf die Landkarte macht das verständlich. Die Grenzen der benachbarten Länder verlaufen meist unmittelbar auf den Berggipfeln des Himalajas: Tibet, die chinesische Provinz Sinkiang, Afghanistan, Indien, Pakistan.

Ich bin müde von der Filmarbeit beim heutigen »Ramjhan Idd«, dem Pilgerfest der Moslems in Srinagar, das den Fastenmonat beendet. Eine unerwartete Begegnung, die ich dort gehabt habe, hat mir für die nächsten Tage eine Einladung zu einer Jagdexpedition in das Haramoukh-Massiv beschert, bis hinauf in 5000 Meter Höhe über dem Meeresspiegel. Die Pferdekarawane bricht morgen früh bei Sonnenaufgang auf.

Unter den Tausenden Moslems, die heute auf dem großen Feld zwischen See und Stadt vor Allah niederfielen, war auch Habib Kahn, ein Schafhirte aus dem winzigen Himalaja-Bergdorf Ganderbal, fünf Tagesreisen entfernt. Er hatte sich grimmigen Herzens vor Allah niedergebeugt, denn er dachte daran, wie viele Schafe er wohl nach seiner Rückkunft aus Srinagar von seiner Herde noch antreffen werde. Im Show-Valley, wo er beheimatet ist, haben die Himalaja-Schwarzbären auch heute noch sichere Verstecke in den Felsschluchten. In dem unübersichtlichen und schwer zugänglichen Felsgebiet hatten sie in den letzten Wochen mehr als zehn Tiere gerissen. Ein Gewehr besaß er ebensowenig wie ein anderer der wenigen Dorfbewohner. Jetzt wollte er ein Ende machen mit den Räubern, die sich nicht vertreiben ließen.

Habib Kahn entschloß sich, Hilfe zu holen. Beim großen »Idd-Moslem-Fest« in Srinagar hoffte er einen erfahrenen Jäger zu treffen, und er

Der Dal-See bei Srinagar, der Hauptstadt Kaschmirs. Als Hotels dienen geräumige Hausboote (im Hintergrund des Sees). Zwischen den Booten spielt sich ein reger Handel mit allen Gebrauchsgütern und Lebensmitteln ab.

traf ihn. Vorsichtshalber hatte er gleich seine ganze Familie auf die Saumpferde geladen und kam mit ihr zu Tal und zum erstenmal zum »Ramjhan-Idd«–Fest. Eine malerische Szene, wie die kleine Karawane nach fünftägigem Ritt auf dem Feld Allahs in Srinagar eintraf.

Verständlich, daß dies meiner Kamera nicht entgehen durfte. Er mußte mit seiner Familie wohl nicht nur zum erstenmal im Leben gefilmt worden sein, sondern auch zum erstenmal einen Europäer gesehen haben, denn er fühlte sich tief geehrt, daß er, seine junge Frau Ajitha, seine drei Kinder Swaran, Zulfihar und Manjula samt seinen Pferden plötzlich im Mittelpunkt standen. So kamen wir, unter mancherlei Sprachschwierigkeiten, die der Jäger Ramzan, den er schließlich ausfindig gemacht hatte, mit seinen Englischkenntnissen beseitigte, in ein Gespräch – und ich zu der Einladung, die Jagdkarawane zu begleiten und Gast in seiner Hütte zu sein.

Der See liegt glatt wie eine Silberplatte, als mich am Morgen die Shikarah vom Hausboot abholt. Die kurze Dämmerung wird gleich die Nacht ablösen. Eine Schar Wildgänse erhebt sich erschrocken, als wir aus dem Schilf fahren, peitscht mit schweren Schlägen das Wasser und beginnt ihren wiegenden Flug, die Hälse waagerecht gegen den sich erhellenden Himmel ausgereckt.

Am Ufer wartet Ramzan mit seinen Männern und Pferden. Es sind kleinwüchsige, zähe und anspruchslose Afghanenpferde. Habib Kahn hatte mit seiner Familie am Vorabend sein Camp dort aufgeschlagen. Freudige Begrüßung, als unser Boot anlegt. Zwei Träger sowie ein Reittier und ein Saumpferd für das Kameragepäck stehen für mich bereit. Aus dem Kessel über dem Feuer reicht uns Habib Kahn noch einen Becher des köstlichen nordindischen Tees, bevor er das Camp abbricht. Die Dämmerung ist noch kühl, und die Pferde schnauben beim Festzurren des schweren Gepäcks. Zelte, Proviant, Kessel, Gewehre, Munition, Kameragepäck müssen für den unwegsamen Aufstieg sicher verstaut sein.

Als die Sonne ihre ersten wärmenden Strahlen über die Gefilde schickt, bricht die Karawane auf. Bald werden die Pferde nicht mehr vor Ungeduld stampfen.

Der Weg zu den Bären ist lang und beschwerlich. Hier überquert die Jagdkarawane einen Gebirgsbach im Show-Valley, das 3200 m über dem Meeresspiegel liegt. Im Hintergrund die mit ewigem Schnee bedeckten Gebirgszüge an der Grenze Chinas (großes Bild).

Oben: Ratha, die Tochter des Jägers Ramzan in Kaschmir-Frauentracht, auf dem Karawanenweg nach Yamberzal-Wour, hoch über dem Lolab-Tal und dem Dal-See.

Darunter: Rast in einer Waldschlucht am Jungesfluß. In Bildmitte Ratha, an der Wasserpfeife Nabbi mit einem Jagdgefährten.

Habib Kahn übernimmt bis zu seinem Dorf die Führung. Er kennt den Weg, der schwierige, lange Passagen haben wird. Ramzan, von seiner Tochter Ratha begleitet, hat den Befehl über Menschen und Tiere – sechs Männer, zwei Frauen, drei Kinder, vierzehn Pferde, ein Hund. Ramzan läßt nicht mit sich spaßen. Und trotzdem – er wird in wenigen Tagen bei der Jagd versagen, und ich werde dies am eigenen Leib zu spüren bekommen.

An den Niederungen des Dal-Sees entlang reiten wir durch das Lolabtal zu den Vorgebirgen des Haramoukh. Hier wird noch Obst- und Ackerbau betrieben. Die berühmten Kaschmiräpfel, dunkelrotes, großgewachsenes Obst, stehen auf den Bäumen zur Ernte an. In den Dörfern stampfen die Frauen Mais, und an den Häusern hängt Peperoni zum Trocknen. Wir können die Marschverpflegung aufsparen.

Dreimal müssen wir die reißenden Wasser des Jungesflusses durchqueren. Die Pferde stemmen sich gegen die Strömung an, und die Wasser steigen in beängstigende Nähe unseres Gepäcks auf den Pferderücken. Wir umklammern den Hals unserer Reittiere und schlagen die Beine über ihrem Rücken zusammen. Zeitweise hängen die Knie im Wasser. Zwei Gepäckstücke gehen verloren und treiben ab. Glücklicherweise ist es nicht mein Kamerazubehör, das wir doppelt gesichert auf meinem Saumpferd festgezurrt haben.

Allabendlich schlagen wir in der Nähe eines Dorfes unser Camp auf – drei große Zelte. Schon nach drei Tagen sind wir in 3000 Meter Höhe angelangt. Bei dem Dörflein Ranpur lassen wir die Ackerbauzone hinter uns. In den Wäldern, die wegen der Äquatornähe in dieser Himalajaregion bis 4000 Meter hoch über den Meeresspiegel reichen, verfolgen uns ganze Herden der berühmten Kaschmiraffen, Bandar genannt. Sie turnen über uns in den Gipfeln der Arven- und Bergkieferngehölze. In den Marschpausen filme ich sie abseits des Lagers, rücklings auf dem Waldboden liegend. Sie beschimpfen mich und werfen Zweige und Kiefernzapfen nach mir. Als sich ein starkes Männchen schreiend und fauchend zu mir herabschwingt, kann ich gerade noch flüchten. Die Wälder liegen geschützt und warm.

Nach fünf Tagen kommen wir in Ganderbal an, dem aus wenigen Hütten bestehenden Dorf Habib Kahns. Wir treffen nur ein paar alte Leute und Kinder an. Die Jungen sind bei den weit zerstreuten Herden. Aufregung herrscht. Die Schwarzbären haben erneut zugeschlagen. Um so mehr freut man sich über die Entschlußkraft von Habib Kahn und das Eintreffen seiner Karawane, die allgemein bestaunt wird.

Heute brauchen wir die Zelte nicht aufzuschlagen. Alles schläft verteilt auf die Hütten. Sie haben als einzige Öffnungen zwei Luftlöcher, nämlich eine kleine Tür und einen Rauchabzug. Im übrigen sind sie stabil gebaut, mit dicken Steinen, Lehm und Viehdung, den Erfordernissen der harten Wetterregion entsprechend. Die Feuerstelle mitten im Raum spendet nicht nur Wärme, sondern ist auch die einzige Lichtquelle für die Nacht. Man liegt um das Feuer herum. Ajitha, Habib Kahns Frau, ist glücklich, daß sie mit ihren Kindern wieder zu Hause ist. Ich bin ihr Gast bei kargem Mahl.

Während der nächsten drei Tage pirsche ich mit Ramzan und seinen Männern allmorgendlich vor Sonnenaufgang lautlos zwischen Felsen und Unterholz nahe der Pferche, in denen die Herden während der Nacht notdürftig eingefriedet sind und die von den Schafhirten bewacht werden. An mehreren Stellen haben die Bären deutliche Spuren hinterlassen: Mit der ganzen Sohle ihres fünfzehigen Fußes haben sie das Gras niedergetreten in ihrem behäbigen, schaukelnden Paßgang, immer abwechselnd die beiden linken und rechten Pranken auf den Boden setzend.

Die Bären sind schlau. Ihnen ist die Unruhe, die die Karawane bei ihrem Aufstieg verursacht hat, nicht entgangen. Erst am dritten Morgen bekommen wir sie zu Gesicht.

Wir nähern uns einem Felsplateau, auf dem ein paar Schafe von einem Hirten gehütet werden. Die Bären müssen uns gewittert haben, denn sie flüchten in einen Cañon, eine schmale, steilabfallende Schlucht hinab zu drei Artgenossen, die sich dort unten an wilden Nußbäumen zu schaffen machen. Sie sind außer Schußweite, aber wir haben sie der Beschreibung nach genau erkannt und wissen jetzt wenigstens, wie sie sich von den anderen unterscheiden.

Den ganzen Tag verfolgen wir die beiden Räuber. Wegen der zahlreichen Felsvorsprünge und der Baum- und Strauchbewachsung können die Jäger sie nicht in die Schußlinie bekommen. Während ihre drei Gefährten bald in dem Geklüft verschwunden sind und wahrscheinlich Unterschlupf in ihrer Höhle gesucht haben, nehmen die beiden Räuber die Verfolgung an, hinab und hinauf über Hänge und Schluchten. Die Männer haben mit sich selber und ihren Gewehren zu tun. Mit der Foto- und 16-mm-Kameraausrüstung muß ich in dem unwegsamen Gelände Anschluß an die Jäger halten.

Am Nachmittag würde ich viel um eine Pause geben. Aber unaufhaltsam geht es weiter. Ich staune, wie zäh und ausdauernd die Kaschmiri sind. Zum Teil klettern sie in dem unwegsamen Gelände ohne Schuhe, weil sie einfach keine besitzen. Zweimal bekommen Ramzan und Nabbi, sein Jagdgefährte, die Tiere ins Visier ihrer großkalibrigen Winchesterbüchsen und drücken ab. Die Schüsse hallen zehnfach wider in den Felswänden. Aber die beiden Räuber verschwinden offenbar unverletzt; weiter oben tauchen sie wieder auf, einem Kamm zustrebend. Dorthin müssen auch wir, wenn wir Überblick gewinnen und ihnen den Fluchtweg abschneiden wollen. In der dünnen Luft der 4000-Meter-Region sind die Anstrengungen enorm. Wir erreichen den Kamm, kurz nach dem ihn die Bären überschritten haben, und sehen sie gerade noch einen Cañon hinabspringen, in den sie auf uns unerklärliche Weise gelangt sind, denn der Grat fällt auf der anderen Seite wie eine Wand ab. Ohne Anseilen und schwierige Kletterei kommt da keiner hinunter.

Wir sind erschöpft. Es ist Abend. Wie das Kartenstudium zeigt, führt die Felswand auf dieser Seite hinunter ins Theun-Nola-Tal. Es ist über den Kamm nicht zugänglich. Der Wegkunde der Bären nach müssen sie dort ihre Höhle haben. Wir merken uns den Cañon und treten den mühevollen

Oben: Die tagelange Jagd ist zu Ende – im zerklüfteten Cañon des Theun-Nola-Tales der Autor des Berichtes mit dem Himalaja-Schafhirten Habib Kahn (Hintergrund Mitte), dem die erfolgreiche Jagd zu verdanken war, und den beiden Kaschmir-Jägern Lenn (rechts) und Nabbi. Immer wieder konnten die beiden Schwarzbären entkommen, und am Schluß wäre es beinahe noch schiefgegangen.

Rechts: Mit Stolz werden die erlegten Bären, an Stangen festgebunden, im Dorf herumgetragen, von allen Bewohnern bestaunt und abends am Lagerfeuer gebraten und gegessen. Die wochenlange Angst, vor allem der mit dem Hüten der Schafe betrauten Kinder, hat ein Ende. Alle Fotos: Gerhard E. Scheible, Kamera-Assistent Scema Salve, Indien.

Rückweg an. Spät in der Nacht kommen wir mit der Sturmlaterne in Ganderbal und damit im Quartier an.

Als wir übermüdet um das Feuer hocken, massieren uns die Frauen die Beine – eine Geste der Gastfreundschaft im Himalaja, wohl aus der Erfahrung geboren, daß der, den es nach hier oben verschlagen hat, ihrer am nötigsten bedarf. Das Theun-Nola-Tal müssen wir zu Pferde angehen. Wir werden einen vollen Tag reiten müssen, um die Schleife des Show-Valley zu durchqueren und auf die andere Seite zu gelangen.

Ramzan ist unerbittlich. Schon am nächsten Morgen um vier Uhr ist Aufbruch. Die Hirten sollen auf der Seite des Bergrückens, an dem wir steckengeblieben sind, Unruhe verbreiten, damit die beiden Bären drüben bleiben und sich in Sicherheit wiegen.

Habib Kahn führt die Karawane um vier Uhr morgens mit der Sturmlaterne, es ist noch Nacht, die schnellere, aber auch steilere Passage ins Tal hinab. Es geht an Abgründen vorbei über schmale Pfade. Dann wieder überqueren wir dem Himalaja eigene, flach abfallende Felsplatten von der Größe eines Hügels. Die Pferde sind solche Passagen gewöhnt. Plötzlich aber gleitet mein Pferd zusammen mit zwei anderen auf einem wohl zu glatten Gefälle aus und überschlägt sich seitwärts nach unten. Es ist noch dunkel. Wie durch ein Wunder haben wir, der Jäger Nabbi und ich, uns nichts gebrochen und sind nicht unter die Pferde geraten, obgleich wir uns nach dem Sturz weit unterhalb wiederfinden. Ein Strauch gibt uns Halt.

Ramzan brüllt durch die Gegend und fordert zu schleunigem Weitermarsch auf. Bei jeder Bewegung ächzend, stellen wir das auf dem Rücken und auf seiner Traglast liegende Saumpferd wieder auf, zurren das Gepäck fest. Während das Tier hinter dem meinen her schnellstens zu der Karawane hinaufläuft an seinen Platz, ist Nabbis Pferd verletzt. Es muß zurückbleiben. Davonlaufen wird es nicht. »Es kann morgen versorgt werden!«, befiehlt Ramzan. Baumlaub und Wasser sei ausreichend hier, ebenso Schatten. Eine Fleischwunde, die mäßig blutet, wird sich stillen. Aber es lahmt vorne rechts – und das ist weitaus schlimmer.

Ein Pferd zu wenig – ein Mann zu viel. Abwechslungsweise muß immer einer zu Fuß mit der Karawane Schritt halten. Am Abend, kurz vor Dunkelheit, kommen wir endlich im Theun-Nola-Tal an und schlagen die Zelte auf, nahe dem Himalajadorf Yamberzal-Wour. Nabbi, der gleichzeitig Expeditionskoch ist, schlachtet das Lamm, das wir einem Hirten unterwegs abgekauft und kurzerhand lebend an den Sattelknauf eines unserer Saumpferde geschnallt haben.

Todmüde und hungrig sitzen wir nun um das prasselnde Lagerfeuer, schlürfen die Brühe, die Nabbi gekocht hat, und essen am Feuer gebratene Lammkeule. Auf der Segeltuchmatte im Zelt schläft man nach solchen Strapazen genau so gut wie in einem Bett.

Um drei Uhr früh ist Wecken. Nabbi bereitet am Feuer das Frühstück: Maisbrei und indischen Tee. Einer der Träger bleibt zurück, um das Lager und die Pferde zu bewachen. Alle anderen steigen zur Sohle des Cañon auf, in dem wir die Bären vermuten. Drei harte Stunden in den noch nachtdunklen Schluchten stehen uns bevor. Mit Ramzan habe ich vereinbart, daß ich mich in seiner Nähe aufhalte und er mir Deckung gibt, wenn ich filme. Ich habe die schwere Kamera schußbereit, er das Gewehr. Er soll jedoch keine Sekunde vor meiner Aufforderung schießen, damit ich die Bären aus nächster Nähe auf den Film bekomme. Diese Absprache wird mich in eine fatale Lage bringen.

Ramzan will sich diesmal von den Schwarzbären nicht wieder überlisten lassen. Er verteilt die Leute auf verschiedene Aufstiegsrouten und nimmt so den Cañon in die Zange. Ramzan und ich übernehmen die Sohle der weit nach oben reichenden Schlucht, in der ein Gebirgsbach tosend zu Tal stürzt. 30 Meter hinter uns geht Lenn, ein alter Jagdgefährte von Ramzan; er hat nur noch ein Ohr.

Wir bewegen uns lautlos. Im Cañon dann übertönt das Wasser ohnehin jeden Laut. Längst ist die Dämmerung vorbei und die Sonne beginnt, ihre heißen Strahlen an die Felsen zu werfen und setzt unsere vom Aufstieg schwitzenden Körper einem Dampfbad aus. Der Atem geht flach, und das Herz hämmert schnell in der 4000-Meter-Region. Aber keiner achtet darauf. Wir müssen ans Ziel kommen.

Es mögen fünf Stunden seit dem Aufbruch hinter uns liegen, da peitschen weit oben zwei Schüsse durch die Felsen. Geröll und Felsbrocken kommen uns entgegen. Wir springen in Deckung. Rufe aus der Ferne, die wir nicht verstehen – es müssen unsere Männer sein. Ich reiße die Kamera hoch und erinnere Ramzan nochmals an das Schießverbot. Wir warten kurz ab, bis die Geröllawine vorbei ist. Gerade wollen wir weiter nach oben, als uns erneut Felsbrocken entgegenpoltern. Und hinter ihnen stürzen zwei große schwarze Schatten talwärts, der eine schneller als der andere. Nein, sie stürzen nicht – sie springen, in großen Sätzen und direkt auf uns zu. Kein Zweifel, das sind die beiden Schwarzbären.

Sekundenschnell kommen sie näher. Ich sehe die Steinschläge nicht mehr, die mir entgegenprasseln, und beginne zu filmen. Zwei kapitale Bären sehe ich im Sucher. Der hintere muß getroffen sein. Sie rennen über den Geröllhang am Bachbett geradewegs auf mich zu.

Als es total schwarz wird im Sucher, weiß ich, daß es jetzt die letzte Sekunde ist zu schießen. Ich reiße die Kamera herunter und brülle: »Ramzan – shoot!« Aber wo bleibt sein Schuß, wo steckt Ramzan? Ich blicke mich hastig um – ins Leere, und habe verstanden: Er hat trotz schwerkalibriger Büchse das Weite hinter den Felsen gesucht, nachdem er nicht auf große Entfernung hat schießen dürfen.

Es gibt nur noch eine Rettung, dem auf mich zurennenden schwarzen Koloß zu begegnen: die Kamera. Ich schwinge das schwere 16-mm-Filmgerät über meinen Kopf und werde es auf den Schädel des Tieres niederschmettern oder es ihm in den Rachen stoßen. Da pfeift aus nächster Nähe ein Geschoß

449

an mir vorbei – das Tier bricht vor mir zusammen. Der zweite Schwarzbär, mit Abstand folgend, schwenkt ab und hetzt hinkend zwischen Felsklötzen den Seitenhang des Cañon hinauf. Ich verfolge ihn, etwas hinter mir keucht Lenn mit der Büchse. Plötzlich richtet sich, etwa 100 Meter über uns, der Bär auf einem Felsen kurz auf und hält Ausschau, wahrscheinlich nach seinem Gefährten. Im gleichen Augenblick trifft ihn von der gegenüberliegenden Seite der Schlucht der tödliche Schuß. Der Bär stürzt, überschlägt sich viele Male, bleibt zerschmettert in der Schlucht am Bachbett liegen. Es war Nabbi, der geschossen hatte auf seiner seitlichen Route, die er allein beging. Er hatte die Bären als erster am Morgen entdeckt, als sie gerade wieder zu einem Raubzug aus dem Cañon aufbrechen wollten, und die zwei Schüsse abgegeben. Dabei mußte er einen verletzt haben.

Ihre Höhle entdecken wir trotz Suchens nicht. Die Schlucht ist im oberen Teil nicht zugänglich. Der Schuß, der den ersten Bären vor mir niederstreckte, kam übrigens nicht von Ramzan, sondern von Lenn, der 50 Meter seitlich von mir gestanden hatte. Ramzan hat faule Ausreden, und als wir zum Standort zurückkommen, mache ich ihm klar, daß er mir dafür das größere der beiden Bärenfelle überlassen müsse. Ramzan, der die Führung und Verantwortung über die Karawane hat, leitet das Anbinden der toten Bären mit Zweigen, damit sie an zwei Stangen, die die kräftigsten Männer schultern, zu Tal gebracht werden können. Der ältere der beiden Schwarzbären mag 150 Kilo wiegen. Er ist 1,50 Meter groß und etwa 1,80 Meter lang. Er hat ein kräftiges Gebiß mit scharfen Eckzähnen. Seine nicht einziehbaren Krallen sind stark abgenützt. Der andere Bär ist etwa zwanzig Kilo leichter. Ramzan ordnet an, daß die Bären am Camp vorbei ins nahegelegene Dorf Yamberzal-Wour getragen werden.

Dort erwartet die Jagdkarawane großer Jubel, und die etwa fünfzig Dorfbewohner veranstalten ein Freudenfest. Die Bären werden von den Jägern sofort fachkundig enthäutet, das Fleisch wird unter die Jagdgefährten und Dorfbewohner aufgeteilt und am Abend am Feuer gebraten und gegessen. Ich kann mich trotz beißenden Hungers nicht zum Genuß meines Anteils am Bärenschinken entschließen, denn Bärenfleisch kann voller Trichinen sein.

Am nächtlichen Lagerfeuer gewinnt Ramzan sein altes Selbstbewußtsein als großer Jäger schnell wieder zurück. Er erzählt die ganze Geschichte der Himalaja-Bären, von denen zwei der gefährlichsten nunmehr erlegt sind: »Die Bären können in Frieden leben, solange sie sich nicht an den Genuß des Fleisches von Haustieren gewöhnen und damit ihre Raubtiernatur hervorkehren. Der Himalaja-Schwarzbär oder Kragenbär mit seiner Y-förmigen weißen Zeichnung auf dem glatten schwarzen Fell der Brust hat fünfzehige Krallen an Vorder- und Hinterfüßen, die er nicht einziehen kann. Er galoppiert rasch, wenn es darauf ankommt. Wegen seiner langen Hinterbeine läuft er wesentlich schneller bergauf als bergab. In der Regel ist er ein Allesfresser. Er nährt sich von Pflanzen, Beeren, Käfern und anderem Kleingetier. Wenn die Nahrung des Waldes jedoch karg ist wie in der Hoch-

450

region des Himalaja, dann wagt er sich auch an großes Wild heran und an die menschlichen Siedlungen, um Tribut an Haustieren zu erheben. Ist er erst einmal auf den Geschmack gekommen, bleibt er dabei. Sein Lebensraum geht von Afghanistan durch den Himalaja über China bis nach Sibirien und Japan. Winterschlaf hält er meist sitzend in einem hohlen Baum oder einer Höhle. Der Schwarzbär ist erheblich angriffslustiger als der Braunbär oder der Sonnenbär, die beiden Artgenossen im Süden Asiens.

In den Tälern des Himalajas ist der Schwarzbär aber nicht nur für die Schaf- und Ziegenherden eine Gefahr. Die hungrigen Schwarzbären verwüsten auch Kornfelder und Fruchtbäume. In den letzten zehn Jahren haben sie in Kaschmir nicht weniger als einhundert Hirten angegriffen und acht von ihnen getötet. Mr. Lenn, der neben mir sitzt, ist ein erfahrener Jäger. Er hat vor zwei Jahren ein Mädchen den Fängen eines Schwarzbären entrissen. Um es nicht zu gefährden, hat er auf sein Gewehr verzichtet und den Bären im Zweikampf angegriffen. Dabei konnte das Mädchen entkommen. Aber Mr. Lenn wurde übel zugerichtet. Er hatte schon die Zunge des Bären gefaßt und war am Zerren, als sie ihm entglitt und beide über einen Felsen stürzten. Der Bär fiel über ihn her, drückte ihm die Rippen ein und biß ihm ein Ohr halb ab. Der riesige Schwarzbär glaubte offenbar, den Mann getötet zu haben und entbrannte, bevor der Jagdgefährte, durch das Geschrei des Mädchens aufmerksam geworden, herbeigeeilt war. Trotzdem gehört Mr. Lenn heute noch zu unseren besten Männern.«

»Eine Frage noch, Mr. Ramzan«, unterbreche ich den Jagdführer, »sind Himalajabären nicht vom Aussterben bedroht? Wieviel gibt es noch von ihnen? Wie leben sie?«

»Zusammengenommen dürften es heute in der Himalaja-Region nicht weniger als 5000 Braun- und Schwarzbären sein. Obgleich es sich viele Schaf- und Ziegenhirten wünschen, finden große Bärenjagden, wie wir sie gerade erlebt haben, nur statt, wenn es unbedingt notwendig ist, wie in diesem Falle. Die Zahl der Bären nimmt noch zu.

Wenn der Bär eine lebendige Beute anfällt, dann tut er dies auf allen vieren in plötzlichen, bis zu vier Meter langen Sätzen: Er schlägt dem Tier die Vorderpranken über Nacken und Rücken und beißt in die Halswirbelknochen, so daß sie brechen. Seine Attacken erfolgen überraschend schnell und zielbewußt. Allerdings sind sie selten. Darum werden auch nur die Bären gejagt, die zu Gewohnheitsräubern in den Himalajadörfern geworden sind.«

Als ich später allein mit unserem Hirtenhund neben dem Zelt am Lagerfeuer sitze, höre ich die halbe Nacht den monotonen Gesang der feiernden Kaschmiris vom Dorf herüber. Mein afghanischer Wallach hat sich zu mir gesellt. Er ist anhänglich geworden bei dem gemeinsamen Abenteuer und scheint den Abschied zu ahnen. »Schade, daß Europa so weit ist, sonst hätte ich dich mitgenommen, alter Junge.«

Aus der Waldschlucht unter uns kreischt ab und zu einer der Kaschmiraffen im Traum. Und der Waldkauz antwortet heulend.

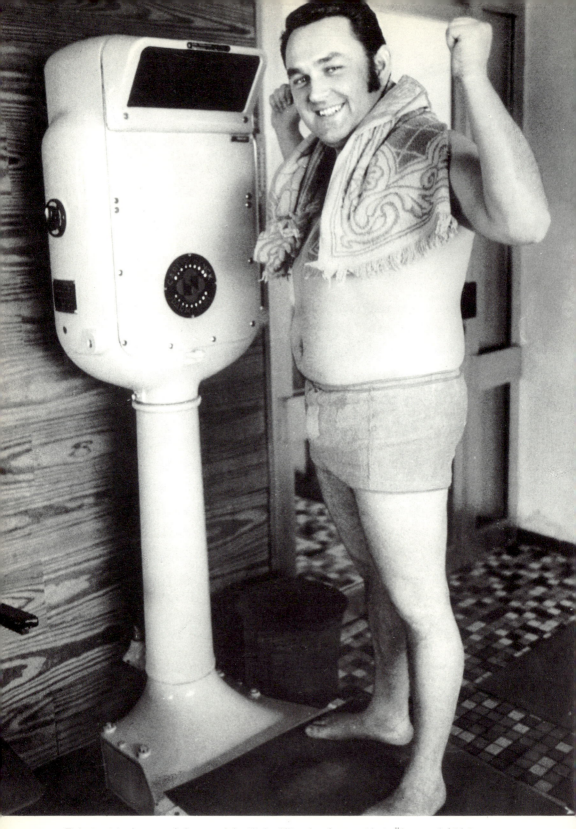

Er hat gut lachen, nachdem er sich etliche Kilo abgehungert hat. Übergewicht ist lebensgefährlich – vernünftige Kost und Bewegung schützen davor. Foto Südd. Verlag

Du bist, was du ißt!

VON W. E. J. SCHNEIDRZIK

Der Steinzeitmensch mußte sich seine Nahrung noch selber beschaffen. Er verfolgte das Wild über viele Kilometer, um es mit seinen primitiven Waffen zu erlegen. Er »jagte« es noch im wahrsten Sinne des Wortes. Der Bauer entrang in schwerer körperlicher Arbeit dem Acker das, was er zum Leben brauchte. Aber immer wieder gab es Perioden, in denen die Menschen nicht einmal das Allernotwendigste an Nahrungsmitteln zusammenbekamen. Darauf war der Körper eingerichtet. Stand ihm einmal Nahrung im Überfluß zur Verfügung, legte er sich einen Vorrat an, von dem er in Hungerzeiten zehren konnte. Er verwandelte den Überschuß in Fett, das er speichern konnte, um es in Notzeiten aufzubrauchen. Auf jeden Fall wurden solche Fettvorräte bei der nächsten Jagd oder Ackerbestellung wieder abgebaut.

Wie anders sind die Verhältnisse heute. Die Nahrung wird nur noch mit einem Handgriff aus den Regalen der Selbstbedienungsläden herausgenommen, und der ganze Energieverbrauch im Haushalt besteht darin, allenfalls noch einen Knopf zu drücken, damit eine von außen herangeführte Energie die Arbeit leistet.

Das ist aber noch nicht alles. Der Mensch ist darangegangen, die Nahrungsmittel selber zu »verfeinern«. Er entzieht ihnen die Ballast-Stoffe und macht sie so schmackhafter und leicht verdaulich. Er hat sogar dem Darm die Arbeit abgenommen, so daß auch dieses Organ immer weniger Energie verbraucht und »träge« wird.

Nun hat der Mensch seine Nahrungszufuhr aber nicht etwa den geänderten Anforderungen angepaßt. Das ganze Gegenteil ist der Fall. Weil es so einfach ist, an Lebensmittel heranzukommen, und weil sie nach der Raffinierung so besonders gut schmecken, ißt er mehr und bewegt sich weniger. Und dann wundert er sich, daß die Fettsucht – mit allen ihren schädlichen Folgen für die Gesundheit – immer weiter um sich greift.

Neben der Bewegung hat der moderne Mensch aber noch einen Faktor für den Energieverbrauch abgeschaltet: Unsere frühgeschichtlichen Vorfahren benötigten einen Teil der zugeführten Energie, um ihren Körper »aufzuheizen«. Ihre Bekleidung war dürftig, und ihre Feuerstellen reichten bei kalter Witterung gerade aus, sie vor dem Erfrieren zu bewahren. Der moderne Mensch hat sich künstlich ein wärmeres Klima geschaffen und muß so immer weniger Energie für die körpereigene Wärmeerzeugung aufwenden. Wieviel wärmer unsere modernen Wohnungen geworden sind, zeigt das Beispiel des Rotweins. Es heißt immer noch, daß man ihn bei »Zimmertemperatur« servieren soll. Diese Vorschrift stammt aber aus der Jahrhundertwende, und damals betrug die durchschnittliche Raumtemperatur, bei der man sich wohlfühlte, etwa 19 Grad Celsius. Heute verlangt man 22 bis 23 Grad, was dem Rotwein nicht mehr bekommt.

Der menschliche Körper kann nur dann lebenstüchtig – gesund – bleiben, wenn er die Energie zugeführt bekommt, die er benötigt. Nicht mehr und nicht weniger. »Du bist, was du ißt«, sagt ein altes Sprichwort – mit Recht! Genauso wie ein Fabrikationsbetrieb bei unsachgemäßer Wartung des Maschinenparks schließlich Schaden nimmt, erkrankt auch der menschliche Körper, wenn der Nachschub nicht in Ordnung ist. Er bezieht ja alles Material zum Aufbau und zum Unterhalt seines Betriebes aus der Nahrung. Dieser Betrieb setzt sich aus mehr als acht Billionen Zellen zusammen, von denen jede einzelne – wie die Maschinen in jedem gewerblichen Betrieb auch – drei wichtige Dinge benötigt: 1. Brennstoff zur Energieversorgung, 2. Material zur Produktion und 3. Ersatzteile für laufende Reparaturen.

Unsere Nahrung enthält, wenn sie richtig zusammengesetzt ist, alle diese Stoffe, deren der Körper bedarf. Jeder Fehler in der Ernährung aber führt zu mehr oder minder schweren Störungen der Zelltätigkeit. Bekommt der Körper zum Beispiel nicht genug Brennmaterial, muß er Raubbau betreiben: Er verfeuert seinen eigenen Baustoff, ähnlich jenem jungen Ehepaar, dessen Geschichte uns der Romantiker Ludwig Tieck in »Des Lebens Überfluß« erzählt. Die beiden hatten im Winter nicht genügend Brennmaterial, um ihre bescheidene Dachwohnung zu heizen. Da riß der junge Mann die Holztreppe ab, die zu seiner Wohnung führte, und verfeuerte sie allmählich. – Wird andererseits mehr Material angeliefert, als der Körper verwerten kann, wachsen die Vorratshalden, bis sie schließlich zu einem echten Hindernis werden.

Die Ernährung setzt sich aus drei Grundbestandteilen zusammen, die in einem richtigen Verhältnis dem Körper zugeführt werden müssen. Das sind Eiweiß, Fett und Kohlehydrate. Jeder dieser Bestandteile hat wichtige Aufgaben zu erfüllen, hat seinen genau bestimmten Platz, um den Betrieb aufrechtzuerhalten.

Eiweiß ist das Baumaterial des Körpers, ohne das Leben nicht möglich ist. Es findet sich in jeder Zelle. Aus Eiweiß bauen sich die Abwehrstoffe des Körpers auf, es bildet den roten Blutfarbstoff und sämtliche Fermente, jene Wirkstoffe, die man in der Chemie als Katalysatoren bezeichnet. Sie beschleunigen chemische Reaktionen oder setzen sie überhaupt erst in Gang, ohne sich dabei selber zu verändern. Die Verdauungsfermente, die die zugeführten Nahrungsmittel in ihre Bausteine aufspalten, so daß der Darm sie aufnehmen kann, gehören ebenso dazu wie das Atmungsferment, das den Sauerstoff des Blutes für die Zelle verwertbar macht. Eiweißstoffe spielen auch eine wichtige Rolle bei der Regelung des Wasserhaushaltes. In der

Oben: Kein Gramm zuviel wiegt dieser Buschmann in Afrika. Müßten wir unsere Nahrung noch selbst jagen, hätte wohl kaum jemand unter Überernährung zu leiden.

Unten: Wie bequem haben wir es heute: eine Fahrt mit dem Auto ins Grüne, wo man im Liegestuhl von der anstrengenden »Tätigkeit« im Büro ausruhen kann. Wir sollten uns in unserer Freizeit mehr bewegen, aber nur wenigen gelingt diese Umstellung.

Hungerzeit nach dem Krieg enthielt die Nahrung kaum Eiweiß. Als Folge des Eiweißmangels entstanden bei unterernährten Menschen sogenannte »Hungerödeme«, wassersüchtige Schwellungen, weil der Wasserhaushalt des Körpers durcheinandergeraten war. Die Zellen konnten das Wasser nicht mehr zurückhalten, weil ihnen Eiweiß fehlte. Auch heute noch gibt es Hungerödeme. Jeder kennt solche Bilder von Kindern mit aufgetriebenen Bäuchen aus Hungerländern, in denen es an eiweißreicher Nahrung mangelt.

Eiweiß ist in der Hauptsache ein Baumaterial des Körpers, aber es kann auch in beschränktem Umfang als Brennstoff verwendet werden. Der Körper tut es immer dann, wenn ihm die beiden anderen Nahrungsbestandteile im Übermaß zugeführt werden. Eiweiß läßt sich nämlich nicht speichern. Der Körper muß alles Eiweiß, das er angeliefert bekommt, auch verwerten. Erhält er Eiweiß im Überfluß, dann benutzt er den Überschuß, um Energie zu erzeugen, und spart damit Fett und Kohlehydrate ein, die er beide speichern kann. Aus einem Gramm Eiweiß gewinnt der Körper 4,1 Kalorien oder 17,22 Joule (wie die Maßeinheit für den Energiegehalt ab 1975 heißt – zur Umrechnung muß man nur die Kalorienzahl mit 4,2 multiplizieren).

Wieviel Eiweiß braucht der Mensch? Beim Erwachsenen rechnet man mit einer Durchschnittsmenge von einem Gramm je Kilogramm Körpergewicht und Tag. Ein Erwachsener, der 70 Kilogramm wiegt, müßte deshalb täglich 70 Gramm Eiweiß zu sich nehmen. Ältere Menschen benötigen mehr Eiweiß. Bei ihnen rechnet man je Tag und Kilogramm etwa 1,2 Gramm. Besonders hoch ist jedoch der Eiweißverbrauch bei Kindern und bei heranwachsenden Jugendlichen. Sie brauchen genau wie ein Haus, das gebaut wird, besonders viel Baumaterial. Sie sollen 1,5 bis 3,5 Gramm je Kilogramm Körpergewicht täglich erhalten.

Alle diese Zahlen beziehen sich auf sogenanntes »hochwertiges Eiweiß«. Eiweiß ist nämlich nicht gleich Eiweiß, ebensowenig wie Baustein gleich Baustein ist. Es gibt minderwertiges und hochqualifiziertes Baumaterial. Eiweiß besteht aus 20 verschiedenen Aminosäuren. Ausschlaggebend für den Wert des Eiweißes ist seine Zusammensetzung aus diesen Aminosäuren. Bestimmte Aminosäuren kann der Körper nicht selber aufbauen. Man nennt sie »essentielle Aminosäuren«. Sie finden sich besonders im tierischen Eiweiß, das daher im ganzen dem pflanzlichen Eiweiß überlegen ist. Wegen dieser unterschiedlichen Werte sollte sich die Nahrung aus einem Drittel pflanzlichem und zwei Dritteln tierischem Eiweiß zusammensetzen. Es sei denn, man ernährt sich mit hochwertigem pflanzlichen Eiweiß, das dem tierischen Eiweiß ebenbürtig ist. Es ist in erster Linie in der Sojabohne enthalten, die ja heute zu einer Art Fleischersatz verarbeitet wird.

Jede Tierart und jede Pflanze hat ihr arteigenes Eiweiß, verursacht durch die verschiedenen Aminosäuren, aus denen es zusammengesetzt ist. Bei der Verdauung werden diese Eiweiße wieder in ihre Aminosäuren zerschlagen, die der Körper dann zu seinem eigenen Eiweiß zusammenfügt. Das entspricht etwa dem Vorgang, wenn ein profanes Gebäude abgerissen wird und man aus seinen Bausteinen eine Kathedrale erbaut.

Zweiter wichtiger Bestandteil der Nahrung ist das Fett. Es hat in erster Linie die Aufgabe, den Energiebedarf zu decken, da es einen sehr hohen Brennwert besitzt. Ein Gramm Fett liefert 9,3 Kalorien (39 Joule). Darüber hinaus wird es in geringem Maße auch als Baustoff verwendet. Das Körperfett dient als Polstermaterial für die verschiedenen Organe und im Unterhautfettgewebe als Wärmeisolation gegen die Außenwelt. Es ist auch ein wichtiger Träger von fettlöslichen Vitaminen.

Die Bausteine des Fettes sind die Fettsäuren. Nach der chemischen Zusammensetzung unterscheidet man drei Arten: 1. gesättigte Fettsäuren, 2. einfach ungesättigte Fettsäuren und 3. mehrfach ungesättigte Fettsäuren. Diese Einteilung ist gesundheitlich sehr wichtig: Gesättigte Fettsäuren erhöhen den Cholesteringehalt des Blutes und können – im Übermaß zugeführt – den Grundstein für Herzinfarkte und Arteriosklerose abgeben. Einfach ungesättigte Fettsäuren verändern den Fettspiegel des Blutes nicht, sind also neutral. Mehrfach ungesättigte Fettsäuren dagegen können den Cholesteringehalt des Blutes senken. Einen Teil von ihnen benötigt der Körper unbedingt. Da er diese »essentiellen Fettsäuren« nicht selber aufbauen kann, müssen sie ihm mit der Nahrung zugeführt werden. Wegen der Abhängigkeit des Körpers von diesen Fettsäuren hat man sie auch als Vitamin F bezeichnet.

Tierische Fette bestehen zu einem Gutteil aus gesättigten Fettsäuren. Die meisten Pflanzenfette dagegen weisen einen verhältnismäßig hohen Anteil an mehrfach ungesättigten Fettsäuren auf, wie zum Beispiel Sonnenblumenöl, Weizenkeimöl und Leinöl. Eine Ausnahme bilden Kokos- und Palmkernfett.

Die Nahrung soll nicht mehr als 70 Gramm Fett täglich enthalten, das sind etwa 30 bis 35 Prozent des Energiebedarfes. Das bedeutet aber nicht, daß man sich nun diese Menge auf das Brot schmieren darf. In der Summe von 70 Gramm sind auch die »versteckten Fette« enthalten, die sich in den meisten Nahrungsmitteln finden, ohne daß man sie bemerkt. Selbst 100 Gramm mageres Rinderfilet enthalten noch etwa vier Gramm Fett und 100 Gramm Erdnüsse sogar fast 50 Gramm! Deshalb läßt sich eine fettfreie Diät praktisch nicht durchführen.

Das dritte Grundnahrungsmittel sind die Kohlehydrate. Sie dienen in erster Linie als Brennstoff, der dem Körper je Gramm 4,1 Kalorien (17,22 Joule) liefert. Ihr Name leitet sich von ihrer Zusammensetzung ab. Sie bestehen sämtlich aus Kohlenstoff (carbo, lat.: Kohle) und Wasserstoff (hydor, griech.: Wasser). Dazu tritt dann noch Sauerstoff. Stellt man sich eine solche Kohlenstoff-Wasserstoff-Sauerstoffverbindung als das Glied einer Kette vor, das man als Monosacharid (monos, griech.: einzig) bezeichnet, dann hat man einen »Einfachzucker« vor sich, den kleinsten Baustein der Kohlehydrate. Zu dieser Gruppe gehören der Trauben-, der Fruchtzucker und die Galaktose. Legt man immer je zwei solcher »Kettenglieder« zu einer

Oben: Wer viel sitzt, verbraucht weniger Energie als ein körperlich hart arbeitender Mensch. Er muß sich mit seiner Kost darauf einstellen.

Unten: Kinder befinden sich in ständiger Bewegung und haben schon deshalb einen erhöhten Bedarf an Eiweißen, Kohlehydraten und Fetten. Zudem brauchen sie noch Aufbaustoffe.

Einheit zusammen, erhält man die Disacharide (di, griech.: doppelt), »Doppelzucker«. Zu ihnen rechnet der Rohr- (bzw. Rüben-)zucker. Er besteht aus je einem Frucht- und einem Traubenzucker. Der Milchzucker setzt sich aus einem Traubenzucker und der Galaktose zusammen, und der Malzzucker hat zwei Traubenzucker als Grundbestandteile.

Legen sich nun viele solcher Glieder zusammen, so daß eine richtige Kette entsteht, erhalten wir die Polysacharide (poly, griech.: viel), die »Vielfachzukker«. Sie sind praktisch unsere Energiegrundlage; denn zu ihnen zählt die Stärke, die im Mehl oder in der Kartoffel enthalten ist. Aus ihnen baut sich die für den Körper unverdauliche Zellulose auf, und auch das Glykogen ist ein Vielfachzucker. Glykogen ist die Form von Kohlehydrat, die der Körper in beschränktem Maße als Energievorrat in der Muskulatur und in der Leber speichern kann.

Bekommt der Körper mehr Kohlehydrate angeliefert, als er verbraucht, verwandelt er sie in Fett, das er »für schlechte Zeiten« auf Halden legt. Das heißt, der Körper setzt mehr und mehr Fett an. Warum speichert er nun nicht einfach die zugeführten Kohlehydrate, sondern macht sich die große Mühe, sie zunächst in Fett umzuwandeln? Nun, der Körper arbeitet wirtschaftlich. Zucker liefert ihm je Gramm nur 4,1 Kalorien, Fett dagegen 9,3 Kalorien. Speichert er Fett, benötigt er für die gleiche Energiemenge weniger als die Hälfte an Speicherraum. Eine Fabrik würde ihre Brennstoffvorräte ja auch nicht in Form von Torf, sondern als hochwertigen Koks anlegen.

Traubenzucker braucht nicht erst aufgespalten zu werden. Er geht unmittelbar ins Blut. Das weiß jeder Sportler oder Autofahrer, der einen Leistungsabfall mit einigen Gramm Traubenzucker auf eine natürliche Weise ausgleichen kann. Rohrzucker kann nicht diese Sofortwirkung haben, genausowenig wie Stärke. Diese Zuckersorten müssen zunächst im Darm aufgespalten werden. Und das dauert bei Polysachariden, bei Vielfachzuckern, eben ziemlich lange. Trotzdem aber eignen sich weder Einfach- noch Doppelzucker für den Dauergebrauch. Gerade das langsame Aufspalten der Vielfachzucker ist ein großer Vorteil. Der dabei entstehende Traubenzucker gelangt nur langsam und ganz allmählich ins Blut, wohingegen durch Traubenzucker, den wir konzentriert zu uns nehmen, eine Schockwirkung auf die Bauchspeicheldrüse ausgeübt wird. Sie muß sofort in großen Mengen Insulin ausschütten, um den Blutzucker auf normale Grenzen zurückzuführen. Und das verkraftet sie auf die Dauer nicht, so daß sie erkranken kann. Außerdem sind sowohl Einfach- als auch Doppelzucker außerordentlich schädlich für die Zähne.

Vielfachzucker sind die gesündesten Kohlehydrate. Die Gemüse, in denen sie enthalten sind, liefern dem Körper noch andere wichtige Stoffe, wie Vitamine, Spurenelemente und die für die Verdauung so wichtige Zellulose.

Zellulose ist zwar so gut wie unverdaulich, aber gerade darin liegt ihr Wert: Sie füllt den Dickdarm. Und erst diese Füllung durch »Schlacken« regt die Darmbewegung an. Schlackenarme Nahrungsmittel – wie Zucker und

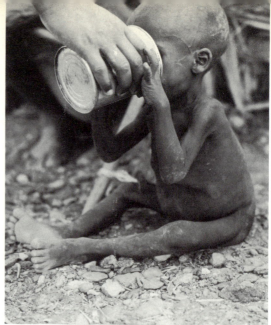

Weißbrot – werden praktisch restlos verdaut. Der Dickdarm erhält keinen Anreiz zur Bewegung. Es stellt sich eine unserer größten Zivilisationskrankheiten, die Verstopfung, ein. Nach neuesten Forschungen begünstigen schlackenarme Nahrungsmittel aber auch noch eine ganze Reihe anderer Dickdarmerkrankungen.

Eine gut ausgewogene Ernährung hält gesund. Unter einer solchen gut ausgewogenen Diät versteht man 10 bis 15 Prozent Eiweiß, 30 bis 35 Prozent Fett und 50 bis 60 Prozent Kohlehydrate. Der Kaloriengehalt der Nahrung muß dem Kalorienverbrauch angepaßt werden. Der Energieverbrauch ist von zwei Größen abhängig: 1. vom Körpergewicht – eine größere Maschine benötigt auch mehr Brennstoff als eine kleine, 2. von der geleisteten Arbeit – ein Motor im Leerlauf verbraucht viel weniger Benzin, als wenn er Arbeit zu leisten hat. Den Energieverbrauch des Körpers bei vollkommener Ruhe, also gewissermaßen im Leerlauf, bezeichnet man als »Grundumsatz«. Er errechnet sich nach folgender Formel: Körpergewicht in Kilogramm mal 24 (Stunden). Ein 70 Kilogramm schwerer Mensch hätte also einen Grundumsatz von 1680 Kalorien (7050 Joule) je Tag. Jede Bewegung setzt den Kalorienverbrauch herauf: Ein 70 Kilogramm schwerer Erwachsener verbraucht bei leichter Tätigkeit etwa 2200 Kalorien (9240 Joule). Ein 15jähriger Junge dagegen, der vielleicht nur 50 Kilo wiegt, verbraucht rund 2500 Kalorien (10 500 Joule). Der jugendliche Körper, der sich in dauernder Bewegung befindet, benötigt eben viel mehr Energie.

Trotz dieses ziemlich hohen Energiebedarfs gibt es eine erschreckend hohe Zahl von Jugendlichen, die noch mehr zu sich nehmen, als sie verbrauchen und die demzufolge übergewichtig werden. Das Forschungsinstitut für Kinderernährung hat bei einer Untersuchung von viertausend Klein- und Schulkindern 21 Prozent überernährte Kinder gefunden. Schuld daran tragen zum

Die Anlage zu gesundheitlichen Schäden entsteht oft schon in der Kindheit. Eiweißmangel führt zu Hungerödemen, wie bei diesem Kind in Kenia (Mitte). Aber auch die »Überfütterung« von Kindern hat üble Folgen: Der jugendliche Körper bildet zusätzliche Fettzellen, die erhalten bleiben und sich bei nächstbester Gelegenheit wieder füllen. Fettsucht ist in unserer Wohlstandsgesellschaft längst zu einer Volksseuche geworden.
Alle Fotos Südd. Verlag

Teil die Mütter, die nach altem Brauch verlangen, daß der Teller leergegessen werden muß. Eine solche Forderung unterdrückt das natürliche Sättigungsgefühl und veranlaßt eine übermäßige Kalorienzufuhr. Naschereien und Bewegungsarmut tun das übrige und führen zur jugendlichen Fettsucht. Es entsteht ein Teufelskreis: Je dicker ein Kind wird, desto weniger bewegt es sich. Leider gibt es immer noch viele Mütter, die Fettsucht mit Gesundheit verwechseln.

Dicke Kinder sind gesundheitlich doppelt gefährdet. Einmal wird ihr Herz überfordert. Der »Motor« muß ja versagen, wenn er zusätzlich zu dem normalen Körpergewicht, für das er gebaut ist, noch überflüssiges Gewicht mit sich herumschleppen muß. Dann aber drückt das schwere Gewicht auf die Kniegelenke, die frühzeitig verschleißen. Zudem leiden dicke Kinder vermehrt unter Lungen- und Bronchialerkrankungen. Da der Körper bei einem Überangebot in der Jugend zusätzliche Fettzellen bildet, um dort seine Vorräte unterzubringen, besteht auch Gefahr für das Erwachsenenalter. Wird ein dicker Jugendlicher später einmal wirklich wieder schlank, dann laufen diese zusätzlichen Fettzellen zwar leer, aber sie bleiben im Körper und füllen sich bei der nächsten besten Gelegenheit wieder mit Fett auf. Dicke Kinder neigen deshalb im Alter vermehrt zur Fettsucht.

Neben den Grundnahrungsmitteln muß eine wohlausgewogene Ernährung auch noch Zusatzstoffe einschließen, die ebenfalls zur Erhaltung des Lebens notwendig sind. Dazu gehören in erster Linie Vitamine. Die wasserlöslichen Vitamine sind im Gemüse, im Obst und im Brot enthalten. Die fettlöslichen Vitamine bekommt der Körper mit der Butter zugeführt, in der sie natürlich vorkommen. Margarine enthält sie nicht. Sie muß deshalb »vitaminisiert« werden, das heißt, sie bekommt die Vitamine zugesetzt, die in der Butter und in Milcherzeugnissen natürlich vorhanden sind.

Unsere Welt soll schöner werden

VON BRIGITTE KRUG

Vier Berliner Maler machen konkrete Vorschläge

Johannes Grützke, »Durchbruch«, 1969. Foto: J. Littmann, Galerie Kunze, Berlin

»Rettet euch aus der Kläglichkeit«, so raten sie. »Werdet Schüler der Neuen Prächtigkeit!« – Wie wird man Schüler dieser Schule? Mitschüler von Manfred Bluth, Johannes Grützke, Matthias Koeppel und Karlheinz Ziegler? Jeder, der sich um Menschlichkeit bemüht, der nicht mit Scheuklappen seinen Weg geht, ohne einen Blick an seine Mitmenschen zu verschwenden, der ist auf dem besten Weg, »Schüler der Neuen Prächtigkeit« zu werden.

Eine neue Lehre also? Eine Heilslehre gar? Keineswegs. Die vier Berliner Maler Bluth, Grützke, Koeppel und Ziegler haben erkannt, daß sie weit mehr Beachtung finden, wenn sie die Anliegen ihrer Malerei gemeinsam vorbringen – wenn sie gemeinsam ihre Ideen nach außen tragen. Sie üben in ihren Bildern Kritik an der Welt, in der wir leben, an den Dingen, die nach außen hin in Ordnung scheinen. Sie wollen verändern. Sie hassen Hochhäuser und die Auswüchse moderner Städteplanung. Sie kämpfen gegen selbstzufriedene Bürgerlichkeit und hohlköpfige Dummheit. »Laßt euch nicht vom rechten Winkel tyrannisieren! Legt Lindenhaine in Hinterhöfen an und schafft dort gastliche Stätten! Errichtet Aussichtspunkte, um Sonnenauf- und -untergänge besser beobachten zu können«, heißt es im Aufruf als Vorwort zu den Manifesten der Schule der Neuen Prächtigkeit.

Die vier Maler indes verstehen sich nicht als politische Maler. Sie wollen nichts, als dem Menschen von heute etwas zurückgeben, was er längst verloren hat: neue Ideale, den Glauben an eine reparable Umwelt. Nicht Prunk, nicht verstaubte und verlogene Nostalgie meint das Wort Prächtigkeit. Vielmehr beziehen sich die neuen Vorstellungen dieser Gruppe auf Ideen und Gedanken.

Jedes Mittel ist den vier Künstlern dazu recht: Sie schreiben Theaterstücke und führen sie selbst auf. Sie verfassen ein Manifest. Sie ziehen auf Tournee durch Deutschlands Städte. Sie stellen sich vor ihre Bilder und diskutieren mit dem Publikum. Und mit der Zeit, so hoffen sie, werden immer mehr Menschen zu ihnen stoßen und sich mit ihnen zusammen »um ein Bewußtsein bemühen, das in Gedanken, aber auch in Taten auf die Würde des Menschen bezogen ist«. Ein Zusammenwirken auf allen Gebieten der Kunst soll die Mißstände in unserer Gesellschaft verändern helfen.

Spielerisch, gleichsam im Scherz, und doch dabei mit großer Ernsthaftigkeit tragen die vier ihre Ideen vor. Gemeinsam mit einer Frau, Gisela Pulß, der Leiterin der Schule der Neuen Prächtigkeit, sind sie am 13. Mai 1973 an die Öffentlichkeit getreten, vier Monate nach Gründung der Schule.

Wer nun sind diese vier Maler, die – wie weiland die alten Meister – eine Schule gegründet haben? Alle vier waren bereits bekannt und hatten durch zahlreiche Ausstellungen im Kunsthandel schon einen Namen. Alle vier Künstler verbindet ihre realistische Malweise. Sie legen Wert auf handwerklich sauberes Arbeiten und lehnen jedes modernistische Getue ab. Gemeinsam ist ihnen auch ihr Hang zum Monumentalen. Die Leinwand kann nicht groß genug sein. Auch hier wiederum zeigt sich eine Parallele zu den alten Meistern vergangener Jahrhunderte.

Manfred Bluth, »Besuch bei Ingres«, 1974. Foto Reinhard Friedrich. Ingres' Hauptwerk, »Die Apotheose Homers«, ist noch unvollendet. Der Meister sitzt vor der Leinwand. Rechts im Bild die Schüler der »Schule der Neuen Prächtigkeit«.

Manfred Bluth, der älteste der vier, ist 1926 geboren. Sehr eindringlich hat er Krieg und Nachkriegszeit erlebt. Menschen und Situationen von damals haben sich unauslöschlich in sein Gedächtnis eingegraben: eine Frau, die nach einer Bombennacht auf einem Handwagen ihre jämmerlich heulende Dogge durch die zerstörten Straßen Berlins zieht. Ein Lagerkommandant, den er – eins seiner ersten Porträts – während der amerikanischen Kriegsgefangenschaft in voller Montur malt. Und dann die Begegnung mit Willi Baumeister in Stuttgart. Der junge Maler, der in Berlin und in München die Kunstakademie besucht hat, macht in seiner Malerei all die Stationen durch, die auch andere Künstler in jenen Jahren durchlaufen: Er malt à la Renoir und Cézanne, à la Braque, Picasso und Baumeister. Auch der Surrealismus beeindruckt ihn tief. Mac Zimmermann und vor allem Max Ernst werden ihm Vorbild. Dann, ums Jahr 1953, malt Manfred Bluth à la Bluth. Er hat seinen Stil gefunden. Seine berühmten, vielgelobten und vielgeschmähten Porträts entstehen. Er malt die Freunde aus Berlin, er malt Galeristen und Kunstkritiker, Schriftsteller, Schauspieler, Politiker. 1973 entsteht das Bildnis von Willy Brandt. Eine Auftragsarbeit, die bei Regierungspartei und Opposition gleichermaßen wahre Stürme der Entrüstung ausbrechen läßt. »Zum Kotzen ähnlich« findet man das Porträt. Die denkmalhaften, histo-

Ausschnitt aus dem Bild links. Ängstlich und unentschlossen nähern sich die Schüler dem großen Meister des 19. Jahrhunderts. Von links: die Leiterin der Schule Gisela Pulß, Manfred Bluth, Johannes Grützke, Matthias Koeppel und Karlheinz Ziegler.

risch-staatsmännischen Züge des damaligen Kanzlers gefallen nicht. Und doch hat gerade dieses Bild seinen Maler weit über die Grenzen Berlins hinaus bekannt gemacht.

Wenn in den Porträts von Manfred Bluth distanzierte Realität und eine oft literarisch betonte Schlichtheit vorherrschen, so sind die Porträts seines Kollegen Johannes Grützke mehr von Ironie geprägt. Die Ironie geht ins Groteske über, wenn Grützke fünf nackte Männer in teils gespielter Überlegenheit, teils offensichtlichem Sichgenieren zu einem Gruppenbild zusammenstellt. Wenn drei Männer über eine Hürde springen, wenn sie sich in weinseliger Stimmung umarmen, wenn sie ein Denkmal enthüllen. Es sind immer Allerweltsmenschen, Männer von nebenan, die man kennt und von denen man in jeder Lage weiß, wie sie sich verhalten werden. Grützke kennt ihn genau, den bulligen Baggerführer, den pfiffigen Knastbruder, den Eckensteher. Aber er sieht auch hinter die Kulissen. Er hat selbst auf dem Bau gearbeitet. Er hat im Gefängnis gesessen, weil er die nächtliche Ruhe ehrbarer Bürger störte. Er hat drei Jahre lang auf dem Postamt des Anhalter Bahnhofs Nacht für Nacht Massendrucksachen abgestempelt. In all seinen Porträts steckt ein Stück Grützke. In seiner Wohnung hängen nicht weniger als neunundzwanzig Spiegel, vor denen er Grimassen schneidet,

465

Johannes Grützke, »Vertrauliche Mitteilung« oder »Information im Flüsterton«, 1970. Foto: H. Kiessling. Slg. Laszlo, Basel. Drei Männer, Arbeitskollegen vielleicht oder Stammtischbrüder, die ein gemeinsames Geheimnis zu verbinden scheint.

lacht und weint, bevor er die Gesichter auf die Leinwand bannt. Erst in neuerer Zeit hat Johannes Grützke auch Frauenakte nach Modellen gemalt. Weit hintergründiger aber sind seine in Konzeption und Inhalt ungewöhnlichen Männergesichter, lachende Gesichter, hinter denen sich Unsicherheit und Angst, Verbitterung und immer ein Stück brutale Wirklichkeit verstekken. Grützke überläßt es dem Betrachter, die Bilder zu deuten und auszulegen.

»Rettet euch aus der Kläglichkeit!« Diesen Satz aus dem Manifest der Schule der Neuen Prächtigkeit scheint vor allem Matthias Koeppel den Beschauern seiner Bilder zuzurufen. Die Kläglichkeit – das sind die Auswüchse unserer Zivilisation, die Unfähigkeit des Menschen, mit sich und seiner Freizeit etwas anzufangen. Da sind die drei Wohlstandsbürger, die an der Berliner Mauer die Aufmerksamkeit auf sich lenken. Da ist die vollbusige Schöne, nur mit einem Slip bekleidet, die sich von einem pausbäckigen Jüngling liebkosen läßt, ohne dabei von ihrem Kofferradio abzulassen. Und da ist die kleine Gruppe von Demonstranten am Kranzlereck, mit kalter Neugierde begafft von einer unbeteiligten Menschenmenge am Straßenrand. Matthias Koeppel zeigt sie alle, die Spießbürger und Maulhelden, die erlebnishungrigen Nachtschwärmer, die muskelstrotzenden Sexmaschinen. Koeppel führt

Johannes Grützke, »Steinerne Hürde«. Foto: H. Zenker. Slg. Kleber. Grützke greift klassische Maltraditionen wieder auf und verändert sie. Die geballte Spannkraft der Körper bildet einen starken Kontrast zur Ausdrucksarmut der Gesichter.

uns in ihre Wohnungen, in ihre Straßen, in ihre Viertel. Hintergrund der abendlichen Szenen aber bildet ein Himmel, wie ihn Caspar David Friedrich gemalt haben könnte: Wolkenbilder von anmutiger Schönheit und Heiterkeit, von leiser Traurigkeit oder von geballter, bedrohlicher Schwere. Die Natur zeigt sich in ihrer ganzen Vielfältigkeit, während der Mensch das Seine dazu beiträgt, die Umwelt planmäßig zu zerstören. Die grellen, oft schreiend giftigen Farben, die Koeppel verwendet, machen sein Anliegen noch deutlicher: Er will nicht gefallen; er will Mißstände aufzeigen.

Der S-Bahnhof Steglitz war schon für den kleinen Jungen ein wichtiger Ort. Von hier aus haben alle Sonntagsausflüge mit den Eltern an den Wannsee ihren Anfang genommen. Später, 1969, ist Karlheinz Ziegler dann in unmittelbare Nähe von Rathaus und S-Bahnhof Steglitz gezogen. Dort, auf dem Gelände des ehemaligen Albrechtshofs, wird 1969 mit dem Bau des Steglitzer Kreisels begonnen. Dieser »Kreisel« – ein riesengroßer, vielgeschossiger Gebäudekomplex, der alles bisher Gebaute in den Schatten stellen sollte – ist Teil der Stadtsanierung im Bezirk Steglitz. Ziegler verfolgt von Anfang an das Vorhaben, das auf 180 Millionen Mark veranschlagt worden ist. Zur gleichen Zeit, als der Bau am Steglitzer Kreisel Gestalt gewinnt, beschäftigt Ziegler sich mit dem Begriff der »Kapitalistischen Anarchie«.

Matthias Koeppel, »Selbstbildnis als Würstchenesser in der Gropiusstadt«, 1973/74. Foto: H. Zenker. Koeppel beschreibt nicht die Idylle Berlins, sondern dessen brutale Wirklichkeit. 1969 bekam er einen Preis für sozialkritische Grafik.

Immer mehr kommt er zu der Überzeugung, daß das Bauvorhaben Steglitzer Kreisel diesen Begriff besonders klar verdeutlicht. In allen Phasen fotografiert er den Bau. Nach diesen Fotos erarbeitet er Dutzende von Skizzen. Doch nicht nur Architektur skizziert er. Wichtig ist es ihm – im Hinblick auf das geplante Bild –, Menschen und Situationen darzustellen, die politisches, wirtschaftliches und soziales Chaos versinnbildlichen.

So zeichnet er Donatello Losito, den Freund von Sigrid Kressmann-Zschach, der Architektin des Bauvorhabens. Losito hält eine Maschinenpistole und lehnt lässig an einem BMW. Die Architektin selbst erscheint im Bild, mit ihr Verantwortliche der Stadtverwaltung und bekannte Persönlichkeiten der Berliner Bau- und Wirtschaftskreise. Am Bildrand erkennt man die Schüler der Neuen Prächtigkeit. Als aus dem 180-Millionen-Projekt schließlich eine 323-Millionen-Pleite geworden ist und Polizei die Baustelle besetzt hält, um zu verhindern, daß die geprellten Firmen plündern, steht das

Karlheinz Ziegler, »Steglitzer Wahlsonntag«, 1972. Beim Skizzieren der Entwürfe und jedem Bild Zieglers gehen Vorstudien voraus – verläßt sich der Künstler häufig nur auf sein Gedächtnis; so schält sich das Wesentliche eines Motivs heraus.

Bild Zieglers vor der Vollendung. Skizzen und Arbeitsunterlagen, die Sammlung seiner Fotos und Zeitungsausschnitte haben ihm eine eindrucksvolle Dokumentation geliefert. Und einem Mosaik gleich, Steinchen um Steinchen, hat die Idee Form angenommen. Das Bild »Anarchie« ist unbestritten die bisher bedeutendste Arbeit von Karlheinz Ziegler.

»Als rettendes Floß schwimmt auf dem Meer der allumfassenden Kläglichkeit die Schule der Neuen Prächtigkeit. Findet das Ufer, an dem die Fluten der Kläglichkeit sich brechen! Jene Fluten aus armseliger Architektur und Stadtplanung, mehrheitsgläubiger Demokratie, verantwortungslosem Nähen ohne Abschlußknoten, elektrischer Musik, elenden Badeanstalten, vorbildlichem Design, praktischen Strumpfhosen, didaktischen Kunstausstellungen, Geringschätzung des Endreims, verkrachter Tischlerei, unhaltbarer Schuhmacherei, allgemeiner Denkmalslosigkeit, stotternder Literatur und karierter Malerei.«

Garuda - der Göttervogel

VON KARL HELBIG

Am 27. Dezember 1949 schied nach langen Kämpfen und Verhandlungen die einstige Kolonie »Niederländisch-Ost-Indien«, die äquatoriale Inselbrücke zwischen Asien und Australien, aus dem Kolonialbesitz der Niederländer aus. Eigentum und Regierungsgewalt gingen aus den Händen der wenigen Europäer in die von damals siebzig Millionen einheimischen Malaien oder »Indonesiern« über. Der erste lockere Staatenbund »Sarékat Indonesia« (was etwa »Vereinigte Staaten von Indonesien« heißt) wurde am 15. August 1950 in einen freien und zentralistischen Einheitsstaat, die »Republik Indonesia«, umgewandelt.

Am gleichen Tage wurde auch das Wappen dieses jungen und bedeutsamen Tropenstaates feierlich enthüllt. Es stellt den adlerartigen Garuda-Vogel dar in Verbindung mit fünf Symbolen. Es sind dieses: ein Stern, die göttliche Allmacht; eine kreisförmige stählerne Kette, als Ausdruck der Menschlichkeit; ein Banyan- oder Waringin- (Wildfeigen-) Baum, als Sinnbild des Nationalbewußtseins; der Kopf eines Wasserbüffels, der die Demokratie verkörpern soll; schließlich als Zeichen der sozialen Gerechtigkeit je ein Reishalm und ein Baumwollzweig. In seinen Klauen hält der Vogel ein Schild mit den uralten Sanskritworten: »Bhinneka Tunggal Ika«, was soviel bedeutet wie »Viele ergeben Einen« oder »Einheit trotz Verschiedenheit«. (Indonesien besteht aus rund 3000 bewohnten Inseln neben etwa 12 000 unbewohnten Eilanden.) Mit diesen Worten wird auf die große Zersplitterung und Verschiedenheit der indonesischen Völker untereinander angespielt, die dennoch den Zusammenschluß zu einer Einheit nicht verhindern konnten. (Sie entsprechen sinngemäß der lateinischen Inschrift des nordamerikanischen Wappens »E Pluribus Unum«: »Aus Vielen Eines«. Doch ist der Wappenspruch dem nicht nachgeahmt, sondern dem Werk des indonesischen Dichters Empu Tantular aus dem 13. Jahrhundert entnommen.) Der Schild ist in Rot und Weiß, den Farben Indonesiens, gehalten. Eine gerade Linie teilt ihn quer in zwei Hälften. Sie versinnbildlicht den Äquator, der auch die Inseln Sumatra, Borneo (jetzt Kalimantan, zu deutsch Diamantenfluß), Celebes (jetzt Sulawesi, zu deutsch Eiseninsel) und Neuguinea (jetzt Irian, zu deutsch Land der Freien) fast genau halbiert. Die zweimal 17 Flügelfedern und die 8 Schwanzfedern des Garuda sollen an den 17. Tag im 8. Monat des Jahres 1945 erinnern. An diesem Tage, unmittelbar nach

Reich ausgeschmückte Tempel auf der Insel Java sind Zeugnisse der von Indien herübergebrachten Religionen und Kulturen. Die wichtigsten Tempelruinen: I Barabudur, II Mendut, III Tempelstadt auf dem Dijang-Plateau, IV Prambanen, V Kalasan, VI Terrassenheiligtum am Lawu-Vulkan, VII Tempelstätten von Panataran am Kelut-Vulkan, VIII Ruinen auf dem Ijang-Plateau, IX Terrassenheiligtum Artja Domas in der Provinz Bantam, Westjava.

der Kapitulation Japans, war die »Erste Republik Indonesien« ausgerufen worden, und damit begann der Freiheitskampf gegen die niederländische Kolonialmacht. Nachdem die Japaner die Waffen niedergelegt hatten, waren die Holländer in das Inselreich zurückgekehrt. Garuda selber erstrahlt auf dem Wappen in glänzendem Gold: dem Gold des errungenen Sieges.

Die Indonesier hätten sich kein sinnvolleres Wappentier erwählen können: Garuda, das Reittier des Gottes Vishnu, ist für sie seit jeher – das heißt mit Sicherheit seit zweitausend, wahrscheinlich aber noch mehr Jahren – das Sinnbild der erwachenden Kraft gewesen. Vishnu selber wird in der altindischen Vorstellungswelt als der Gott der Stärke und Streiter gegen das Böse gedacht. Sein mythisches Reittier hatte ihn, den ewigen Erhalter aller Werte – im Gegensatz zu Gott Shiva, dem ewigen Zerstörer –, zu den von ihm gewählten Orten zu tragen und gleichzeitig gegen die Dämonen des Bösen zu kämpfen.

Nichts wäre falscher, als in den malaiischen – oder indonesischen – Völkern eine Art »Wilde« sehen zu wollen. Selbst in den finstersten Urwäldern mancher Insel sterben die primitive Kultur und barbarischen Sitten rasch aus oder wandeln sich zeitgemäß. Ganz besonders Java und Bali sowie große Teile von Sumatra und Celebes besitzen eine bewunderungswürdige Baukunst und Plastik, Literatur, Musik und Tanzkunst. Ebenso ausgeklügelt ist die Art und Weise, wie Reisfelder und Bewässerungssysteme angelegt und das gesellschaftliche Leben und die Rechtspflege geordnet sind.

Schon in der Steinzeit und in der Bronzezeit besaßen die Javaner sehr hohes Kulturgut. Später kamen Einflüsse aus China, Hinterindien und besonders aus Vorderindien hinzu. Das große Dreigestirn der indischen Religion: Brahma, der Schöpfer, Vishnu, der Erhalter, und Shiva, der Zerstörer, erfüllen nun die mythische Vorstellungswelt der Indonesier, und nacheinander hat bald der eine, bald der andere den Platz der obersten Gottheit eingenommen. Als höchste Wahrheit entwickelte sich das Bewußtsein, daß die menschliche Seele eine Einheit mit dem göttlichen Allwesen darstellt.

Wunderbare Zeugnisse dieser von Indien herübergebrachten Religionen und Kulturen sind erhalten geblieben. Es sind zumeist reich ausgeschmückte Tempel und Grabmonumente von überfeinerter Form. Der unvergleichliche Barabudur im üppigen Tal von Kedu, die eindrucksvollen Ruinen auf dem einsamen, von dampfenden Vulkanen umdrängten Dijang- oder Diëng-Plateau auf Java gehören zu den schönsten und berühmtesten frühgeschichtlichen Bauwerken auf der Erde. Immer waren hohe und möglichst feuerspeiende Berge Sitze der Gottheiten; der Penanggungan-Vulkan in Ostjava zum Beispiel war dem Gott Vishnu geweiht.

Nach dem Glauben der Javaner hat dieser Gott sich in mehreren Königen inkarniert, das heißt: menschliche Gestalt angenommen. Die Vorstellung, daß Fürstlichkeiten göttliche Wesen sind, ist ja über weite Teile der Erde verbreitet. König Erlangga, die berühmteste Inkarnation Vishnus in der indonesischen Geschichte, regierte kurz nach dem Jahre 1000 über das Reich Kediri in Ostjava und dehnte seine Macht und gleichzeitig den Vishnu-Kult auch über die benachbarte Insel Bali aus. Ebenso hohe Verehrung genoß und genießt dort noch immer Vishnus Gemahlin Çri, Shri oder Seri. Denn wie Bhatara Vishnu der Gott der unterirdischen Wasser ist und den Äckern Fruchtbarkeit und damit dem ganzen Lande Wohlstand verleiht, so ist Dewi Seri sowohl die Göttin der Schönheit und des Glücks als auch die Beschützerin des Reises, der wichtigsten Nährpflanze. Kein Reisfeld auf Bali, in dem sich nicht ein Opfertempelchen zu ihren Ehren befände und ständig mit den schönsten Früchten versehen würde.

Lange bevor die Hindu nach Indonesien kamen, wurden dort schon gewisse Tiere verehrt. Durch den Hinduismus wurde der Tierkult noch genährt, und er ging selbst dann nicht verloren, als der Islam ihn später ablöste. In Feuerfliegen, Grillen und Schmetterlingen, in Vögeln, Spinnen, Schlangen

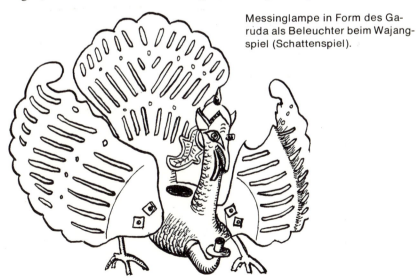

Messinglampe in Form des Garuda als Beleuchter beim Wajangspiel (Schattenspiel).

Links: Blick vom Dach des Barabudurtempels mit seinen zahlreichen Gitterkuppeln, in deren jeder ein Standbild von Buddha untergebracht ist, auf die fruchtbare Ebene von Kedu. Der Tempel ist Indonesiens berühmtestes Kulturdenkmal.

Rechts: Dieses Opfertempelchen steht in den Reisfeldterrassen der Insel Bali. Es ist der Reisgöttin Dewi Seri, Gemahlin des Gottes Vishnu, geweiht.

und Eidechsen glaubte man zum Beispiel, die Seelen verstorbener Menschen wiederzuerkennen. Elefant und Tiger, Wildschwein und Krokodil, als die stärksten und am meisten gefürchteten Vertreter des malaiischen Tierreiches, aber auch Rind, Hund und Hahn wurden neben vielen anderen zu Totemtieren, das heißt unberührbar für denjenigen, der eines von ihnen als seinen übersinnlichen Beschützer und Schicksalsgestalter erkannt hatte. Der beliebteste Vertreter dieser uralten malaiischen Tierverehrung war jedoch der Nashornvogel. Da er niemals die unreine Erde berührt und nur in den Baumwipfeln oder in der Luft lebt, so ist er bestens als Mittler zwischen dem Diesseits und dem Himmel geeignet. Er ist das ausgesprochene Glückstier; er schützt die Häuser und Felder, er bringt Feuer und Eisen in seinem Schnabel und ist damit der Beschützer der Schmiede. Ohne ihn keine Kultur, kein Leben, und ohne ihn auch kein furchtloses Sterben; denn er trägt die Seelen der Verstorbenen nach dem Todesland. Seine schönen, schwarzweißen Schwanzfedern trägt noch heute jeder rechte Mann heidnischen Glaubens in seinem Haarschopf.

Dem Hinduismus ist es nicht schwer geworden, statt dessen den Vogel Garuda einzubürgern; denn ihm fallen fast alle diese Aufgaben ebenfalls zu. In der Vorstellungswelt des einfachen Volkes mögen sich beide Tiere zu einer Einheit verbunden haben. Ein Jünger Vishnus hatte ihn nach zweihundertjähriger strenger Askese geboren und seinem Lehrmeister Maha Bisnu (Vishnu) als Reittier und Helfer in seinem Kampf gegen einen gefährlichen Dämon zugeführt. Auf dem Baume Pauh Djanggi mitten im Weltmeere schlug Garuda seinen Wohnsitz auf, sofern Gott Vishnu seiner nicht bedurfte. Wann immer er gerufen wurde, stand er mit Blitzesschnelle

zur Verfügung. Das mächtige Rauschen seiner riesenhaften Flügel erfüllte dann die Luft, die weitesten Entfernungen schrumpften unter ihm zu kleinen Spannen zusammen, und stets brachte er seinen Herrn zu dem gewünschten Ziel und Erfolg. Er achtete dabei auf die dämonischen Nagas, das verschlagene Gewürm der Schlangen, die als Verkörperung des Unrechts seine Todfeinde waren, und wo immer er ihrer habhaft werden konnte, vernichtete er sie.

So wird Garuda auch meistens mit einer Schlange in den Krallen dargestellt. Manchmal hält er auch das Çakra in seinen Klauen, das Sonnen- oder Wurfrad, das sonst zu den Symbolen Vishnus selber gehört. Im übrigen wechselt sein Aussehen je nach Zeitabschnitt und Örtlichkeit. Auf sehr alten Bildern besitzt er Menschengestalt und nur den Schnabel sowie die Flügel eines Vogels. An vielen Tempelmauern aus vergangenen und gegenwärtigen Zeiten ist er zu finden, zusammen mit inhaltsreichen Wiedergaben der altindischen Rama-Legende, des »Ramayana«. Es ist dieses eine frühe Schöpfung des Dichters Walmiki. Später ist es zum Nationalepos aller indischen und indisch beeinflußten, somit auch der indonesischen Völker geworden.

Sein strahlender Held Rama, der älteste Sohn des Königs von Ayodhya, gilt ebenfalls als eine Inkarnation des Gottes Vishnu. Als seine liebliche Gemahlin Sita von Rawana, einem dämonischen Riesen und Beherrscher der Insel Lanka – des heutigen Ceylon –, geraubt worden war, halfen der kluge und tapfere Affenkönig Hanuman (oder Hanumat) sowie der unermüdliche Vogel Garuda dem verzweifelten Prinzen Rama, die Entführte im Palast des Riesen aufzuspüren, alsdann einen Damm von Indien nach Ceylon hinüber zu bauen – es ist eine lange Kette kleiner Inseln – und

Zwei ältere Darstellungen des Garuda: Hände und Füße sind zu denen eines Vogels geworden und namentlich der schnabelförmige Kopf, aber im ganzen ist etwas Menschenähnliches geblieben.

Rawana nebst allen seinen furchterregenden Riesen zu beseitigen. Aus den Tempelbildern ist das prächtig herauszulesen.

Keineswegs haben künstlerische Beweggründe zu diesen alten Nachbildungen der Götter, Helden und ihrer Helfer geführt. Der Begriff des »Künstlers« war damals noch gar nicht geboren. Vielmehr wollte man die mythischen Wesen durch schöne Nachbildungen günstig stimmen, und wer zu solchen Wiedergaben »kundig« – nicht aber ein »Künstler« – war, erlangte seinerseits Macht und Ansehen.

Obwohl auf Java seit einem halben Jahrtausend – im Gegensatz zur Insel Bali – nicht mehr der Hindukult, sondern der Islam die herrschende Religion ist, werden die Figuren der hinduistischen Mythologie nach wie vor mit Eifer, Liebe und Phantasie dargestellt. Sogar die erste, von der jungen indonesischen Regierung selbst gegründete und in Djakarta beheimatete Luftverkehrsgesellschaft hat sich Garudas Namen als glückbringende Bezeichnung gewählt, sie heißt »The Garuda Indonesian Airways«. Kunsthandwerk und Dichtung, Tanz und Theater werden auf dieser schönen Insel unter Obhut und Förderung der Obrigkeiten sorglich gepflegt, und die Vorbilder dafür werden immer noch den alten indischen Mythen und Legenden entnommen. Der göttliche Pfau Garuda erfreut sich dabei nach wie vor großer Beliebtheit. Die Silberschmiede, die Leder-, Horn- und Holzschnitzer erwählen ihn für ihre kostbaren Schmuckstücke und Gerätschaften. Auf den bunten, märchenfreudigen Batikgewändern des Volkes fehlt er, in mancherlei Gestalt und Stilisierung, ebensowenig, und besonders auf den herrlichen Seidentüchern der Serimpis, der jungfräulichen Tänzerinnen an den mitteljavanischen Fürstenhäusern, erstrahlt der goldene Vogel in vollkommener Schönheit. Im Wajang, dem berühmten Schattenspiel der Javaner, ist ihm eine besondere Rolle zugefallen: In seiner Gestalt ist die aus Kupfer oder Messing gegossene Öllampe geformt, welche in einiger Entfernung von der Leinwand aufgehängt wird und die Schatten der auftretenden Lederpuppen von hinten her geisterhaft gegen den Schirm wirft.

Der javanische Dichterfürst Raden Mas Noto Suroto hat schon Jahre vor dem Zusammenbruch der Kolonialherrschaft dem Wajangspiel eine wundervolle Dichtung gewidmet. Darin läßt er die einzelnen Figuren, aber auch die zum Spiel benötigten Gerätschaften, selbst etwas über ihre Aufgaben aussagen. Den Versen des mythischen Vogels Garuda gab er dabei, die späteren Geschehnisse der endlichen Befreiung seines Landes von fremder Herrschaft voraussehend, die besondere Überschrift »Meinen Landgenossen gewidmet«. Er bringt damit deutlich zum Ausdruck, daß dem Garuda auch in der Gegenwart noch eine besondere Rolle im Schicksal der indonesischen Völker zufällt. Der Göttervogel ist es, der sie trotz räumlicher Trennung und volklicher Verschiedenheit zusammenfaßt, ihnen von seinem allumfassenden Ausblick in der Höhe des Luftreiches aus die Schönheit ihres Inselreiches, ihre Einheit und ihre Kraft vor Augen führt. Und so ist er auch als das Wappentier des jungen Staates Indonesien aufzufassen.

Mit der in erhebender Sprache gehaltenen, knappen, aber treffenden Schilderung des Inselreiches und der Verkündung einer glücklichen Zukunft, wie der Dichter Suroto sie dem Reittier Vishnus in den Mund legt, sei diese kleine Betrachtung über Garuda, den Götter-, Sagen- und Wappenvogel einer uns fern gelegenen Traumwelt, abgeschlossen. Die Dichterin Carolina de Haan hat sie ins Deutsche übersetzt:

»Ich bin Garuda, Vishnus Vogel, die Schwingen breitend über euren Inseln.– Im Arm der Berge schlummern eure Wälder, wie Silber strahlt das erste Morgenlicht auf eurer Seen faltenlosem Spiegel, und eurer Felder fleißig Kunstgewirk breitet sich an der Hügel Lehne hin. – Es schwinden

eure Städte unter mir, Ameisenbauten gleich; wie lockre Vogelnester wiegen die Hütten eurer Dörfer im Gezweig. – Entgegen rauschen die Vulkane mir, ihr Federschmuck aus Dampf erzittert in meiner Flügelschläge Wind. – Im Nebelozean des jungen Morgens erglänzt das Gold-Eiland. – Der Krakatau, er schleudert seine Steine nach mir empor, singend wie Meteore. – Im Smaragdglanz der Reisfelder und der Bäume schimmert der Barabudur-Tempel wie ein Kronjuwel. – Voll dunkler Fruchtbarkeit und Ungeduld liegt hier das Hirse-Eiland; gleich daneben ruht, wie stolzes Büffeljunge an der Mutterbrust, Madura. – Geheimnisvoll zur Linken dämmert Borneo, schweres Massiv neben der schlanken Eiseninsel. – Der Buchten Weite, die helle Brandung von des Meeres Rand gleiten vorüber; der Küsten hohe Palmen beugen hinter mir. – Bali, das Paradies, strahlt auf im Morgenrot wie Shivas Auge; und wend' ich meine Blicke fort von Timor, seh' ich am Horizont, der hoffnungsfroh erglänzt, das grüne Ambon nähern...«

Zur Erklärung: Das »Gold-Eiland« ist Sumatra, ganz im Westen Indonesiens; »Hirse-Eiland« eine alte Bezeichnung für die Insel Java; die »Eisen-Insel« ist Celebes; Madura ist eine kleinere Insel vor der Nordostküste Javas, der Krakatau der gefährlichste aller Vulkane der Inselbrücke, gelegen in der Sundastraße zwischen Sumatra und Java. Ambon oder Amboina ist eine der berühmten »Gewürz«-Inseln der Molukken; Timor, zu deutsch »der Osten«, beschließt als östlichste der Kleinen Sundainseln den Malaiischen Archipel gegen das Inselreich Neuguinea hin.

Am Schluß seiner trefflichen Schilderung läßt Raden Mas Noto Suroto den Garuda-Vogel eine Mahnung zur Rückbesinnung an die göttlichen Bindungen aussprechen:

»Ihr Völker dieser Inseln hört auf mich! Im neuen Morgen, der am Horizont euch dämmert, in eurem Traum, bei eurer wachen Tat, vergeßt nicht meiner Schwingen mächtig Rauschen! Denn euer Vogel bin ich, bin GARUDA, der über eurem Reich die Flügel schützend breitet!«

Eine moderne Silberbrosche aus Mitteljava, Garuda als doppelköpfigen Pfau zeigend.

Gesucht und gefunden

Die im nachstehenden Sachregister hinter dem Stichwort vermerkte Seitenzahl gibt den Beginn des Aufsatzes an, in dem der betreffende Begriff vorkommt.

A Absenkverfahren 338
Abstammungslehre 314
Aeromagnetometer 40
Aminosäuren 452
Analogprinzip 35
Antarktis 384
Arago-Fund 314
Archäologie 203, 248
Atlantis-Sage 248
Atome 8, 284
Aufforsten 168
Australien 274
Autosport 222

B Bären 440
Bestformen 426
Bimsstein 248
Bionik 426
Bohrunternehmen 40
Braunkohlenlager 168, 203

C Carstensz-Pyramide 190
Čerenkov-Effekt 8

D Dehnungsmeßstreifen 35
Dichteste Kugelpackung 284
Digitalprinzip 35
DNS-Erbträgermoleküle 50
Domestikation 214
Drachenfliegen 304

E Eiweiß 452
Elbe-Seitenkanal 350
Elbtunnel 338
Elektrische Bodenvermessung 203
Elektronen 284
Elektronisches Wählsystem 74
Elektrophorese 111
Elementarteilchen 8, 258, 284
Energie 8, 120
Entropie 120
Erbkrankheiten 50
Erdgas 40
Erdöl 100
Ernährung 214, 452
Evolutionsstrategie 426

F Faktorenspirale 357
Fernmessung 35
Fernsprechnetz 74

Fettsäuren 452
Fettsucht 452
Flugsport 178
Fluor 404
Formosa 328
Fossilien 314
Fotografie 203, 362

G Game Farming 214
GaU (größter anzunehm. Unfall) 8
Genetik 50
Glaskeramik 146
Gleisbau 128
Gondwanaland 384
Gravitation 120, 258, 284
Grundumsatz 452

H Heißluftballon 80
Herdentiere 214
Himalaja 440
Hochfrequenzfotografie 362
Höhlenwohnungen 274
Hominiden 314
Hominoiden 314

I Immunsysteme 50
Implosion 120
Indonesien 470
Inversion 66

K Kaschmir 440
Kernkraftwerk 8
Kernspaltung 8
Kohlehydrate 452
Korrosionsschutz 111
Kraftmeßdosen 35
Kreter 248
Kristalle 284
Kunststoffe 404
Kuppelbau 186

L Lackierverfahren 111
Latentwärmespeicher 324
Lichtenberg-Figur 362
Lößverspülung 168
LSD-Experiment 396
Luftbildarchäologie 203

M Mach-3-Flugzeug 294
Magnetische Bodenvermessung 203
Malerei 396, 462

Materie 120, 258
Merkuroberfläche 374
Minoische Hochkultur 248
Miozän 314
Moleküle 284
Montgolfière 80
Musikverständnis 266
Muskelkraftflugzeuge 178
Mutation 426
Mykener 248

N Nahrungsmittel 452
Neuguinea 190
Neutrale Ströme 258

O Oligozän 314
Optimierung 426

P Pers.-Arab.-Golf-Länder 100
Photonen 258
Planetenerforschung 374
Pliozän 314
Psi-Teilchen 258

R Radioaktivität 8
Raumsonde »Mariner 10« 374
Rauschgift 396
Reaktorunfall 8
Recycling 404
Reflexionsseismik 40
Rekultivierung 168
»rem« 8
Resistenz 50
Robben 158, 384
Röntgenstrahlen 8, 203, 362
Rohstoffmangel 404

S Schiffshebewerk 350
Schildvortriebverfahren 338
Schlagflügel 178

Schnellumbauzug 128
Schwefelsäure 404
Selektion 426
Spiegelteleskop 146
Spinnen 88
Stammesentwicklung 314
Steinwerkzeuge 314
Sternsysteme 120
Stilentwicklung der Keramik 248
Strahlenschutz 8
Südpol 384

T Taiwan 328
Tastentelefon 74
Technoklimatologie 66
Tierflug 178
Tunnelbau 338

U Umweltschutz 66, 111, 168, 404
Urknall 120

V Venusatmosphäre 374
Verlandung 416
Verograph 362
Vishnu 470
Vulkanismus 248

W Wärmeinseln 66
Wärmemotor 324
Wärmespeicher 324
Wasserpflanzen 416
Wasserstraße 350
Wechselwirkungen 258
Wiederaufbereitungsanlage 8
Wieder- und Weiterverwendung 404
Wildtierhaltung 214
Windsurfing 58

Z Zahlenreihe 357
Zuckerarten 452

Die Lösungen zu unseren Denkaufgaben

Die drei Eier auf dem Frühstückstisch
Alfred muß 12 Tage warten, bis er an einem Tag drei Eier vorgesetzt bekommt. Man muß die kleinste Zahl finden, die durch 2, 3 und 4 ohne Rest teilbar ist, und das ist 12.

Uraufführung enträtselt
. . . das Orchester, das einen großen Teil der Anwesenden ausmachte, kannte das Stück.

Die Geistesblitze des Detektivs
(1) Es war Morgen, also standen Sonne und Neumond im Osten. Ich fuhr nach Süden.
(2) In einem Buch haben Vorderseiten ungerade und Rückseiten gerade Zahlen.
(3) An der vermeintlich eigenen Tür klopft man nicht an.
(4) Der Liliputaner konnte nicht bis zum Knopf für das 43. Stockwerk reichen.